Simon Marius, der fränkische Galilei,
und die Entwicklung des astronomischen Weltbildes

SIMON MARIVS GVNTZENH. MATHEMATICVS
ET MEDICVS ANNO M. DC. XIV. ÆTATIS XLII.

JNVENTUM PROPRIUM EST: MUNDUS IOVIALIS, ET ORBIS
TERRÆ SECRETUM NOBILE, DANTE DEO.

Abbildung 0.1:
Portrait von Simon Marius aus Gunzenhausen, Mathematiker und Arzt,
Holzschnitt in *Mundus Jovialis* (Nürnberg 1614)
*„Seine eigene Entdeckung ist das System des Jupiter und das edle Geheimnis
des Erdkreises mit Gottes Hilfe."* (Übersetzung nach Schlör 1988)

Nuncius Hamburgensis

Beiträge zur Geschichte der Naturwissenschaften

Band 16

Gudrun Wolfschmidt (Hg.)

Simon Marius, der fränkische Galilei,

und die Entwicklung des astronomischen Weltbildes

Hamburg: tredition 2012

Nuncius Hamburgensis
Beiträge zur Geschichte der Naturwissenschaften

Hg. von Gudrun Wolfschmidt, Universität Hamburg,
Geschichte der Naturwissenschaften, Mathematik und Technik
(ISSN 1610-6164).

Diese Reihe „Nuncius Hamburgensis"
wird gefördert von der Hans Schimank-Gedächtnisstiftung.
Dieser Titel wurde inspiriert von „Sidereus Nuncius"
und von „Wandsbeker Bote".

Wolfschmidt, Gudrun (Hg.): Simon Marius, der fränkische Galilei,
und die Entwicklung des astronomischen Weltbildes.
Hamburg: tredition (Nuncius Hamburgensis –
Beiträge zur Geschichte der Naturwissenschaften, Band 16) 2012.

Abbildung auf dem Cover vorne und Frontispiz: Portrait von Simon Marius

Titelblatt: Logo des Simon-Marius-Gymnasiums

Abbildung auf dem Cover hinten:
Gunzenhausen zur Zeit von Simon Marius (©Stadtarchiv Gunzenhausen).

Geschichte der Naturwissenschaften, Mathematik und Technik, Universität Hamburg
Bundesstraße 55 – Geomatikum, D-20146 Hamburg
http://www.math.uni-hamburg.de/spag/ign/w.htm

Dieser Band wurde gefördert von der Schimank-Stiftung
und vom Cauchy-Forum-Nürnberg.

Verlag: tredition GmbH, Mittelweg 177, 20148 Hamburg
ISBN 978-3-8472-3864-5 – ©2012 Gudrun Wolfschmidt. Printed in Germany.

Inhaltsverzeichnis

Vorwort: Simon Marius, der fränkische Galilei

Gudrun Wolfschmidt (Universität Hamburg)

Franken und speziell Nürnberg als *Centrum Europae* kann auf eine große Tradition in der Astronomie zurückblicken, beginnend mit Johannes Regiomontan (1436–1476) am Ende des Mittelalters, fortgesetzt von seinem Schüler Bernhard Walther (1430–1504), der das (spätere) Dürerhaus als Beobachtungsplatz wählte.

In der Frühen Neuzeit entwickelte sich Nürnberg zum Zentrum des Humanismus und der Reformation, eine Zeit, die offen für Wissenschaft und Kultur war. Das Werk des Copernicus, *De revolutionibus orbium coelestium*, das den Durchbruch zum neuen Weltbild symbolisiert, wurde 1543 in Nürnberg gedruckt. Auch der Bau wissenschaftlicher, besonders astronomischer Instrumente und Globen erlebte hier einen Höhepunkt, man denke z. B. an Georg Hartmann (1489–1564), Martin Behaim (1459–1507) oder Johannes Schöner (1477–1547).

Das nächste Highlight war die Barockzeit, als Georg Christoph Eimmart (1638–1705) 1678 seine Sternwarte auf der Vestnertorbastei errichtete, hier wirkten seine Tochter Maria Clara Eimmart (1676–1707), ferner Johann Heinrich Müller (1671–1731) und besonders Johann Gabriel Doppelmayr (1677–1750) und viele mehr. Auch in dieser Zeit blühten wissenschaftliche Aktivitäten, die Gründung der Universität Altdorf, der Instrumentenbau, der Buchdruck und die Kartographie. Nicht zu vergessen Peter Kolb (1675–1726), Eimmarts Assistent, der eine erste Sternwarte am Kap in Südafrika errichtete und 1718 Rektor der Lateinschule in Neustadt an der Aisch wurde.

Im Zentrum dieses Buches steht der fränkische Galilei, Simon Marius; er gehört zu den Astronomen, die vor 400 Jahren die astronomische Forschung durch die Einführung des Teleskops revolutioniert haben. Ihm zu Ehren wurde im Rahmen des *Internationalen Jahrs der Astronomie* 2009 eine Lehrer-Fortbildungstagung im Simon-Marius-Gymnasium in Gunzenhausen am 12. November 2009 organisiert. Das davon inspirierte Buch bietet in zwölf Kapiteln einen Überblick von den Anfängen der Astronomie, besonders in Franken, über die Entwicklung des astronomischen Weltbildes von der Frühen Neuzeit bis zur modernen Kosmologie.

Grußwort von Frau *OStDin Susanne Weigel*, Simon-Marius-Gymnasium Gunzenhausen

Dass Gymnasien nach namhaften Persönlichkeiten aus Wissenschaft und Technik benannt werden, ist üblich und hinlänglich bekannt, vor allem dann, wenn diese Person mit der Stadt, in der sich die Schule befindet, eng verbunden ist. Der Namensgeber unseres Gymnasiums in Gunzenhausen ist der Mathematiker und Astronom Simon Marius, auch der „fränkische Galilei" genannt.

Wir wollen unserem Namensgeber gerecht werden. Unser Logo würdigt die Entdeckung der Jupitermonde durch Simon Marius. Im Physikunterricht und auch im Wahlunterricht bzw. in sogenannten Projektseminaren setzen wir uns mit dem Vermächtnis des Forschers Simon Marius auseinander. Ebenso gehört das Hauptwerk von Simon Marius *Mundus Iovialis* in Ausschnitten zur Pflichtlektüre im Lateinunterricht. Davon wurde an unserem Gymnasium eine Übersetzung erarbeitet und eine zweisprachige Ausgabe als Buch veröffentlicht. Zudem verfügt unsere Schule über eine Sternwarte.

Ein besonderes Highlight war die Wanderausstellung „*Astronomie in der Metropolregion Nürnberg – Geschichte, Forschung und Volkssternwarten*" im Rahmen des „Internationalen Jahrs der Astronomie" in der Sparkasse unserer Stadt. Ein wichtiger Tag war für uns auch die Fortbildungsveranstaltung in unserem Haus am 12.11.2009, organisiert von Herrn StD Werner König – zusammen mit Herrn Dr. Günter Löffladt vom Cauchy-Forum-Nürnberg –, der namhafte Persönlichkeiten als Referenten gewonnen hatte, um die Errungenschaften der Astronomie durch und seit Simon Marius zu beleuchten.

Der Höhepunkt des Tages war der Gastvortrag „Simon Marius und die Astronomie in Franken" von Frau Professor Dr. Gudrun Wolfschmidt. Im Internet[1] finden Sie Eindrücke dieser gelungenen und sehr gut besuchten Veranstaltung.

Wir danken an dieser Stelle nochmals sehr herzlich allen Referenten und Partnern dieser Fortbildungsveranstaltung sowie den Mitorganisatoren, dem Cauchy-Forum-Nürnberg, der Stadt Gunzenhausen und allen weiteren Sponsoren. Sie alle trugen dazu bei, unseren Schülerinnen und Schülern wie auch der

---

1 Simon Marius-Veranstaltung: `http://www.simon-marius-gymnasium.de/index.php?option=com_content&view=section&layout=blog&id=17&Itemid=65.`

Abbildung 0.2:
OStDin Susanne Weigel,
Simon-Marius-Gymnasium Gunzenhausen

Öffentlichkeit die Bedeutung von Simon Marius und der Astronomie in Franken deutlich werden zu lassen.

Ich wünsche mir, dass bei vielen unserer Schülerinnen und Schüler das Interesse an Wissenschaft und Forschung geweckt bzw. weiter gestärkt wurde, dass sie sich dem Studium der Naturwissenschaften widmen und wir in Zukunft auch stolz sein können auf den einen oder anderen Abgänger unseres Gymnasiums.

Einführung in die Fortbildungsveranstaltung „Simon Marius am Wendepunkt der Astronomie"

Werner König, Simon-Marius-Gymnasium Gunzenhausen

Zur Vorgeschichte dieser Veranstaltung gehören natürlich die Ereignisse vor 400 Jahren, die auch der Anlass für die Vereinten Nationen waren, das Jahr 2009 zum Internationalen Jahr der Astronomie (IYA) zu erklären: Die Erfindung des Fernrohres und eine Fülle neuer Erkenntnisse über den Sternenhimmel und den dadurch beförderten Wandel des physikalischen Weltbilds.

Zu den Entdeckern jener Zeit gehört auch der Namensgeber des veranstaltenden Gymnasiums. Deshalb war Vertretern dieser Schule schon Jahre bevor das IYA ausgerufen wurde bewusst, dass insbesondere das 400-jährige Jubiläum der Entdeckung der Jupitermonde an der Stätte, die den Namen dieses Entdeckers trägt, in einer besonderen Weise gewürdigt werden sollte.

Einige Worte zur Entwicklung der Schule: Sie hat ihre Wurzeln in einer 1530 gegründeten Lateinschule, die 1893 erst Realschule, dann 1957 Oberrealschule wurde und – nach dem 1573 in Gunzenhausen geborenen und aufgewachsenen Mathematiker, Arzt und Astronomen Simon Marius – schließlich 1969 ihre heutige Bezeichnung „Simon-Marius-Gymnasium" (SMG) erhielt. In eben diesem Jahr konnte die Schule einen großzügig bemessenen, modern ausgestatteten naturwissenschaftlichen Neubau beziehen, dessen Dach von der Kuppel einer Sternwarte gekrönt wurde. Das SMG verfügte damit als erstes bayerisches Gymnasium über eine eigene Sternwarte. Damit wollte die Schule bewusst dem naturwissenschaftlich-astronomischen Auftrag nachkommen, den die neue Namensgebung implizierte. Dies belegten in der Folgezeit auch zahlreiche unterrichtliche Aktivitäten.

Trotzdem lässt sich allenthalben feststellen, dass Marius außerhalb seines engsten Lebens- und Wirkungskreises, seinem Geburtsort Gunzenhausen und seiner Wirkungsstätte Ansbach, heute weitgehend unbekannt ist. So traf es sich gut, dass unsere Bestrebungen, die Erinnerung an ihn wachzuhalten bzw. wiederzubeleben, vom Cauchy-Forum-Nürnberg tatkräftig unterstützt wurden. Dessen ideelle, logistische, aber auch finanzielle Hilfe, die Gunst des öffentlichkeitswirksamen IYA und der genius loci des Veranstaltungsorts zusammen machten diese Tagung erst möglich.

Dabei bestand für uns als Veranstalter die klare Absicht, nicht ein Treffen weniger Marius-Experten für ihresgleichen zu arrangieren. Vielmehr machten wir durch unser Programm den Versuch, Leben und Werk des Simon Marius

in die Entwicklung des physikalischen Weltbilds einzubetten und damit vielfältige Anknüpfungspunkte an Lehrpläne und unterrichtliche Notwendigkeiten
zu ermöglichen. Der große überregionale Zuspruch, den die Fortbildungsveranstaltung fand, lässt uns hoffen, dieses Ziel erreicht zu haben. Darüber hinaus
wollten wir auch das Umfeld der Schule und die interessierte Öffentlichkeit
durch eine sich an die Tagung anschließende abendliche Festveranstaltung an-
sprechen, die Simon Marius und weitere fränkische Astronomen zum Thema
hatte.

Abbildung 0.3:
Werner König

Abbildung 0.4:
Simon-Marius-Feier in Gunzenhausen am 12. November 2009

Da im Folgenden die Hauptreferenten die Inhalte ihrer Vorträge selbst darstellen, sollen nur drei ergänzende Präsentationen, welche die Tagung bereicherten, noch besonders erwähnt werden. Zum einen beherbergte schon im Vorfeld die Sparkasse Gunzenhausen die Wanderausstellung zum IYA. Dann zeigte die Stadt- und Schulbücherei Gunzenhausen ihren umfangreichen Bestand an Büchern zum Thema Astronomie und der Archivar der Stadt Gunzenhausen, Herr Werner Mühlhäußer, präsentierte die Dokumente zu Simon Marius, die sich im städtischen Besitz befinden. Den Glanzpunkt stellte dabei zweifellos der Orginalband des Hauptwerkes von Simon Marius *Mundus Jovialis* dar, von dem weltweit nur noch wenige Exemplare existieren.

Dem Dank an alle Mitwirkenden dieser Tagung, den die Schulleiterin Frau OStDin Weigel in ihrem Grußwort schon ausgesprochen hat, kann ich mich nur anschließen. Besonders möchte ich aber noch die stets angenehme und konstruktive Zusammenarbeit mit Herrn OStR Günter Löffladt vom Cauchy-

Forum-Nürnberg und M. A. Pierre Leich von der Astronomischen Gesellschaft Nürnberg in der umfangreichen Vorbereitungsphase hervorheben. Wertvolle Anregungen kamen dabei auch vom früheren Leiter des SMG, Herrn OStD Weidl.

Ein ganz besonderer Dank gebührt jedoch Frau Prof. Dr. Gudrun Wolf-schmidt. Sie hielt nicht nur den anschaulichen und informativen Vortrag zur Festveranstaltung, sondern ersetzte thematisch passend durch ein weiteres Referat auch noch den kurzfristigen Ausfall eines Referenten. Für die zusätzliche Mühe, nachträglich einen Tagungsband zu erstellen, sagen wir ebenfalls Dank und wünschen dafür guten Erfolg.

Werner König, StD, örtlicher Organisator
Simon-Marius-Gymnasium Gunzenhausen

Abbildung 0.5:
Simon-Marius-Feier in Gunzenhausen am 12. November 2009

Fachveranstaltung „Simon Marius am Wendepunkt der Astronomie" – Einführung

Günter Löffladt
Cauchy-Forum-Nürnberg (CFN) e. V.,
Interdisziplinäres Forum für Mathematik und ihre Grenzgebiete

Faszination und Schönheit sind zweifellos zwei charakteristische Merkmale astronomischer Forschung. Wie ein Blick in die Wissenschaftsgeschichte zeigt, waren diese Merkmale in vielfältiger Beziehung Motivation und Triebfeder gleichermaßen. Großartige Entdeckungen in den Weiten des Universums und spektakuläre Theorien über Entstehung und Funktion des Kosmos führten zu existentiellen, alle Menschen betreffende, Fragestellungen.

Kein Wunder also, dass Menschen in fast allen Kulturen stets auf der Suche nach weiteren Geheimnissen waren, die sie noch in der Unendlichkeit des Weltalls zu entdecken glaubten. Unvermeidbar war dabei, dass gleichzeitig von mehreren suchenden Astronomen dasselbe Objekt entdeckt wurde, ohne dass einer der Betreffenden Prioritätsansprüche stellen konnte. Viele dieser Menschen wurden weder von der wissenschaftlichen Kommunität, geschweige von der allgemeinen Öffentlichkeit, wahrgenommen und verschwanden in der Mottenkiste der Geschichte. Andere wiederum hatten zwar eine hoch geachtete Position, aber der „Mitentdecker" war eine überragende, bisweilen mächtige allseits bekannte, wissenschaftliche Persönlichkeit, dann war das Ergebnis, als geachteter Wissenschaftler in die Geschichte einzugehen, ebenso erfolglos und niederschmetternd.

Der große fränkische, in Gunzenhausen im Jahr 1573 geborene, beim Marktgrafen von Ansbach wirkende Hofmathematicus Simon Marius gehört zweifelsfrei zu der zuletzt genannten Gattung. Marius einziger „Fehler" war die Epoche, in die seine Geburt fiel. Geradezu explosionsartig entwickelten sich in dieser Zeit die Wissenschaften im Allgemeinen und die Naturwissenschaften im Besonderen. Verstärkt wurde dieser Effekt dadurch, dass Giganten der Wissenschaft diese Entwicklung durch ihre vielfältigen und breit angelegten Forschungen prägten. Bekanntlich überstrahlen Giganten, wenn sie in die Weltgeschichte eintreten, alles da gewesene – der Rest liegt dann mehr oder weniger im Schatten. Auch die Wissenschaftsgeschichte kennt dieses Phänomen. Copernicus und Tycho Brahe, Galilei und Kepler – Heroen ihrer Zunft – bestimmten und beherrschten die Astronomie ihrer Zeit. Aber gerade deshalb sind die Leistungen der anderen Forscher, die nicht den Glanz der Bewunde-

Abbildung 0.6:
Günter Löffladt

rung in ihrer Zeit und später abbekamen, der Vergessenheit zu entreißen und entsprechend zu ehren, denn sie haben oft die fehlenden Mosaiksteine gefunden und gelegt, die notwendig waren um überhaupt ein wissenschaftliches Gesamtbild zu ermöglichen. Kein Geringerer als Isaac Newton, der alle überragende Mathematiker, Astronom und Physiker hat es auf den Punkt gebracht, wenn er erklärt: *„Wenn ich fähig war, weiter zu sehen als andere, dann deshalb, weil ich auf den Schultern von Riesen stand."* So ist eine der Intentionen dieser Fachveranstaltung diese Verpflichtung, die Erinnerung an einen dieser wenig bekannten Riesen, den Astronomen und Mathematiker Simon Marius wach zu halten und seine Leistungen ins rechte Licht zu setzen. Von besonderer Bedeutung war dabei auch, dass sich Marius neuester wissenschaftlicher Instrumente, dem gerade erfundenen Fernrohr, bediente und damit einer neuen zukunftsweisenden Betrachtungsweise in den Naturwissenschaften den Weg geebnet hat. Nicht zuletzt deshalb hat er sich einen permanenten Platz in der Ruhmeshalle der Astronomiegeschichte gesichert. Damit wird auch der gewählte Zeitpunkt dieser astronomiegeschichtlichen Fachveranstaltung zu Ehren von Simon Marius deutlich, denn 1609 haben Marius und sein wissenschaftlicher Konkurrent Galileo Galilei nahezu gleichzeitig die vier Jupitermonde entdeckt.

Mit dieser Erkenntnis wird deutlich, dass zweifellos der Anlass für diese Fachveranstaltung die Person von Marius gewesen ist, aber gleichzeitig der Rahmen weiter gespannt war und Aspekte der allgemeinen Astronomiegeschichte ebenso Gegenstand sein sollten. Damit wird eine weitere zentrale Intention dieser Fachveranstaltung – bestehend aus Lehrerfortbildung und öffentlicher Veranstaltung – deutlich, nämlich dass Wissenschaftsgeschichte zum einen und Astronomiegeschichte zum anderen für die Vermittlung mathematisch-naturwissenschaftlicher Fragestellungen ein signifikantes Medium sind. Des Weiteren bietet die Wissenschaftsgeschichte ein tragfähiges und fächerübergreifendes Fundament, komplizierte Zusammenhänge zu motivieren und „transportfähig" zu machen. Gerade die Weckung des Interesses an mathematisch-naturwissenschaftlichen Sachverhalten und die Förderung von Begabungen auf diesen Gebieten haben oberste Priorität, denn die Kluft zwischen der Unverständlichkeit einzelner wissenschaftlicher Bereiche und das Verständnis der Öffentlichkeit bezogen auf wissenschaftliche Inhalte werden zunehmend größer. Folglich ist es zwingend notwendig, den Dialog zwischen der Wissenschaft und der interessierten Öffentlichkeit auf den unterschiedlichsten Ebenen und in den vielfältigsten Formen zu ermöglichen.

Unter dem Motto „Wissenschaft im Dialog" versucht das Cauchy-Forum-Nürnberg e. V. sich dieser Aufgabe zu stellen. Dieser wissenschaftliche Verein verfolgt mit seinen Angeboten den Zweck, mathematisch-naturwissenschaftliches Wissen durch Fachtagungen, Lehrerfortbildungen, Schülerakademie, öffentliche Veranstaltungen, Ausstellungen einem aufgeschlossenen Publikum nahe zu bringen. Als „Interdisziplinäres Forum für Mathematik und ihre Grenzgebiete" wird besonderer Wert auf die Verzahnung unterschiedlicher Wissenschaftsdisziplinen gelegt. Dabei ist die Wissenschaftsgeschichte in der Regel das Netz, um die einzelnen „Wissensbausteine" der entsprechenden Disziplinen zu verknüpfen und zusammenzuhalten, sowie eine wechselseitige und gewinnbringende Kommunikation zu ermöglichen.

Auch in der durchgeführten Fachveranstaltung unter dem gewählten Leitthema „Simon Marius am Wendepunkt der Astronomie" konnte diese Intention umgesetzt werden, wie einerseits durch die Themenformulierung – personen- und problemhistorisch – zum Ausdruck kommt, sowie andererseits durch die Veranstaltungsform, Fortbildung und öffentliche Veranstaltung.

Mein ganz besonderer Dank gilt hier Herrn Studiendirektor Werner König für sein kompetentes und zuverlässiges Wirken bei der Konzeption und Organisation dieser Fachveranstaltung. Ohne seine engagierte und unermüdliche Arbeit wäre sie nicht zu Stande gekommen. Weiter danke ich der Schulleiterin des Simon-Marius-Gymnasiums Frau Oberstudiendirektorin Susanne Weigel für ihre Hilfe und Unterstützung bei der Durchführung dieser Veranstaltung. Ebenso gilt mein Dank auch dem engagierten Kollegium.

Bekanntlich ist vieles machbar, aber ohne Geld geht jedoch fast nichts. Ich danke deshalb allen Förderern ganz herzlich für ihr finanzielles Engagement. In besonderer Weise danke ich noch den beiden mittelfränkischen Fachgruppen Mathematik und Physik des Bayerischen Philologenverbandes, namentlich der Bezirksfachgruppenleiterin Ingrid Anzer und dem Bezirksfachgruppenleiter Rudolf Pausenberger für ihre finanzielle Unterstützung.

Allen Referentinnen und Referenten sei ebenfalls ganz herzlich für ihre hervorragenden Vorträge gedankt. Besonders danke ich auch allen die mitgewirkt haben, dass dieser Band erscheinen konnte. Vor allem möchte ich Frau Professor Dr. Gudrun Wolfschmidt für die federführende Herausgabe dieser Veröffentlichung danken.

Nürnberg, im Mai 2010
Günter Löffladt
Cauchy-Forum-Nürnberg (CFN) e. V.,
Interdisziplinäres Forum für Mathematik und ihre Grenzgebiete

Abbildung 1.1:
Ägyptischer Sternenhimmel mit babylonischem Einfluss
aus dem 1. Jahrhundert v. Chr.

Von Babylon bis Renaissance – der Wandel des astronomisch-physikalischen Weltbildes

Jürgen Teichmann (München)

1.1 Einführung

In allen Kulturen spielte die Beobachtung von Sonne, Mond und Sternen eine wichtige Rolle. Warum?

1. Der Himmel war ein – scheinbar – immaterielles Gegenüber unserer täglichen Welt. Aber er beeinflusste sie: durch die Wärme und das Licht der Sonne, als sehr exakter Zeitgeber. Der Himmel schien ewig und unveränderlich im Gegensatz zur Erde. So wurde er Sitz der Götter. Verschiedenste Zeichen an ihm wiesen – scheinbar – auf diesen Einfluss der Götter hin (Konjunktionen von Planeten, Finsternisse etc.).

2. Die Bewegung der Himmelskörper definierte Zeit – die tägliche und jährliche Bewegung der Sonne, die monatliche Bewegung des Mondes. Das wurde in hochentwickelten Kulturen nicht nur wesentlich für das praktische Leben, sondern auch fundamental für die Selbstbestimmung der Gesellschaft zwischen lange zurückreichender Tradition und naher Zukunft. Kalender waren deshalb oft Symbole dynastischer Macht.

3. Die Himmelskörper (vor allem Sterne und Sonne) waren auch Orientierungsmarken – direkt nötig für Reisen in flachen Wüsten oder auf offener See.

Der erste – metaphysische – Aspekt soll hier nicht weiter reflektiert werden. Zur Zeitdefinition und -messung gibt es aber Wesentliches zu sagen: Hier
liegt wohl eine Hauptwurzel für die quantitative Naturwissenschaft Astronomie.
Schon in vorgeschichtlicher Zeit gab es systematische Beobachtungen von Himmelsbewegungen. Ägyptische Kalender datieren sehr wahrscheinlich zurück bis
in die Zeiten um 3000 v. Chr. In der Tat geht auch unsere Jahreseinteilung von
365 Tagen mit einem Schalttag alle 4 Jahre auf einen ägyptischen Vorschlag (im
3. Jahrhundert v. Chr.) zurück. Andererseits war die ägyptische Kultur nicht
besonders daran interessiert, komplexe Bewegungen wie die der sternförmigen
Planeten Merkur, Mars, Jupiter, Saturn festzuhalten, die nicht so wesentlich
für Kalenderberechnungen waren.

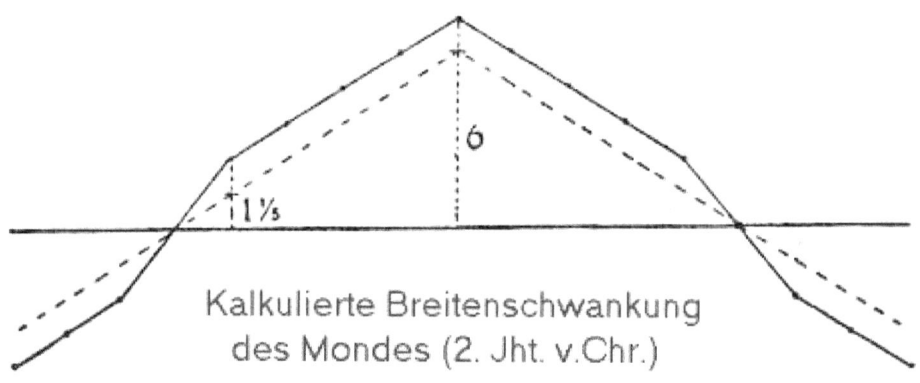

Abbildung 1.2:
Babylonische Interpolationsmethodik am Beispiel des Mondes:

Ein einfach lineares Anwachsen und Verkleinern der Breitenwerte des
Mondes (hier modern als – – – Linie gezeichnet) gab die Beobachtungen nicht gut genug wieder. Wenn man aber alle Breitenwerte unter
einem bestimmten Wert a verdoppelte und alle über diesem Wert um
a vergrößerte, gab es eine bessere Annäherung (——— Linie; sie kommt
einer modernen Sinuskurve schon näher). Das war wichtig für Finster-
nisvorhersagen.
Pannekoek, Anton: History of Astronomy. Dover Public, S. 77.

Das war in Mesopotamien ganz anders, begonnen wahrscheinlich schon vor
2000 v. Chr. Hier war, im Gegensatz zu Ägypten, astrologisches Interesse maßgeblich, nachweisbar allerdings erst aus dem 1. Jahrtausend v. Chr. Es ent-

wickelte sich schließlich umfangreiches quantitatives Wissen, das man, wenn
man will, bis spätestens im 2. Jahrhundert v. Chr. als exakte Naturwissenschaft Astronomie bezeichnen kann. So wurden Mondfinsternisse auf eine Stunde genau vorausberechnet, indem man sehr komplexe Interpolationsmethoden
entwickelte. Doch blieb diese Methodik rein arithmetisch. Babylonische Astronomie war eine Wissenschaft langer Zahlenreihen, die gemäß Interpolationsfor-
meln aus beobachteten Werten in die Vergangenheit und Zukunft extrapoliert
wurden. Wir kennen keine geometrischen Konzepte, wie tägliche oder anders
periodische Kreisbewegungen der Himmelskörper.

Abbildung 1.3:
Babylonische Weltkarte

Die Untersuchung der periodischen Bewegung der Himmelskörper blieb in
Mesopotamien vor allem interessant in Bezug auf Astrologie: Konstellationen

der Himmelskörper, Finsternisse etc. waren Zeichen für bestimmte Geschehen auf der Erde. Astrologische Interessen kennen wir natürlich auch von anderen Kulturen, z. B. von China. Wir wissen, das Kenntnisse babylonischer Astronomie in Indien auf fruchtbaren Boden fielen. Wahrscheinlich sind sie von dort auch nach China gelangt. Doch entwickelte China nie eine sehr gute mathematische Astronomie. Es war mehr an singulären Phänomenen interessiert: z. B. (heute so genannten) Supernovae. Auch Sonnenflecken wurden schon, einige Jahrzehnte vor Christus, zum ersten Mal in China beobachtet.

In Mesopotamien (und auch in Indien) gab es mitunter Kalkulationen von extrem seltenen Ereignissen: z. B. das Zusammentreffen aller sieben Planeten (Sonne, Mond, Merkur, Venus, Mars, Jupiter, Saturn) innerhalb des letzten Grades des Sternbildes Krebs. Das sollte ein besonders schlechtes Vorzeichen sein.

Der dritte oben genannte Aspekt, der Sternenhimmel als Orientierungshilfe war nicht so wichtig für die Entwicklung der Astronomie, wie es scheinen mag. Normalerweise gab es bei Reisen Orientierungshilfen wie Berge, Täler, Flüsse etc. und bei Seereisen vermied man es, auf das offene Meer zu fahren, sondern benutzte meist die Küstenlinie als Hilfe. Anders war das bei chinesischen oder mesopotamischen Karawanen, die durch größere flache Wüsten ziehen mussten. Und ebenso anders war es in den primitiven Kulturen der Polynesier im Pazifik, um von Insel zu Insel zu reisen. Doch wissen wir wenig über deren Orientierungskonzepte. Erst mit den Entdeckungsreisen der Europäer über die Ozeane hinweg, die im 14./15. Jahrhundert n. Chr. begannen, wurde die Orientierung am Sternenhimmel ausschließlich wichtig und damit zur wichtigen Anregung für die Verbesserung der Astronomie selbst.

Die Erfindung von Sternbildern, die in der Tat die Orientierung erleichterten, ist andererseits eng verknüpft mit dem Konzept des Himmels als immaterielles Gegenüber unserer Welt. Hier gibt es sehr unterschiedliche kulturelle Entwicklungen. Ein genereller Zugang in den meisten Kulturen waren statische Bilder: Sterne oder Sternansammlungen als Götter, mythische Persönlichkeiten, sagenhafte Tiere, heilige Objekte, usw. Doch gab es auch andere Zugänge: So wurden in südamerikanischen Kulturen am Himmel Geschichten erzählt: Der Orion, in der griechischen Kultur als Jäger dargestellt mit Kopfsternen, Schultersternen, Gürtelsternen und Beinsternen, erzählt in Südamerika ein dramatisches Geschehen: Der Zentralstern des griechischen Gürtels ist ein gefährlicher Dieb, der von zwei Polizisten um ihn herum gefangengenommen wird, und zur Strafe vier Aasgeiern (den Schulter- und Beinsternen des griechischen Sternbildes) zum Fraß vorgeworfen wird.

1.2 Wandel oder Revolutionen im astronomisch-physikalischen Weltbild?

Ich glaube, es gibt drei fundamentale Veränderungen in den Grundlagen wissenschaftlichen Denkens, die wesentlich mit entsprechenden Veränderungen in der Gesellschaft zusammenhängen.

a) Vom 4. Jahrhundert v. Chr. bis zum 2. Jahrhundert n. Chr.

In diesem Zeitraum entwickelten die Griechen Astronomie zu einer exakten geometrischen Wissenschaft, der ersten exakten Naturwissenschaft überhaupt, in enger Wechselbeziehung mit der euklidischen Geometrie, der ersten exakten Wissenschaft generell. (Allerdings kann man auch darüber reflektieren, wie weit die mesopotamische Astronomie mit ihren arithmetischen Kalkulationen schon exakte Naturwissenschaft in unserem Sinne darstellte.) Von Anbeginn war diese neue Wissenschaft mit Argumenten verbunden, die wir heute zur Physik zählen: von welcher Materie die Himmelskörper waren, wie Licht und Dunkel zu erklären waren (z. B. Mondphasen), über die ewige Dauer der himmlischen Bewegungen. Vor dieser Zeit und außerhalb der griechischen Kultur blieben solche Reflexionen, wenn es sie überhaupt gab, im Bereich mythischer Vorstellungen. Andererseits grenzte diese geometrische Wissenschaft irreguläre Himmelsphänomene, wie (heute so genannte) Supernovae, Sonnenflecken, Sternfarben aus der Betrachtung aus.

b) Vom 16. bis zum 17. Jahrhundert

Erde und Menschheit wurden nicht mehr als zentral im Kosmos angesehen. Der Himmel war nicht mehr verschieden von unserer materiellen Welt. So durfte es z. B. (veränderliche) Sonnenflecken geben, die mit der Sonne um deren Achse kreisen. Es gab nun eine, für das unbewaffnete Auge, unsichtbare Wirklichkeit, die nur durch Instrumente vermittelt wurde – durch das 1609 erfundene Fernrohr.

c) Im 19. und 20. Jahrhundert

Der Himmel wird zum Experimentallabor für Physik und Chemie. Wesentliches Ereignis ist hier die Erklärung der Fraunhoferschen Linien im Sonnenspektrum durch Kirchhoff und Bunsen 1859 und damit der Beginn auch der astronomischen Spektroskopie (siehe Kapitel 11, S. 325).

Im 20. Jahrhundert schließlich werden die – bis dahin – anthropomorphen Konzepte von Raum, Zeit und Wirkung fundamental verändert, durch die Relativitätstheorie und die Quantenphysik.

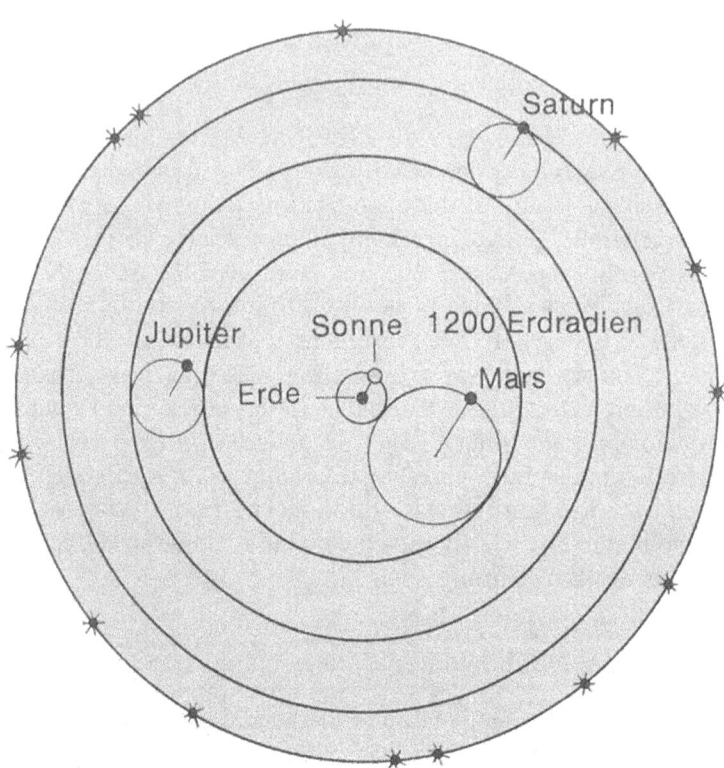

Fixsternsphäre 20.000 Erdradien

Abbildung 1.4:
Das griechische Himmelskonzept von Kreisen auf Kreisen (Epizykel = Aufkreis).
Hier sind nur die äußeren Planeten, und jeweils nur ein Epizykel, gezeichnet.

Aus diesen drei Entwicklungen sollen hier nur die ersten zwei herausgeschnitten werden, und zwar in Beispielen, die diese Veränderungen und das kulturelle Umfeld besonders anschaulich machen.

Zur Entwicklung in Griechenland:

Die Griechen waren die ersten, die die Vorstellung vollständiger Kreise der Himmelsbewegungen axiomatisch entwickelten (insbesondere waren die nicht sichtbaren Nachtteile „unterhalb" der Erde wesentlicher Teil der Theorie). Sie kombinierten sogar immer mehr und mehr Kreise, um kompliziertere Bewegungen am Himmel zu erklären. So wurde die Bewegung der Sonne, noch relativ einfach, aus einer täglichen Kreisbewegung und einer jährlichen zusammengesetzt. Wir würden das heute als geometrische Fouriersynthese bezeichnen, mit dem Unterschied, dass die Einzelbewegungen damals wirklich als isoliert real angesehen wurden. Die rückläufigen Bewegungen der sternförmigen Planeten (Merkur, Mars, Jupiter, Saturn und Venus) wurden aus mindestens vier Kreisen (inklusive der täglichen Bewegung) zusammengesetzt. Diese geometrische Astronomie war 200 Jahre lang nicht sehr exakt, da immer noch zu einfach. Doch als die Griechen im 2. Jahrhundert v. Chr. immer mehr Erkenntnisse und Beobachtungswerte aus Mesopotamien übernahmen und ihre Modelle komplizierten, entstand – bis zu Ptolemäus im 2. Jahrhundert n. Chr. – eine sehr gute mathematische Astronomie, die auch für exakte Vorausberechnungen der komplizierten Wege aller Planeten brauchbar war. Planeten ist übrigens ein griechischer Begriff und heißt: Wandelsterne, d. h. die sieben „Sterne", die unter den Fixsternen eine eigene Bewegung aufwiesen.

Als zweites Beispiel für die großartige Entwicklung der griechischen Astronomie soll ein Instrument vorgestellt werden: der berühmte Antikythera-Computer aus dem Jahr 80 v. Chr. Es ist, modern benannt, ein Analogcomputer für Kalenderrechnung, der aus einer Differenzbildung von Sonnen- und Mondbewegung (dem Sonnenjahr und dem sogenannten siderischen Mondmonat) die Mondphasen berechnet (den synodischen Monat). Dieser Antikytheramechanismus ist das bei weitem komplizierteste Gerät, das wir aus allen Kulturen, bis in die Zeit der Renaissance kennen. Erst ab 1400 wurden die mechanischen Uhren in Europa (die ungefähr 1300 erfunden worden waren) ähnlich komplexe Mechanismen.

Wie konnten griechische Werkstätten so etwas herstellen? Warum finden wir nicht ähnlich komplizierte Mechanismen für andere, technische Zwecke aus dieser Zeit? Warum gibt es keinerlei geschriebene Information über diese Präzisionsmechanik? Wie lange mussten Vorentwicklungen existieren, bis es zu diesem hohen Standard kam? Das sind alles Fragen, die mangels Quellen kaum zu beantworten sind. Doch einige Thesen kann man äußern: Es gab eine schroffe Trennung zwischen handwerklichem Tun, das generell als schmutzig und nicht besonders wertvoll für einen freien Bürger angesehen wurde, und auf der anderen Seite geistiger Tätigkeit, wie Philosophie (auch Mathematik), die Teil

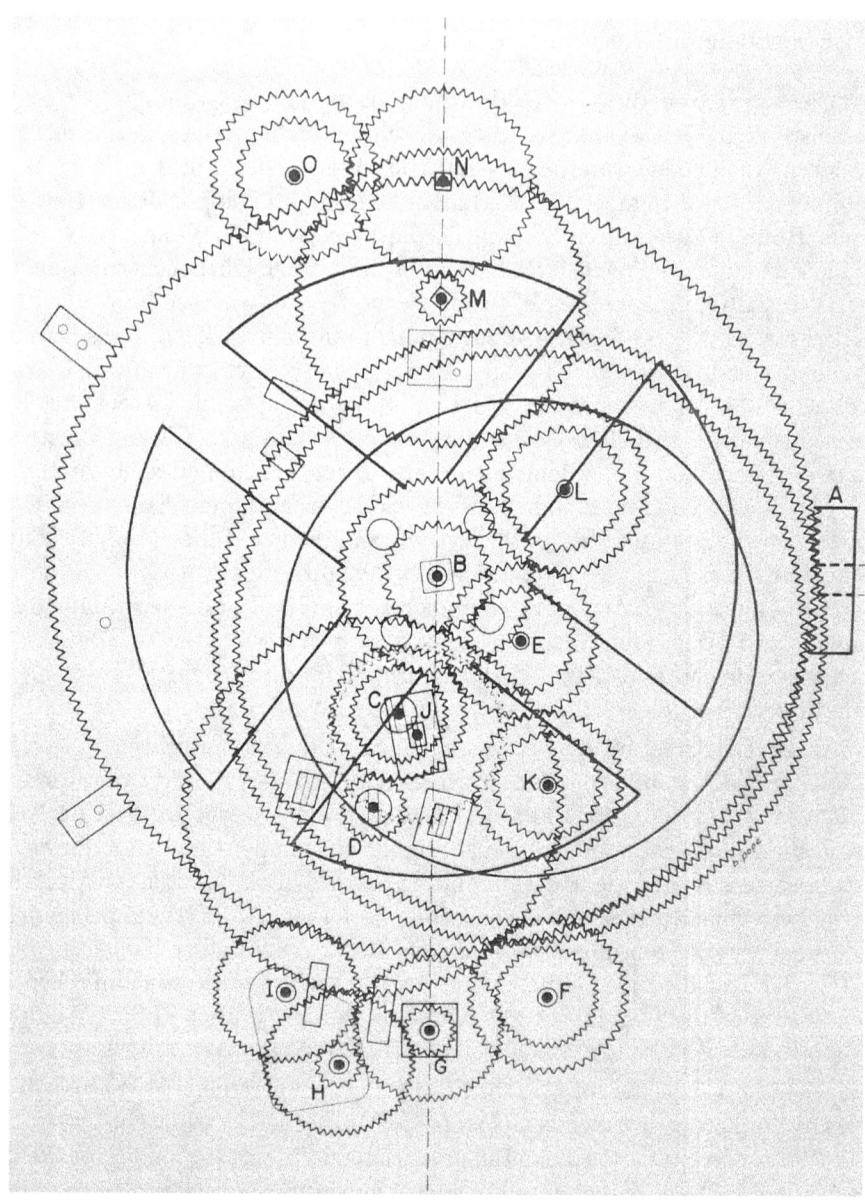

Abbildung 1.5:
Der Antikythera-Mechanismus aus dem Jahr ca. 80 v. Chr.
– als Analogcomputer für Sonnen- und Mondbahn. Ältere Rekonstruktion.
Zu neueren siehe http://www.antikythera-mechanism.gr
Derek de Solla Price: Gears from the Greeks. In: *Transactions of the American Philosophical Society* **64** (1974), part 7.

der höheren Bildung war. Das könnte eine isolierte Entwicklung präziser hand-
werklicher Feinmechanik möglich gemacht haben. Doch wer war interessiert
an dieser Art Technik? Warum entwickelten gerade griechische Handwerker
solch komplizierten Mechanismus? Es ist wahr, dass Griechenland verschiedene Einflüsse verschiedenster Kulturen im eigenen Land assimilierte, sogar wenn
sie gegensätzlich schienen. Das hatte möglicherweise zu tun mit der Tatsache,
dass auch die Griechen selbst aus verschiedenen Stämmen bestanden, die nur
teilweise zusammenwuchsen, andererseits auch wieder aussiedelten (z. B. nach
Kleinasien, Sizilien) und trotzdem in engem kulturellen Kontakt blieben. Es
gab auch keine zentral gültige Religion. Wie dem auch sei, die scheinbar ge-
gensätzlichen Fälle von mathematischer Astronomie (die Teil etwa auch der
aristotelischen Philosophie war) und Präzisionsmechanik passten zusammen –
wenigstens in diesem Fall. Andererseits war griechische Ingenieurtechnik auch
in anderen Bereichen besonders innovativ (etwa im Tunnelbau ab dem 6. Jahrhundert v. Chr. oder in ihrer Technik der Tempelbauten). Umgekehrt kann
man sich auch vorstellen, dass diese handwerkliche Entwicklung von Zahnrädern auf Zahnrädern, wie sie im Antikytheramechanismus schon in Perfektion
vorliegt, in den Anfängen die geometrische Astronomie der Kreise auf Kreisen
positiv beeinflusste. Wir wissen allerdings nur, dass platonische Konzepte die
Astronomie beeinflussten, z. B. die Kugel als der perfekteste Körper (das passte
zu den Kugelsphären aller Himmelsbewegungen), die konstanten Geschwindigkeiten der Himmelskörper als die perfektesten Kreisbewegungen.

Zeitalter der Wissenschaftlichen Revolution

Das 16./17. Jahrhundert wird mitunter als Zeitalter der Wissenschaftlichen
Revolution bezeichnet. Sie ist mit solch berühmten Namen wie Copernicus,
Kepler, Galilei, Descartes, Newton verknüpft.

Doch hat es schon 300 Jahre vor dieser Zeit wesentliche Änderungen in den
christlichen Gesellschaften Mitteleuropas gegeben. Ohne diese Änderungen
hätte keine Übernahme und damit schlussendlich auch keine Infragestellung
der griechischen Astronomie (und Physik) Chancen gehabt. Bis zum 13. Jahrhundert hatte die islamisch/arabische Kultur griechisches Wissen konsolidiert
und auch – teilweise – verbessert. In Mitteleuropa entwickelten sich ab dem 12.
Jahrhundert Städte als selbständige, und bald mächtige Einheiten (in besonde-
rem Maße in Italien: Venedig, Florenz, Siena etc.). Das Christentum entfaltete
besonders dynamische Aspekte als Zivilisations-„Maschine".

So wurden Klöster Zentren, in denen neues theologisches Denken, technische
Innovationen und wissenschaftliche Diskussionen zusammenkamen. Ab dem
13. Jahrhundert wurde der Einfluss griechischer Schriften (insbesondere Ari-

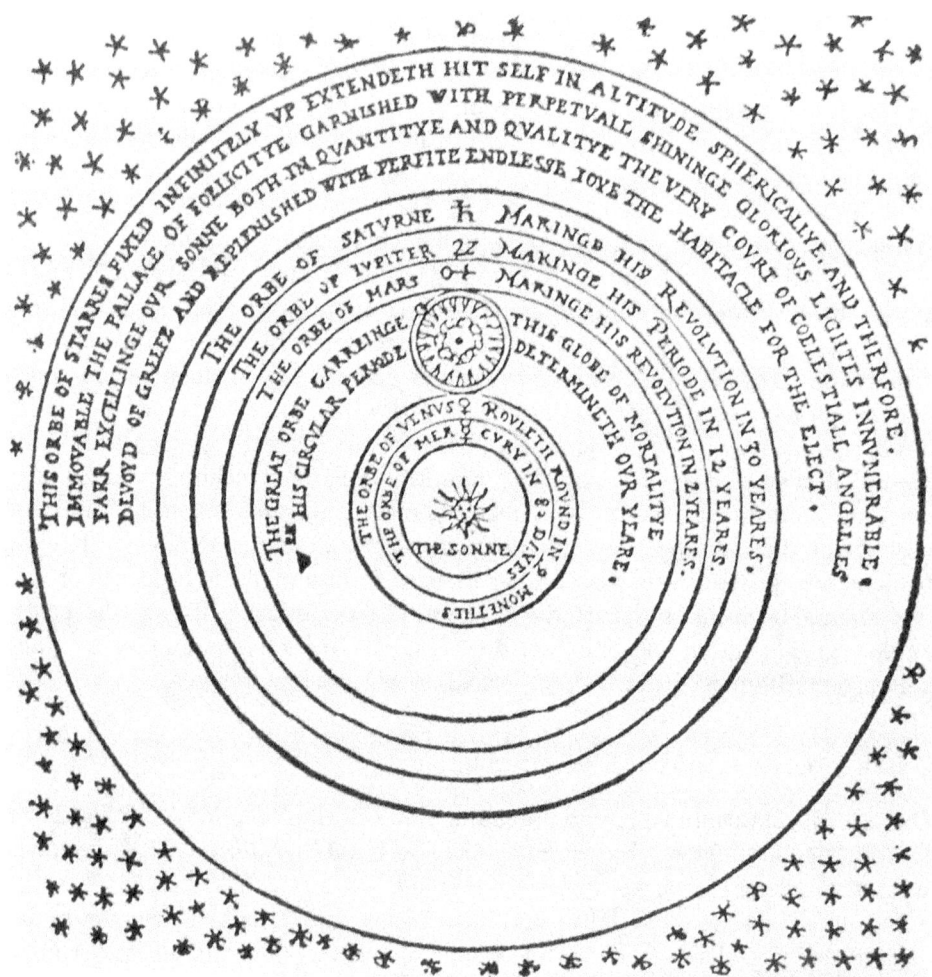

Abbildung 1.6:
Die erste überlieferte Zeichnung des Copernicanischen Weltbildes
mit unendlich ausgedehntem Fixsternraum – von Thomas Digges (1576)
Digges, Tomas: *A Perfit Description of the Caelestiall Orbes according to the most aunciente doctrine of the Pythagoreans, latelye revived by Copernicus and by Geometricall Demonstrations approved.* In: Digges, Leonard: *A Prognostication everlasting.* 1556, 3. Auflage 1576.

stoteles) stärker. Ab dem 14. Jahrhundert begann die Renaissance (deutsch Wiedergeburt) der griechischen Kultur, in Wirklichkeit eine neue selbständige Entwicklung des Abendlandes: Entdeckung der natürlichen Welt als Objekt, die durch rationales Denken und technische Instrumentarien erobert werden kann (in diesem Sinne sind die Entdeckung von Amerika durch Kolumbus 1492 und die Entdeckung von Bergen auf dem Mond durch Galilei 1609 synonym zu sehen) und die Entdeckung des Individuums, d. h. der einzelnen Persönlichkeit, des Genius, der nicht durch vornehme Geburt sondern durch innovative Fähigkeiten gekennzeichnet war. Als Albrecht Dürer, der ja auch innovativer Ingenieur war, Italien bereiste, das damals natürlich der modernste Teil Europas war, war er stolz, als ein „Herr" behandelt zu werden, während er in Nürnberg nur als ein, wenn auch berühmter, Handwerker galt. Das war allerdings schon auf dem Höhepunkt dieser Entwicklung, um 1500, als der Astronom Copernicus es auch wagte, den Platz von Sonne und Erde zu vertauschen. In der Tat zirkulierte ein handgeschriebenes Manuskript von ihm mit dem Vorschlag eines anti-ptolemäischen Systems schon kurz nach dieser Zeitenwende. Doch wollen wir hier abbrechen, in der Morgendämmerung eines neuen Zeitalters der Wissenschaft, das uns bald ein – scheinbar – unendliches Weltall und eine völlig neue Physik bescherte.

1.3 Literatur

HARWIT, MARTIN: *Die Entdeckung des Kosmos. Geschichte und Zukunft astronomischer Forschung.* An Exploration of the Scientific Process, New York 1978. München: Piper 1983.

HOSKIN, MICHAEL (Hg.): *The General History of Astronomy.* Cambridge, UK: Cambridge University Press, verschiedene Bände ab 1984.

NORTH, JOHN: *Viewegs Geschichte der Astronomie und Kosmologie.* (London 1994) Braunschweig, Wiesbaden: Vieweg 1997.

PANNEKOEK, ANTON: *A History of Astronomy.* New York: Dover Publ. 1961 (Nachdruck 1989).

SCHULTZ, UWE (Hg.): *Scheibe, Kugel, Schwarzes Loch – Die wissenschaftliche Eroberung des Kosmos.* München: C. H. Beck 1990.

TEICHMANN, JÜRGEN: *Wandel des Weltbildes – Astronomie, Physik und Messtechnik in der Kulturgeschichte.* (München: Deutsches Museum 1980) Darmstadt: Wissenschaftliche Buchgesellschaft 1983. Stuttgart, Leipzig: B. G. Teubner (4. Auflage) 1999.

Abbildung 2.1:
Ansichtskarten mit Marius-Porträt, ca. 1898 bzw. 1924
Stadtarchiv Gunzenhausen, Bildsammlung

„Mensch Mayer!" Oder, wie man zum berühmten Sohn von Gunzenhausen wird

Werner Mühlhäußer (Gunzenhausen)

Die eigentlich als Ausdruck des Erstaunens, der Verwunderung gebrauchte Aussage, lässt sich zweifelsohne unmittelbar für eine, in Gunzenhausen geborene Person, verwenden.

Simon Mayer, der gelehrten Welt besser unter seinem latinisierten Namen Simon Marius geläufig, zog vom beschaulichen Gunzenhausen aus, um ein weit über die Grenzen seiner Heimatstadt hinaus angesehener, ja berühmter Astronom zu werden. Sein bis auf die Gegenwart nicht unerheblicher Bekanntschaftsgrad basiert hauptsächlich auf der, mit Galilei zeitgleichen Entdeckung der vier größten Jupitermonde. Darüber hinaus hat er sich mit intensiven wissenschaftlich-astronomischen Forschungen eine hohe Reputation verschafft.

Bereits relativ frühzeitig findet man Simon Marius in landesgeschichtlichen Veröffentlichungen als prominenten Vertreter des Fürstentums Brandenburg-Ansbach. Exemplarisch ist die 1761 erschienene *Historische und Topographische Nachricht von dem Fürstenthum Brandenburg-Onolzbach, Aus zuverläßigen archivalischen Documenten und andern glaubwürdigen Schrifften verfaßet,* des markgräflichen Archivrats Gottfried Stieber zu nennen, der ihn als *vorzüglich berühmten Mathematicus* bezeichnet und die Entdeckung der so genannten *Brandenburgischen Gestirne* erwähnt.[1] Die 1780 von Johann Paul Riedel veröffentlichte erste Stadtchronik von Gunzenhausen führt den Astronomen nicht auf, was wohl daran liegt, dass sich der Verfasser schwerpunktmäßig mit der frühen Geschichte der Altmühlstadt beschäftigt. Diesen Missstand behebt die 1899 publizierte, detailreichere *Geschichte der Stadt Gunzenhausen* von Pfar-

---

1 Ausführlicher Hinweis zu Simon Marius siehe *Geburts- und Todten-Almanch Ansbachischer Gelehrten, Schriftsteller und Künstler* von Johann August Vocke, Augsburg 1797.

rer Karl Stark. Im darin enthaltenen Kapitel zu sechs berühmten Männern der Stadt wird gleich, nach dem ebenso in Gunzenhausen geborenen Reformator Andreas Osiander, Simon Marius aufgeführt. Allerdings nennt der Autor mit 1570 gleichfalls ein falsches Geburtsjahr, stützend auf ältere Literaturangaben, wonach *sein Geburtstag ... weil die Taufbücher des 16ten Jahrhunderts zu Gunzenhausen im 30jährigen Kriege verbrannt wurden ...* nicht eruierbar wäre.[2] Ein Trugschluss, da glücklicherweise alle Pfarrbücher für Gunzenhausen sämtliche Kriegswirren überstanden haben.

Archivalische Belege und Dokumente aus Gunzenhausen lassen sich teilweise nur schwierig zur Familie von Simon Marius zuordnen, da der Personenname Mayer, heute wie damals, nicht gerade selten vorkommt. In Verbindung mit dem Büttnerberuf, nachweislich durch den Vater von Simon Marius, Reichart Mayer ausgeübt, lässt sich für das beginnende 16. Jahrhundert ein Michael Mayer feststellen. Dieser arbeitet ebenfalls als Büttner (= Herstellung von Gefäßen und Behältern aus Holz; auch als Küfer oder Fassbinder bezeichnet), ist um 1532 als Hausbesitzer im Kernstadtbereich bekannt und sitzt seit etwa 1536 im Rat der Stadt. Dort hat er wichtige Ämter inne, beispielsweise als Säckelmeister, Umgelder oder Steurer, was ihn als kompetenten Finanzfachmann ausweißt. Schließlich ist er zwischen 1541 und 1550 vier Mal Bürgermeister von Gunzenhausen. In ihm darf wohl mit großer Wahrscheinlichkeit der Großvater von Simon Marius zu vermuten sein.

Der Vater Reichart Mayer, um 1529 geboren, wird am Montag nach Lätare 1553 (= 13. März) zum Bürger aufgenommen, das heißt, dass er *einen leiblichen Aydt zu Gott dem Allmechtigen schweren, zue forderist Unsern gnedigsten Fürst und Herrn, dann darzu allhier Verordneten Herrn Amtmann, Herrn Vogten und einem Regierenden Bürgermeistern gehorsamb zu sein ... gemeiner Stadt Nuzen befördern und Schaden ab zu wenden ...* Mit Entrichtung einer Gebühr und Einschreibung in das Bürgeraufnahmebuch,[3] ist er vollwertiger Bürger Gunzenhausens mit allen Rechten und Pflichten und heiratet im selben Jahr Veronica Fischer, gebürtig aus der benachbarten Ortschaft Cronheim, Witwe von Sebastian Fischer aus Gunzenhausen. Dem Paar ist kein langes Eheleben beschieden, schon kurze Zeit nach der Heirat stirbt die junge Frau, vom Schicksal der gemeinsamen Tochter Barbara ist nichts bekannt.

1556 heiratet Reichart Mayer erneut, diesmal ist es Elisabeth, eine Wirtstochter aus Sammenheim und in rascher Folge stellt sich Nachwuchs ein (vgl. auch den Stammbaum der Familie Mair [Mayer], S. 160): Elisabetha (*1557), Michael (*1560), Barbara (*1562), Jakob (*1565), Leonhard (*1567), Marga-

---

2 Stark, Gunzenhausen, 1899.
3 Stadtarchiv Gunzenhausen, Rep. I Fach 45 Nr. 9.

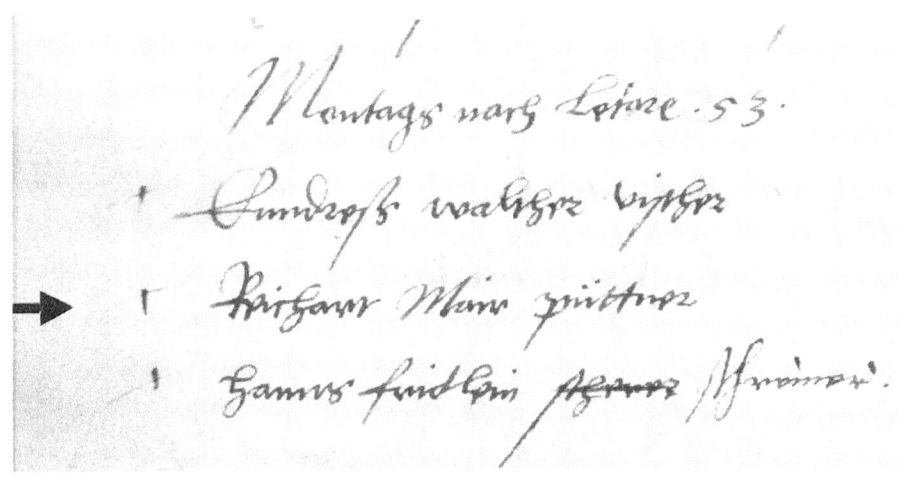

Abbildung 2.2:
Bürgeraufnahme von Reichart Mayer
Reichart Mair püttner
Stadtarchiv Gunzenhausen

retha (*1570) und Simon (*1573). In Zeiten hoher Kindersterblichkeit ist es dem Ehepaar Mayer vergönnt, dass sämtliche Kinder das Erwachsenenalter erreichen. Während die Töchter alle in Gunzenhausen bleiben und in angesehene Bürger- und Ratsfamilien einheiraten, sieht man die Söhne als Schulmeister in Creglingen, Pfarrer in Gräfensteinberg und Pfofeld bzw. Rektor in Solnhofen und Kaplan in Feuchtwangen.

Diesen Karrieren der Abkömmlinge liegt eine gehobene soziale Stellung der Eltern, die Zugehörigkeit der Familie Mayer zur gesellschaftlichen Oberschicht Gunzenhausens als Basis zu Grunde, verstärkt durch den beruflich-wirtschaftlichen Erfolg mit hohem persönlichen Ansehen des Büttnermeisters Reichart Mayer sowie dessen Berufung in den Rat seiner Heimatstadt. Ab ca. 1566 ist er 15 Jahre als Bergmeister für den Schafhof auf dem nahe gelegenen Reutberg zuständig, ein immens wichtiger städtischer Wirtschaftsbetrieb mit sicheren jährlichen Einnahmen; als Säckelmeister ist er für die korrekte Rechnungsführung zuständig und 1585 als Amtsbürgermeister letztlich höchster Repräsentant des städtischen Gemeinwesens.

Gunzenhausen zählt im letzten Drittel des 16. Jahrhunderts etwa 1.800 Einwohner und ist damit den größeren Städten im Fürstentum Brandenburg-Ansbach zuzurechnen. Die günstige Lage an der Altmühl sowie die beiden

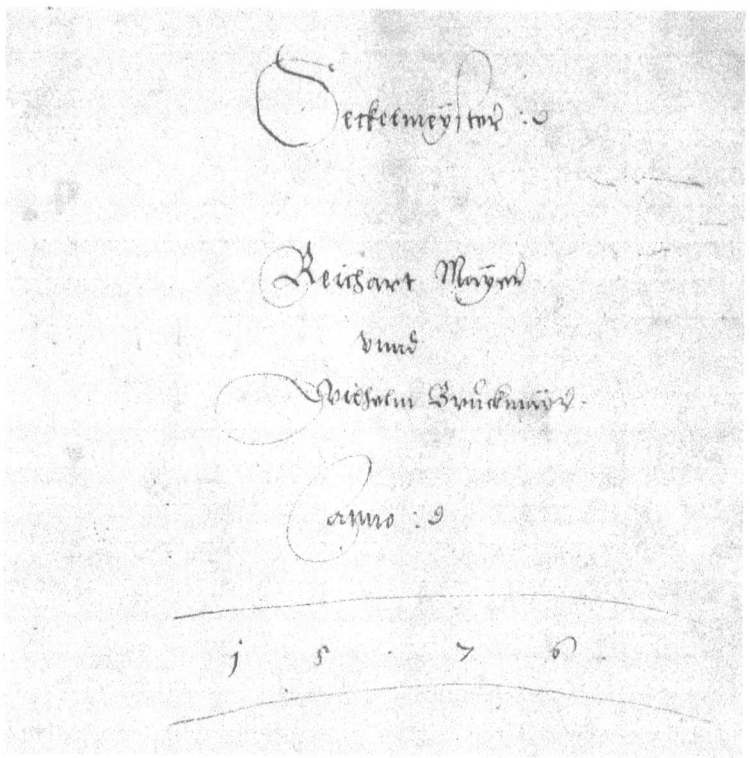

Abbildung 2.3:
Titelblatt der Säckelmeisterrechnung von Reichart Mayer
und Wilhelm Bruckmayr aus dem Jahr 1576
Stadtarchiv Gunzenhausen

Fernhandelsverbindungen Nürnberg-Nördlingen-Ulm-Mailand bzw. Würzburg-
Ansbach-München, fördern maßgeblich die Entwicklung von Wirtschaft, Handel und Gewerbe. Deutsche Schule, Lateinschule, Spital und Getreideschran-
ne sind infrastrukturelle Einrichtungen, die ebenfalls zur Prestigemehrung der
Stadt beitragen. Auch eine bedeutende jüdische Kultusgemeinde ist seit 200
Jahren am Ort, der ab 1528 offiziell Luthers Lehre angehört. Durchschnitt-
lich betragen die städtischen Jahreshaushaltseinnahmen ca. 435 Gulden (= ca.
17.400 €), denen ein ungefähr gleich hohes Ausgabevolumen gegenüber steht.
Regelmäßig besuchen die Ansbacher Markgrafen als Landesherren Gunzenhausen und logieren dann im Amtshof am Marktplatz. Dort und an der Rat-

hausstraße leben Adelsfamilien in ihren stattlichen Häusern, was zusätzliche Einnahmequellen erschließt.[4]

In diesem Umfeld kommt am 10. Januar 1573, als letztes Kind von Reichart und Elisabeth Mayer, ein Sohn zur Welt, der am darauf folgenden Tag bei der Taufe durch Dekan Jodokus Braun in der evangelischen Stadtkirche Mariä Virginis, den Namen Simon erhält. Der knappe und schlichte Eintrag im Taufbuch lautet: *Vater Reichart Mayr, Kindt Simon, Gevatter Simon Kaiser, alle zu Gunzenhausen*; der Taufpate Simon Kaiser ist Mitglied einer weitverzweigten Metzgers- und Wirtsfamilie.[5]

Simon Marius hat später selbst über seine Geburt berichtet ... *eben an disem tag* (10. Januar) *Anno 1573 halbwegs 12 uhr nach Mittag in der Nacht, bin ich auff diese Welt zu viel Creutz und Leyden geboren worden zu Guntzenhausen an der Almühl ....*[6]

Über seine Kindheit und frühen Jahre ist nichts bekannt; inwieweit die Angabe zutrifft, Markgraf Georg Friedrich von Brandenburg-Ansbach (reg. 1556–1603) habe anlässlich eines Besuches in Gunzenhausen den Knaben Simon singen gehört und sei von der schönen Stimme äußerst angetan gewesen, lässt sich nicht verifizieren und dürfte eher ins Reich der Legenden zu verweisen sein. Sicher ist davon auszugehen, dass er zunächst die hiesige, 1530 gegründete Lateinschule (Kirchenstr. 11) besucht, wie schon seine drei älteren Brüder, die allesamt Geistliche werden. Dort unterrichtet seit 1581 Georg Vogtherr als Lateinischer Schulmeister (ab 1583 Pfarrer in Meinheim) und er, als *Okkultist und Liebhaber der Astronomie* ist es auch, wie Marius später schreibt, der im Achtjährigen die Leidenschaft für die Sterne weckt. Mit 13 Jahren führt ihn sein Weg an die Heilsbronner Fürstenschule, einer markgräflichen Eliteeinrichtung zur Sicherstellung des Nachwuchsbedarfs für den Kirchen-, Schul- und Beamtendienst im Fürstentum. Ungefähr 100 Knaben, im Eintrittsalter zwischen 12 und 16 Jahren, dürfen dort auf Staatskosten einen höheren Schulabschluss anstreben vorausgesetzt, sie verfügen über fortgeschrittene lateinische oder griechische Sprachkenntnisse und werden von Pfarrern ihrer Heimatgemeinden empfohlen. Nach bestandener Aufnahmeprüfung vor dem Konsistorium in Ansbach, müssen sie sich u. a. verpflichten, nicht ohne Erlaubnis in fremde Dienste zu treten.

Auf der Fürstenschule bleibt Simon Mayer bis 1601, damit wesentlich länger als sein Bruder Leonhard, der nur von 1587 bis 1588 nachweisbar ist um anschließend in Wittenberg Theologie zu studieren.[7]

---

4 Mühlhäußer, Geschichte, 1993.
5 Landeskirchliches Archiv Nürnberg, Erstes Pfarramt Gunzenhausen, Taufen 1553–1580.
6 Simon Marius, Prognosticon für 1609.
7 Schlund, Fürstenschüler, 1987.

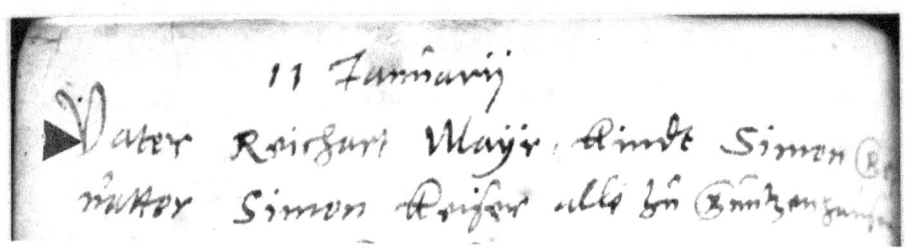

Abbildung 2.4:
Oben: Das vermutete Geburtshaus von Simon Marius (Hafnermarkt 10)
Unten: Eintrag im Pfarrbuch zur Taufe von Simon Marius:
11. Januarij [1573]
Vater Reichart Maÿr, Kindt Simon, Ge-
vatter Simon Kaiser, alle zu Gunzenhausen.
Stadtarchiv Gunzenhausen, Bildsammlung

Abbildung 2.5:
In der Evangelischen Stadtpfarrkirche wird Simon Marius
am 11. Januar 1573 getauft.
Stadtarchiv Gunzenhausen, Bildsammlung

Noch während seiner Heilsbronner Zeit findet sich in den Unterlagen des Stadtarchivs Gunzenhausen der erste Hinweis für eine finanzielle Zuwendung des städtischen Rats an ihn. In der Säckelmeisterrechung für 1596/1597 ist folgender Eintrag zu lesen:

2 fl. (Gulden) *an Simon Mairen verehret wegen übergebung deß beschriebenen cometen auf befehl des vogts und etlich deß rathes*[8]

Dieser Ausgabeposten des Stadtsäckels ist im direkten Zusammenhang mit einer wissenschaftlichen Beobachtung Marius' zu sehen

> ... *deren ich Anno 1596 in der beschreibung dess Cometen so im Monat Julio* ... *geleuchtet, gedacht hab, auch dabey vermeldet, dass solche Coniunctio sampt der grossen Sonnenfinsternus so Anno 1601 den 14. oder 24. Decembris geschehen* ... *einen Cometen verursachen werde* ...[9]

Bedauerlicherweise hat sich diese, dem Rat übereignete Druckschrift mit der Kometenbeschreibung, nicht in den städtischen Sammlungen erhalten und ist verschollen.

Nur drei Jahre später, Simon Marius besucht noch die Heilsbronner Fürstenschule, versterben kurz nacheinander die Eltern Reichart und Elisabeth Mayer in Gunzenhausen. Das Beerdigungsregister für 1599 registriert für den 12. Dezember das Begräbnis von *Reichhart Mair seines alters im 70. Jar* und am 13. Dezember *Elisabeth sein hausfrau bey 65 Jarn alt*.[10] Möglicherweise sind beide einer Seuche zum Opfer gefallen, welche in Zeiten mangelnder hygienischer Verhältnisse häufig die Bevölkerung heimsuchen. Eventuell war es Simon Marius, informiert durch seine in Gunzenhausen lebenden Schwestern möglich, aus dem 34 km entfernten Heilsbronn nach Hause zu eilen, um von den Eltern Abschied zu nehmen.

In der Bürgermeisteramtsrechnung von 1606 erscheint unter der Rubrik *Außgeben uff Zehrung*, quasi dem Repräsentationsfond der Stadtoberen, die Ausgabe über *8 fl.* (Gulden) *2 ort bey Georg Bauer ein ganzer Ehrbarer Rath verzehrt, alß man Herrn Simon Maiern zu Gast gehabt*.[11]

Offensichtlich ist es Simon Marius ein großes Bedürfnis der Vaterstadt, noch im selben Jahr seiner Ernennung zum Hofastronom und -mathematicus durch Markgraf Joachim Ernst von Brandenburg-Ansbach (reg. 1603–1625), einen Besuch abzustatten und der 24köpfige Rat lässt es sich nicht nehmen, ihm

---

8 Stadtarchiv Gunzenhausen, Repertorium I Fach 76/I, Nr. 2.
9 Simon Marius, Prognosticon für 1603.
10 Landeskirchliches Archiv Nürnberg, Erstes Pfarramt Gunzenhausen, Beerdigungen 1593–1632.
11 Stadtarchiv Gunzenhausen, Repertorium I Fach 76/I, Nr. 2.

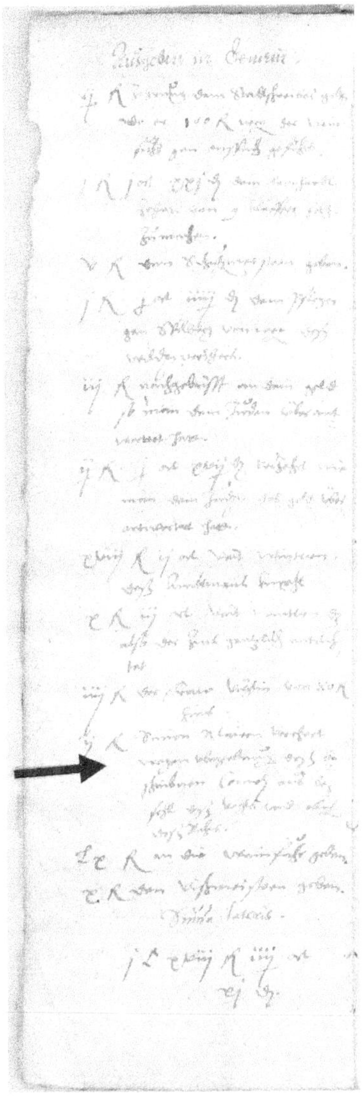

Abbildung 2.6:
Säckelmeisterrechnung 1596/1597
mit Vermerk der finanziellen Zuwendung an Simon Marius
2 fl. [Gulden] *an Simon Mairen verehret wegen übergebung*
deß beschriebenen cometen auf befehl des vogts und etlich deß rathes
Stadtarchiv Gunzenhausen

Abbildung 2.7:
Anlässlich eines Besuchs von Simon Marius 1606 in Gunzenhausen
veranstaltet der Rat ein Festmahl
8 fl. [Gulden] *2 ort bey Georg Bauer ein ganzer Ehrbarer Rath verzehrt,
alß man Herrn Simon Maiern zu Gast gehabt.*
Stadtarchiv Gunzenhausen

zu Ehren ein opulentes Festmahl beim Wirt Georg Bauer auszurichten und vollzählig daran teilzunehmen.

Durch welches konkrete Ereignis sich die Stadtväter 1612 veranlasst sehen, Marius ein Geschenk zu überreichen, ist unklar. Vielleicht ist es die Tatsache, dass er als erster Mensch der Neuzeit den Andromedanebel per Fernrohr beobachtet hat, oder aber die von ihm veröffentlichte, erste deutsche Übersetzung der sechs Bücher des Euklid direkt aus dem griechischen Urtext (*Elementorum Euclidis, In welchen die Anfäng und Grunde der Geometria ordentlich gelehret und gründtlich erwiesen werden . . .*). Eher unwahrscheinlich dürfte es als Anerkennung für die 1610 erfolgte Jupitermonde-Entdeckung zu werten sein, die er erst 1614 mit seinem Hauptwerk *Mundus Iovialis* einem breiteren Publikum vorstellt.

Fakt ist, dass die Bürgermeisteramts-Rechnung dieses Jahres bei den *Außgeben In gemein 6 fl.* (Gulden) *2 ort Lienhart Heckeln, Goldschmieden, für ein Becherlein so Simon Mairn verehrt worden* veranschlagt.[12] Demnach liefert der seit 1607 in Gunzenhausen lebende Goldschmied Lienhart Heckel ein kleineres, möglicherweise aus Silber gearbeitetes, Trinkgefäß.

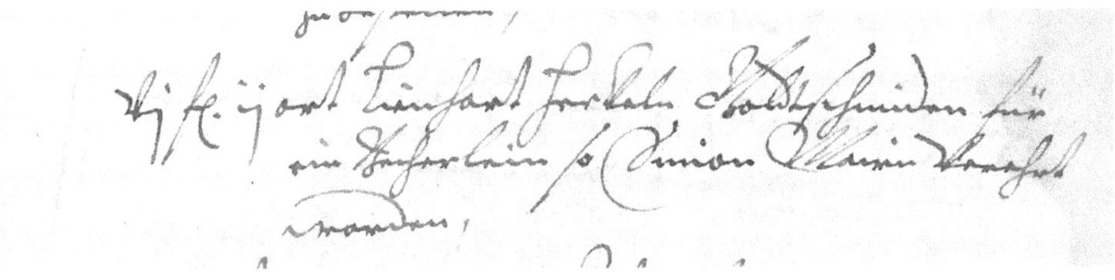

Abbildung 2.8:
1612 erhält Simon Marius einen (Silber-)Becher zum Geschenk
Außgeben In gemein 6 fl. (Gulden) *2 ort Lienhart Heckeln, Goldschmieden,*
für ein Becherlein so Simon Mairn verehrt worden.
Stadtarchiv Gunzenhausen

Erneut findet sich ein Hinweis auf Marius in der Bürgermeisteramtsrechnung für 1618, mit einer finanziellen Zuwendung über 5 Gulden 1 ort 3 Pfennig für *Herrn Simon Mairn zu Onoltzbach* (= Ansbach).[13] Welchem Zweck diese monetäre Unterstützung dient, ist vordergründig nicht ersichtlich, naheliegend könnte es ein „Druckkostenzuschuss" zur, im Folgejahr veröffentlichten *Astro-*

---

12 Stadtarchiv Gunzenhausen, Repertorium I Fach 76/I Nr. 2.
13 wie vor

nomische und Astrologische beschreibung dess Cometen so im November und December vorigen 1618. Jahrs ist gesehen worden ... sein.

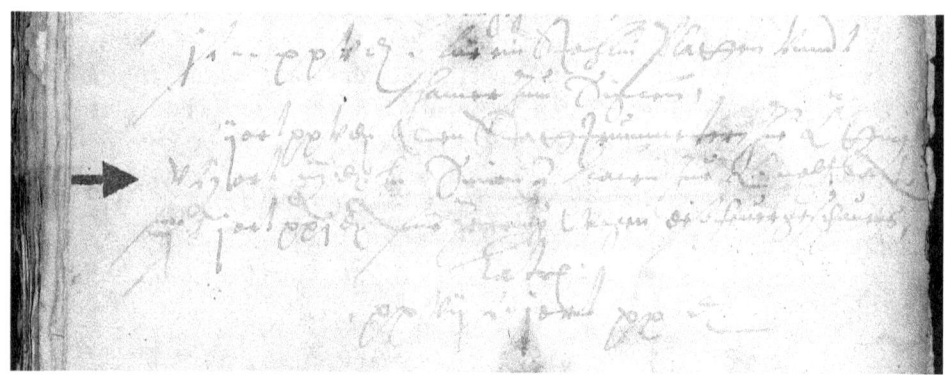

Abbildung 2.9:
Beleg für eine Barzuwendung 1618 an Simon Marius:
5 Gulden 1 ort 3 Pfennig für *Herrn Simon Mairn zu Onoltzbach*
Stadtarchiv Gunzenhausen

Vorgenanntes Archivale ist bis zum Tod Simon Marius' 1624 in Ansbach, die letzte zeitgenössische, lokalhistorische Quelle.

Zum Zeitpunkt seines Todes lebt noch die Schwester Margaretha in Gunzenhausen. Sie hat 1605 Schlossermeister Onofrius Zeißlein geheiratet und stirbt, zusammen mit ihrer Tochter Barbara, im Dezember 1629 im hiesigen Armenhaus. Von den beiden anderen Schwestern Elisabetha (1557–~1584/1585) bzw. Barbara (1562–1620), wohnen Marius' Nichte Katharina Friedlein, geb. Kistner (1583–1626) sowie die Neffen Georg Sebald (*1600) und Leonhard Kretzer (1604–1669) ebenfalls in der Stadt. Der im benachbarten Pfofeld als Pfarrer wirkende Bruder Jakob Mayer, ist schon 1607 an der Pest gestorben.

Bedingt durch familiäre Verbindungen, aber auch anhand der aufgezeigten städtischen Ehrungen ist davon auszugehen, dass Simon Marius wahrscheinlich öfters Gunzenhausen besucht hat, zumal es von Ansbach aus in einer knappen Tagesreise zu erreichen war. Darüber hinaus hat er sich stets zu Gunzenhausen bekannt, ob in frühen Briefen aus Heilsbronn (*Simon Mair von Gunzenhaußen, Alumnus im Closter Heilsbronn*; *Simon Mayr von Gunzenhaußen, Schüler zu Heilsbronn*) oder in seinen Publikationen (*Simonem Marium Guntzenhusanum Francum* bzw. *Simon Marius Guntzenh. Mathematicus et Medicus*), was auf eine starke Heimatverbundenheit schließen läßt.[14]

14 Simon Marius, Prognosticon für 1610; Mundus Iovialis, 1614.

In den darauf folgenden Jahrhunderten bleibt das Wissen um die Herkunft des berühmten Astronomen vermutlich latent im Bewusstsein der Gunzenhausener Stadtväter verwurzelt. Ob seitens des Rats den Jahrestagen von Geburt oder Tod Simon Marius' eigens gedacht wird, ist unwahrscheinlich. Außerprogrammliche Gedenkveranstaltungen bleiben primär besonderen Anlässen vorbehalten, so zum Beispiel Jubel- oder Friedensfeste zur Beendigung des Dreißigjährigen Krieges bzw. zur Einführung der Reformation im Fürstentum Brandenburg-Ansbach, die nachweislich im 17. und 18. Jahrhundert mit einem größeren Aufwand zu zelebrieren sind.

Gegen Ende des 19. Jahrhunderts ist die Stadtentwicklung Gunzenhausens derart fortgeschritten, dass man sich dazu entschließt, die bis dahin übliche fortlaufende Häusernummerierung durch Einführung von Straßennamen zu ersetzen. Infolge starker Bautätigkeit kommen skurrile Hausnummern mit Bruchziffern und Buchstaben zum Einsatz (z. B. 328 $\frac{1}{6}$ a; 314 $\frac{1}{33}$), welche im Alltag häufig für Verwirrung sorgen. Mit Schreiben vom 4. März 1893 teilt der Stadtmagistrat der Brandversicherungskammer in München mit, dass vorerst 15 Straßen neue Bezeichnungen erhalten. Lediglich drei Straßenzüge werden nach Personen benannt: die Bühringerstraße (Volksschullehrer Johann Jakob Bühringer (*1769 †1843); vermacht sein Vermögen der Stadt für wohltätige Zwecke), die Hensoltstraße (Bürgermeister Johann Leonhard Hensolt (*1816, †1867); stiftet in seinem Testament 10.000 Gulden für die Latein- bzw. Realschule) und im Kernstadtbereich, zwischen Synagoge, Hafnermarkt und Marktplatz verlaufend, die Mariusstraße.[15] Warum gerade dieser Bereich den Astronomennamen bekommt, mag eventuell mit dem dort vermuteten Geburtshaus zusammenhängen.

Eine weitere große Ehrung erfährt Simon Marius im September 1969. Mit der feierlichen Einweihung eines Neubaus, der passenderweise auch eine Sternwarte beherbergt, erhält die vorher namenlose Oberrealschule zeitgleich die vom bayerische Kultusministerium verliehene Bezeichnung ‚Simon-Marius-Gymnasium'. Seit 1987 trägt auch die nahe gelegene Straße seinen Namen, da die bisherige Mariusstraße nun Hafnermarkt heißt. Im Jahr darauf beschäftigt sich ein Latein-Leistungskurs intensiv mit dem Hauptwerk des Namenspatrons ihrer Schule, *Mundus Iovialis*, und übersetzt die in lateinischer Sprache verfasste Abhandlung erstmals ins Deutsche. Fachlich begleitet und ergänzt durch zwei Lehrer, wird die Fleißarbeit publiziert.[16] Der Erwerb eines der wenigen noch

---

15 Stadtarchiv Gunzenhausen, Repertorium II Fach 20, Nr. 4/II.

16 Schlör, Joachim (Hrsg. und Bearb.): Simon Marius. *Mundus Iovialis. Die Welt des Jupiter. Die Entdeckung der Jupitermonde durch den fränkischen Hofmathematiker und Astronomen Simon Marius im Jahr 1609.* (Reprint mit Übersetzung). Gunzenhausen: Schrenk-Verlag 1988.

erhaltenen Originale dieser wissenschaftlich bedeutenden Publikation aus Berliner Antiquariatsbestand, ist 1995 einem glücklichen Zufall zu verdanken und ein großes Highlight für die historischen Sammlungen der Stadt Gunzenhausen, denen das Werk nach Kauf und Finanzierung durch die örtliche Sparkasse schenkungsweise übergeben wird.

Abzurunden ist die Aufzählung lokaler Würdigungen Simon Marius' damit, dass ihm zu Ehren Postkarten gedruckt (vgl. Abb. 2.1, S. 34), Gedenkmünzen geprägt (1977), Sonderpoststempel (1979) aufgelegt oder Ausstellungen (1995 Stadtmuseum; 2009 Stadt- und Schulbücherei bzw. Gymnasium) durchgeführt worden sind, wie es für kaum einen anderen „berühmten Sohn" Gunzenhausens der Fall ist.

2.1 Literaturverzeichnis

BRÜGGENTHIES, WILHELM: Simon Marius (*1573 Gunzenhausen †1624 Ansbach). In: *Alt-Gunzenhausen, Beiträge zur Geschichte der Stadt und Umgebung*, Heft **63** (2008), S. 36–44.

BURKHARDT, LEONHARD: Zu den berühmtesten Gunzenhäusern zählt der Hofastronom der Ansbach Markgrafen, nämlich Simon Marius. Am 8. Januar 1573 in Gunzenhausen geboren. Pressebericht in: *‚Altmühl-Bote'* Nr. 122 vom 28.5.1971.

CLAUSS, HERMANN: Zum Lebensbild des Simon Marius. In: *Gunzenhauser Heimat-Bote*, Band I (1922), Nr. 5.

GÜNTHER, SIEGMUND: Berühmte Gunzenhauser. Simon Mayr. In: *Gunzenhauser Heimat-Bote*, Band I (1922), Nr. 4.

HLOCH, WOLFGANG UND RAINER LUKAS: Besuch bei der Sternwarte des Simon-Marius-Gymnasiums in Gunzenhausen. In: *Sterne und Weltraum – Zeitschrift für Astronomie* **27** (1988), Nr. 6, S. 386–387.

KLUG, JOSEF: Simon Marius aus Gunzenhausen und Galileo Galilei. Ein Versuch zur Entscheidung der Frage über den wahren Entdecker der Jupitertrabanten und ihrer Perioden. In: *Abhandlungen der königl. bayer. Akademie der Wissenschaften*, mathemath.-physik. Klasse, Band **22** (1906), S. 387–526.

LUX, WILLY: Zehn Tage vor Galilei entdeckte Simon Marius die Jupitermonde. Pressebericht in: *‚Altmühl-Bote'* Nr. 96 vom 26.4.1969.

MARZELL, HEINRICH: Zur Ehrenrettung des Simon Marius. In: *Gunzenhauser Heimat-Bote*, Band VI (1943), Nr. 48.

MEYER, JULIUS: Osiander und Marius. In: *Historischer Verein für Mittelfranken* **44** (1892), S. 51–71.

MÜHLHÄUSSER, WERNER: *Geschichte durch Jahrhunderte. Bürgermeisteramtsrechnungen von 1524 bis 1814*. Gunzenhausen: Riedel-Verlag 1993.

SCHLÖR, JOACHIM (Hrsg. und Bearb.): *Simon Marius. Mundus Iovialis. Die Welt des Jupiter. Die Entdeckung der Jupitermonde durch den fränkischen Hofmathematiker und Astronomen Simon Marius im Jahr 1609 (Reprint mit Übersetzung)*. Gunzenhausen: Schrenk-Verlag 1988.

SCHLUND, HANS: Heilsbronner Fürstenschüler aus dem Gunzenhäuser Land (1582–1631). In: *Alt-Gunzenhausen*, Heft 43 (1987), S. 28–37.

STADT GUNZENHAUSEN (Hg.): *Heimatbuch der Stadt Gunzenhausen*. Gunzenhausen: Riedel-Verlag 1982.

STARK, KARL: *Geschichte der Stadt Gunzenhausen*. Gunzenhausen 1899.

WILDER, ALOIS: Simon Marius – der Namenspatron unserer Schule. In: *450 Jahre Simon-Marius-Gymnasium Gunzenhausen*. 1981.

ZINNER, ERNST: Zur Ehrenrettung des Simon Marius. Sonderdruck aus: *Vierteljahrsschrift der Astronomischen Gesellschaft* **77**, Heft 1, Leipzig 1942.

Abbildung 3.1:
Die zweisprachige Ausgabe von Simon Marius *Mundus Iovialis* von 1988
Foto: Joachim Schlör

Mundus Iovialis – Die Welt des Jupiter

Joachim Schlör (Gunzenhausen)

Der *Mundus Iovialis* (1614) in zweisprachiger Ausgabe: Die Entdeckung der Jupitermonde durch den fränkischen Hofastronomen Simon Marius im Jahre 1609 – lateinisch und deutsch

In neuerer Zeit hat der Bamberger Astronom Professor Ernst Zinner das Lebenswerk des Simon Marius dargestellt und wohlwollend gewürdigt. Am Ende seines Aufsatzes mit dem Titel „Zur Ehrenrettung des Simon Marius" von 1942 fordert er, „dass die Stadt Ansbach zu Ehren ihres Bürgers Simon Marius, eines vortrefflichen Astronomen, sein Hauptwerk *Mundus Iovialis* durch Faksimiledruck der Vergessenheit entreißt, wie es mit den wichtigsten Schriften seiner Zeitgenossen geschah, und durch Überreichung an die großen Bibliotheken der Erde verbreitet...".

Abgesehen von der englischen Übersetzung von A. O. Prickard (1916) und deutschsprachige Teilübersetzungen der Rezensenten und Kommentatoren, z. B. Josef Klug (1906), existierte bisher keine vollständige Übersetzung des Werks ins Deutsche. Der Forderung Zinners ist daher das Simon-Marius-Gymnasium in Gunzenhausen in den Jahren 1987 und 1988 nachgekommen. Eine zweisprachige Ausgabe bietet sowohl das von Ernst Zinner angemahnte Faksimile des *Mundus Iovialis*, als auch – basierend auf dem Ansbacher Exemplar – eine Übersetzung ins Deutsche. Letztere ist teilweise im Rahmen von Facharbeiten in einem Leistungskurs Latein an unserer Kollegstufe entstanden.

Die Übertragung ins Deutsche ist zum Teil auch die Gemeinschaftsarbeit eines lateinischen Leistungskurses, größtenteils im Rahmen der Facharbeit an der Kollegstufe des Gymnasiums; die ersten Übersetzungen haben angefertigt: Wolfgang Kühlechner, Silvia Büscher, Regina Käufer, Sandra Dobmeier, Kerstin Behr, Diana Rothenbach, Judith Peter, Werner Stafflinger und Kursleiter Joachim Schlör. Der langjährige Betreuer der Sternwarte und Lehrer für Mathematik und Physik Alois Wilder begleitete die Arbeit aus der naturwissenschaftlichen Perspektive und verfasste ein Nachwort, in dem er besonders die Präzision der Beobachtungen des Simon Marius hervorhob. Das Buch erschien im Jahre 1988 im Verlag von Dr. Johann Schrenk als vierter Band der Reihe „Fränkische Geschichte" in einer Auflage von eintausend Stück, die aber leider heute vergriffen ist.

Wie stand denn nun unser Autor selbst zur Verwendung der deutschen Sprache in der Wissenschaft? Seit jeher war Latein die Sprache der internationalen Wissenschaft gewesen. Zur Zeit des Humanismus begeisterten sich die Menschen wieder neu für die hohe wissenschaftliche Kultur der Antike und für die Sprachen der Bibel, besonders für das Lateinische. Simon Marius gibt zur Frage, ob denn ein wissenschaftliches Werk in deutscher Sprache abgefasst oder ins Deutsche übersetzt werden sollte, im Vorwort zum „*Prognosticon Astrologicum*" für das Jahr 1610 auf der dritten Seite Folgendes zu bedenken:

> „*Es ist eine gemeine Frag bei den verständigen/ ob nemblich die Freyen Künst und andere herrliche Sachen/ so in frembden sprachen geschrieben sein/ in unsere Teutsche Mutter sprach sollen gebracht werden. [...]*"

Simon Marius zitiert die Bedenken mancher Zeitgenossen,

> „*Nemblich/ das es mit den Freyen Künsten also beschaffen/ dass solche wegen ihrer hoheit und dignitet/ und wegen der vortrefflichen geheimnussen der Natur/ so darinnen begriffen/ keineswegs gemeinen leuten/ die nichts studirt/ oder vortreffliches gelernet/ soll offenbaret werden/ welches denn geschehe/ wo solche in die gemeine Teutsche sprach gebracht würden und ein jeder Handwercks Mann/ der nur lesen könte/ solcher nachforschen möchte. Da doch zu allen zeiten solche Freye Künst [...] von den Philosophis und hochgelehrten verborgen gehalten/ und allein in dunckel Schrifften denjenigen/ welche ihnen die sprachen und besondere weißheit belieben lassen/ vorgeben und hinterlassen haben. [...] Zu dem/ wo solche vortreffliche sachen solten gemein werden/ welches denn geschehe/ wo sie in die Teutsche sprach transferiert würden/ so würden sie auch inn verachtung kommen/ wie man pflegt zu sagen: Omne secretum diuulgatum vilescit, alle ding / so vor secreta oder geheimnuß gehalten/ wo sie gemein werden/ werden sie auch veracht.*"

Im „*Prognosticon*" für das Jahr 1611 pflichtet Marius dann aber doch der Meinung derer bei, die Übersetzungen ins Deutsche, wie zum Beispiel die der Bibel, für zumindest legitim halten. Insofern ist die am Simon-Marius-Gymnasium angefertigte Übersetzung des Werks also durchaus im Sinne von Simon Marius. Auch wollen die Autoren über die Brücke der Übersetzung zur Beschäftigung mit dem lateinischen Original ermutigen. Und gerade denen, die heute Latein lernen, ist dieses Buch gewidmet.

In seinem Grußwort zum damals neu erschienenen Buch freute sich der in Wien lebende Diplomingenieur Herbert Marius, ein weitläufiger Verwandter unseres Autors, „dass sie (i. e. die Teilnehmer des Leistungskurses, der Verf.) das Hauptwerk unseres Ahnherrn in lesbare Form gebracht haben und dass jetzt auch unsere zahlreichen Enkelkinder ihren Uropa der dreizehnten Generation lesen können!" Auch der damalige Schulleiter Werner Pilhofer schreibt sehr erfreut: „Damit wurde der wissenschaftlichen Arbeit eines großen Sohnes der Stadt Gunzenhausen, des Namenspatrons unseres Gymnasiums, endlich die ihr gebührende Aufmerksamkeit und Würdigung zuteil."

Am zehnten November 1988 wurde die Übersetzung in festlichem Rahmen der Öffentlichkeit vorgestellt. Im schönen Barocksaal des Jagdschlösschens hatten sich viele Schüler, Lehrer und Honoratioren aus Stadt und Landkreis eingefunden, um einen Eindruck von der Eigenart der Welt des Jupiter zu gewinnen.

Schon wenige Tage später beschäftigte sich der Bayerische Rundfunk in seinem *„Bayernmagazin"* mit der Neuerscheinung. Besonders hob der Redakteur die Tatsache hervor, dass aus der schulischen Arbeit schließlich ein praktisches Ergebnis erwachsen sei, das sowohl bei der Fachwelt als auch in der Öffentlichkeit Interesse finde. Im Februar 1990 rückten sogar zwei Aufnahmewagen des Bayerischen Rundfunks beim SMG an, verlegten viele Meter Kabel vom Schulhof in ein Klasszimmer des dritten Stockes und nahmen eine komplette Lateinstunde auf, die Marius' Text über eine Entdeckung des Andromedanebels behandelte. In seiner Sendung „Frankenrätsel" fragte das Bayerischen Fernsehens im Jahre 2004 schließlich nach unserem Autor und stellte dabei auch unsere Übersetzung vor.

Kurz nach Erscheinen des Buches erkannte Ministerialdirigent Noichl vom Bayerischen Kultusministerium in einem Schreiben an die Schule besonders die „fächerübergreifende Zusammenarbeit" von Geistes- und Naturwissenschaften an. Gegen Ende Dezember schrieb Kultusminister Hans Zehetmaier, das Buch richte „das Augenmerk auf einen Wissenschaftler, dessen Person und Werk völlig zu Unrecht aus dem Bewusstsein der Nachwelt gerückt ist. Damit trägt sie nicht nur zur 'Rehabilitierung' eines über den örtlichen Raum hinaus bedeutenden Forschers bei, sondern leistet auch einen wertvollen Beitrag zur Erforschung der Lokal- und Regionalgeschichte.

Diplomingenieur Herbert Marius bestellte gleich mehrere Exemplare der Neuerscheinung: „Die Bücher erscheinen gerade zeitgerecht, um nicht nur mir, sondern auch meinem Vetter Richard eine originelle Gabe auf den Weihnachtstisch zu legen." Er übersandte außerdem Kopien der ersten Seiten der *„Tabulae directionum novae"* von 1599, die das Wappen des Marius zeigen, das auch in unserem Buch dokumentiert ist. Im Januar 1989 orderte dann sein Salzburger Vetter gleich fünf Exemplare. Die modernen Marii bedankten sich geradezu überschwänglich dafür, dass sie – des Lateinischen bedauerlicherweise „nur mangelhaft kundig" – nun endlich selbst den Gedanken ihres Vorfahren nachspüren können.

Auch die Wissenschaft ist auf das Buch aufmerksam geworden, so etwa Professor Stöffler, den Herr StD Bauknecht dankenswerter Weise auf die Veröffentlichung hingewiesen hatte. Der Wissenschaftler lehrte am „Institut für Planetologie" der Universität Münster. Bei einem Vortrag des Leiters der Nürnberger Sternwarte Dr. Pohl am 15.11.1988 vor dem „Historischen Verein von Mittelfranken" lag der Mundus auf dem Büchertisch und fand viele Interessenten. Unter der Überschrift „Der Entdecker der Jupitermonde" berichtete der *Fränkische Anzeiger* über das vollendete Projekt und merkte an, es müsse „gedankt werden für die erstmalige Übersetzung eines Werkes, das den Namen dieses fränkischen Wissenschaftlers nun einem breiteren Publikum bekannt macht." Und die Würzburger *Mainpost* meinte, die Arbeit sei „weit mehr als eine Reverenz vor dem berühmten Namensträger der Schule. Sie hilft mit, Ehre und Ruhm eines Mannes weiter zu verbreiten, der mit vielen großen Forschern eines gemeinsam hatte: nicht mehr zu Lebzeiten in den Olymp der Wissenschaften aufgenommen zu werden. Der Stadt Gunzenhausen war damals die faszinierende Entdeckung der Jupitermonde durch Simon Marius, der schon im Alter von einundfünfzig Jahren starb, lediglich einen silbernen Becher von sechs Gulden wert."

Frankenland, die Zeitschrift des Frankenbundes, wies in ihrer Mai-Nummer auf die hohe wissenschaftliche Qualität der Daten im *Mundus Iovialis* hin, die durch Computerrechnungen bestätigt werden konnte. Unter der Rubrik „Neue Sachbücher" beschäftigte sich am 12. Januar 1989 sogar die *Frankfurter Allgemeine* mit Simon Marius: „Der kleine Astronom vom Lande". „Erst in unserem Jahrhundert ist offenkundig geworden, daß zumindest die Monde des Jupiter nicht von Galilei, sondern von Simon Marius (Simon Mayr) erstmals beobachtet worden sind. Er hat seine Entdeckung nur später publiziert. Seine Hauptschrift, der Mundus Iovialis (Die Welt des Jupiter), ist erst jetzt ins Deutsche übersetzt worden." Der Redakteur der *Frankfurter Allgemeinen* fährt fort: „Von historischem Interesse dürften seine Bemerkungen zum Fernrohr sein." Dann zitiert er die schöne Passage aus der „Praefatio ad Candidum Lectorem", die mit den Worten beginnt: „Im Jahre 1608, als die Frankfurter Herbstmesse abgehalten wurde."

Ein halbes Jahr später schreibt Alto Brachner vom Deutschen Museum in München, dass er sich gerade den Mundus vorgenommen habe und dass ihm dieser „viel Freude" bereite. Er findet es beschämend, dass „dieses geschichtlich nicht ganz uninteressante Werk" erst durch unser Gymnasium übersetzt worden sei – „in unserem gigantischen, lauten und 'athletischem' Kultur- und Wissenschaftsbetrieb".

Dass unsere Arbeit auch schon bald über die Grenzen unseres Landes hinaus bekannt wurde, zeigt die Rezension im *Journal for the History of Astronomy* (Band 21, 1990, p. 371 f.). Albert Van Helden von der Rice University schreibt dort: „The German text of this volume is a faithful and competent rendering, and it will be of considerable use to scholars of the subject. [...] Joachim Schlör is to be commended on undertaking this project and providing us with a good translation of this controversial book. What a wonderful way to make Latin relevant to one's students!"

Schon ein halbes Jahr nach der Veröffentlichung hatte bereits mehr als die Hälfte der Auflage ihren Käufer gefunden; wer hätte bei den Vorarbeiten je auf einen solchen Erfolg zu hoffen gewagt? Die Mühe hatte sich also gelohnt – ein Lohn freilich, der rein idealler Art war. Schon Simon Marius mußte schließlich erkennen, dass mit solcher Wissenschaft nichts verdient wird.

HOC OPUS, HIC LABOR! Nachdem die Rohübersetzung in Form der acht Facharbeiten vorlag, waren noch viele Wochenenden und Ferientage dieser Arbeit gewidmet: Übersetzungen, stilistische Überarbeitung, Rückfragen an die naturwissenschaftliche Begleitung, Korrespondenz mit verschiedenen Archiven und Bibliotheken, Arbeit an der äußeren Gestaltung, Gespräche mit dem Verleger und der Druckerei. Und dann immer und immer wieder das Lesen der Druckfahnen. Es war etwas Ordentliches herausgekommen; und es hat schließlich auch Spaß gemacht.

Wie klagt doch der Meister selbst in seinem Prognosticon für 1610:
„*Dum ... immensum(qu)e animo metimur Olympum, pauperie premimur, patimurque incommoda multa ....*"
„Während wir den unermesslichen Olymp (der Wissenschaften) erklimmen, werden wir von Armut erdrückt und erdulden viel Ungemach."

In der Fachwelt erhielt unser Buch jedenfalls freundlichen Beifall – nicht zuletzt wegen der gepflegten deutschen Sprache.

Als Herausgeber hatten wir damals unsererseits nicht die Absicht, eine kommentierte Ausgabe zu erstellen, äußerten aber im Vorwort die Hoffnung, dass das Buch „Anlass für weitere Forschung und Erklärung sein wird. [...] Vielleicht entsteht daraus einmal ein Folgeband zum Text." (S. 11) Das nun unter Frau Prof. Dr. Wolfschmidt entstandene umfangreiche Werk übersteigt die Hoffnung der damaligen Übersetzer in besonders erfreulicher Weise.

In einem Kommentar zur Textausgabe wäre auf so manches hinzuweisen, z. B. auf den Gebrauch des Wortes „mathematicus“, wie er im Text mehrfach und auch in der Beischrift zum Porträt des Marius vorkommt. Das griechische Wort „tò máthema“ τὸ μάθεμα hatte die Grundbedeutung „das Gelernte, die Wissenschaft, die Arithmetik und Geometrie, die mathematischen Wissenschaften“, daneben bezeichnete es aber auch „die Astrologie“. Das lateinische „mathematicus“ findet sich im Lateinischen außer unter der Bedeutung „Mathematiker“ (Cicero u. a.) bei Tacitus und Seneca im ersten Jahrhundert nach Christus im Sinne von „Astrologe, Zeichen- und Sterndeuter“.

Abbildung 3.2:
Porträt des Simon Marius mit alternativem Beitext, „Prognosticon“ von 1621
Foto: Joachim Schlör vom Gunzenhausener Original

Interessanterweise bezeichnet die Beischrift zum selben Porträt im „Prognosticon für 1622“ aus dem Jahre 1621 den Autor nicht als „Mathematiker und Arzt“, wie im *Mundus Iovialis*, sondern als Mathematiker und Astrologen: „Si-

mon Marius, insignis et mathematicus et astrologus". Der Vierzeiler unter der
Abbildung nennt Marius schließlich „Astrologus" und sogar „pius Magus". In
seinem „Prognosticon Astrologicum" von 1606 für das Jahr 1607 umreißt der
Autor den Fachbereich der Mathematik. Diese „ars Mathematica" besteht danach aus der „Geometria" und der „Astronomia". Erstere umfasst „diejenigen
Künst/ so durch Zehlen/ Messen/ Linien/ Figuren/ Gewicht und dergleichen/
ihren Nutz haben". Die Astronomie gliedert sich in die „eigentliche Astronomie", ihrerseits zweigeteilt in „Astronomia instrumentalis" und „Astronomia
numeralis", und die „Astrologia", die den Einfluss des Himmels und der Sterne
auf die irdische Welt darlegen will. Die beiden Begriffe „mathematicus" und
„astrologus" sind im „Prognosticon für 1622" sozusagen als Synonyme verwendet; andererseits enthält der „mathematicus" im *Mundus Iovialis* begrifflich den
„astrologus"; und wenn der Hauptzweck des *Mundus* die Tabellen waren, so ist
Marius hier allerdings gerade in der Funktion des „Mathematicus-Astronomus"
tätig gewesen.

Sprachlich interessant sind auch einige offenkundige grammatikalische Fehler
im Latein des „Mundus Iovialis", die Marius in der wohl wegen z. T. recht
flüchtiger Formulierung unterlaufen sind, so vermutet jedenfalls J. Klug.

- p. 36: „multum disputans": falscher Bezug des Partizips
- p. 36: „rogavit" unvermittelter Subjektswechsel (von „mercator"
zu Philipp)
- p. 38: „intellexit", „misit", „noluit": ebenso
- p. 38: „rediens": falsches Zeitverhältnis; es müsste „reversus"
heißen.
- p. 38: „nullis interim parcens sumptibus": inhaltlich bezogen auf
Philipp, Subjekt ist aber hier „menses"!
- p. 38: „modus poliendi vitra" müsste in klassischem Latein modus
vitrorum poliendorum heißen
- p. 42: „erubuerunt": Es sollte wohl „erubuerint" heißen
- p. 42: „credidero": Es sollte wohl „crediderim" heißen (Potentialis
der Gegenwart).

Interessant ist weiterhin ein Problem, das P. Leich kürzlich aufgeworfen hat.
Es geht dabei um einen Abschnitt aus der „Praefatio", wo Marius über den
gescheiterten Versuch Philipps berichtet, bei den Brillenmachern in Nürnberg
geeignete Linsen für einen Eigenbau eines Fernrohres zu besorgen. Er schickte
dazu Gipsabdrücke nach Nürnberg, die auf den Informationen von der Frankfurter Herbstmesse von 1608 stammten, machte aber wohl keine weiteren Angaben. J. Klug übersetzt folgenden Text: „veram conficiendi rationem illis
revelare noluit" mit „das Geheimnis der Fertigstellung wollte s i c h ihnen

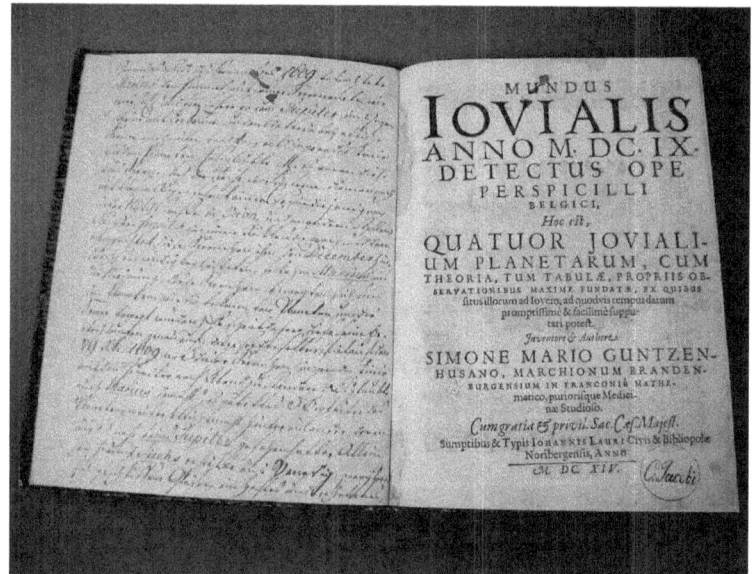

Abbildung 3.3:
Zwei Fotos vom Gunzenhausener Original:
Die Fotografien vom August 2009 zeigen den guten Erhaltungszustand des
Originals, das seit 1995 im Stadtarchiv in Gunzenhausen liegt.
Hier die Titelseite des *Mundus Iovialis*.
Foto: Joachim Schlör vom Gunzenhausener Original

nicht offenbaren" (Klug p. 222). Unsere Übersetzung lautet aber: „e r wollte ihnen die wahre Herstellungsmethode nicht preisgeben".

Das Subjekt des Satzes wechselt – etwas ungeschickt formuliert – von „er", i. e. Philipp, („misit") zu „sie", i. e. die Brillenschleifer („destituebantur") und dann wieder zurück zu „er" („noluit": er wollte nicht). Die Erzählung wird über weite Strecken von Philipp als Handlungssubjekt getragen, und zwar schon vom Beginn der vorigen Seite an: „Im Jahre 1608. . . " („versabatur"), nur einige Male ist „der Belgier" Subjekt, wird aber jedesmal wieder von Philipp abgelöst. Auch im folgenden Satz, der mit „so" („hac ratione") das zuvor Geschilderte aufnimmt, ist „er", nämlich Philipp, das eigentlich handelnde Subjekt, das in „parcens" steckt.

Offensichtlich hat Philipp die ganze Aktion persönlich geleitet; bei technischen Fragen vor Ort haben Philipp und Marius zusammengearbeitet („Wenn wir gewußt hätten. . .", „. . . man schickte uns . . ."). Später, ab Sommer 1609, wird schließlich Marius selbst zum Subjekt: „Seit diesem Zeitpunkt begann ich . . . " („coepi").

Die Nürnberger Brillenschleifer hatten also wohl nicht die passende Ausrüstung, um die gewünschten Linsen herzustellen, und Philipp wollte keine genaueren Informationen herausgeben, da die Aktion unter Geheimhaltung der Absichten ablief. Offensichtlich beabsichtigte sich Philipp im aktuellen Prioritätsstreit um die Erfindung des Fernrohres (s. Hans Lipperhey u. a.) bedeckt zu halten. Klugs Formulierung „wollte s i c h ihnen nicht offenbaren" wäre aber nur richtig, wenn da lateinisch „relevari" (Infinitiv Passiv: „geoffenbart werden / sich offenbaren") stünde, es heißt aber klar und deutlich „relevare" (Infinitiv Aktiv: „offenbaren"). Hier ist also die einzig richtige Übersetzung: „e r wollte nicht". Damit ist hier die Absicht Philipps erkennbar, seine Pläne nicht zu offenbaren, nicht aber (nur) ein Versagen der Nürnberger Brillenschleifer.

In unserer zweisprachigen Ausgabe auszubessern sind drei Errata: Der Sterbetaler des Joachim Ernst ist nicht 35 Zentimeter, sondern 35 Millimeter breit (Seite 35) und auf Seite 39 muss „perspicilla communia" freilich zweimal mit „gewöhnliche Brillen" übersetzt werden.

Originalausgaben des sehr gut erhaltenen *Mundus Iovialis* befinden sich nach unserem Kenntnisstand nur in der Nürnberger Stadtbibliothek, in der Ansbacher Schlossbibliothek, in der Bibliothek von Wolfenbüttel und seit 1995 im Stadtarchiv von Gunzenhausen. Über die Druckauflage ist nichts bekannt.

Sechs Jahre nach dem Erscheinen der zweisprachigen Ausgabe ereignete sich im Jahre 1994 ein Glücksfall – nicht nur für die Stadt Gunzenhausen: Der Fachbetreuer für Latein am Simon-Marius-Gymnasium Hermann Neumann, ein ausgewiesener Freund schöner alter Bücher, blätterte im Katalog eines Berliner

Antiquariates und entdeckte unter den Angeboten eine gut erhaltene Ausgabe des *„Mundus Iovialis"*. Sofort nahm er Rücksprache mit dem damaligen Bürgermeister, der seinerseits wieder den Vorstand der Sparkasse informierte; dieser und die Stadt Gunzenhausen zögerten nicht lange und erwarben im April 1995 mit jeweils gleichem Anteil das kostbare Buch zum stattlichen Preis von 24.000 DM. So befindet sich also eines der wenigen Originalbücher des Namensgebers unseres Gymnasiums in Gunzenhausener Besitz!

14   *Titelblatt*

MUNDUS

IOVIALIS
ANNO M· DC· IX·
DETECTUS OPE
PERSPICILLI
BELGICI,

Hoc est,

QUATUOR JOVIALI-
UM PLANETARUM, CUM
THEORIA, TUM TABULÆ, PROPRIIS OB-
SERVATIONIBUS MAXIME FUNDATÆ, EX QUIBUS
situs illorum ad Iovem, ad quodvis tempus datum
promptiffimè & facilimè fuppu-
tari poteft.

Inventore & Authore

SIMONE MARIO GUNTZEN-
HUSANO, MARCHIONUM BRANDEN
BURGENSIUM IN FRANCONIÂ MATHE-
matico, purioríſque Medicinæ Studiofo.

Cum gratia & privil. Sac. Cæf. Majeſt.

Sumptibus & Typis IOHANNIS LAURI Civis & Bibliopolæ
Noribergenſis, ANNO
M. DC. XIV.

Titelblatt   15

DIE WELT

DES JUPITER
im Jahre 1609
entdeckt mit Hilfe
des belgischen Fernrohrs,

nämlich

sowohl die Theorie der vier Monde des Jupiter
als auch die Tabellen, welche
durch eigene Beobachtungen sehr gut ab-
gestützt sind und es gestatten, eine
sehr rasche und einfache Berechnung
der Positionen jener Monde zum Jupiter
zu jedem beliebig gegebenen
Zeitpunkt vorzunehmen.

Vom Entdecker & Verfasser

SIMON MARIUS AUS GUNZENHAUSEN,
Mathematiker der Markgrafen von
Brandenburg in Franken
& Anhänger der reineren Medizin.

*Mit der Huld & Erlaubnis
der Heiligsten Kaiserlichen Majestät*

Druck & Verlag: Johann Lauer,
Bürger und Buchhändler zu Nürnberg,
im Jahre 1614

Abbildung 3.4:
Die Titelseite des *Mundus Iovialis* beeindruckt durch ihre schöne typografische Gestaltung in (teilweise kursiver) Antiqua; sie kommt ohne Abbildungen aus. Mit der Veröffenlichung erst im Jahre 1614 hinkte Marius allerdings seinem Konkurrenten Galilei um vier Jahre hinterher.

3.1 Doppelseitige Abbildungen

Um dem Leser einen Eindruck von der zweisprachigen Ausgabe zu geben, habe ich einige besonders wichtige und auch ästhetisch ansprechende Seiten ausgewählt, die ich mit ausdrücklicher Genehmigung der Verlegers Dr. Schrenk hier präsentieren darf. Die abgebildeten Seitenpaare zeigen jeweils links ein Faksimile der Originalseite und rechts die zugehörige Übersetzung ins Deutsche.

18 *Widmung*   *Widmung* 19

ILLUSTRISSIMIS
PRINCIPIBUS AC DO-
MINIS , DOMINO CHRI-
STIANO , AC DOMINO IOACHIMO ERNE-
STO, FRATRIBUS, MARCHIONIBUS BRANDENBUR-
gicis, Borruſſiæ, Stetini, Pomeraniæ, Caſſubiorum, Vandalo-
rum, & in Sileſia, Croſnæ & Jegerndorfij Ducibus, Burg-
gravijs Noribergenſibus, & Principibus Ru-
giæ, &c. Dominis meis clemen-
tiſſimis,

*Lluſtriſſimi & Celſiſſimi Principes,
Domini Clementiſſimi , annus nunc
agitur ſexageſimus tertius , ex quo
ſub nomine & Authoritate Illuſtriſ-
ſimi Principis, ALBERTI Marchionis Brandenburgici , Ducis Boruſſiæ , laudatiſſimæ memoriæ,
Excellentiſſimus & Clariſſim. Mathematicus E-
raſmus Reinholdus tabulas ſuas ſecundorum mo-
bilium,*

)(2

GEWIDMET DEN
ERLAUCHTESTEN
FÜRSTEN & HERREN,
DEN BRÜDERN
HERRN CHRISTIAN
&
HERRN JOACHIM ERNST,
den Markgrafen zu Brandenburg,
in Preußen, zu Stettin, Pommern,
der Cassuben & Wenden,
in Schlesien, den Herzögen zu Crossen und
Jägerndorf, sowie
den Burggrafen von Nürnberg
& den Fürsten zu Rügen usw.,
meinen allergnädigsten Herren

Erlauchteste und erhabenste Fürsten,
gnädigste Herren!

Nun schreiben wir bereits das dreiundsechzigste Jahr, seit dem im Namen und unter Förderung des erlauchtesten Fürsten Albrecht von Brandenburg, des Herzogs in Preußen, hochgerühmten Andenkens, der äußerst vortreffliche und berühmte Mathematiker Erasmus Reinhold seine Tabellen über die umlaufenden Himmelskörper, die

Abbildung 3.5:
In der Widmung seines Buches verneigt sich Marius ehrfürchtig vor seinen Arbeitgebern, den Fürsten von Brandenburg-Ansbach, und wirbt um ihre Gunst mit dem Hinweis, er könne sie mit der Benennung der Jupitermonde als „Brandenburgische Gestirne" unsterblich machen.

3.2 Literaturverzeichnis

3.2.1 Textausgaben

MARIUS, SIMON: *Mundus Iovialis.* Nürnberg: Lauer 1614.

Simon Marius, Mundus Iovialis, Die Welt des Jupiter, Die Entdeckung der Jupitermonde durch den fränkischen Hofmathematiker und Astronomen Simon Marius im Jahr 1609, lateinisch und deutsch. Hrsg. und bearb. von JOACHIM SCHLÖR. Naturwiss. begleitet und mit einem Nachw. vers. von ALOIS WILDER. Gunzenhausen: Schrenk-Verlag 1988 (ISBN 3-924270-14-7).

3.2.2 Sekundärliteratur

GOERCKE, E.: „Mediceische Sterne kontra Brandenburgisches Gestirn: Das Leben des Simon Marius." In: *Die Sterne* **62** (1986), Heft 4, S. 223–231.

KLUG, JOSEF: „Simon Marius aus Gunzenhausen und Galileo Galilei." In: *Abhandlungen der Mathematisch-physikalischen Klasse der K. Bayerischen Akademie der Wissenschaften,* 22. Band. München 1906.

PRICKARD, A. O.: „The „'Mundus Jovialis' of Simon Marius." In: *The Observatory* **39** (1916), S. 367–381, 403–412, 443–452, 498–504.

SCHLECHT, J.: „Simon Marius – Namenspatron unserer Schule." In: *Jahresbericht des Simon-Marius-Gymnasiums Gunzenhausen 2005/06.* Gunzenhausen 2006.

SCHLÖR, J.: „Vor 400 Jahren: Simon Marius entdeckt die Jupitermonde." In: *Jahresbericht des Simon-Marius-Gymnasiums Gunzenhausen 2009/10.* Gunzenhausen 2010.

WILDER, ALOIS: „Simon Marius – der Namenspatron unserer Schule." In: *450 Jahre Simon-Marius-Gymnasium Gunzenhausen.* Gunzenhausen 1981.

ZINNER, ERNST: „Zur Ehrenrettung des Simon Marius." In: *Vierteljahresschrift der Astronomischen Gesellschaft* **77** (1942), Heft 1.

SIMON MARIVS GVNTZENH. MATHEMATICVS
ET MEDICVS ANNO M. DC. XIV. ÆTATIS XLII.

JNVENTUM PROPRIUM EST: MUNDUS IOVIALIS, ET ORBIS
TERRÆ SECRETUM NOBILE, DANTE DEO,

Abbildung 3.6:
Das Porträt zeigt Marius im Alter von 42 Jahren,
also im Jahr der Veröffentlichung seines *Mundus Iovialis* (1614).
Die abgebildeten Attribute wie auch die Beischrift weisen ihn
als Mathematiker, Arzt und Astronomen aus.

„Simon Marius aus Gunzenhausen,
Mathematiker und Arzt im Jahre 1614, im Alter von 42 Jahren"
„Seine eigene Entdeckung ist das System des Jupiter
und das edle Geheimnis des Erdkreises, mit Gottes Hilfe."

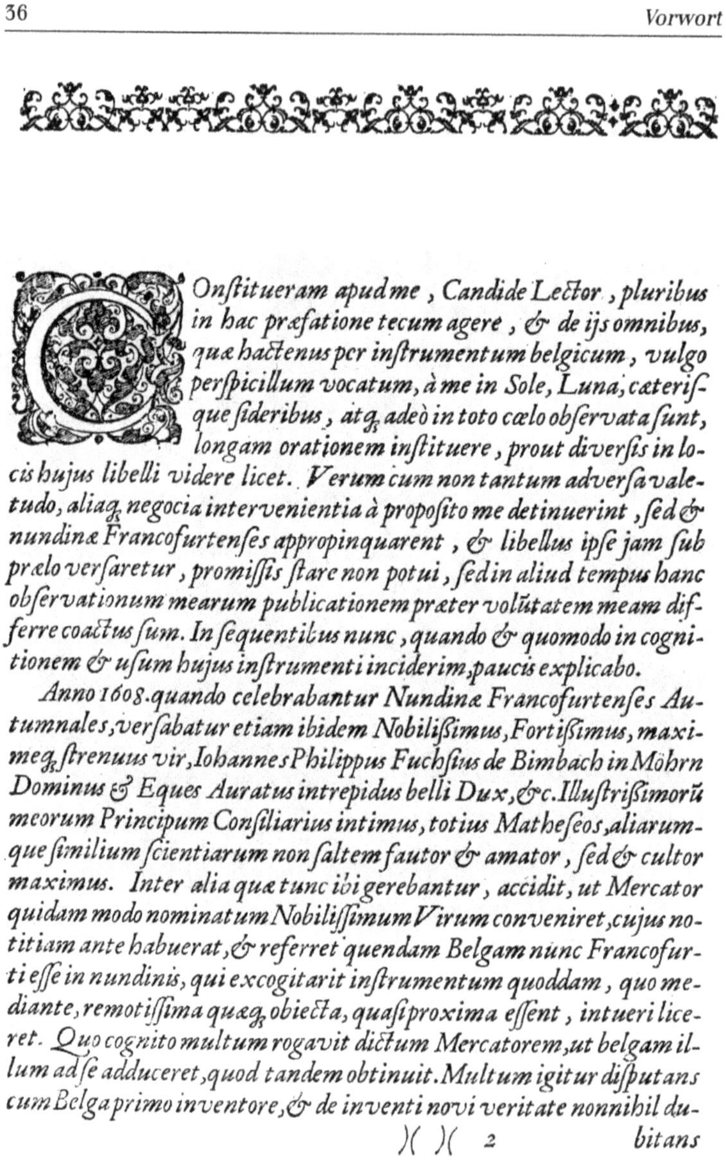

Onstitueram apud me, Candide Lector, pluribus in hac præfatione tecum agere, & de ijs omnibus, quæ hactenus per instrumentum belgicum, vulgo perspicillum vocatum, à me in Sole, Luna, cæterisque sideribus, atq; adeò in toto cælo observata sunt, longam orationem instituere, prout diversis in locis hujus libelli videre licet. Verum cum non tantum adversa valetudo, aliaq; negocia intervenientia à proposito me detinuerint, sed & nundinæ Francofurtenses appropinquarent, & libellus ipse jam sub prælo versaretur, promissis stare non potui, sed in aliud tempus hanc observationum mearum publicationem præter volütatem meam differre coactus sum. In sequentibus nunc, quando & quomodo in cognitionem & usum hujus instrumenti inciderim, paucis explicabo.

Anno 1608. quando celebrabantur Nundinæ Francofurtenses Autumnales, versabatur etiam ibidem Nobilissimus, Fortissimus, maximeq; strenuus vir, Iohannes Philippus Fuchsius de Bimbach in Möhrn Dominus & Eques Auratus intrepidus belli Dux, &c. Illustrissimorü meorum Principum Consiliarius intimus, totius Matheseos, aliarumque similium scientiarum non saltem fautor & amator, sed & cultor maximus. Inter alia quæ tunc ibi gerebantur, accidit, ut Mercator quidam modo nominatum Nobilissimum Virum conveniret, cujus notitiam ante habuerat, & referret quendam Belgam nunc Francofurti esse in nundinis, qui excogitarit instrumentum quoddam, quo mediante, remotissima quæq; obiecta, quasi proxima essent, intueri liceret. Quo cognito multum rogavit dictum Mercatorem, ut belgam illum ad se adduceret, quod tandem obtinuit. Multum igitur disputans cum Belga primo inventore, & de inventi novi veritate nonnihil dubitans

)( )(2

Abbildung 3.7:
In der „Vorrede an den verständigen Leser" seines Buches schildert Simon Marius, wie er in den Gebrauch des Fernrohres gekommen war. Er bemüht sich hier auch um ein wohlwollendes Verhältnis zu seinem Konkurrenten Galilei. Schließlich nennt er die Daten seiner ersten Beobachtung der Jupitermonde.

VORWORT AN DEN VERSTÄNDIGEN LESER

I. Von Frankfurt nach Ansbach:
Wie Simon Marius in Kenntnis und Gebrauch des Fernrohres kam*

Ich hatte mich fest entschlossen, in diesem Vorwort länger zu Dir zu sprechen; ich wollte über all die Dinge, die ich bisher durch das belgische Instrument, gewöhnlich Fernrohr genannt, an der Sonne, am Mond, an den übrigen Gestirnen und sogar am ganzen Himmel beobachtet habe, eine lange Rede beginnen, so wie man es an verschiedenen Stellen dieses Buches sehen kann. Allerdings haben mich von meinem Vorhaben nicht nur mein schlechter Gesundheitszustand und andere Aufgaben, die dazwischengekommen sind, abgehalten, sondern es kam auch die Frankfurter Messe näher und mein Buch befand sich schon in der Druckerei. Deshalb konnte ich mein Versprechen nicht einhalten, sondern war gezwungen, gegen meinen Willen diese Veröffentlichung meiner Beobachtungen auf einen anderen Zeitpunkt zu verschieben. Im folgenden erkläre ich kurz, wann und wie ich Kenntnis und Gebrauch dieses Instruments erhielt.

Im Jahre 1608, als die Frankfurter Herbstmesse abgehalten wurde, hielt sich dort auch der höchst adelige, tapfere und tüchtige Herr Johannes Philipp Fuchs von Bimbach in Möhren auf, Herr und Ritter mit Goldhelm, unerschrockener Führer im Kriege und engster Berater meiner vornehmsten Fürsten; er war nicht nur Gönner und Liebhaber der ganzen Mathematik und anderer ähnlicher Wissenschaften, sondern auch ihr größter Förderer. Unter anderem, was damals dort geschah, ereignete es sich, daß ein Kaufmann den ebengenannten Edelmann traf, den er schon länger kannte. Er berichtete, daß ein Belgier sich jetzt in Frankfurt auf der Messe aufhalte, der ein Instrument entwickelt habe, mit dem man alle sehr weit entfernten Gegenstände betrachten könne, als wenn sie ganz nahe seien. Auf diese Botschaft hin bat Johannes Philipp den besagten Kaufmann dringend, daß er jenen Belgier zu ihm bringen solle, was er auch schließlich erreichte. Der höchst edle Herr diskutierte also lange mit dem belgischen Erfinder; aber er hatte an der Echtheit der neuen Erfindung einige Zweifel.

---

* Kursiv gesetzte Überschriften sind zum besseren Verständnis vom Übersetzer hinzugefügt.

Abbildung 3.8:
Übersetzung der „Vorrede an den verständigen Leser"

tus sum, illas esse ex numero illarum fixarum, quæ alias absq; instrumento hoc cerni nequeunt, quales in via lacteâ, plejadibus, hyadibus, Orione, alijsque in locis à me deprehendebantur. Cum autem Iupiter tum esset retrogradus, & ego nihilominus hanc stellarum concomitantiam viderem, per Decembrem, primum valde admiratus sum, post vero paulatim in hanc descendi opinionem, videlicet quod stellæ hæ circa Iovem ferrentur, prout quinque solares planetæ ☿ ♀ ♂ ♃ & ♄ circa solem circumaguntur, itaque cæpi annotare observationes, quarum prima fuit die 29. Decembris, quando tres ejusmodi stellæ in linea recta à Iove versus occasum cernebantur. Hoc tempore quod ingenue fateor, credebam saltem tres ejusmodi stellas esse, quæ Iovem comitentur, cū aliquoties tres ordine collocatas eiusmodi stellas prope Iovem viderim. Interim etiā mittebantur è Venetijs duo vitra egregie polita, convexū & concavum, à clarissimo & prudentissimo viro Domino Iohanne Baptista Lenccio, qui è Belgio post factā pacem reversus Venetias concesserat, & cui instrumentū hoc jam notissimum fuerat. Hæc vitra tubo ligneo coaptata fuerunt, & à prius nominato Nobilissimo maximeq; strenuo viro mihi tradita, ut quid in astris, stellisq; prope Iovē præstarēt experirer. Ab hoc itaq; tempore usq; in 12. Ianua. diligentius attendebā his Iovialibus sideribus, & deprehendi aliquo modo quatuor eiusmodi corpora esse, quæ Iovem sua circuitione spectarent. Tandem circa finem Februarij & initium Martij de certo numero horum siderum omnino confirmatus sum. A decimo tertio Ianuarij usq; in 8. Februarij fui Halæ Suævorum, & instrumentum domi reliqui, veritus ne in itinere damnum aliquod acciperet. Postquam igitur domum redij, ad consuetas observationes me accommodavi, & ut exactius & diligentius sidera Iovialia observare possem, ex singulari affectione erga hæc studia Mathematica sæpius citatus Celeberrimus & Nobilissimus Vir, mihi plenam instrumenti copiam fecit. Ex hoc itaque tempore usq; in præsens cum hoc instrumento & alijs postmodum constructis, observationes continuavi. Hæc est historia verissima: Non enim de tanto viro, vivo præsente, sic in publico scripto mentiri impune mihi liceret, ut qui non saltem

)( )(3   *obstem-*

Abbildung 3.9:
Hier schildert Marius die Ereignisse der Jahre 1609 und 1610.
Im Sommer 1610 erhält er ein belgisches Fernrohr, beobachtet damit den Himmel und entdeckt am 29. Dezember (jul.) zunächst drei Monde. Kurz darauf gelingt ihm am 12. Januar (jul.) – mit einem neuen Gerät aus Venedig – die Erkenntnis, dass es sich um vier Monde handelt.

Erst meinte ich, jene gehörten zur Zahl der Fixsterne, die man anders und ohne dieses Instrument nicht sehen kann, wie ich sie in der Milchstraße, in den Plejaden, den Hyaden, dem Orion und an anderen Orten gefunden habe. Als aber Jupiter retrograd war und ich dennoch im Dezember diese Sterne um ihn sah, wunderte ich mich zuerst sehr; dann aber gelangte ich zu der Meinung, daß sich diese Sterne geradeso um den Jupiter bewegen wie die fünf Sonnenplaneten Merkur, Venus, Mars, Jupiter und Saturn sich um die Sonne bewegen. Ich begann also meine Beobachtungen aufzuschreiben; die erste war am 29. Dezember, als drei derartige Sterne in gerader Linie vom Jupiter in Richtung Westen zu sehen waren. Zu diesem Zeitpunkt, das gestehe ich aufrichtig, glaubte ich, es gebe nur drei solche Sterne, die den Jupiter begleiten, da ich einige Male drei solche Sterne in einer Reihe nahe beim Jupiter gesehen habe.

Inzwischen wurden auch aus Venedig zwei hervorragend geschliffene Gläser geschickt, konvex und konkav, und zwar von dem höchst berühmten und klugen Herrn Johannes Baptista Lenccius; der war nach dem Friedensschluß von Belgien zurückgekehrt und hatte sich nach Venedig begeben; ihm war dieses Instrument schon wohlbekannt gewesen. Diese Gläser waren in einen Holztubus eingebaut. Der vorgenannte höchst edle und tüchtige Mann übergab sie mir, damit ich erproben könne, was sie zur Beobachtung der Gestirne und der Sterne um den Jupiter taugten. Von diesem Zeitpunkt an bis zum 12. Januar beschäftigte ich mich also eingehender mit diesen Jupitergestirnen. Ich entdeckte schließlich, daß es vier solche Himmelskörper gibt, die auf ihren Bahnen den Jupiter umkreisen. Gegen Ende Februar und Anfang März hatte ich mir schließlich über die genaue Zahl dieser Gestirne völlige Gewißheit verschafft.

Vom 13. Januar bis zum 8. Februar war ich in Schwäbisch Hall; das Instrument ließ ich zu Hause zurück, weil ich befürchtete, daß es auf der Reise irgendwie Schaden nehmen könnte. Nachdem ich also nach Hause zurückgekehrt war, habe ich mich wieder den gewohnten Beobachtungen gewidmet; zur genaueren und sorgfältigeren Beobachtung der Jupitersterne hat mir aus einzigartiger Liebe für diese mathematische Wissenschaft der schon öfter genannte höchst berühmte und edle Herr das Fernrohr ganz zur Verfügung gestellt. Seit jenem Zeitpunkt bis jetzt habe ich also mit diesem Instrument und mit anderen später gebauten meine Beobachtungen fortgesetzt.

Diese Darstellung ist die volle Wahrheit. Ich könnte nämlich nicht über einen so großen Mann zu seinen Lebzeiten auf solche Weise in einer öffentlichen Schrift ungestraft Falsches erzählen; ist dieser doch hochberühmt nicht nur wegen seiner sehr edlen und alten Abstammung,

Abbildung 3.10:
Übersetzung von Marius' Schilderung der Ereignisse der Jahre 1609 und 1610.

PRIMA PARS

DE AMPLITUDI-
NE MUNDI JO-
VIALIS,

CONSIDERATIO
UNIVERSALIS.

Efcripturus hiftoriam Mundi Iovialis , haud
inconfultum duxi , totam libelli feriem in tres
fubdividere partes. In prima tractabitur uni-
verfalis confideratio hujus Mundi Iovialis , videlicet amplitudo ejusdem , & quatuor in eo
contentorum corporum magnitudo , & mo-
tus velocitas circa Iovem probabiliter determinabitur. In fecunda particulares motuum differentiæ explicabuntur. In tertia omnia illa phænomena convenienti Theoria explicabuntur, quibus tandem tabularum compofitio & ufus fubjunge-
tur, qui eft principalis fcopus totius hujus libelli. Ordiar itaq; ab
univerfali confideratione Mundi hujus Iovialis, à prima ma-
chinæ mundanæ conditione omnib. mortalibus incogniti. Per
diligentem poffibilem , eamque diurnam obfervationem deprehendi Iovem continere in diametro propria 35, fexagefimas
quafi, diametri terreftris. Nam fua diametro in media à terris
            A   diftan-

Abbildung 3.11:
Am Beginn der eigentlichen Abhandlung gibt Marius eine Gliederung seines Werkes.
Es besteht aus drei Teilen, nämlich zunächst einer allgemeinen Charakterisierung
des Jupitersystems hinsichtlich der Größe des Zentralgestirns und der Monde sowie
deren Umlaufgeschwindigkeiten. Dann will er Details hierzu besprechen und im
dritten Teil eine zusammenfassende Theorie darstellen, die alle beobachteten
Phänomene erklärt; schließlich folgen die Tabellen mit den Beobachtungsdaten.

Erster Teil

Über die Größe der Welt des Jupiter

I. Allgemeine Betrachtung

Da ich die Untersuchung der Welt des Jupiter beschreiben will, halte ich es für sinnvoll, den Umfang des Buches in drei Teile zu gliedern. Im ersten wird eine allgemeine Betrachtung dieser Welt des Jupiter abgehandelt, nämlich der Umfang derselben, und es wird in ihm sowohl die Größe der vier in ihr enthaltenen Himmelskörper als auch die Geschwindigkeit der Bewegung um den Jupiter einleuchtend bestimmt. Im zweiten werden die Unterschiede der Bewegungen im einzelnen erläutert. Im dritten werden alle jene Erscheinungen mit einer passenden Theorie erklärt; diesem endlich wird eine Zusammenstellung und Gebrauchsanweisung der Tabellen hinzugefügt; dies ist das Hauptziel dieses ganzen Buches.

Deshalb fange ich mit der allgemeinen Betrachtung dieser Welt des Jupiter an, die seit der anfänglichen Schöpfung des Weltsystems allen Menschen noch unbekannt ist.

Durch möglichst sorgfältige, und zwar tägliche Beobachtung habe ich herausgefunden, daß der Jupiter in seinem Durchmesser gleichsam $^{35}/_{60}$ des Durchmessers der Erde mißt. Ich habe nämlich oft nach Anbruch der Nacht gesehen, daß er sich mit seinem Durchmesser in

Abbildung 3.12:
Übersetzung der Gliederung des *Mundus Iovialis*
Über die Größe der Welt des Jupiter"

In Europa, Ganimedes puer, atque Califto,
Lafcivo nimium perplacuere Jovi.

Huic figmento & propriorum nominum impofitioni occafionem præbuit Dominus Keplerus Cæfareus Mathematicus, quando menfe octobri Anni 1613. Ratisbonæ in Comitijs unâ eramus. Quare fi per jocum & per amicitiam inter nos tunc initum, illum compatrem horum quatuor fiderum falutavero, haud male fecero.

Verum uti hęc nomina omnia à me funt liberè conficta, ita etiam cuique liberum efto, ea vel repudiare vel acceptare.

Tantum de hac primâ libelli hujus parte, fequitur nunc fecunda.

Io, Europa, der junge Ganymedes und Kallisto
haben dem wollüstigen Jupiter allzusehr gefallen.

Zu diesem Einfall und dieser Benennung mit Eigennamen hat der kaiserliche Mathematiker Herr Kepler Anlaß gegeben, als wir im Monat Oktober des Jahres 1613 bei einem Treffen in Regensburg waren. Deswegen tue ich wohl gut daran, ihn scherzhaft und in aller Freundschaft, die wir damals schlossen, als Mitpaten der vier Gestirne zu grüßen.

Aber wie ich alle diese Namen ohne tieferen Ernst ausgedacht habe, soll es auch jedem frei stehen, diese entweder abzulehnen oder anzunehmen.

Soviel über diesen ersten Teil dieses Buches, nun folgt der zweite.

Abbildung 3.13:
Die Benennung der Jupitermonde nach Gestalten der antiken Mythologie
wurde im zwanzigsten Jahrhundert wieder aufgegriffen.
Sie geht also direkt auf Marius, nicht aber auf Galilei zurück.

EPOCHÆ

QUATUOR PLANETA-
RUM JOVIALIUM IN ANNIS
COMPLETIS.

	Primi			Secundi			Tertij			Quarti		
	fig.	gr.	m.	fig.	gr.	m.	fig.	gr.	m.	fig.	gr.	m.
1608	10	20	35	7	22	20	1	26	13	7	3	13
1609	1	17	40	4	3	11	1	8	40	4	15	0
1610	4	14	45	0	14	2	0	19	37	1	26	47
1611	7	11	50	8	24	53	0	34	11	8	34	
1612	5	2	20	8	17	1	1	1	45	9	11	50
1613	7	29	25	4	27	52	0	12	42	6	23	37
1614	10	26	30	1	8	43	11	23	38	4	5	24
1615	1	23	35	9	19	34	11	4	35	1	17	11
1616	11	14	5	9	11	42	0	5	47	14	20	27
1617	2	11	10	5	22	33	11	16	44	9	2	14
1618	5	8	15	2	3	24	10	27	41	6	14	1
1619	8	5	20	10	14	15	10	8	38	3	25	48
1620	5	25	50	10	6	23	11	9	50	1	29	4
1621	8	22	55	6	17	14	10	20	47	11	10	51
1622	11	20	0	2	28	5	10	1	44	8	22	58
1623	2	17	5	11	8	56	9	12	41	6	4	25
1624	0	7	35	11	1	4	10	13	53	4	7	41
1625	3	4	40	7	11	55	9	24	50	1	19	28
1626	6	1	45	3	22	46	9	5	47	11	1	47
1627	8	28	50	0	3	37	8	16	44	8	13	2
1628	6	19	20	11	25	45	9	17	56	6	16	18
1629	9	16	25	8	6	36	8	28	53	3	28	5
1630	0	13	30	4	17	27	8	9	50	1	9	52

- *Zeitpunkte der oberen Konjunktionen der vier Jupitermonde in vollständigen Jahren*

IN MENSIBUS ANNI
COMMUNIS.

	Primi			Secundi			Tertij			Quarti		
	fig.	gr.	m.	fig.	gr.	m.	fig.	gr.	m.	fig.	gr.	m.
Januarius	6	5	55	8	19	59	3	27	43	10	6	1
Februarius	4	1	35	7	6	7	2	24	42	6	7	34
Martius	10	7	30	3	26	6	6	22	25	4	13	35
Aprilis	9	20	0	9	4	48	8	29	54	1	28	7
Majus	3	25	55	5	24	47	0	27	37	0	4	8
Junius	3	8	25	11	3	29	3	5	6	9	18	39
Julius	9	14	20	7	23	29	7	2	49	7	24	40
Augustus	3	20	15	4	13	28	11	0	33	6	0	41
September	3	2	45	9	22	10	1	8	1	3	15	13
October	9	8	40	6	12	10	5	5	45	1	21	14
November	8	21	10	11	20	52	7	13	13	11	5	46
December	2	27	5	8	10	51	11	10	57	9	11	47

- *In Monaten eines gewöhnlichen Jahres*
- *Primi, Secundi, Tertii, Quarti: in Bezug auf den 1., 2., 3., 4. Mond*
- *sig. = signa = 30 Winkelgrad*
- *gr. = Winkelgrad*
- *m. = Winkelminuten*

Abbildung 3.14:
Neben der Darstellung seiner Beobachtungen und Theorien sieht Simon Marius die Veröffentlichung der Beobachtungsdaten selbst als einen Hauptzweck der Publikation an. Diese umfassen – in Tabellen angeordnet – die letzten sieben Seiten. Heutige Computerrechnungen haben bewiesen, dass Marius' Angaben zu den Umlaufszeiten der Monde sehr genau sind; sie weichen nur maximal 0,3 Promille von den heute bekannten Werten ab. Damit hat Simon Marius das Hauptziel seines Werkes voll erreicht.

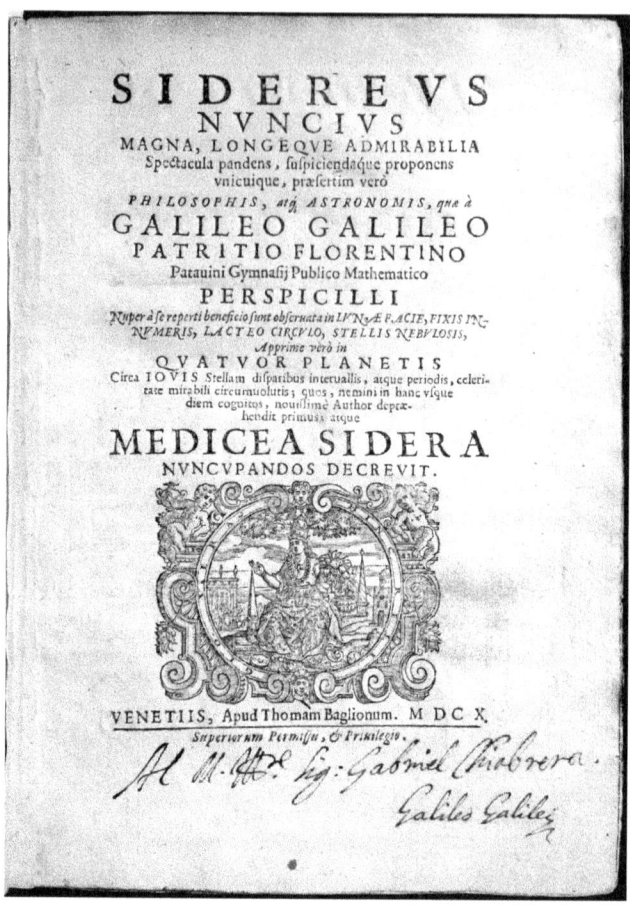

Abbildung 4.1:
Oben: Frontispiz Sidereus Nuncius, 1610, S. 001r,
Unten: Frontispiz Sidereus Nuncius, 1610 (Ausschnitt SN, S. 001r)
History of Science Collections, University of Oklahoma Libraries

Simon Marius – die Erforschung der Welt des Jupiter mit dem Perspicillum 1609–1614

Hans-Georg Pellengahr (Münster)

4.1 Das Perspicillum

4.1.1 Wie der Franke Simon Marius in dessen Besitz gelangte

Wer heute durch einen Feldstecher oder ein kleines Teleskop die zerklüftete und von Kratern übersäte Mondoberfläche oder den Planeten Jupiter mit seinen Monden beobachtet, wird sich dabei kaum vergegenwärtigen, dass sein Beobachtungsinstrument auf eine vierhundertjährige Geschichte zurückblicken kann. Auch wird ihm nicht bewusst sein, welche – nicht nur astronomische – Horizonterweiterung die Entwicklung des Fernrohrs Anfang des 17. Jahrhunderts. bewirkt hat.

Im Vergleich zu den Groß- und Weltraumteleskopen unserer Zeit, ja selbst zu heutigen Amateurinstrumenten, waren die ersten „Fernröhrchen" sowohl in Bezug auf ihre Größe als auch ihre optische Leistung noch rechte „Winzlinge". Gegenüber dem vorher einzig zur Verfügung stehenden „unbewaffneten" menschlichen Auge eröffneten sie jedoch völlig neue Horizonte, zunächst in der terrestrischen Beobachtung, wo ihnen sogleich militärische Bedeutung beigemessen wurde. Denn sie ermöglichten sie die frühere Sichtung herannahender Feinde, denen gegenüber man die Nutzung dieser „Zauberröhren" geheim zu halten versuchte.

Weder dem am 2. Oktober 1608 bei den niederländischen Generalstaaten in Den Haag vorsprechenden (aus dem niederrheinischen Wesel stammenden)

Brillenmacher Hans Lipperhey aus Middelburg (gest. 1619) noch seinem wenige Tage später am 17. Oktober 1608 ebenfalls dort vorstelligen Konkurrenten
Jacob Adriaanszon, genannt Metius von Alkmaar (†1624/31), wurde jedoch
das begehrte Patent auf das – wohl nicht nur von diesen beiden unabhängig
voneinander entwickelte – Perspicillum erteilt. Gewisse Indizien sprechen dafür, dass das Instrument zu diesem Zeitpunkt schon nicht mehr ganz so neu wie
behauptet war, aus den bereits angeführten militärischen Erwägungen heraus
jedoch nicht öffentlich gemacht worden war. Die Protokolle der niederländischen Generalstaaten vom Oktober 1608 belegen die Lipperhey gegenüber er-
hobene Forderung, die Erfindung des Fernrohrs geheim zu halten. Rolf Riekher
berichtet in *Fernrohre und ihre Meister, Verlag Technik* (1990, S. 19 ff.) dass
auch der Brillenmacher und Mikroskoperfinder Sacharias Janssen (1588–1632)
die Fernrohr-Erfindung für sich beanspruchte.

Wem auch immer dieser Verdienst letztendlich zuzuschreiben ist, dieses Instrument wurde nicht systematisch aus der Theorie der Optik heraus entwickelt, sondern war das Ergebnis experimentellen Probierens von verschiedenen Linsenkombinationen. Unabhängig voneinander erfolgte Parallelentwick-
lungen von Perspicilla an verschiedenen Orten und durch verschiedene Personen sind daher nicht nur denkbar, sondern wahrscheinlich. Ist es doch mehr als
nahe liegend, dass Glasschleifer und Brillenmacher, die von Berufs wegen stän-
dig mit Linsen hantierten, dabei auch die Kombination verschiedener Linsen
miteinander probiert haben, wobei dann der ein oder andere fast zwangsläufig
irgendwann so etwas wie den Urtyp des Fernrohrs in Händen hielt.

Simon Marius schildert uns in *Mundus Jovialis* ausführlich, wie er in Kenntnis und Gebrauch des „belgischen Fernrohrs" *(instrumentum belgicum, vulgo
perspicillum vocatum)* kam.

In der „PRAEFATIO AD CANDIDUM LECTOREM" *(MJ, lat.-dt. Ausgabe
von 1988, S. 36 ff.),* dem „Vorwort an den verständigen Leser" berichtet Marius,
„... *der höchst adlige, tapfere und tüchtige Herr Johannes Philipp Fuchs von
Bimbach in Möhren, ... Führer im Kriege und engster Berater meiner vornehmsten Fürsten"* habe im Jahre 1608 die *Frankfurter Herbstmesse* besucht
und dort einen ihm bekannten Kaufmann getroffen. Dieser habe berichtet,
„*dass ein Belgier sich jetzt in Frankfurt auf der Messe aufhalte, der ein Instrument entwickelt habe, mit dem man alle sehr weit entfernten Gegenstände
betrachten könne, als wenn sie ganz nahe seien."*[1]

Johannes Philipp Fuchs von Bimbach in Möhren habe den Kaufmann gebeten, den belgischen Erfinder zu ihm zu bringen. ... Dieser habe das Instrument

---

1 *... ut mercator ... referret quendam Belgam nunc Francofurti esse in nundinis, qui excogitarit instrumentum quoddam, quo mediante remotissima quaeque obiecta, quasi proxima
  essent, intueri liceret.*

hervorgeholt ... und gefordert,

„man solle sich von seiner Echtheit überzeugen. Philipp habe das Instrument in die Hand genommen, auf Gegenstände gerichtet und gesehen, dass sie einige Male vergrößert erschienen."[2]

Die Frankfurter Herbstmesse, im 12. Jahrhundert, als Umschlagplatz landwirtschaftlicher Überschüsse begründet, war zu Anfang des 17. Jahrhunderts einer der bedeutendsten Drehscheiben des internationalen Fernhandels. Ihrer Entstehungsgeschichte geschuldet, fand sie traditionell weiterhin am Ende der Erntezeit statt, und zwar zwischen Mariä Himmelfahrt *(05. Aug. jul. Kal. / 15. Aug. greg.)* und dem Michaelistag *(19. Sept. jul. Kal. / 29.09. greg.)*, somit also mehrere Wochen, bevor Lipperhey und Adriaanszon bei den Niederländischen Generalstaaten um Patenterteilung für die Erfindung des Fernrohrs nachsuchten.

Der Messe-Erwerb des Instruments scheiterte an einer zu hohen Geldforderung des Belgiers. Nach Ansbach zurückgekehrt, rief Johann Philipp Fuchs von Bimbach in Möhren Simon Marius zu sich und berichtete diesem von dem Instrument

„..., „welches wohl aus zwei Gläsern bestehen müsse, dessen eines konkav und anderes konvex sei ....."*[3]

Philipp zeichnete mit Kreide auf dem Tisch auf, welche und wie beschaffene Gläser er meinte: *(... et creta accepta propriis manibus in mensa, quae et qualia intellegeret vitra, delineavit.)* Die beiden experimentierten sodann mit zwei Brillengläsern, konkav und konvex, und

„ordneten das eine hinter dem anderen in der passenden Entfernung an und fanden so heraus, dass es mit der Sache seine Richtigkeit habe."[4]

„Weil aber die Konvexität des vergrößernden Glases zu groß war, schickte Philipp einen genauen Gipsabdruck des konvexen Glases

---

2 *Accepto itaque instrumento in manus et ad obiecta directo, ea aliquot vicibus ampliari et multiplicari vidit.*

3 *... ut instrumentum tale duobus constaret vitris, quorum unum esset concavum, alterum vero convexum ....*

4 *Accepimus post vitra duo e perspicillis communibus, concavum et convexum, et unum post alterum in conveniente distantia collocavimus et rei veritatem aliquo modo deprehendimus.* Abweichend von der in MJ 1988, S. 38–39, gewählten Übersetzung sind mit „vitra duo e perspicillis communibus" „zwei Gläser aus gewöhnlichen *Brillen*", nicht aber „aus gewöhnlichen Ferngläsern" gemeint. Gleiches gilt für Marius' nachfolgenden Bezug auf die Nürnberger Handwerker, die zwar gewöhnliche – vielleicht besser: *handelsübliche Brillengläser* herzustellen wussten, nicht aber schon Fernrohre oder gar binokulare Ferngläser. Bei Lektüre des Beitrages von Joachim Schlör habe ich festgestellt, dass dieser unabhängig von meiner Anmerkung bereits eine entsprechende Übersetzungskorrektur vorgenommen hat.

*nach Nürnberg zu jenen Handwerkern, welche Brillen herstellen,
damit sie solche Gläser anfertigten. Aber vergebens! Sie hatten
nämlich keine passenden Werkzeuge und Philipp wollte ihnen die
wahre Herstellungsmethode nicht preisgeben.*"[5]

Auch der Kriegsherr Fuchs von Bimbach sah also wohl vorrangig die militärische Bedeutung des Perspicillum und war bestrebt, dessen Herstellung geheim
zu halten. Da Marius und Fuchs von Bimbach die Kunst des Gläserschlei-
fens selbst nicht beherrschten, scheiterte der Nachbau des auf der Frankfurter Herbstmesse angebotenen Instruments. Ansonsten hätten sie, wie Marius
schreibt

*„sofort nach (Fuchs von Bimbachs) Rückkehr aus Frankfurt die besten Perspi-
cilla hergestellt.*"[6]

So dauerte es vom Frankfurter Michaelismarkt Ende Aug. / Anfang Sept.
1608 noch bis zum *Sommer des Jahres 1609*, also fast ein ganzes Jahr, bis
Fuchs von Bimbach – nunmehr „keine Kosten scheuend" – aus Belgien ein
„recht gutes" Perspicillum erwerben konnte, welches den beiden „große Freude
bereitete". *(Interim ivulgantur in Belgio eiusmodi perspicilla et transmittitur
unum satis bonum, quo valde delectabamur, quod factum est in aestate anni
1609.)* Marius berichtet:

*„Seit diesem Zeitpunkt (Sommer 1609) begann ich mit diesem In-
strument zum Himmel und zu den Sternen zu sehen, wenn ich
nachts bei dem erwähnten höchst edlen Herrn war. Manchmal durfte ich es mit nach Hause nehmen, besonders um das Ende des November; dort betrachtete ich gewöhnlich in meiner Sternwarte die
Sterne.*"[7]

Marius' Bericht über die Präsentation des Perspicillum auf der Frankfurter
Herbstmesse 1608 belegt, dass das Perspicillum bereits gehandelt wurde und
somit schon eine gewisse Verbreitung gefunden hatte, bevor Lipperhey und
Adriaanszon bei den niederländischen Generalstaaten um Patenterteilung nachsuchten. Darüber hinaus bestätigt Marius' Schilderung des Nachbauversuches
bezogen auf seinen Gönner Fuchs von Bimbach das Bestreben der Militärs,
dieses für die Kriegsführung nützlichen Instrument im Verborgenen zu halten.

---

5 *Verum cum convexitas vitri ampliantis nimis alta esset, ideo veram convexi vitri figuram
gypso impressam Norimbergam misit ad artifices illos, qui perspicilla communia confi-
ciunt, ut similia pararent vitra; at frustra; destituebantur enim instrumentis idoneis et
veram conficiendi rationem illis revelare noluit.*

6 *Si modus poliendi vitra nobis cognitus fuisset, statim post reditum a Francofurto perspicilla
optima paravissemus.* MJ 1988, S. 38–39.

7 MJ 1988, S. 38–39.

Trotz aller „Geheimniskrämerei" verbreitete sich die Kunde von der Erfindung des Perspicillum jedoch recht schnell in ganz Europa. So erfuhr auch Galileo Galilei (1564–1642) im April oder Mai 1609 *(also fast ein dreiviertel Jahr später als Simon Marius!)* zunächst gerüchteweise, bald darauf auch brieflich aus Paris von diesem neuen Instrument. In kurzer Zeit gelang ihm ein erster Nachbau mit etwa dreifacher Vergrößerung. Bald danach entwickelte er Instrumente mit achtfacher, später bis zu dreißigfacher Vergrößerung.

4.1.2 Die optische Leistung des Perspicillum

Im *Sidereus Nuncius* („*Sternenboten*"), in dem Galileo Galilei im März 1610 seine ersten mit Hilfe des „*Perspicilli, nuper a se reperti*" (*des neulich von ihm ... erfundenen ... Fernrohrs*) gewonnenen astronomischen Erkenntnisse, u. a. seine Entdeckung der Jupitermonde, veröffentlichte, behauptete er, die Entwicklung des Perspicillum (vgl. Abb. 4.1, S. 72) habe er „gestützt auf die Theorie der Lichtbrechung". Dies näher zu umschreiben, behielt er einer späteren Schrift vor, deren Herausgabe er allerdings zeitlebens schuldig blieb.

Aufgrund fehlender Kenntnis der optischen Grundlagen *(welche erst Kepler erforschte und verstand und 1611 in seiner berühmten Dioptrice veröffentlichte)* hat Galilei ungeachtet des Eindrucks, den er im *Sidereus Nuncius* zu erwecken versuchte, wie alle „Fernrohr-Erfinder" mit verschiedenen Linsenkombinationen experimentiert, bis er das gewünschte Ergebnis erzielte.

Bei diesen Versuchen stellte Galilei fest, dass sich die Bildschärfe durch eine Randabblendung der Linsen ein wenig steigern ließ. Darüber hinausgehende prinzipielle Veränderungen oder gar Verbesserungen des niederländischen Fernrohrs können ihm jedoch nicht attestiert werden. Die gute Qualität seiner Fernrohre hatte er vornehmlich dem Umstand zu verdanken, dass ihm vom Beginn seiner Experimente an die besten Linsen der damaligen Zeit zur Verfügung standen, hergestellt von den venezianischen Glasschleifern in Murano.

Wirkliche theoretische Vorstellungen über die Wirkung des Okulars, dessen Zusammenwirken mit dem Objektiv und die Erzielung einer bestimmten gewünschten Vergrößerung hatte Galilei nachweislich nicht.

Seine „Erklärung" des Sehvorgangs im Sidereus Nuncius 1610 durch „vom Auge ausgehende Sehstrahlen" mutet gegenüber Keplers „Dioptrice" von 1611 an wie ein Rückfall in die Antike. Noch 1614 belegte Galilei seine optische Unkenntnis, indem er Keplers Erklärungen in der „Dioptrice" über die optische Wirkung einer Vereinigung beider Arten von Linsen als *„so dunkel"* bezeichnete, dass *„der Verfasser selbst sie nicht verstanden haben werde"*.[8]

---

8 Rieckher, a.a.O., S. 23–26.

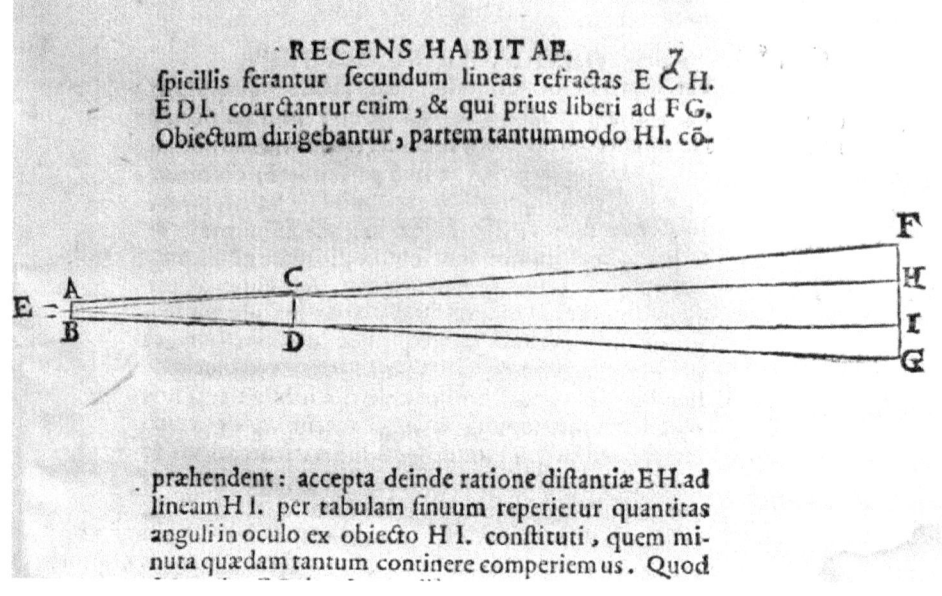

Abbildung 4.2:
Sidereus Nuncius, Galileis „Sehstrahlen" (Ausschnitt SN S. 007r)
History of Science Collections, University of Oklahoma Libraries

Am 21. August 1609 führte Galilei auf dem Campanile von San Marco in Venedig der Signoria *(venezianische Stadtregierung)* ein etwa 60 cm langes Perspicillum vor. Das Instrument machte einen tiefen Eindruck. Die Anwesenden erkannten sofort dessen hohen Wert für die Seefahrt und den Kriegsfall. Galilei überließ der Signoria das völlig illusorische *„alleinige Recht zur Herstellung"* solcher Instrumente, woraufhin sein Gehalt verdreifacht wurde. Es war Galileis Glück, dass das Perspicillum zu diesem Zeitpunkt noch nicht allgemein bekannt war. Nur kurze Zeit später wurden Fernrohre aus Holland auf den Märkten ganz Oberitaliens feilgeboten.[9] Inwieweit sich die venezianische Stadtregierung im Nachhinein von Galilei getäuscht sah, ist nicht verbürgt, ebenso wenig das Gerücht, man habe die Galilei gewährte Gehaltserhöhung zurückgenommen.

Obwohl Simon Marius fast ein Jahr früher als Galileo Galilei von dem „Perspicillum belgicum" erfahren hatte, konnte er wie dieser erst ab dem Sommer 1609 über ein solches Instrument verfügen. Marius und Galilei setzten das Perspicillum alsbald zur Himmelsbeobachtung ein.

---

9 Riekher 1990, S. 21 f.

Der Begriff „Perspicillum" entstammt dem lateinischen „perspicere" und steht für „hindurchschauen, genau erkennen, deutlich wahrnehmen, *fig.*: durchschauen". Die spätere – etwa ab 1611 gebräuchliche – Bezeichnung „Teleskop" wurde gebildet aus dem Altgriechischen τέλε (*téle*) „fern" und σκοπέιν (*skopéin*) „beobachten / ausspähen".

Zwei der frühesten von Galilei nach holländischem Vorbild gefertigte „Perspicilla" sind erhalten und werden im *Istituto e Museo di Storia della Scienza* in Florenz aufbewahrt. Auf Anregung von George Ellery Hale, dem Initiator des 5 m Spiegelteleskops auf dem Mount Palomar, USA, wurden diese beiden Instrumente 1923 im Observatorium von Arcetri getestet. Die durchgeführten Beobachtungen ergaben für beide Fernrohre ein Gesichtsfeld von 15′, ihr Auflösungsvermögen wurde mit 20″ bzw. 10″ ermittelt. Die Objektive weisen zahlreiche Lufteinschlüsse auf.[10]

Wie Simon Marius' „Perspicillum belgicum" bestanden auch die Galilei-Fernrohre aus einem Tubus recht geringen Durchmessers von nur 2–3 cm, in den jeweils eine plankonvexe Objektivlinse und ein plankonkaves Okular eingesetzt waren. Bauartbedingt verfügte das Fernrohr holländischer Bauart *(dessen Weiterentwicklung zum „Keplerschen astronomischen Fernrohr" (in dessen „Dioptrice" 1611) stand ja noch bevor!)* nur über ein recht kleines Gesichtsfeld.

Charakteristisch für diese frühen Instrumente war, dass man gleichsam wie „durch einen Tunnel" blickte und an dessen Ende ein vergrößertes Abbild des Beobachtungsobjektes sah. Bei hinreichend großem Durchmesser der Okularlinse konnte der Beobachter mit seitlichen Kopfbewegungen wie durch ein kleines Fenster hindurch einen erweiterten Bereich, z. B. fast den gesamten Vollmond anschauen. Zumindest von Galilei wissen wir, dass er sich dies zu Nutze machte. Der beschriebene Effekt ist, wie ich bei Beobachtungen mit einem historischen Nachbau *(hierzu später mehr)* selbst feststellen konnte, derart augenfällig, dass mit hoher Wahrscheinlichkeit davon auszugehen ist, dass auch Simon Marius ihn bemerkt und genutzt hat.

Die von Josef Klug (1906) in *Simon Marius aus Gunzenhausen und Galileo Galilei* vertretene Auffassung, die Perspicilla Galileis seien in ihrer optischen Qualität und Leistung denjenigen des Simon Marius weit überlegen gewesen, lässt sich nach heutigem Kenntnisstand nicht aufrecht erhalten.[11]

Klug glaubte, dies aus einigen Äußerungen des Simon Marius ableiten zu können, in denen er sich wegen seines „mangelhaftes Instruments"[12] in sei-

---

10 Riekher 1990, S. 23.
11 Vgl. hierzu u. a. Bosscha 1907.
12 MJ 1988, S. 102–103, 2. bzw. 3. Abs.

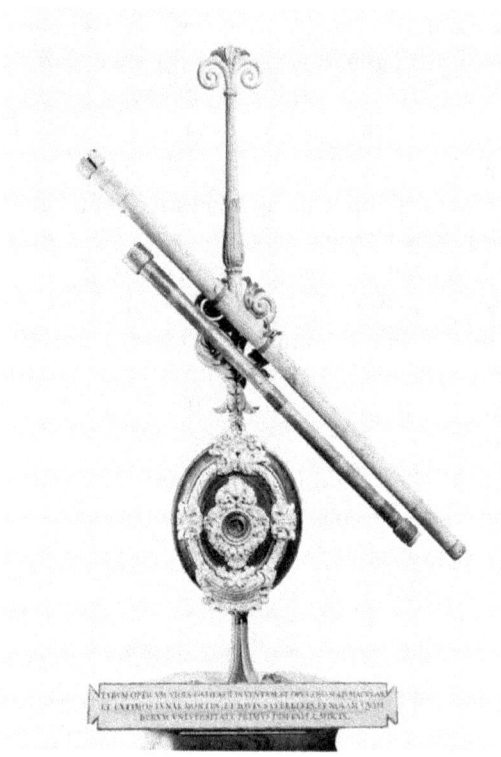

Abbildung 4.3:
Von Galilei gebaute Fernrohre (90 bzw. 130 cm lang)
Istituto e Museo di Storia della Scienza Firenze

nem Forscherdrang behindert sah oder an anderer Stelle[13] gar glaubte, Galileis Perspicillum sei dem seinigen überlegen, unmittelbar anschließend durch Schilderung einer eigenen Beobachtung jedoch selbst den Gegenbeweis antritt. Zweifellos hatten beide mit den optischen Leistungsgrenzen ihrer Perspicilla zu kämpfen. Marius' in *MJ* auf das ausführlichste dokumentierte Erkenntnisse, vor allem aber seine Tabellen übertreffen gleichwohl die Ergebnisse Galileis. Hieraus im Umkehrschluss zu folgern, Marius habe seinerseits über das bessere Instrument verfügt, wäre jedoch ebenso verfehlt.

---

13 MJ 1988, S. 117, 2. Abs.: *„Briefe Keplers ... beweisen, was Galilei mit Hilfe seines vollkommenen Instrumentes gesehen hat.“*

Der Leser möge sich hierzu selbst ein Urteil bilden, wenn wir die frühen Beobachtungen beider Fernrohrpioniere einander gegenüberstellen, sie anhand von Planetariumssimulationen analysieren und dabei u. a. auf eine durchaus vergleichbare optische Leistung ihrer Perspicilla schließen können. Dennoch festzustellende Unterschiede sind – wie noch zu belegen sein wird – vornehmlich auf voneinander abweichende Observationstechniken zurückzuführen.

Spätestens das zweite Simon Marius gegen Ende Dezember 1609 zur Verfügung stehende Perspicillum dürfte den Beobachtungsinstrumenten Galileis ebenbürtig gewesen sein. Marius berichtet diesbezüglich von zwei hervorragend geschliffenen Gläsern in einem Holztubus, die ihm von Fuchs von Bimbach zur Erprobung übergeben wurden.[14]

Die Abb. 3.6, S. 63, im Beitrag von Joachim Schlör zeigt ein Portrait des Simon Marius, auf dem dieser u. a. mit einem Fernrohr dargestellt ist, welches die Aufschrift „Perspicillum" trägt. Dessen Maße lassen sich abschätzen auf etwa 60 cm Länge und eine Öffnung von 2 cm. Auch Marius textliche Beschreibung deutet auf ein kleines handliches Fernrohr hin („... *interim dabatur mihi potestas portandi domum* ... "), welches er manchmal „*mit nach Hause nehmen*" durfte.

Keinesfalls handelte es sich dabei jedoch um das bis 1909 in der Ansbacher Schlossbibliothek aufbewahrte mit einem über 7 m langen Blechtubus ausgestattete Instrument, das der Regierungspräsident von Mittelfranken 1910 dem Deutschen Museum in München als jenes Fernrohr zur Verfügung stellte, „... *mit welchem Marius die Entdeckung (der Jupitermonde) gemacht haben soll.*"

Abbildung 4.4:
Fernrohr von Simon Marius oder Johannes Hevelius?
Deutsches Museum München, Inv.-Nr.: 1910-21794

---

14 MJ 1988, S. 40–41.

Sowohl die Glasqualität als auch die Art der Linsenfassungen dieses Fernrohrs, insbesondere aber dessen Tubusgestaltung und die lange Objektivbrennweite deuten auf ein Herstellungsdatum nach 1650 hin. Zuvor waren Fernrohr-Brennweiten von allenfalls 2 bis 3 m üblich.

Erst in der zweiten Hälfte des 17. Jahrhunderts. baute der Danziger Bierbrauer und Astronom Johannes Hevelius (1611–1687) Instrumente mit wesentlich längeren Brennweiten.

Es kann als sicher angenommen werden, dass Marius in *Mundus Jovialis* sowohl die schwierige Handhabung als auch die optische Leistungsfähigkeit eines solch großen Instrumentes näher behandelt hätte, wenn er denn darüber hätte verfügen können.

Der Bamberger Astronom und Instrumentenhistoriker Ernst Zinner (1956) schreibt in *Deutsche und Niederländische astronomische Geräte des 11. bis 18. Jahrhunderts* über die Fernrohre des Simon Marius:

> *„Simon Marius benutzte 3 Fernrohre: im Sommer 1609 ein belgisches Fernrohr, dann baute er sich Ende 1609 aus Venediger Linsen ein besseres Fernrohr und 1613 brachte er aus Regensburg ein Fernrohr mit.*
>
> *Und an anderer Stelle: Die Altdorfer Sternwarte* [Sternwarte der Nürnberger Universität] *erhielt 1713 ein Fernrohr mit 2 verschieden langen Rohren, deren Okular- und Objektive für 25 Gulden aus Danzig bezogen wurden; vielleicht stammen sie aus dem Nachlasse Hevelius .... Dieses Fernrohr ist wohl identisch mit dem angeblichen Fernrohr des S. Marius im Deutschen Museum."*

Zinners Einschätzung scheint den wissenschaftshistorischen und instrumententechnischen Fakten am ehesten gerecht zu werden. Ungeklärt ist, wie dieses Fernrohr von der Altdorfer Sternwarte in die Schlossbibliothek Ansbach gelangt ist. Obwohl es erst nach Marius' Tod entstand und mit der Entdeckung der Jupitermonde nichts zu tun hat, ist es ein sehr wertvolles instrumentenhistorisches Zeugnis aus der ersten Entwicklungsphase der Linsenfernrohre.

2009, im *Internationalen Jahr der Astronomie*, habe ich für die Volkshochschule Steinfurt im Münsterland eine astronomische Vortragsreihe gestaltet. Die Eröffnungsveranstaltung galt Simon Marius und seiner Entdeckung der Jupitermonde. Nach dem Vortrag habe ich den Kursteilnehmern/Innen die Gelegenheit gegeben, einige der ersten Fernrohr-Entdeckungen mit ihren eigenen Augen nachzuvollziehen.

Dafür standen der Nachbau eines historischen Fernrohrs der auch von Simon Marius verwendeten Art (*Öffnung 20 mm, Brennweite 780 mm, zwölffache Vergrößerung*) sowie ein moderner Fraunhofer-Refraktor (Öffnung 102 mm,

Brennweite 1.000 mm, Vergrößerung bis etwa 150-fach; siehe Abb. 4.5 und 4.6, S. 83 und 84) zur Verfügung. Beobachtet wurden die Krater auf dem Erdmond sowie der Planet Jupiter mit den von Marius entdeckten vier Monden.

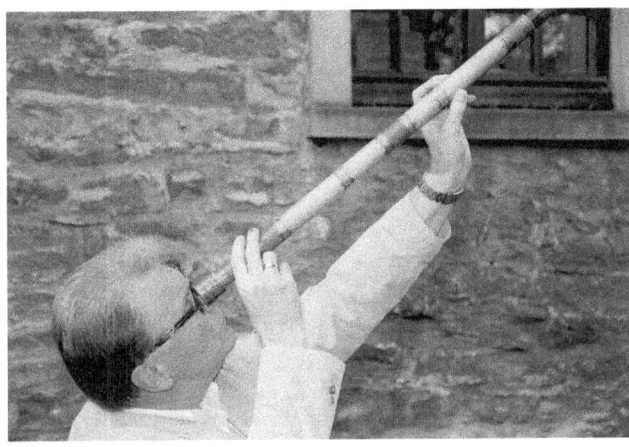

Abbildung 4.5:
Der Autor mit dem Nachbau eines von Galilei gegen Ende 1609
für Cosimo II. de' Medici in Florenz gebauten Prunkfernrohrs
Foto: Hans Lüttmann

Das kleine Gesichtsfeld des historischen Fernrohrs von nur 0,25° (Monddurchmesser = 0,55°), dessen originalgetreuer „Tunnelblick" sowie die geringe Vergrößerung versetzten uns 400 Jahre zurück und ließen uns Simon Marius sowie Galileo Galilei über die Schulter schauen.

Die vergleichende Beobachtung durch ein modernes Amateurteleskop[15] macht das noch recht begrenzte Leistungsvermögen der frühen Perspicilla augenfällig und lässt uns umso mehr über die Beobachtungsleistungen und Präzisionsmessungen der Fernrohrpioniere staunen. Die nachfolgende Bildmontage möge eine ungefähre Vorstellung von dem kleinen Gesichtsfeld der frühen Fernrohre vermitteln. Die von Galilei am Perspicillum gefertigte Skizze (links) gibt nur einen Ausschnitt der Mondoberfläche wieder, rechts im gleichen Maßstab der gesamte Halbmond.

---

15 Astromedia-Bausatz: Glaslinsen und gestanzter Karton in Leder- und Golddesign-Nachbildung gemäß historischem Vorbild, Preis: ca. 13 €; der einfache Zusammenbau erfordert etwa 1 Tag; mittels kleiner Baumarkt-Rohrschellen auf einem Fotostativ montiert, liefert der historische Nachbau einen recht authentischen Eindruck von der optischen Leistung der ersten Perspicilla.

Abbildung 4.6:
102 mm Fraunhofer-Refraktor des Autors, parallel dazu montiert
der *Astromedia-Nachbau* eines der beiden Galilei-Fernrohre
(Objektiv-Brennweite: +780 mm, Okularbrennweite: -65 mm, 12-fache
Vergrößerung, original-typisch kleines Gesichtsfeld mit Tunnelblick)
Foto: H.-G. Pellengahr

4.2 Die Entdeckung der Jupitermonde

4.2.1 Simon Marius' erste Beobachtungen

Die von Simon Marius mit dem „Perspicillum belgicum" sowie mit dessen Ende Dezember 1609 beschafftem Nachfolgeinstrument *(mit besseren venezianischen Linsen)* bei der Vermessung der Welt des Jupiter erreichte Genauigkeit verdient außerordentliche Anerkennung.

Marius hatte uns erzählt, dass er das Perspicillum des Johann Philipp Fuchs von Bimbach in Möhren manchmal mit nach Hause nehmen durfte,
„*besonders um das Ende des November (1609); dort betrachtete ich gewöhnlich in meiner Sternwarte die Sterne.*"[16]

---

16 *Ab hoc tempore coepi cum hoc instrumento inspicere caelum et sidera. Quando noctu apud saepius memoratum nobilissimum virum fui, interdum dabatur mihi potestas portandi do-*

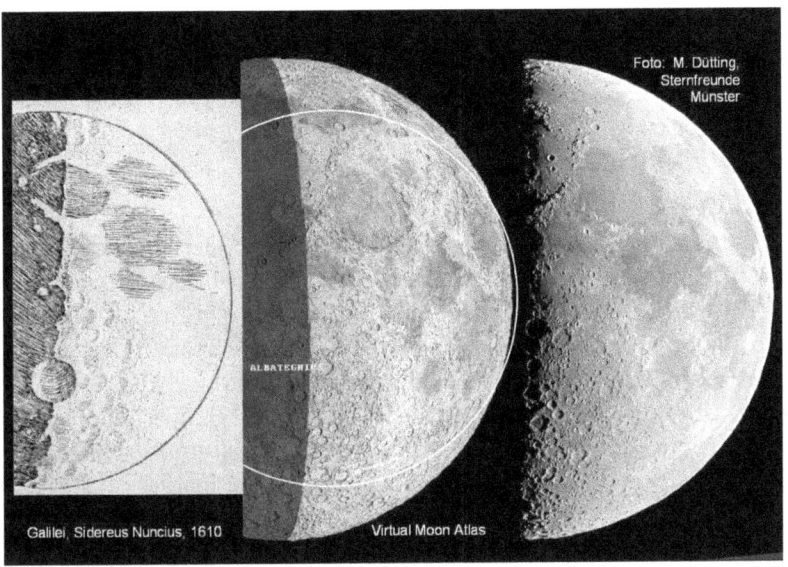

Foto: M. Dütting,
Sternfreunde
Munster

Galilei, Sidereus Nuncius, 1610   Virtual Moon Atlas

Abbildung 4.7:
Was hat Galilei im Perspicillum gesehen? (Fotomontage Hans-Georg Pellengahr)
Links: Mondskizze Galileis, *Sidereus Nuncius* 1610 (Ausschnitt SN S. 009v)
Mitte: Virtual Moon Atlas, Vers. Pro 4.0b, 27.05.2008
(Der weiße Kreis markiert Galileis Gesichtsfeld)
Rechts: Mondmosaik aus 85 Summenbildern zu je 100 Frames,
Webcam am 102/1500 mm Refraktor, 14.06.2005
Links: History of Science Collections, University of Oklahoma Libraries
Mitte: © Christian Legrand, Patrick Chevalley, http://ap-i.net/avl/en/start
Rechts: Michael Dütting, Sternfreunde Münster

„Damals sah ich den Jupiter zum ersten Mal, der sich in Opposi-
tion zur Sonne befand, und ich entdeckte winzige Sternchen bald
hinter, bald vor dem Jupiter, in gerader Linie mit dem Jupiter.
Erst meinte ich, jene gehörten zur Zahl der Fixsterne, die man an-
ders und ohne dieses Instrument nicht sehen kann, wie ich sie in
der Milchstraße, in den Plejaden, den Hyaden, dem Orion und an
anderen Orten gefunden habe. Als aber Jupiter retrograd war und
ich dennoch im Dezember diese Sterne um ihn sah, wunderte ich
mich zuerst sehr; dann aber gelangte ich zu der Meinung, dass sich

---

mum, praesertim circa finem Novembris, ubi pro more in meo observatorio considerabam
sidera.

> *diese Sterne geradeso um den Jupiter bewegen wie die fünf Son-*
> *nenplaneten Merkur, Venus, Mars, Jupiter und Saturn sich um die*
> *Sonne bewegen. Ich begann also meine Beobachtungen aufzuschrei-*
> *ben; die erste war am 29. Dezember (1609 jul. / 08.01.1610 greg.),*
> *als drei derartige Sterne in gerader Linie vom Jupiter in Richtung*
> *Westen zu sehen waren."*[17]

Marius' Datumsangaben beziehen sich auf den Julianischen Kalender, der im protestantischen Brandenburg / Ansbach / Franken noch einige Jahrzehnte weiter galt, während in Gegenden unter katholischer Herrschaft aufgrund der von Papst Gregor XIII. am 24. Februar 1582 dekretierten Bulle „Inter gravissimas" bereits der gregorianische Kalender eingeführt worden war.[18] Nur an einer einzigen Stelle in MJ gibt Marius neben dem Julianischen auch das Gregorianische Kalenderdatum an.[19] Wir werden im weiteren noch sehen, welche Irritationen sich aus den regional unterschiedlichen Kalendern in Bezug auf den Zeitpunkt der Erstentdeckung der Jupitermonde ergaben.

Simon Marius berichtet, den Jupiter zum ersten Mal beobachtet zu haben, als sich dieser *„in Opposition zur Sonne befand"*. Die Oppositionsstellung Jupiters war am 28.11.1609 jul. / 08.12.1609 greg.. Etwa um diese Zeit also hat Simon Marius wohl die ersten Beobachtungen des Jupitersystems durchgeführt. Hiervon kann auch deshalb ausgegangen werden, weil er bereits in einem Prognosticon der Vorjahre auf die günstige Beobachtungsperiode des Jupiter während dessen 1609 bevorstehender Oppositionsstellung hingewiesen hatte.[20] Genau diese Situation (*„als aber Jupiter retrograd war und ich dennoch im De-zember diese Sterne um ihn sah"*), führte Marius zu der Schlussfolgerung, dass

---

17 *Tunc primum aspexi Iovem, qui versabatur in opposito solis. Et deprehendi stellas exigu-as, modo post modo ante Jovem, in linea recta cum Iove. Primum ratus sum illas esse ex numero illarum fixarum, quae alias absque instrumento hoc cerni nequeunt, quales in via lactea, Pleiadibus, Hyadibus, Orione aliisque in locis a me deprehendebantur. Cum autem Iupiter tum esset retrogradus et ego nihilominus hanc stellarum concomitantiam viderem per Decembrem, primum valde admiratus sum. Post vero paulatim in hanc de-scendi opinionem videlicet, quod stellae hae circa Iovem ferrentur, prout quinque solares planetae Mercurius, Venus, Mars, Iupiter et Saturnus circa Iovem circumaguntur ....* MJ 1988, S. 38–41.

18 Die Bulle wurde eingeleitet mit dem Satz *„Inter gravissimas pastoralis officii nostri curas ..."* und kann in etwa mit *„Es ist eine der gewichtigsten Aufgaben unseres Hirtenamtes ..."* übersetzt werden. Durch die Gregorianische Kalenderreform wurden die Jahreszeiten wieder mit dem Kalender in Übereinstimmung gebracht. Dem 04.10.1582 folgte unmittelbar der 15.10.1582.

19 MJ 1988, S. 118–119.

20 Wilder, A.: Nachwort zu MJ 1988, S. 165. Die Schleifenbewegung von Mars, Jupiter und Saturn war den Astronomen seit der Antike bekannt, ihre wahre Erklärung lieferte aber erst das kopernikanische Weltbild: Die Erde überholt auf ihrer Innenbahn um die Sonne die äußeren Planeten.

es entgegen der ptolemäischen Lehre außer der Erde zumindest ein Gestirn gab, nämlich Jupiter, um den sich andere Gestirne bewegen.

Simon Marius *vergleicht die Jupitermonde mit den* „fünf – damals bekannten – *Sonnenplaneten* Merkur, Venus, Mars, Jupiter und Saturn", wobei deutlich wird, dass er der Modifikation des antiken Weltbildes durch Tycho de Brahe (1546–1601) anhängt. Dieser hat eine Mischform zwischen dem ptolemäischen *(geozentrischen)* und dem noch umstrittenen kopernikanischen *(heliozentrischen)* Weltbild entwickelt. Darin verbleibt die Erde im Zentrum, während die Planeten um die Sonne kreisen, die ihrerseits die Erde umkreist.

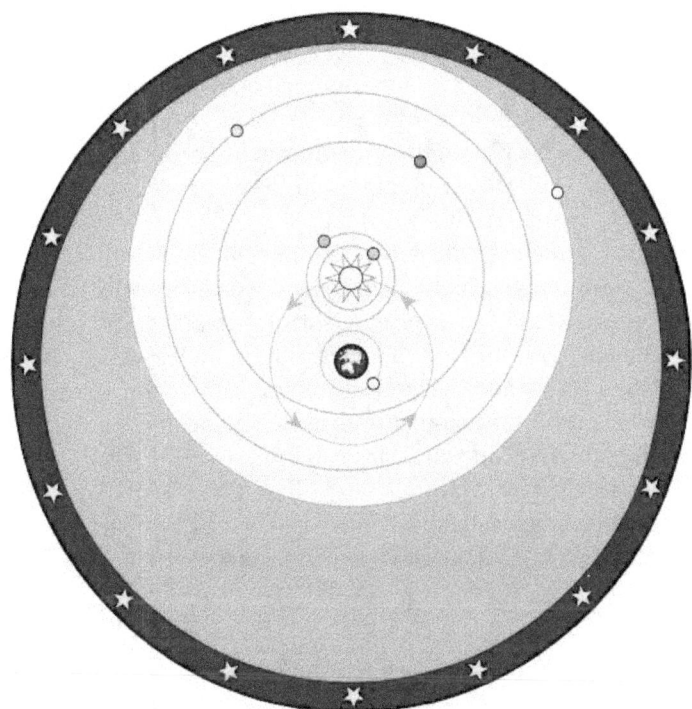

Abbildung 4.8:
Weltbild des Tycho de Brahe
Wikipedia Commons

Marius' Erkenntnis, dass er mit Jupiter und seinen Monden offensichtlich ein eigenes Planetensystem vor sich hatte, veranlasste ihn, seine Beobachtungen fortan zu dokumentieren:

„Zu diesem Zeitpunkt, das gestehe ich aufrichtig, glaubte ich, es gebe nur drei solche Sterne, die den Jupiter begleiten, da ich einige Male drei solche Sterne in einer Reihe nahe beim Jupiter gesehen habe."[21]

4.2.2 Vergleich der Beobachtungen von Simon Marius und Galileo Galilei

Mit Hilfe des Freeware-Planetariumsprogramms *Stellarium* (Version 0.10.2) sind nachfolgend Marius' und Galileis Beobachtungen des Jupitersystems zu Anfang des Jahres 1610 greg. nachgestellt.[22] Um die von den beiden beobachteten Stellungen der Jupitermonde möglichst authentisch zu simulieren, mussten die Zeitangaben aus Marius' *Mundus Jovialis* und Galileis *Sidereus Nuncius* von den Ortszeiten zu Ansbach bzw. Padua auf das heutige Zeitsystem umgerechnet werden. Während die Stundenzählung in Franken an den Meridiandurchgang der Sonne anknüpfte und über den Sonnenuntergang hinaus weitergeführt wurde, orientieren sich Galileis Zeitangaben am Sonnenuntergang, von dem an die Stunden der Nacht durchgezählt wurden.

Sowohl Marius als auch Galilei geben anfangs nur die jeweilige Beobachtungsstunde an. Zur weiteren zeitlichen Eingrenzung sowie zwecks Überprüfung und Abgleich mit den beschriebenen Beobachtungsdetails habe ich insoweit mit dem Planetariumsprogramm Red-Shift[23] zusätzliche Videosimulationen durchgeführt. Bei einigen der nachfolgend zur Veranschaulichung wiedergegebenen Screenshots aus dem Planetariumsprogramm Stellarium wurden darüber hinaus das enge Gesichtsfeld und die Vergrößerung der Perspicilla berücksichtigt bzw. simuliert.

Die bereits zitierten Ausführungen über die ersten Beobachtungen des Jupitersystems[24] erweitert und präzisiert Marius wie folgt:

> *„... während der ersten von mir durchgeführten Beobachtungen, nämlich im Herbst des Jahres 1609, besonders aber gegen Ende desselben und zu Beginn des folgenden Jahres, veränderte sich von Tag zu Tag, nein, beinahe von Stunde zu Stunde ihre Stellung (die Stellung der Monde) gegenüber dem Jupiter. ... Als aber der Jupiter*

---

21 *Itaque coepi annotare observationes, quarum prima fuit die 29. Decembris, quando tres eius modi stellae in linea recta a Iove versus occasum cernebantur. Hoc tempore, quod ingenue fateor, credebam saltem tres eiusmodi stellas esse, quae Iovem comitentur, cum aliquoties tres ordine collocatas eiusmodi stellas prope Iovem viderim.* MJ 1988, S. 40–41.

22 Bei der Beschreibung der in den Simulationen abgebildeten Jupitermondstellungen wurden zur erleichterten Beschreibung bereits die auf Marius und Kepler zurückgehenden Mondnamen verwendet.

23 Red-Shift, Version 3, © (dt. Ausgabe) München: United Soft Media Verlag 1998.

24 MJ 1988, S. 38–41.

*schon um einige Grad zurückgelaufen war und ich ihn nichtsde-
stoweniger immer noch in Begleitung seiner Gestirne sah, erfasste
mich höchste Verwunderung über dieses Phänomen und ich begann,
die Beobachtungen zu notieren. Die erste darunter war die Beobachtung vom 29. Dezember des Jahres 1609. Am Abend dieses Tages
sah ich um die fünfte Stunde drei Gestirne, die sich westlich des Jupiter gleichsam auf einer geraden Linie mit ihm befanden. ... war
ich nun sicher, dass diese Gestirne den Jupiter als ihr Zentrum
ansehen und um ihn herumwandern ....*"[25]

Der spätere Vergleich dieses Beobachtungsberichts mit den Ausführungen Galileis wird belegen, dass letztgenannter sich im Gegensatz zu Simon Marius bis
weit in den Januar 1610 greg. hinein noch nicht über die wahre Natur der bei
Jupiter stehenden „Sternchen" im Klaren war.

Bevor ich ausgewählte Einzelbeobachtungen näher betrachte, sei noch eine
grundsätzliche Bemerkung zur Helligkeit und Sichtbarkeit der von Marius und
Galilei fast zeitgleich und unabhängig voneinander entdeckten vier großen Jupitermonde vorausgeschickt. Diese wiesen im Dez. 1609 jul. / Jan. 1610 greg.
Helligkeitswerte zwischen 4,88 mag und 6,05 mag auf. Unter einem unklem
Nachthimmel *(mangels Streulichts angenommene Grenzgröße: 6,0 bis 6,5 mag)*
sind Sterne dieser Helligkeit schon mit bloßem Auge zu sehen. Aufgrund der
Nähe zu ihrem Zentralgestirn werden die Jupitermonde jedoch von diesem über-
strahlt.[26]

Schauen wir uns nun den Himmel über Ansbach an, wie er sich Simon Marius am Abend des 29.12.1609 jul. / 08.01.1610 greg., gegen 18:00 Uhr, darbot,
einmal näher an.

Simon Marius' Himmel am 29.12.1609 jul. / 08.01.1610 greg. (vgl. Abb. 4.9,
S. 90):

Der Mond steht im Osten im Sternbild Zwillinge. Er ist 13,7 Tage *(nach
Neumond)* alt und wenige Stunden vor Vollmond bereits zu 99,6% beleuchtet.
Er scheint sehr hell und überstrahlt seine nähere Umgebung. Jupiter steht 21°
weiter westlich und zugleich etwa 18° höher im Sternbild Stier. In seiner Nähe
befindet sich Uranus, der zu jener Zeit allerdings noch als Fixstern betrachtet

---

25 MJ 198, S. 86–87.
26 Jupiter war mit -2.3 mag im Dez. 1609 jul. / Jan. 1610 greg. (je nach Sonnen- und Erdentfernung schwankt dessen Helligkeit zwischen -2,8 mag und -1,8 mag!) deutlich heller als
   Sirius, der mit -1.44 mag hellste Fixstern des Nordhimmels. In gleicher Weise schwankt
   auch die Helligkeit der Jupitermonde um bis zu 1 mag. Im kleinsten Feldstecher, ja bereits
   im Opernglas, bleiben sie jedoch sichtbar.

und erst 1781 von Wilhelm Herschel als Planet erkannt wurde. Jupiters Abstand vom Mond ist groß genug, um Simon Marius die Jupitertrabanten im Perspicillum preiszugeben.

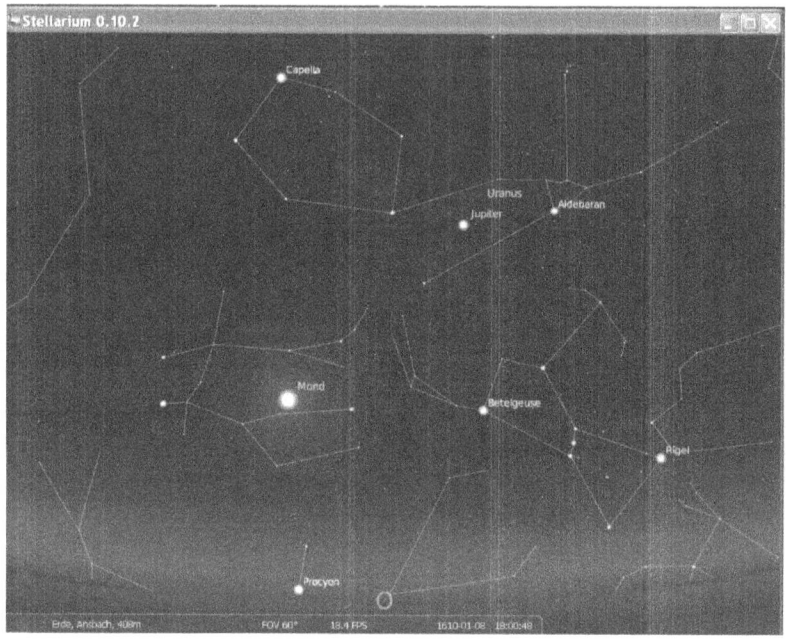

Abbildung 4.9:
Marius Himmelsanblick in Ansbach am 29.12.1609 jul. / 08.01.1610 greg., 18:00 Uhr
Screenshot Stellarium 0.10.2, © Fabien Chereau, 2004–2010 et al.

Die Planetariumssimulation (vgl. Abb. 4.10, S. 91) zeigt die Stellung der vier großen Jupitermonde um dieselbe Zeit. Deren Helligkeitswerte betragen in dieser Nacht von links *(Osten)* nach rechts *(Westen)*:

Kallisto 6,05 mag, Io 5,28 mag, Europa 5,44 mag und Ganymed 4,80 mag.

Die Monde befinden sich in unterschiedlichen Entfernungen, jedoch alle auf einer Linie mit Jupiter. Hätte Marius damals einen modernen Feldstecher zur Verfügung gehabt, so hätte er in dessen großem Gesichtsfeld Jupiter gemeinsam mit seinen vier Begleitern betrachten können. Möglicherweise hätte er dann auch schon die mit den drei westlichen Monden auf einer geraden Linie

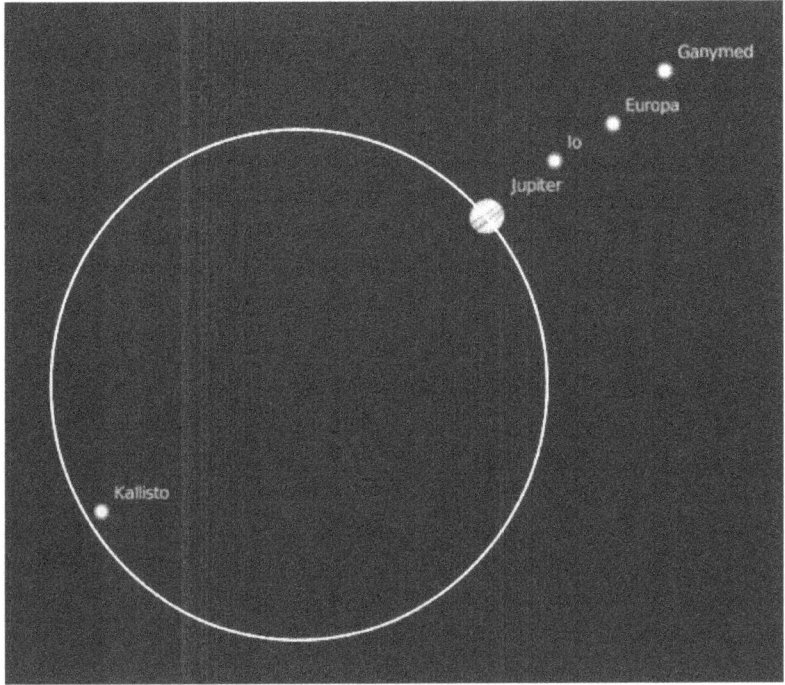

Abbildung 4.10:
Stellung der Jupitermonde am 08.01.1610 greg., 18:00 Uhr
Screenshot Stellarium 0.10.2, © 2004–2010 Fabien Chereau et al.

parallel zur Ekliptik stehende Kallisto weit östlich von Jupiter als vierten Mond identifiziert.

Das Perspicillum konnte ihm diesen Gesamtüberblick jedoch noch nicht bieten und so ordnete Marius zunächst nur die drei westlichen „Sterne" Jupiter zu.[27]

Kallisto ist der äußere der vier großen Monde und entfernt sich demzufolge am weitesten von seinem Planeten. Er war in dieser Nacht in östlicher Elongation etwa 13′ bis 14′ von Jupiter entfernt. Anders als ein auf einer engeren Umlaufbahn kreisender Mond, dessen Bewegung schon innerhalb weniger Stun-

---

27 Jupiter und seine vier großen Monde können sich je nach deren Position und Erdentfernung am Himmel über bis zu 23′ erstrecken. Je nach Stellung waren die Monde also nicht immer alle gemeinsam in dem mit etwa 15′ anzunehmenden Gesichtsfeld des Perspicillum zu beobachten, sondern erforderten seitliche Schwenks.

den wahrzunehmen ist,[28] steht ein Mond um die Zeit seiner Elongation scheinbar still (*weil er sich in dieser Stellung nicht seitlich zum Beobachter, sondern
auf diesen zu oder von ihm weg bewegt*). Dieser Zustand hält besonders lange
an, wenn es sich – wie hier – um einen äußeren *(also entfernt umlaufenden)*
Mond handelt. Zu der großen Jupiterdistanz Kallistos kam also als weiterer
erschwerender Umstand dessen – fixsterntypischer – Stillstand hinzu.

Der weiße Kreis in Abb. 4.10, S. 91, simuliert ungefähr das Gesichtsfeld
von Marius' Perspicillum. Sofern er sein Instrument nach links *(gen Osten)*
herübergeschwenkt hat, verschwanden die drei westlichen Monde aus seinem
Blickfeld. Kallisto am äußersten Bildrand positioniert, konnte er westlich evtl.
noch soeben den Jupiter erspähen *(der ihm allerdings deutlich kleiner als in
der Simulation und ohne Oberflächendetails erschien!)*. Keinesfalls aber war
es ihm möglich, gleichzeitig die drei westlichen Monde zu beobachten. Somit
war die Stellung Kallistos auf gerader Linie mit den anderen Monden für ihn
zumindest nicht unmittelbar zu erkennen und so hielt er den äußeren Jupitermond in dieser Nacht wohl noch für einen Fixstern.

Galileo Galileis Himmel am 07.01.1610 greg. (vgl. Abb. 4.11, S. 93):

Eine Nacht zuvor am 07.01.1610 greg. zeigte sich Galilei über Padua ein ganz
ähnlicher Himmel. Allerdings standen der Erdmond und Jupiter noch deutlich
dichter beieinander *(Ost-West: 10° voneinander entfernt, zugleich 10° höher)*.
Im Alter von 12,68 Tagen *(nach Neumond)* und zu 96,2% beleuchtet schien
der Erdmond auch in dieser Nacht bereits recht hell und könnte so dicht neben
Jupiter Galileis Beobachtungen – je nach den an diesem Abend herrschenden
atmosphärischen Bedingungen – durchaus beeinträchtigt haben.

Galilei beschreibt seine Jupiterbeobachtungen in dem im März 1610 veröffentlichten Sidereus Nuncius.[29]

Galilei schreibt (vgl. Abb. 4.11, S. 93):

---

28 Wie Marius ja bereits im Spätherbst 1609 festgestellt hatte, vgl. MJ 1988, S. 40–41, 86–87.
29 Soweit nachfolgend lat. und dt. Textauszüge aus dem Sidereus Nuncius wiedergegeben
    werden, wurden diese entnommen:
    – der gescannten Erstausgabe des Sidereus Nuncius:
    http://www.rarebookroom.org/Control/galsid/index.html,
    – der lat. Ausgabe des Sidereus Nuncius im HTML-Format:
    http://www.liberliber.it/biblioteca/g/galilei/sidereus_nuncius/html/sidereus.
    htm,
    – Galilei, Galileo: Schriften, Briefe, Dokumente, 2 Bände. Berlin 1987. lat.-dt. Über-
    setzung aus Anna Mudry Ed., darin Sternenbotschaft (Sidereus Nuncius 1610), Chr.
    Wagner, Übersetzung aus dem Lateinischen, Bd. I S. 94–144.
    – Galileo Galilei: Sidereus Nuncius, Nachricht von neuen Sternen, hg. Blumenberg 2002.
    Übersetzung ins Deutsche durch Malte Hossenfelder unter Zugrundelegung der Ausgabe

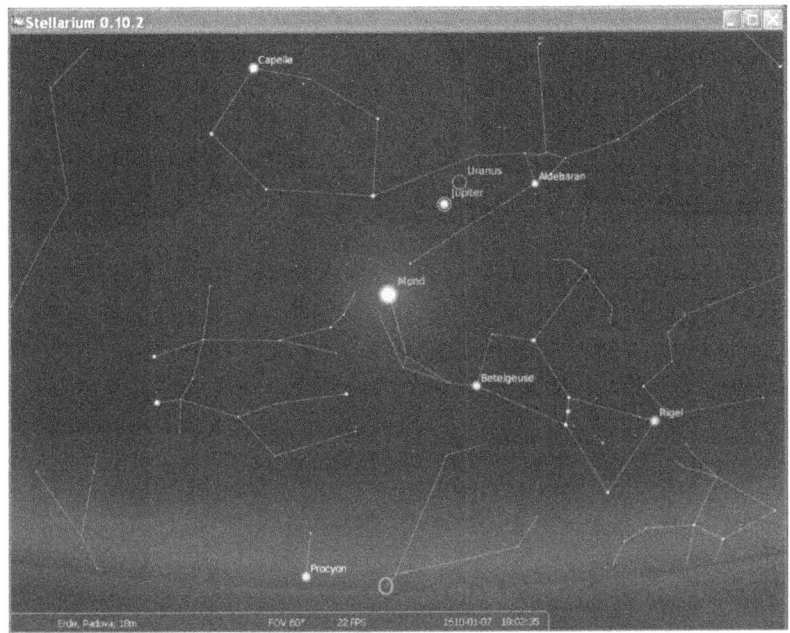

Abbildung 4.11:
Galileis Himmelsanblick in Padua am 07.01.1610 greg., 18:00 Uhr
Screenshot Stellarium 0.10.2, © Fabien Chereau, 2004–2010 et al.

„Als ich also um die erste Stunde der auf den 7. Januar des laufen-
den Jahres 1610 folgenden Nacht die Gestirne des Himmels durch
das Fernrohr betrachtete, geriet mir der Jupiter ins Bild, und da
ich mir ein sehr vorzügliches Instrument gebastelt hatte, erkannte
ich (was vorher wegen der Schwäche des anderen Gerätes nie gelungen war), dass bei ihm drei Sternchen standen, die zwar klein,
aber sehr hell waren. Sie versetzten mich, obgleich ich sie zu den
Fixsternen zählte, dennoch in einiges Erstaunen, weil sie auf einer
vollkommen geraden Linie parallel zur Ekliptik zu liegen und heller als die übrigen Sterne gleicher Größe zu glänzen schienen. Sie
nahmen zueinander und zum Jupiter folgende Stellung ein:

---

in Le Opere de Galileo Galilei, Edizione Nazionale, Vol. III, Firenze 1892, und der
Ausgabe von Maria Timpanaro Cardini. Firenze 1948.

07.01.1610, 18:00 Uhr[30] Orient * * O * Occident.

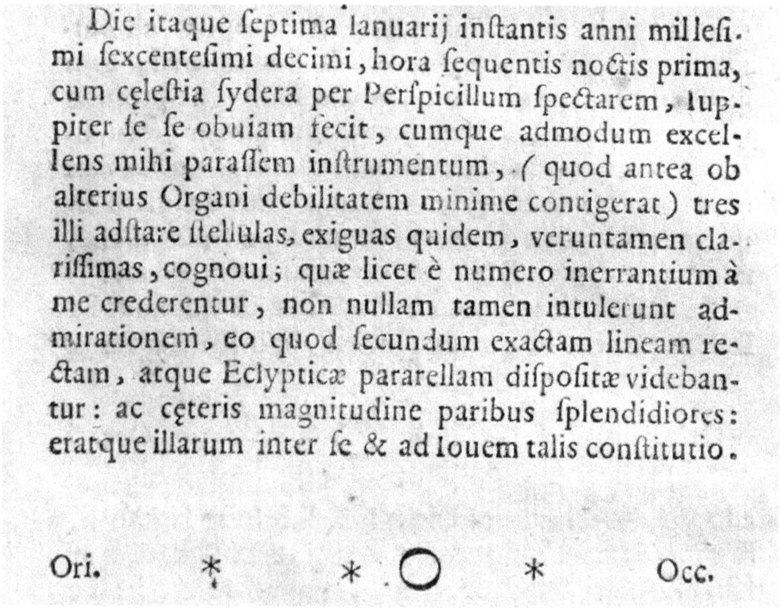

Die itaque feptima Ianuarij inftantis anni millefi-
mi fexcentefimi decimi, hora fequentis noctis prima,
cum cæleftia fydera per Perfpicillum fpectarem, Iup-
piter fe fe obuiam fecit, cumque admodum excel-
lens mihi paraffem inftrumentum, (quod antea ob
alterius Organi debilitatem minime contigerat) tres
illi adftare ftellulas, exiguas quidem, veruntamen cla-
riffimas, cognoui; quæ licet è numero inerrantium à
me crederentur, non nullam tamen intulerunt ad-
mirationem, eo quod fecundum exactam lineam rectam, atque Eclypticæ pararellam difpofitæ videban-
tur : ac cæteris magnitudine paribus fplendidiores:
eratque illarum inter fe & ad Iouem talis conftitutio.

Ori.   *   * O   *   Occ.

Abbildung 4.12:
Sidereus Nuncius 1610, Galileis erste Jupiterbeobachtung (Ausschnitt SN S. 17r)
History of Science Collections, University of Oklahoma Libraries

Galileis Skizze der ersten Beobachtung im *Sidereus Nuncius* zeigt zwei „Sternchen" westlich und eines östlich des Jupiter (vgl. Abb. 4.13, S. 95). Tatsächlich
sehen wir in der Simulation jedoch – wie bei Marius – auch hier vier Monde.
Io und Europa stehen allerdings so dicht beieinander, dass Galileis Instrument
sie nicht zu trennen vermochte. Auch er sah also nur drei – im Übrigen an
diesem Abend noch nicht als solche erkannte – Monde. Das enge Gesichtsfeld
von Galileis Fernrohr *(15′)* konnte auch ihm nicht alle Monde zugleich zeigen.

Dass er den weit vom Planeten entfernten äußeren Mond Kallisto *(kurz vor
seiner östl. Elongation)* wahrgenommen hat, dürfte darauf zurückzuführen sein,
dass dieser – anders als bei Marius' Beobachtung in der folgenden Nacht – nicht
allein, sondern gemeinsam mit Io und Europa östlich des Jupiter stand.

Galilei wundert sich über die Ausrichtung der drei „Sternchen" parallel zur
Ekliptik. Die Erkenntnis, dass es sich bei diesen um Monde des Jupiter han-

---

30 Wie alle folgenden Uhrzeiten umgerechnet auf heutige Stundenzählung.

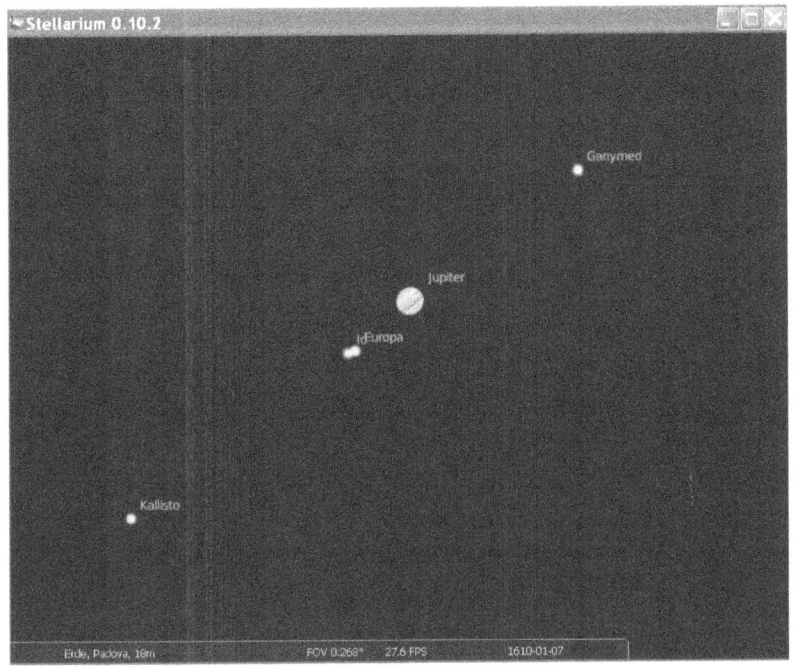

Abbildung 4.13:
Jupitermonde am 07.01.1610 greg., 18:00 Uhr
Screenshot Stellarium 0.10.2, © 2004–2010 Fabien Chereau et al

delt, kommt ihm an diesem Abend aber noch nicht. Er bemerkt vielmehr ausdrücklich, er habe sie *zu den Fixsternen gezählt*.

An den folgenden Abenden richtet Galilei sein Perspicillum wiederum auf Jupiter, beschreibt und skizziert seine Beobachtungen.

> *„Als ich aber am 8., von einem rätselhaften Schicksal geführt, dieselbe Beobachtung erneut vornahm, fand ich eine völlig andere Konstellation vor. Alle drei Sternchen standen nämlich westlich vom Jupiter und näher aneinander als in der vorhergehenden Nacht und durch gleiche Abstände voneinander getrennt, wie es die beigefügte Skizze zeigt:*
>
> *08.01.1610, 18:00 Uhr Orient O * * * Occident."*

Ganz offensichtlich hält Galilei die drei „Sternchen" für dieselben, die er in der Nacht zuvor beobachtet hat. Dies trifft, wie die Planetariumssimulation zeigt *(hier können wir getrost auf die für den Standort Ansbach erstellte Simulation in Abb. 4.10, S. 91, zurückgreifen)*, jedoch nicht ganz zu. Io und Europa sieht er diesmal getrennt, Kallisto bleibt ihm ebenso wie Marius in dieser Nacht verborgen. Zumindest setzt er dieses „Sternchen" nicht in Beziehung zu Jupiter *(weil alleinstehend und in östliche Elongationsposition außerhalb des Gesichtsfeldes seines Perspicillum)*.

Die Annahme, dass Marius' und Galileis Perspicilla einander weitgehend entsprachen, wird hier faktisch durch deren identische Beobachtungsergebnisse bestätigt. Diese sind – wie bereits näher ausgeführt – durch das kleine Gesichtsfeld sowie das geringe Auflösungsvermögen ihrer Instrumente geprägt und begrenzt. Galilei wundert sich:

> *„Obgleich ich über die gegenseitige Annäherung der Sterne noch gar nicht nachgedacht hatte, wurde ich hier doch stutzig, wie denn der Jupiter sich östlich von allen vorgenannten Fixsternen befinden könne, obwohl er am Vortage von zweien von ihnen westlich gestanden hatte. ... "*

Galilei hält die Monde weiter für Fixsterne *und vermutet ein Abweichen Jupiters von seiner vorausberechneten Position. So erwartete er „mit großer Spannung" die folgende Nacht. Aufgrund bewölkten Himmels konnte er jedoch erst am 10.01.1610 die nächste Beobachtung durchführen.*

> *„Am 10. erschienen die Sterne in folgender Stellung zum Jupiter:*
> *10.01.1610, 18:00 Uhr Orient * * O Occident*
>
> *es waren nur zwei vorhanden, und beide standen östlich, während der dritte, so vermutete ich, sich hinter dem Jupiter verbarg. Sie lagen ebenso wie vorher mit dem Jupiter auf einer Geraden, und zwar genau entlang der Tierkreislinie. Als ich dies gesehen hatte und einsah, dass derartige Veränderungen auf keine Weise dem Jupiter zugeschrieben werden könnten, und als ich überdies erkannte, dass die beobachteten Sterne immer dieselben gewesen waren (denn es gab entlang der Tierkreislinie in weitem Abstand keine anderen Sterne, weder vorauseilende noch nachfolgende), da wandelte sich mein Zweifel in Erstaunen, und es wurde mir zur Gewissheit, dass die sich zeigende Veränderung nicht im Jupiter, sondern in den beobachteten Sternen begründet sei."*

Die Simulation in Abb. 4.14, S. 97, zeigt von Osten *(links)* nach Westen *(rechts)* die Monde Kallisto, Ganymed und Europa sowie Jupiter, an dessen östlichem Rand *(rechts oben)* soeben der Mond Io hinter dem Planeten verschwindet.

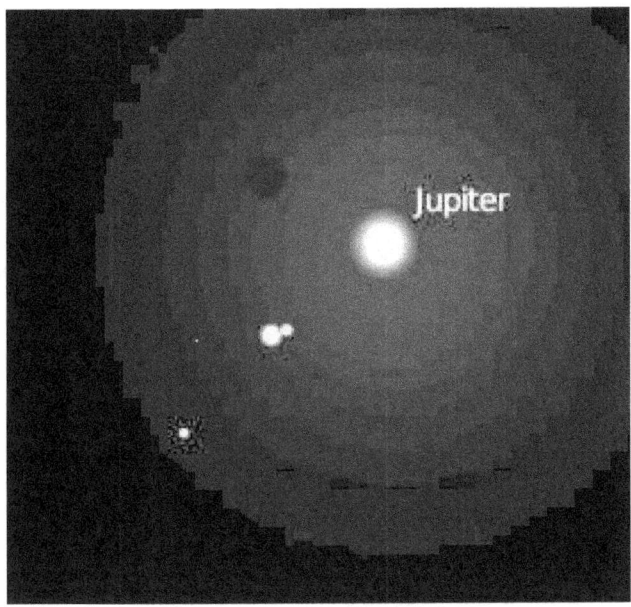

Abbildung 4.14:
Stellung der Jupitermonde am 10.01.1610 greg., 18:00 Uhr,
30-fache Vergrößerung

Galileis diesbezügliche Vermutung trifft zu. Möglicherweise hat er schon während der Dämmerung gegen 17:30 / 17:45 Uhr mit der Beobachtung des hellen Jupiter begonnen und Io noch als tropfenförmige Ausbuchtung am östlichen Planetenrand erspäht. In Anbetracht des geringen Auflösungsvermögens seines Instruments war dies allerdings wohl eher eine Ahnung als eine wirkliche Sichtung *(Galilei äußert ja auch nur eine Vermutung.)* Dafür spricht auch, dass die dicht beieinander stehenden Monde Ganymed und Europa von ihm als nur <u>ein</u> Mond wahrgenommen wurden. Dass sein Beobachtungsbericht für diese Nacht hier endet, lässt den Schluss zu, dass er die „Sternchen" bei Jupiter jeweils nur recht kurzzeitig beobachtet hat. Hätte er an diesem Abend gegen 21:00 Uhr oder gar 22:00 Uhr nochmals hingeschaut oder einfach über längere

Zeit beobachtet, so wäre er bereits mit seinem bescheidenen Instrument Zeuge des Wiedererscheinens des inneren Jupitermondes Io östlich des Planeten geworden, außerdem wären ihm dann auch Ganymed und Europa getrennt als zwei Monde erschienen.

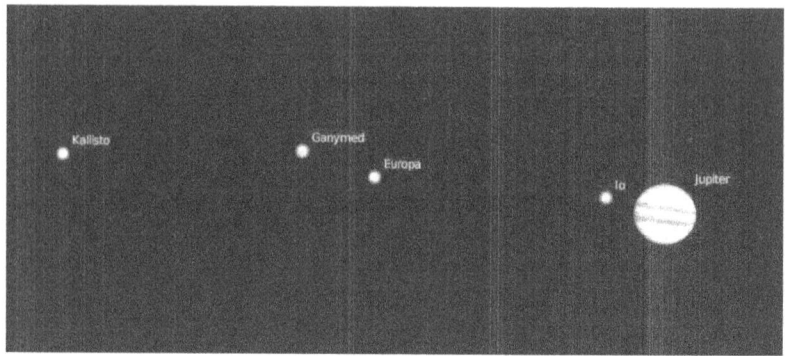

Abbildung 4.15:
Stellung der Jupitermonde am 10.01.1610 greg., 21:00 Uhr
Screenshot Stellarium 0.10.2, © 2004–2010 Fabien Chereau et al.

Bei mehrfacher oder fortgesetzter Beobachtung über einige Stunden hätte Galilei also bereits an diesem Abend
– sowohl die *schnelle Bewegung* der jupiternahen „Sternchen" unmittelbar wahrnehmen
– als auch derer *vier* entdecken können.
Die nachfolgenden Simulationen veranschaulichen dies sehr deutlich.
Simon Marius hatte die schnell wechselnden Stellungen der Jupitermonde[31] bereits sehr viel früher bemerkt, wie der Bericht über seine ersten Jupiterbeobachtungen im Herbst 1609 belegt (*in der Zeit um die Jupiter-Oppositionsstellung am 28.11.1609 jul. / 08.12.1609 greg., vgl. S. 9.*) Zudem folgert er bereits zu dieser Zeit aus dem Verbleiben der „Sterne" um Jupiter während dessen Rückläufigkeit, dass diese ihn umkreisen. Später beschreibt Marius die Mondbewegungen detaillierter:
    „In der Nähe des Jupiter sind sie (die Monde) am schnellsten, an den Endpunkten der größten Entfernung aber langsam, ja fast stillstehend."[32]
    „Dieses Phänomen kann ... sehr leicht erkannt und beobachtet werden, zumal da es mit dem Stand des vierten Mondes zusammenhängt. Denn diesen

---

31 MJ 1988, S. 40–41, 86–87: *„beinahe von Stunde zu Stunde"*.
32 MJ 1988, III. Phänomen, S. 84–85.

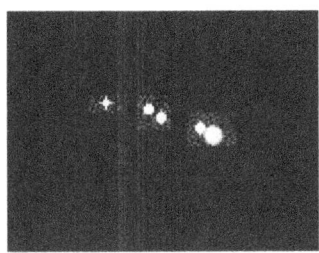 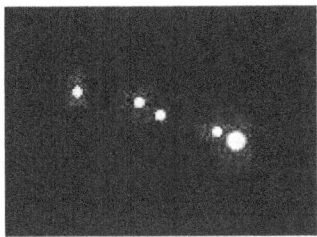

Abbildung 4.16:
Jupitermonde am 10.01.1610, 21:00 Uhr
a) 20-fache Vergrößerung (links)
b) 30-fache Vergrößerung (rechts)

fand ich zuweilen fast ganze drei Tage lang an derselben weitesten Entfernung vom Jupiter, ohne dass ich einen merklichen Unterschied wahrnehmen konnte. Nahe dem Jupiter aber änderte sich deren Entfernung unerwartet schnell, besonders die des dritten, ...

Besonders aber lässt sich die schnellste Bewegung beobachten, wenn zwei Monde nahe dem Jupiter zusammenkommen und der eine gerade herannaht, der andere zurückweicht. In dieser Stellung nämlich wandern sie *von einer zur anderen Stunde merklich auseinander.*"[33]

Immerhin gelangt Galilei am Abend des 10.01. zu der Einsicht, dass wohl doch nicht Jupiter von seiner Position abgewichen sei, wie er noch am 08. vermutet hatte. Er beschließt,
„von nun an offeneren Auges und sorgfältiger zu beobachten."[34]

„*Am 11. also sah ich folgende Konstellation:*
11.01.1610, 18:00 Uhr Orient * * O Occident

nämlich *nur zwei östliche Sterne*, von denen der mittlere dreimal so weit vom Jupiter entfernt war wie vom weiter östlichen, und der weiter östliche war etwa doppelt so groß wie der andere, obwohl sie in der vorhergehenden Nacht ungefähr gleich groß erschienen waren ...."

Io und Europa konnte Galileis Fernrohr um 18:00 Uhr weder von Jupiter noch voneinander trennen. Bereits eine, allerspätestens aber zwei Stunden spä-

---

33 MJ 1988, Erläuterung des III. Phänomens, S. 90–93.
34 *... ac proinde oculate et scrupulose magis deinceps observandum fore sum ratus.*

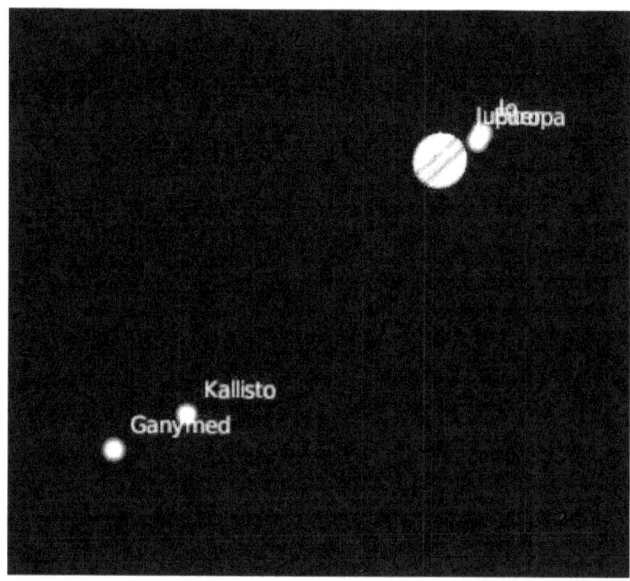

Abbildung 4.17:
Stellung der Jupitermonde am 11.01.1610 greg., 18:00 Uhr
Screenshot Stellarium 0.10.2, © 2004–2010 Fabien Chereau et al.

ter hätte er jedoch bereits mit 20-facher Vergrößerung zumindest <u>drei</u> „Sterne" bei Jupiter erkennen können *(Io und Europa wären aufgrund ihrer größeren Entfernung von Jupiter von diesem getrennt im Perspicillum sichtbar gewesen, wegen ihrer Nähe zueinander aber noch als <u>ein</u> Stern erschienen).* Die nachfolgenden Simulationen zeigen dies sehr anschaulich, belegen allerdings zugleich, dass eine Trennung der Monde Io und Europa selbst bei – damals noch nicht verfügbarer – 50facher Vergrößerung grenzwertig war.

Erst nach weiteren genaueren Beobachtungen in der Folgezeit *(insoweit nimmt sein Bericht vom 11.01. die Ergebnisse zukünftiger Beobachtungen voraus!)* gelangte Galilei zu der entscheidenden Erkenntnis:

„*Es wurde mir daher zur zweifellosen, entschiedenen Gewissheit, dass es am Himmel drei Sterne gebe, die um den Jupiter kreisen wie Venus und Merkur um die Sonne. Das wurde <u>später</u> (!) durch mehrere weitere Beobachtungen schließlich sonnenklar, und zwar, dass es nicht nur drei, sondern vier um den Jupiter kreisende Wandelsterne gibt.*"[35]

---

35 *Statutum ideo omnique procul dubio a me decretum fuit, tres in cælis adesse Stellas vagan-*
   tes circa Iovem, instar Veneris atque Mercurii circa Solem; quod tandem luce meridiana

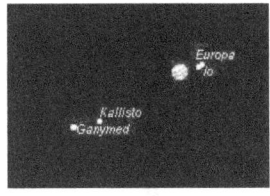 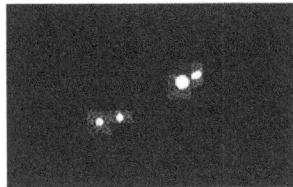 

Abbildung 4.18:
Stellung der Jupitermonde am 11.01.1610, 20:00 Uhr
a) 50-fache Vergrößerung
b) 30-fache Vergrößerung
c) 20-fache Vergrößerung
Screenshot Stellarium 0.10.2, © 2004–2010 Fabien Chereau et al.

Galilei begann, die Positionsänderungen der Sterne bei Jupiter genauer zu beobachten, ihre Abstände durch das Fernrohr zu messen und auch die Beobachtungszeiten präziser zu notieren, insbesondere wenn er – nun endlich! – mehrere Observationen in einer Nacht anstellte. So erkannte nun auch Galilei *(später als Marius!)*:

„*... die Umläufe dieser Planeten sind so schnell, dass man meist auch stündliche Unterschiede wahrnehmen kann.*"

Am 13.01. schließlich erblickte Galilei „*zum ersten Mal vier Sternchen in folgender Stellung zum Jupiter:*

*13.01.1610, 18:00 Uhr Orient * O * * * Occident*

Drei standen westlich und eines östlich. Sie bildeten nur annähernd eine gerade Linie; denn das mittlere der westlichen wich ein wenig von der Geraden nach Norden ab. Das östliche war vom Jupiter zwei Minuten entfernt; die Abstände der übrigen voneinander und vom Jupiter betrugen jeweils nur eine Minute. Alle Sterne wiesen dieselbe Größe auf, und wenn diese auch klein war, so waren sie doch sehr hell und glänzten weitaus stärker als Fixsterne gleicher Größe."

---

clarius in aliis postmodum compluribus inspectionibus observatum est: ac non tantum tres, verum quatuor esse vaga Sidera circa Iovem suas circumvolutiones obeuntia.

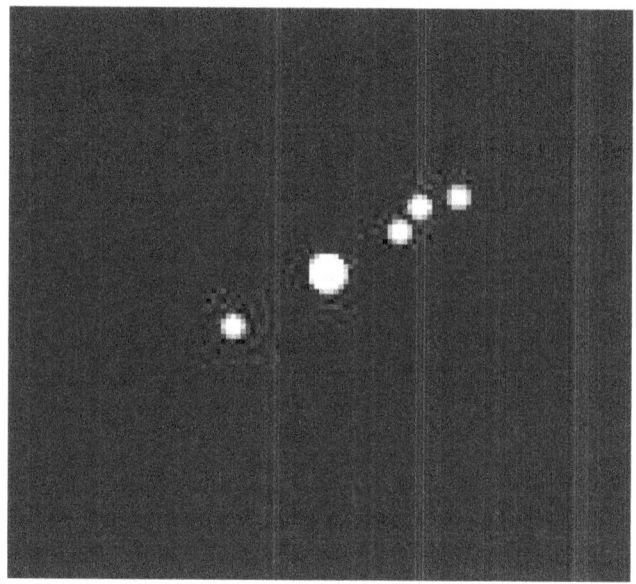

Abbildung 4.19:
Jupitermonde am 13.10.1610, 18:00 Uhr, simulierte Vergrößerung: 30fach
Screenshot Stellarium 0.10.2, © 2004–2010 Fabien Chereau et al.

Die Identität vorstehender Planetariumssimulation mit Galileis Skizze belegt, dass die optische Leistung des Perspicillum hinsichtlich Auflösung, Gesichtsfeld und etwa dreißigfacher Vergrößerung zutreffend nachgebildet ist. Simon Marius in Ansbach hatte inzwischen von seinem Gönner Fuchs von Bimbach ein neues Fernrohr mit venezianischen Gläsern erhalten,

„damit ich erproben könne, was sie zur Beobachtung der Gestirne und der Sterne um den Jupiter taugten. Von diesem Zeitpunkt (29.12.1609 jul. / 08.01.1610 greg.) an bis zum 12. Januar (1610 jul. / 22.01.1610 greg.) beschäftigte ich mich also eingehender mit diesen Jupitergestirnen. Ich entdeckte schließlich, dass es vier solcher Himmelskörper gibt, die auf ihren Bahnen den Jupiter umkreisen."[36]

Beide, Marius und Galilei, benötigten eine gewisse Zeit, bis sie auch den vierten Jupitermond entdeckten und ihn schließlich als sicher bestätigen konnten. Ab dem 12.01.1610 greg. *(02.01.1610 jul.)* bot eine besonders günstige Konstellation der Jupitermonde beiden hierfür allerbeste Voraussetzungen.

---

36 MJ 1988, S. 40–41.

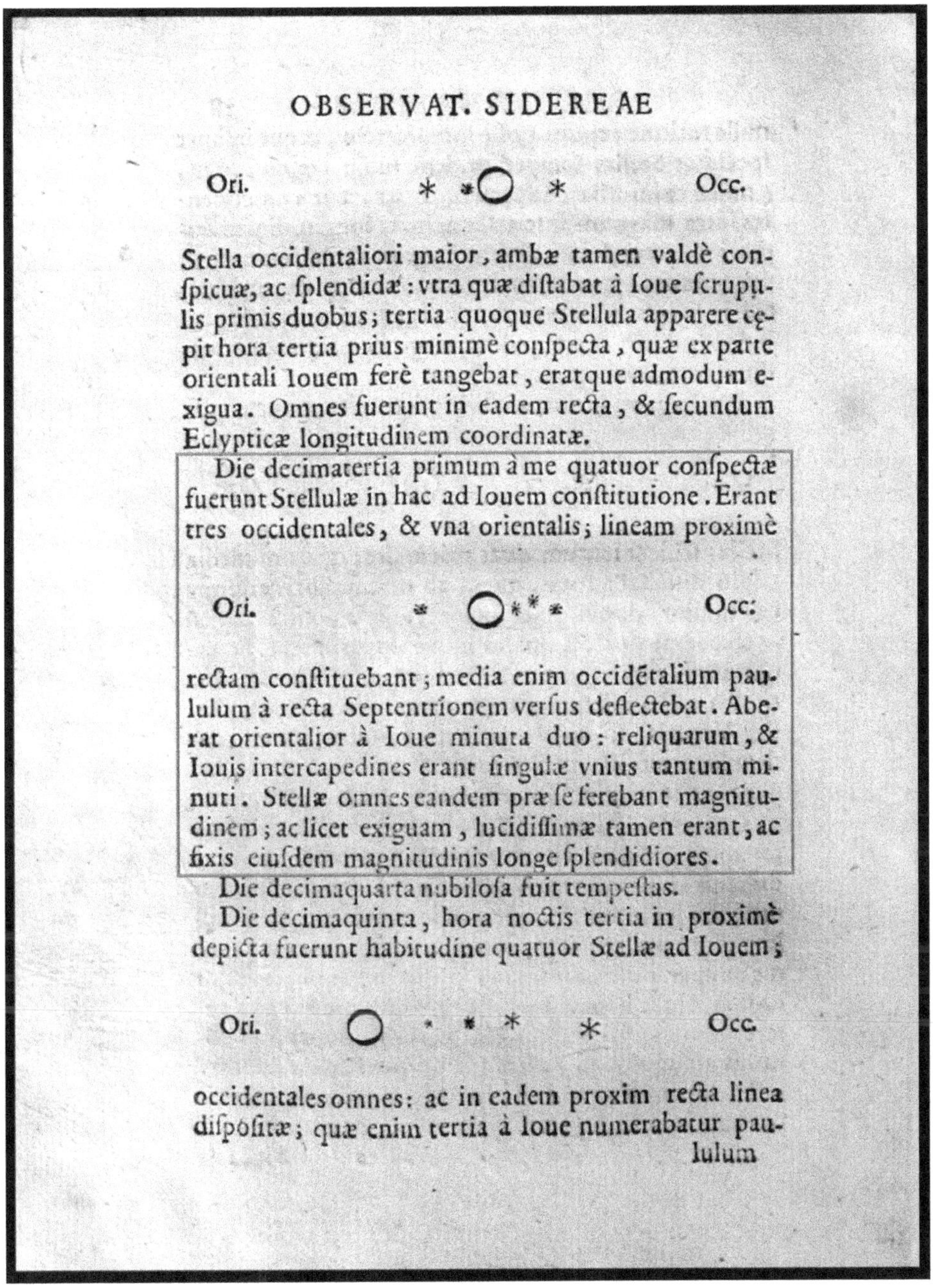

OBSERVAT. SIDEREAE

Ori.   * *○ *   Occ.

Stella occidentaliori maior, ambæ tamen valdè con-
fpicuæ, ac fplendidæ : vtra quæ diftabat à Ioue fcrupu-
lis primis duobus; tertia quoque Stellula apparere cœ-
pit hora tertia prius minimè confpecta, quæ ex parte
orientali Iouem ferè tangebat, eratque admodum e-
xigua. Omnes fuerunt in eadem recta, & fecundum
Eclypticæ longitudinem coordinatæ.

Die decimatertia primum à me quatuor confpectæ
fuerunt Stellulæ in hac ad Iouem conftitutione . Erant
tres occidentales, & vna orientalis; lineam proximè

Ori.   * ○ * * *   Occ:

rectam conftituebant; media enim occidêtalium pau-
lulum à recta Septentrionem verfus deflectebat . Abe-
rat orientalior à Ioue minuta duo : reliquarum, &
Iouis intercapedines erant fingulæ vnius tantum mi-
nuti . Stellæ omnes eandem præ fe ferebant magnitu-
dinem; ac licet exiguam, lucidiflimæ tamen erant, ac
fixis eiufdem magnitudinis longe fplendidiores .

Die decimaquarta nubilofa fuit tempeftas.
Die decimaquinta, hora noctis tertia in proximè
depicta fuerunt habitudine quatuor Stellæ ad Iouem;

Ori.   ○ * * *   *   Occ.

occidentales omnes: ac in eadem proxim recta linea
difpofitæ; quæ enim tertia à Ioue numerabatur pau-
               lulum

Abbildung 4.20:
Sidereus Nuncius 1610, Galilei sieht zum ersten Mal vier Jupitermonde
(Ausschnitt SN, S. 18v)
History of Science Collections, University of Oklahoma Libraries

Planetariums- und Videosimulationen belegen für die Nächte vom 12.–15.01.
sowie vom 19.–22.01.1610 greg. eine fast durchgängige deutliche Sichtbarkeit
aller vier Monde, wobei deren Abstände sowohl untereinander als auch zum
Jupiter zweifelsfrei für eine einwandfreie Trennung und Einzelabbildung im
Perspicillum ausreichen.

Wenn Galilei in seiner „Sternenbotschaft" gleichwohl für den 12.01. zunächst
nur zwei, zu späterer Stunde schließlich drei, jedoch keine vier Sterne bei Jupiter notierte, so ist dies nicht recht nachvollziehbar. Die Planetariumssimulation
bestätigt für diese Nacht ab 19:00 Uhr schon bei nur zwanzigfacher Vergrößerung eine deutliche Sichtbarkeit aller vier Jupitertrabanten und trennt auch
die östlich des Planeten benachbart stehenden Monde Io und Kallisto einwand-
frei. Davon ausgehend, dass Galileis Instrument sogar bereits eine dreißigfache
Vergrößerung lieferte *(vgl. Simulation und Galileiskizze der Jupiterbeobachtung
vom 13.01. sowie nachfolgende Abbildung)*, hätte ihm eigentlich schon am 12.01.
keiner der vier Monde verborgen bleiben dürfen.

Abbildung 4.21:
Jupitermonde am 12.01.1610 greg., 19 Uhr,
simulierte Vergrößerung 30×
© Fabien Chereau et al., 2004–2010

Offensichtlich hat Galilei jedoch anders als Marius Jupiter und die bei ihm
stehenden „Sternchen" nicht einige Stunden fortlaufend überwacht, sondern sie
anfangs nur ein-, später zwei- oder dreimal pro Nacht jeweils kurzzeitig beobachtet. Aufgrund dieser Vorgehensweise, *die durch einen Abgleich von Galileis Angaben im Sidereus Nuncius mit Planetariums- und Videosimulationen*

nachzuweisen ist, blieb ihm wichtige Details der Mondbewegungen zunächst verborgen. Seine erste Beobachtung am 12.01. muss er bereits unmittelbar nach Sonnenuntergang bereits gegen 17:30 Uhr durchgeführt haben, als Io und Europa noch so dicht beieinander standen, dass sein Perspicillum sie nicht zu trennen vermochte. Möglicherweise verbarg sich darüber hinaus einer der beiden äußeren Monde noch im Restlicht der Dämmerung, so dass er nur zwei Sterne notieren konnte. Völlig rätselhaft bleibt allerdings, warum Galilei bei seiner zweiten Beobachtung um die dritte Nachtstunde *(zwischen 20:30 und 21:30 Uhr)* nicht alle vier Monde gesehen hat.

Simon Marius hat seine zur gleichen Zeit in Ansbach durchgeführten Beobachtungen leider nicht zeichnerisch dokumentiert, weshalb wir nur auf seine textlichen Beschreibungen im *MJ* zurückgreifen können. Diese lassen jedoch an vielen Stellen erkennen, mit welcher Geduld und Gründlichkeit der Franke observiert hat, was im Übrigen auch die von mir durchgeführten Planetariums- und Videosimulationen bestätigt haben. Wie bereits ausgeführt, hatte Marius schon in seinem ersten Beobachtungsbericht die *„beinahe von Stunde zu Stunde"* wechselnden Stellungen der Jupitermonde geschildert.[37] Diese konnten sich ihm so früh nur im Rahmen von Langzeitbeobachtungen erschließen.

Aufgrund seiner Beobachtungstechnik der fortlaufenden Überwachung *(anstelle von Galileis „Momentaufnahmen")* ist mit hoher Wahrscheinlichkeit davon auszugehen, dass Marius vor seiner Abreise nach Schwäbisch-Hall am 13.01.1610 jul. / 23.01.1610 greg., also bis zum 22.01.1610 greg., über die Anzahl der Jupitermonde endgültige Klarheit erlangt hatte.[38]

Es kennzeichnet Simon Marius und seine außerordentliche Gründlichkeit, wenn er gleichwohl die Erlangung *„völliger Gewissheit"* hierüber *(vier Jupitermonde!)* auf Ende Februar / Anfang März „vertagt". [39] Seine Reise nach Schwäbisch-Hall, wohin er das Perspicillum aus Furcht vor Beschädigungen nicht mitnahm, muss Marius sehr ungelegen gekommen sein, zwang sie ihn doch, seine Beobachtungen jäh zu unterbrechen, anstatt die gewonnenen Erkenntnisse sogleich durch weitere Observationen zu verfestigen und die „Welt des Jupiter" weiter zu erforschen. Nach seiner Rückkehr widmete Marius sich daher sofort wieder der *„genaueren und sorgfältigeren Beobachtung der Jupitersterne"*. Fuchs von Bimbach stellte ihm das Fernrohr nunmehr ganz zur Verfügung.[40]

---

37 MJ 1988, S. 86–87.

38 Galileis an einem optisch vergleichbaren Instrument gewonnene Beobachtungsskizzen im *Sidereus Nuncius* bestätigen die leichte Erkennbarkeit der vier Jupitermonde für die Nächte des 13., 15., 19., 21. und 22.01.1610!

39 Vgl. MJ 1988, S. 41, 2. Absatz, vorletzter und letzter Satz, und S. 88–89.

40 (MJ 1988, S. 40–41, 3. Absatz.

4.2.3 Vertiefte Erforschung der Jupitermonde oder Sicherung des Prioritätsanspruchs auf Erstentdeckung

Anders als der von Beginn an nach wissenschaftlicher Durchdringung und vertiefender Beobachtung strebende Marius war Galilei wesentlich davon getrieben, sich durch schnelle Veröffentlichung den Prioritätsanspruch für seine Entdeckung zu sichern. Sein Sidereus Nuncius ist erkennbar unter hohem Zeitdruck entstanden und wurde in großer Eile niedergeschrieben. Galileis letzte Aufzeichnungen über die Beobachtung der Jupitermonde datieren vom 02.03.1610 und wurden somit bis wenige Tage vor der Veröffentlichung am 12.03.1610 greg. durchgeführt.

Galileis Latein in der „Sternenbotschaft" ist weit entfernt von der ansonsten von ihm gepflegten Sprache der Scholastik und des Humanismus. Sie ist hier Medium der Beschreibung des bisher nie Gesehenen und nicht die Sprache der Mathematik, deren „Buchstaben" Dreiecke, Kreise und andere geometrische Figuren Galilei später im *„Saggiatore"* (1623) als einzig der Natur angemessen erachtet.

Mit den dreiundsiebzig in der Sternenbotschaft dokumentierten Beobachtungen, die er an den Jupitertrabanten vom 07.01.–02.03.1610 greg. angestellt hat, wird Galilei dem astronomischen Ziel einer Vermessung der Umlaufbahnen und einer Voraussage der Mondkonstellationen nicht gerecht. Das kleine Werk ist kein Muster der exakten Methode, sondern ein einzigartiger Fall der Umsetzung von Erregung in Beschreibung, zugleich getrieben von Galileis Prioritätsanspruch[41] Blumenberg bemerkt dort außerdem:

> *„Die Akzente seiner (Galileis) Erregung sind ungleich gesetzt: Galilei sieht die kopernikanischen Bestätigungen; er übersieht, dass die vermeintliche Evidenz des Systems, dem er sein Pathos zuwendet, schon überboten ist durch seine gleichzeitig sichtbar gewordene Provinzialisierung in einem ungeheuer erweiterten Sternenall, dessen nie zuvor erblickten Massen er nur eine beiläufige Erwähnung zuteil werden lässt."*[42]

Während Galilei die Entdeckung der Jupitermonde binnen zweier Monate und noch ohne tiefere Erforschung bereits im März 1610 im *Sidereus Nuncius* veröffentlicht hat, verbrachte Simon Marius bis zur Herausgabe seines *Mundus Jovialis „vier volle Jahre unglaublicher Strapazen mit Nachtwachen, Beobachten*

---

41 So auch Hans Blumenberg in seiner Einführung zum *Sidereus Nuncius* in Galileo Galilei, Sidereus Nuncius, Nachricht von den Sternen. Hg. Blumenberg 2002, S. 77 f.

42 Blumenberg spielt hier u. a. an auf Galileis Beobachtung der Milchstraße bzw. deren Auflösung in Einzelsterne, eben das mit dem Perspicillum aufgestoßene Tor zu einem erweiterten Universum.

und Rechnen ... ", bis er ... *„all die vielfältigen Bewegungen* [der Jupitermonde] *erfasst, die Erkenntnisse mit einer passenden Theorie erklärt und aus dieser letztlich die Tafeln erstellt"* hatte, *„aus denen leicht zu jedem beliebigen vorgegebenen Zeitpunkt die Stellung dieser Gestirne zum Jupiter festgestellt und berechnet werden kann."*[43]

Wie einem Brief an Maestlin zu entnehmen ist, war *Mundus Jovialis* bereits am 01.08.1613 druckfertig. Marius musste jedoch noch über ein halbes Jahr auf die Erteilung des Druckprivilegs warten, bis er sein Werk am 18.02.1614 jul. endlich unterzeichnen und seinen Landesherren widmen konnte.

Hoc est,

QUATUOR JOVIALI-
UM PLANETARUM, CUM
THEORIA, TUM TABULÆ, PROPRIIS OB-
SERVATIONIBUS MAXIME FUNDATÆ, EX QUIBUS
situs illorum ad Iovem, ad quodvis tempus datum
promptissimè & facilimè suppu-
tari potest.

nämlich

sowohl die Theorie der vier Monde des Jupiter
als auch die Tabellen, welche
durch eigene Beobachtungen sehr gut ab-
gestützt sind und es gestatten, eine
sehr rasche und einfache Berechnung
der Positionen jener Monde zum Jupiter
zu jedem beliebig gegebenen
Zeitpunkt vorzunehmen.

Abbildung 4.22:
Oben und unten: Untertitel (lat. und dt.) von *Mundus Jovialis*
MJ 1988, S. 14–15.

Der Untertitel beschreibt *Mundus Jovialis* als ein wissenschaftlich umfassend recherchiertes, durch Beobachtungen abgesichertes und theoretisch untermauertes Werk.

Diesem Anspruch wird Marius' von Sachverstand, Fleiß und dem Streben nach Gewissheit geprägtes Werk vollauf gerecht. Wer sich in Gedanken in jene Zeit vor vierhundert Jahren zurückversetzt und vielleicht auch einmal – wie der Autor – selbst mit dem Nachbau eines Perspicillum beobachtet hat, wird Marius' wissenschaftliche Leistung, ebenso aber auch seine Ausdauer und seine Strapazen – zumindest ansatzweise – erahnen können.

---

43 MJ 1988, S. 24–27.

Neben Marius' *Mundus Jovialis* nimmt sich Galileis *Sidereus Nuncius* letztendlich sehr viel bescheidener aus, war aber – hieran gibt es nichts zu deuten – die erste Veröffentlichung über das Jupitersystem und begründete insoweit Galileis Prioritätsanspruch.

Marius ließ es nicht bei den Beobachtungen weniger Wochen bewenden, er suchte deren gründliche Bestätigung bzw. – wie er selbst schrieb – „völlige Gewissheit"[44] Die Entdeckung der *„vier „Anhänger"* des Jupiter"[45] hatte seine wissenschaftliche Neugier geweckt, es drängte ihn nach weitergehender – vollständiger – Erforschung dieses „eigenen Planetensystems". Es hätte wohl seiner Natur, aber auch seinem Wissenschaftsverständnis widersprochen, erste noch unvollständige Erkenntnisse zur Erlangung schnellen Ruhms eiligst zu veröffentlichen. Er wollte bestätigende Beobachtungen. Sein Ziel war eine möglichst genaue Ermittlung der Umlaufbahnen und -perioden der Jupitermonde sowie die Entwicklung einer schlüssigen Theorie des Gesamtsystems.

Die erstaunlich umfassende Erklärung des Jupitersystems im *Mundus Jovialis*, dessen – in weiten Teilen zutreffend – entwickelte Theorie sowie der Tabellenanhang legen ein beredtes Zeugnis ab von Marius' Gründlichkeit und wissenschaftlicher Kompetenz.

Hier ist Alois Wilder uneingeschränkt beizupflichten, der als Physiklehrer und langjähriger Betreuer der Schulsternwarte am Simon-Marius-Gymnasium in Gunzenhausen die Übersetzung des *MJ 1988* vom Lateinischen ins Deutsche naturwissenschaftlich begleitet hat und der noch heute regelmäßig astronomische Beobachtungen durchführt. Dieser stellt in seinem Nachwort zu *MJ 1988 (a.a.O., S. 164 f.)* zutreffend fest:

> *„… Jeder, der mit der astronomischen Beobachtungspraxis vertraut ist, erkennt bei der Beschreibung der sieben Phänomene (denen Marius seine Beobachtungen zuordnet), wie viel Zeit und Mühe Marius … haben muss, um zu seinen erstaunlich genauen Umlaufzeiten der vier Monde zu kommen. Nach der Verbesserung der ersten aus dem Jahr 1612 stammenden Werte wichen diese 1614, dem Jahr des Erscheinens des Mundus Iovialis, nur mehr um maximal 0,3 Promille (!) von den heute bekannten Werten ab.*
> *Im theoretischen Teil zeigt der Autor; dass sich alle Beobachtungen durch die Bewegung der Monde mit konstanter Bahngeschwindigkeit auf Kreisbahnen erklären lassen. Dabei ist zu sehen, dass er die zu seiner Zeit in der Astronomie benützten mathematischen Methoden sicher beherrschte und auch anwenden konnte. Als besondere Lei-*

---

44 Vgl. MJ 1988, S. 40–41.
45 MJ 1988, S. 72–73.

stung muss hervorgehoben werden, dass es ihm gelang, auch die von ihm sehr sorgfältig beobachtete Bewegung der Monde in der Breite, also senkrecht zur seitlichen Bewegung, richtig zu erklären durch die Neigung der Bahnebenen der Monde gegen die Äquatorebene des Jupiter.

Die Überprüfung der Brauchbarkeit der am Schluss des Werkes abgedruckten Tabellen mit Hilfe von Computerrechnungen ergibt eine gute Übereinstimmung der Ergebnisse ...."

Nichts vermag den qualitativen Unterschied zwischen Marius' *Mundus Jovialis* und Galileis *Sidereus Nuncius* mehr zu verdeutlichen als deren unmittelbarer Vergleich. Die nachfolgende Wiedergabe der wesentlichen Passagen aus Galileis Beobachtungsfazit, welches dieser vornehmlich unter dem Aspekt der Bestätigung der kopernikanischen Lehre zieht, ohne das Jupitersystem selbst einer tiefer gehenden Erforschung zu unterziehen. *(Die von mir vorgenommene Untergliederung und Durchnummerierung der Ausführungen Galileis sowie die Texthervorhebungen sollen eine schnelle Übersicht erleichtern.)*

1. *„Das sind nun die vier Mediceischen Planeten, die vor kurzem und von mir zuerst entdeckt worden sind, und obwohl es noch nicht gestattet ist, aus ihnen die Umläufe dieser Planeten in Zahlen zu erschließen, ist doch wenigstens erlaubt, einiges Bemerkenswerte mitzuteilen.*

2. *Es kann niemand bezweifeln, dass diese Planeten um den Jupiter kreisen, während alle zusammen sich in zwölfjährigem Turnus um das Zentrum der Welt drehen, denn sie laufen dem Jupiter in ähnlichen Abständen bald nach, bald vor, entfernen sich von ihm sowohl nach Osten wie nach Westen nur in sehr engen Grenzen und begleiten ihn bei seiner rückläufigen ebenso wie bei seiner rechtläufigen Bewegung.*

3. *Ferner bewegen sie sich in ungleichen Kreisen, was sich eindeutig daraus schließen lässt, dass man in größeren Abständen vom Jupiter niemals zwei eng zusammenstehende Planeten sehen konnte, während sich nahe am Jupiter zwei, drei und manchmal alle gleichzeitig dicht zusammengedrängt fanden. Überdies stellt man fest, dass die Umläufe der Planeten, die engere Kreise um den Jupiter beschreiben, schneller sind; ...*
Der Planet mit der größten Kreisbahn jedoch scheint bei sorgfältiger Prüfung seiner oben verzeichneten Rückkünfte halbmonatliche Umläufe zu haben (die tatsächliche Umlaufzeit des äußeren Mondes Kallisto beträgt 16,689 Tage). ... jetzt haben wir nicht nur einen Planeten, der sich um einen anderen dreht, während beide eine große Kreisbahn um die Sonne

durchlaufen, sondern unsere Sinneswahrnehmung zeigt uns vier Sterne,
die um den Jupiter kreisen wie der Mond um die Erde, ...

4. *„Zum Schluss dürfen wir die Frage nicht übergehen, aus welchem Grunde*
es geschieht, dass die Mediceischen Gestirne während ihrer sehr engen
Umläufe um den Jupiter ihre eigene Größe manchmal mehr als zu ver-
doppeln scheinen. Es steht fest, dass Sonne und Mond, durch den Dunst
der Erde gesehen, größer erscheinen, die Fixsterne und Planeten dage-
gen kleiner. ... Dasselbe können wir ... logischerweise über die übrigen
Planeten urteilen, so dass es keineswegs unglaubhaft erscheint, auch den
Jupiter mit einer Hülle zu umgeben, die dichter ist als der übrige Äther
und um die die Mediceischen Planeten kreisen wie der Mond um die Sphä-
re der Elemente. Durch das Dazwischentreten dieser Hülle erscheinen sie
während ihrer Erdferne kleiner, während ihrer Erdnähe aber, wegen des
Fehlens oder der Verdünnung dieser Hülle, größer.

5. *Weiter vorzudringen, erlaubt die Beschränkung meiner Zeit nicht; der*
geneigte Leser mag in Kürze mehr hierüber erwarten.“

Im Schlusssatz bestätigt Galilei nochmals ausdrücklich seine Eile bei der Nie-
derschrift des *Sidereus Nuncius*. Zwei Jahre später im März/April 1612 veröffentlichte Galilei im *„Discorso intorno alle cose che stanno in su l'acqua ò che*
in quella si muovono", *(einer Abhandlung über schwimmende Körper)* auf der
Grundlage weiterer Beobachtungen die Umlaufzeiten aller vier Jupitermonde
(vgl. Tabelle in Abb. 4.23, S. 120).

Zweiundzwanzig Jahre später im *Dialog über die beiden hauptsächlichen Welt-*
systeme, Florenz 1632, kommt er nochmals darauf zurück:

„Ebenso deutlich sehen wir bei den Mediceischen Gestirnen das dem
Jupiter zunächst benachbarte seinen Umlauf in ganz kurzer Zeit,
nämlich in etwa 42 Stunden abmachen, das folgende in etwa drei
und ein halb Tagen, das dritte in sieben und das vierte in sechzehn
Tagen.“[46]

Kontext dieser Worte Galileis ist die Bewegung der Sphären der Himmelskörper, der Erde, der Sonne, des Mondes und der Planeten. Die Entdeckung der
„Mediceischen Sterne" war ein Hauptbeweggrund für Galilei, sich für das kopernikanische System zu entscheiden – auch wenn er schon vorher dahin tendierte.

---

46 Galileo Galilei, Dialogo sopra i due massimi sistemi. Florenz 1632; dt. Übersetzung: Dialog
   über die beiden hauptsächlichen Weltsysteme, das ptolemäische und das kopernikanische.
   Auszüge, E. Strauss, Übersetzung aus dem Italienischen, Bd. I., S. 179–328.

In ähnlicher Weise wählte ja auch Marius die „Welt des Jupiter" als Basis seines – allerdings noch von Tycho de Brahe inspirierten – kosmologischen Modells.[47]

4.3 Marius' frühe Hinweise auf seine Erforschung der „Welt des Jupiter" in Briefen und Prognostica

Erste kurze Berichte bzw. Hinweise auf Marius' Entdeckung der Jupitermonde finden wir bereits lange vor dem Erscheinen des *MJ* im Februar 1614 in seinen Briefen und Prognostica.

4.3.1 Brief an Nicholas Wickens

Eine der ersten Erwähnungen findet sich in Keplers 1611 veröffentlichter „Dioptrice". In deren Vorwort wird ein an Kepler weiter geleiteter Brief des Marius vom 6./16.07.1611 an Nicholas Wickens (Vicke) wiedergegeben. Darin berichtet Marius u. a. über seine Arbeiten zur Erforschung des Jupitersystems:

> „... Weiter werde ich mich mit den neu entdeckten Planeten beschäftigen, welche um Jupiter kreisen wie die anderen Planeten dies um die Sonne tun. Ich werde ihre unterschiedlichen Abstände zum Jupiter und ihre Umlaufperioden behandeln. Die Umlaufzeiten der beiden äußeren Jupiterplaneten habe ich bereits herausgefunden und Tabellen dazu entwickelt, so dass wir jederzeit herausfinden können, wie viele Minuten sie nach rechts oder links von Jupiter entfernt sind ...."

Der Brief belegt, dass Kepler Marius' Entdeckung und Erforschung der Jupitermonde bei Drucklegung seiner Dioptrice bereits kannte.[48]

4.3.2 Briefe an David Fabricius und Caspar Odontius

Aber auch schon in Briefen aus der zweiten Hälfte des Jahres 1610, die Marius an David Fabricius *(den er 1601 in Prag bei Tycho de Brahe als dessen Assistent kennengelernt hatte)* und an Johann Caspar Odontius *(einen zeitweisen Mitarbeiter Keplers)* geschrieben hat, finden sich Hinweise auf seine Entdeckung der Jupitermonde.[49]

---

47 Vgl. Liesenfeld 2003, S. 77.
48 Vgl. Liesenfeld 2003, S. 65.
49 Wilder 1981; dto. Liesenfeld 2003, S. 66, dort u. a. Hinweis auf Marius' Brief an Odontius vom 30.12.1610, der ebenfalls an Kepler weitergeleitet worden ist.

4.3.3 Hinweis im Text von 1610 für Marius' Prognosticon 1612

(abgefasst zwischen Ende April und Juli 1610, gewidmet am 01.03.1611)

Ernst Zinner (1942) *Zur Ehrenrettung des Simon Marius* belegt, dass Marius die Vorhersagen für 1612 bereits lange vor der Widmung fertig gestellt hatte. Der Anfang *(Bir-BVI)* wurde in der Zeit von Ende April bis Juni 1610 und der Schluss nach dem Auftauchen Jupiters am Morgenhimmel, also nach Mitte Juli 1610, verfasst. Schließlich weist auch die Widmung vom 01.03.1611 besonders auf Marius' Entdeckung hin. Im Übrigen berichtet dieser nach Erwähnung des niederländischen Instruments:

> *„also hab ich auch mit solchem Instrument, so von dem Edlen und G. Herrn Hanz Philip Fuchsen von Bimbach, Obrist etc. mir zugestellet, vor dem End des Decemb. des 1609 Jars an, biss inn das Mittel des Aprilln dises 1610 Jars, und nun widerumb zu frü die vier newe Planeten, so ire Bewegung umb den Cörper Jovis haben, vielmals gesehen, da ich erstlich vermeinet es weren kleine subtile fixstern, so sonsten nit gesehen werden. Als aber solche mit dem ♃ fortgangen, und bald vor, bald nach dem Jove von mir observirt worden, hab ich anderst nit urtheilen können, denn dass sie jre Bewegung circulariter umb den ♃ haben, wie ♀, ☿, ♂, ♃ und ♄ ire Bewegung umb die Sonnen haben, ... da solche Planeten sampt jrer circulari rotatione circa ♃ vorgestellet sey.“*[50]

4.3.4 Hinweis im Text von 1611 für Marius' Prognosticon 1613

> *„Vor einem Jahr habe ich in der dedication selbigen Calenders die vornembsten Ursachen meines Prognosticirens umbständiglich angezeigt. Diewiel ich aber eben in solcher dedication etlicher Newer durch das Niderländische Instrument von mir besehehner observation gedacht, als vornemblich der Veneris, dass sie von der Sonner erleuchtet werde, an dem liecht ab- und zuneme, wie der Monn. Hab auch in Prognostico zu unterschiedlichen malen der 4 Newen Jovialischen Planeten, sampt irer generali Hypothesi erinnerung gethan, und dass von mir allbereidt der periodus dess vierdten erforschet und tabulae gerechnet werden“*[51]

---

50 Simon Marius, Prognosticon für 1612 bei Klug (1904), S. 520.
51 Abgefasst 1611, gewidmet am 30.06.1612, belegt bei Zinner, a.a.O., S. 34. Johnson (1930–1931) und Pagini (1930–1931), Appendix III, S. 422.

4.4 Die Frage der Erstentdeckung

Ob Simon Marius oder Galileo Galilei die Jupitermonde zuerst entdeckt hat, ist von untergeordneter Bedeutung. Trotz fehlender Aufzeichnungen ist es jedoch sehr wahrscheinlich, dass Marius mit dem ihm seit dem Sommer 1609 zur Verfügung stehenden Fernrohr schon im Spätherbst den Jupiter beobachtet hat, zumal er bereits in einem Vorjahres-Prognosticon auf die günstige Beobachtungsperiode um dessen Oppositionsstellung am 28.11.1609 jul. / 08.12.1609 greg. hingewiesen hatte. Was lag also näher, als dass er – unverhofft im Besitz des Perspicillum belgicum – dieses gen Jupiter richtete; in seinem ersten Beobachtungsbericht bezieht er sich ausdrücklich auf dieses Himmelereignis[52]

Marius' weiterer Bericht *„Als aber der Jupiter schon um einige Grad zurückgelaufen war und ich ihn nichtsdestoweniger immer noch in Begleitung seiner Gestirne sah . . . "* in *MJ 1988, S. 86–87)* bestätigt weitere Beobachtungen zwischen der Oppositionsstellung Jupiters und der ersten notierten Observation am 29.12.1609 jul. / 08.01.1610 greg.. In diesem Zeitraum hatte sich Jupiter um ca. 3,7° auf der Ekliptikebene fortbewegt.

Wenn man den Wahrheitsgehalt von Marius' Zeitangaben im *MJ* nicht grundsätzlich anzweifelt, wozu m. E. keine Veranlassung besteht, so ist diesem die Ehre der Erstbeobachtung, vor allem aber der Ersterkennung eines „Planetensystems", kaum streitig zu machen.

Verbindet man allerdings den Anspruch der Erstbeobachtung mit deren Erstveröffentlichung, so gebührt Galilei der Entdeckerruhm, allerdings mit der Einschränkung, dass er ausweislich seiner Aufzeichnungen im *Sidereus Nuncius* zu diesem Zeitpunkt noch nicht erkannt hatte, dass er hier ein „eigenes Planetensystem" vor sich hatte. Zu dieser Einsicht gelangte er deutlich später als Marius. Letzterer war sich dieser Tatsache bereits zum Zeitpunkt seiner ersten Aufzeichnungen *(29.12.1609 jul. / 08.01.1610 greg.)* bewusst, denn erst diese Erkenntnis veranlasste ihn, seine Beobachtungen aufzuschreiben (*MJ 1988, S. 40–41*).

Gründliche Untersuchungen durch Oudemans und Bosscha aus dem Jahr 1903[53] belegen zweifelsfrei, dass Marius durch selbständige Arbeit zu seinen Ergebnissen gekommen ist. Die von ihm aufgrund jahrelanger Beobachtungen ermittelten Umlaufzeiten übertreffen an Genauigkeit jene Galileis. Im Übrigen konnte Marius zum Zeitpunkt der Veröffentlichung seiner ersten Werte im Prognosticon von 1613 *(Widmung vom 30. Juni 1612)* die ersten Abschätzungen

---

52 MJ 1988, S. 40–41 und S. 86–87.
53 Oudemans/Bosscha 1903.

der Umlaufzeiten von Galilei in dessen am 23. Juni 1612 versandter Druckschrift noch kaum gekannt haben.[54]

4.4.1 Marius über Galilei

In der Praefatio des *MJ*, S. 42–43, betont Marius, er wolle keineswegs

> „... *den Ruhm des Galilei schmälern und ihm selbst die Entdeckung dieser Jupitersterne bei seinen Italienern entreißen. Ich will vielmehr, dass man erkennt, dass diese Sterne von keinem Menschen mir irgendwie gezeigt worden sind, sondern dass ich sie durch eigene Forschung fast genau zur gleichen Zeit – vielmehr etwas früher, als Galilei sie zum ersten Mal in Italien gesehen hat – in Deutschland gefunden und beobachtet habe. Zurecht also zollt man dem Galilei und bleibt ihm auch das erste Lob für die Entdeckung dieser Sterne bei seinen Italienern. Ob aber unter meinen Deutschen jemand vor mir diese gefunden und gesehen hat, konnte ich bisher nicht feststellen und glaube ich auch nicht recht. Fast das Gegenteil habe ich erfahren; ...*
> *Wenn also dieses mein Buch zu Galilei nach Florenz gelangt, bitte ich ihn, dass er es in diesem Sinne nimmt, wie es von mir geschrieben worden ist. Es liegt mir nämlich fern, dass meinetwegen seine Autorität oder seine Entdeckungen geschmälert werden; vielmehr will ich ihm sehr danken für die Veröffentlichung seines Sternenboten; dieser hat mich nämlich sehr bestärkt. ... "*

4.4.2 Galilei über Marius

1623 in seinem „Goldwäger" *(Il Saggiatore)* beschuldigte Galilei Simon Marius öffentlich des Plagiats. Nach allgemeinen Klagen über jene, *„die die Erfindungen u. Entdeckungen anderer stehlen"*, schimpft er:

> *„Von solchen, die widerrechtlich das Wissen Anderer als das Ihrige ausgeben, will ich nicht viele benennen. Ich werde sie vielmehr mit Stillschweigen übergehen, so wie man gewöhnlich ein erstes Vergehen weniger bestraft als Folgetaten. Aber ich will nicht eine Sekunde länger schweigen über jenen üblen Profiteur, welcher, nachdem er bereits viele Jahre zuvor meine Erfindung des geometrischen Kompass* [Proportionalzirkel] *als die seine ausgegeben hat, in seiner unverschämten Kühnheit mir nunmehr zum zweiten Male eine*

---

54 Vgl. *MJ* 1988, Nachwort von Alois Wilder, S. 166.

Entdeckung streitig macht und diese öffentlich als die seine ausgibt
....

Während ich ihm den ersten Fehltritt noch verziehen habe, empfin-
de ich – entgegen meiner sonstigen Natur und Gewohnheit und mit
vielleicht zu viel Bitterkeit – Wut und Groll gegen ihn und muss
herausschreien, was ich viele Jahre für mich behalten habe. Ich
spreche von Simon Marius aus Gunzenhausen. Jener weilte zur
gleichen Zeit wie ich in Padua und übertrug dort meine Schrift über
den Gebrauch des militärischen Kompass ins Lateinische. Er gab
dieses Instrument als seine Erfindung aus und veröffentlichte die
Übersetzung meines Werkes 1607 unter dem Namen seines Schü-
lers [Baldassare Capra]. Danach kehrte er, um der Bestrafung zu
entgehen, eiligst in sein Geburtsland zurück und ließ seinen Schüler
im Stich. ....

Vier Jahre später nun benutzte dieser Hundsfott meine „Botschaft
von den neuen Sternen", um nochmals seinen Ruhm mit meiner
Arbeit und meinen Mühen zu vermehren, indem er sich schamlos,
tollkühn und widerrechtlich selbst zum Entdecker der „Mediceischen
Gestirne" erhebt und in seinem Werk Mundus Jovialis frech behaup-
tet, er habe die Mediceischen Planeten, welche den Jupiter umkrei-
sen vor mir entdeckt ....

Aber die Unwahrheit besiegt selten die Wahrheit. ... Und so schaue
selbst, geschätzter Leser, wie dieser Einfaltspinsel in seiner Ah-
nungslosigkeit und seinem Unverständnis in seinem Werk unleugbar
selbst seinen Irrtum bezeugt, indem er nicht nur beweist, dass er die
besagten Sterne nicht vor mir beobachtet hat, sondern indem er dar-
über hinaus einräumt, dass er sich erst zwei Jahre später überhaupt
sicher gewesen sei, die Monde als solche erkannt zu haben. Ich
sage, dass er sie öchstwahrscheinlich überhaupt nie beobachtet hat
....

Erkenne die List, mit welcher Marius versucht, die Erstentdeckung
der Jupitermonde für sich in Anspruch zu nehmen. Ich schrieb in
meiner „Sternenbotschaft", dass ich meine erste Beobachtung am
7. Jan. 1610 gemacht ... habe. Da kommt dieser Marius daher,
macht meine Beobachtungen zu den seinigen und behauptet auf dem
Titelblatt und in seiner Schrift Mundus Jovialis, er habe die Jupi-
termonde bereits am 29. Dez. 1609 beobachtet und versucht damit
beim Leser den Eindruck zu erwecken, er sei deren Erstbeobachter
und Entdecker.

Die früheste von Marius behauptete Beobachtung ist in Wahrheit je-

> *doch meine zweite. Marius lässt nämlich unerwähnt, dass er außer-*
> *halb unserer Kirche steht und den gregorianischen Kalender nicht*
> *anerkennt. Der 7. Jan. 1610 im gregorianischen Kalender, welchen*
> *wir Katholiken zugrunde legen, ist für diese Häretiker der 28. Dez.*
> *1609 des julianischen Kalenders. Soviel zu der behaupteten Erstbe-*
> *obachtung der „Mediceischen Gestirne" durch Simon Marius."*

Die vorstehende dt. Übersetzung der wesentlichen Passagen aus Galileis Plagiatsvorwurf wurde von mir gefertigt.[55]

4.4.3 Galileis Kopernikanismus

Für Galilei ist die Entdeckung der Jupitermonde in erster Linie die Bestätigung des kopernikanischen Weltbildes:

> *„Außerdem haben wir jetzt ein ausgezeichnetes und durchschlagen-*
> *des Argument, um denjenigen ihr Bedenken zu nehmen, die zwar*
> *das Kreisen der Planeten um die Sonne im kopernikanischen System*
> *noch ruhig hinnehmen, aber von der einzigen Ausnahme, dass der*
> *Mond sich um die Erde dreht, während beide eine jährliche Kreis-*
> *bahn um die Sonne vollenden, sich so verwirren lassen, dass sie*
> *dieses Weltbild als unmöglich verbannen zu müssen glauben: denn*
> *jetzt haben wir nicht nur einen Planeten, der sich um einen anderen*
> *dreht, . . ."[56]*

Galileis tiefere Erforschung beschränkt sich bis zur Veröffentlichung des Sidereus Nuncius im März 1610 auf die Feststellung einer etwa halbmonatlichen Umlaufperiode des äußeren Jupitermondes und auf Überlegungen, aus welchem Grunde die Mediceischen Gestirne während ihrer Jupiter-Umläufe ihre Größe bzw. Helligkeit verändern (*SNd*, S. 131). Galileis diesbezügliche These wird von Simon Marius im siebten Phänomen von *MJ* grundlich widerlegt und durch eine eigene Theorie ersetzt (vgl. Abschnitt 4.5.5).

---

55 Quellen: italienische Ausgabe von Galileis „Il Saggiatore", Firenze 1623.
     `http://it.wikisource.org/wiki/Il_Saggiatore/Prefazione`
     und englische Übersetzung von Galileis Plagiatsvorwurf in „Galileo-Project" der Rice University, Houston, Texas, Albert Van Helden, 1995, updated 2004, über „Simon Marius";
     `http://galileo.rice.edu/sci/marius.html`; dortige Quellenangaben:
     Galileo: The Assayer. In: Drake/O'Malley 1960, p. 164–165. In this and the next citation, I have made minor changes in the translations. Ibid., S. 167–168. For the priority dispute, see Johnson (1930–1931), and Pagnini (1930–1931). Rosen, Edward: Mayr (Marius), Simon. Dictionary of Scientific Biography, IX, S. 247–248. For a partial translation of *Mundus Iovialis*, see Prickard (1916).
56 *Sidereus Nuncius*, hg. Blumenberg, S. 130. Zitiert als „SNd".

4.5 Marius' Erforschung der „Welt des Jupiter"

Marius' „Mundus Iovialis" widmet sich der Welt des Jupiter – nicht nur in diesem Punkt – sehr viel ausführlicher. Der erste Teil seines Hauptwerkes behandelt das Jupitersystem im allgemeinen *(seine Größe und die der vier Monde.)*; der zweite beschreibt in Form von sieben Phänomenen die Unterschiede und Details der Mondbewegungen *(Umlaufbahnen und -perioden, Geschwindigkeiten)*, deren Beleuchtung und gegenseitige Verfinsterungen; der dritte schließlich entwickelt hierzu eine sachgemäße Theorie, die einmündet in Tabellen, die es erlauben, die Stellungen der Jupitermonde für jeden beliebigen Zeitpunkt vorauszusagen.

4.5.1 Die Größe des Jupitersystems

Sehr schnell hatte Marius herausgefunden, dass jeder der vier Jupitertrabanten bei seinen Umläufen um den Jupiter eine besondere Grenze einhält, nämlich die der größten östlichen und westlichen Elongation.

Im zweiten Phänomen berichtet er, dies sei ihm aufgefallen, weil er niemals gesehen habe, dass zwei oder mehr Monde sich im Punkt der größten Entfernung des äußersten Mondes trafen.[57]

Er beobachtete nun die Monde besonders sorgfältig im Punkt ihrer größten Entfernung. Über die größte Elongation des vierten und dritten Trabanten verschaffte er sich innerhalb von sechs Monaten Sicherheit. Der erste und zweite Mond bereitete ihm noch sehr viel mehr Mühe und Arbeit, zumal er gezwungen war, jeweils Zeiten abzuwarten, in denen alle vier Monde gleichzeitig zu sehen waren. In den Erläuterungen zum zweiten Phänomen[58] berichtet er:

> *„Ich musste diese Beobachtungen über einige Stunden fortführen, zuweilen sogar während des ganzen Zeitraumes, an dem der Jupiter über dem Horizont war, wenn dies durch klares Wetter ermöglicht wurde. Und auf diese Weise kam ich endlich zu diesem Ergebnis: Der vierte Trabant läuft auf beiden Seiten 13 Minuten vom Jupiter weg, dort bleibt er fast stehen und kehrt dann zum Jupiter zurück; der dritte Trabant läuft acht Minuten, der zweite fünf und der erste drei Minuten vom Jupiter weg."*

Für die größten Elongationen jedes einzelnen der vier Monde erstellte er seine Entfernungstafeln. Dabei fiel ihm allerdings sehr bald auf, dass seine Tabellenwerte nur dann stimmten, wenn Jupiter sich in mittlerer Entfernung von

---

57 MJ 1988, S. 82–85.
58 MJ 1988, S. 86–91.

der Erde befand. In den Erläuterungen des zweiten Phänomens[59] beschreibt er dies näher:

> „. . . *mit Erreichen der Opposition des Jupiter mit der Sonne vergrößern sich diese Entfernungen deutlich, vornehmlich aber die des vierten, von dem ich festgestellt habe, dass er 14 Minuten nicht nur erreicht, sondern sogar ein wenig überschreitet. Ich habe ebenso herausgefunden, dass diese Abstände sich deutlich verkürzen und zusammenschrumpfen, wenn die Sonne sich dem Jupiter näherte . . .*
>
> *Aber weil es mir bisher nicht möglich war, mit meinem Gerät diese Vergrößerung und Verringerung zu messen – ich weiß nämlich nicht, ob die Beobachtungen so viel (Genauigkeit) zulassen, wie die verschiedenen Entfernungen des Jupiter von der Erde ja erfordern –, deshalb wollte ich . . . dies für feinere und sorgfältigere Beobachtungen aufbewahren. Daher meine ich, dass die Abstände, die ich in die Tabellen (die er aber 1613 noch korrigiert) eingetragen habe, als für durchschnittliche Abstände anzusehen sind, bis auch noch . . . über dies Schwinden und Anschwellen Sicherheit herrscht. Es möge dem in der Logik geübten Leser und dem Bewunderer dieser neuen Entdeckung am Himmel genügen, eine Theorie und Tabellen zu haben, aus denen, wie ich hoffe, mühelos ersichtlich ist, welche von diesen Gestirnen sich östlich und welche westlich aufhalten und ungefähr in welcher Entfernung vom Jupiter.“*

Aber wir kennen unseren lieben Marius ja inzwischen so weit, dass wir schon erahnen, dass er sich mit „ungefähren Werten“ auf Dauer nicht zufrieden gibt.

> „. . . *Ich begann . . . im jetzigen Jahre 1613, auch über das Schwinden und das Anschwellen genauer nachzudenken. Für die mittlere Elongation des vierten Trabanten vom Jupiter erhielt ich zwölf Minuten 30 Sekunden. Und hernach berechnete ich die Entfernung des Jupiter von der Erde, . . . Darüber hinaus ermittelte ich zusätzlich zu den gefundenen Entfernungen auch das Über- und Unterschreiten der mittleren Elongation vom Jupiter; diese tritt dann ein, wenn der Jupiter so weit von der Sonne entfernt ist wie von der Erde. Aber die Berechnung wäre allzu schwierig geworden und deshalb wollte ich diese Arbeit auf später verschieben. Unterdessen werde ich mir durch mehr Beobachtungen auch betreffs dieses Phänomens noch sicherer werden.“*

---

59 MJ 1988, S. 86–91.

Und tatsächlich erlangt er auch hierzu Gewissheit und notiert diese als fünftes Phänomen (siehe Abschnitt 4.5.4).

Aber Marius ermittelte nicht nur die Umlaufbahnen der Jupitermonde. Er versuchte auch, sich über die Größe des Gesamtsystems Klarheit zu verschaffen. Seine Größen- und Entfernungsangaben, die Abschätzung der linearen Dimensionen des Jupiter und der Mondbahnradien, aber auch seine Vorstellungen über die Größe und Entfernung von Sonne und Erde sind allerdings noch mit großen Fehlern behaftet, obwohl sie auf den genauesten damals verfügbaren Grundlagendaten Tycho de Brahes basieren. So ist es nicht weiter verwunderlich, dass Marius den Jupiterdurchmesser mit nur 35/60 des Erddurchmessers und den Sonnendurchmesser mit lediglich dem $5\frac{1}{6}$-fachen des Erddurchmessers annimmt. Dass er Jupiter bei einer mittleren Erdentfernung einen Winkeldurchmesser von einer ganzen Winkelminute beimisst, dürfte wesentlich der optisch begrenzten Leistungsfähigkeit und den Abbildungseigenschaften der frühen Fernrohre zuzuschreiben sein, auf die ich an anderer Stelle bereits näher eingegangen bin. Der wahre Winkeldurchmesser Jupiters beträgt demgegenüber nur sechsunddreißig Winkelsekunden.

Die Tabelle (Abb. 4.23, S. 120) gibt einen Überblick über Marius' Größen- und Entfernungsangaben (in germanischen Meilen), wie sie *Mundus Jovialis* (MJ 1988, S. 56–71, 112–115) zu entnehmen sind.

Die *fehlerhafte Datenbasis* hat sich jedoch *nicht achteilig auf Marius' Erforschung der Bewegungsverhältnisse der vier Jupitertrabanten ausgewirkt*. Die Tabelle macht dies offenbar, indem sie Marius' Daten denjenigen Galileis, aber auch den heutigen Erkenntnissen gegenüberstellt. Der Vergleich zeigt, wie nah die von Marius ermittelten, durch vielfältige ausdauernde Beobachtungen abgesicherten und immer weiter verfeinerten Umlaufzeiten an die tatsächlichen Werten herankommen, zugleich wird erkennbar, dass sie Galileis Angaben an Genauigkeit übertreffen.

4.5.2 Die Bahngeschwindigkeiten der Jupitermonde

Auch hier hat es Simon Marius nicht bei der allgemeinen – auch von Galilei getroffenen – Feststellung belassen, dass „... *der Merkur des Jupiter ... schneller als die Venus des Jupiter ist, dieser schneller als der Jupiter des Jupiter und dieser schließlich schneller als der Saturn des Jupiter ...* ",[60] wobei er sich mit Keplers zweitem Planetengesetz *(welches dieser 1609 in seiner Astronomia Nova veröffentlicht hatte)* vertraut zeigt, diesem aber nicht folgt, sondern dazu

---

60 MJ 1988, S. 64–65.

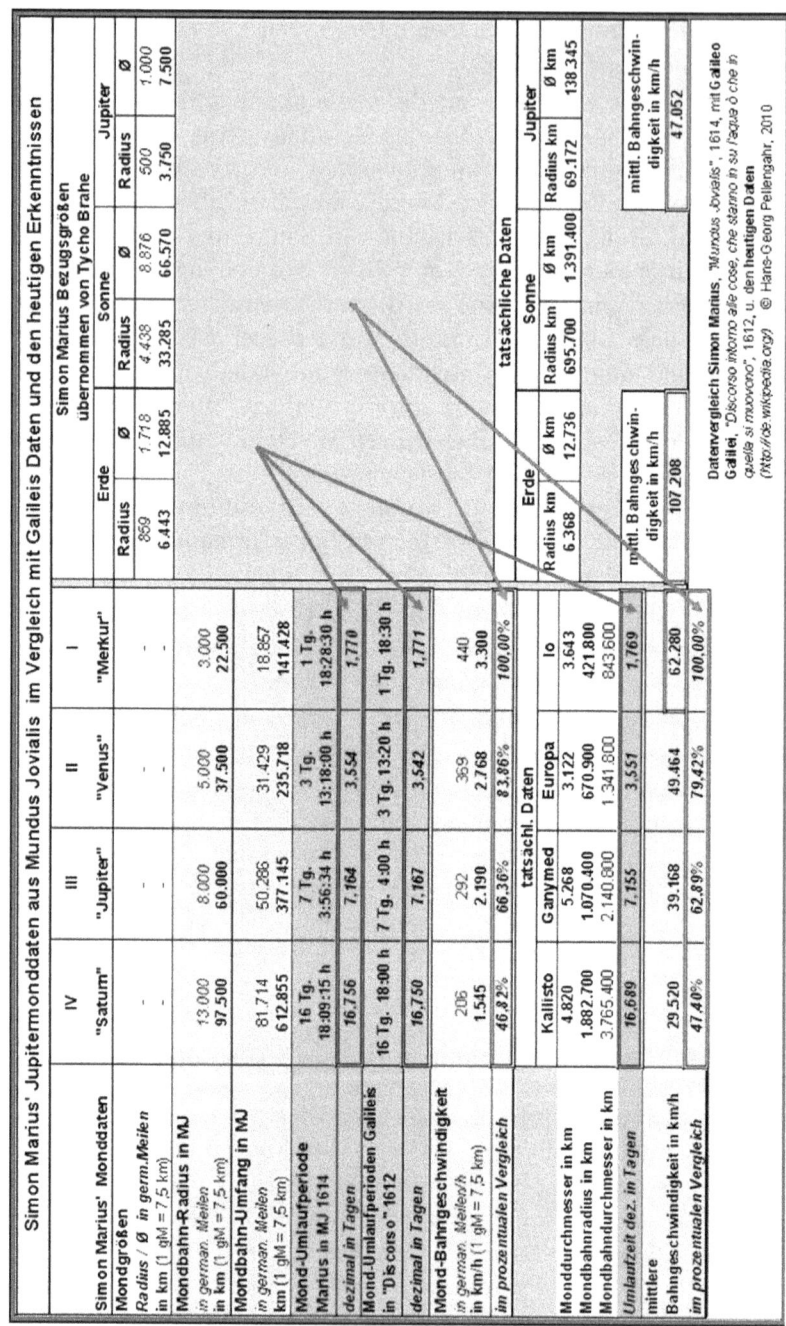

Simon Marius' Jupitermonddaten aus Mundus Jovialis im Vergleich mit Galileis Daten und den heutigen Erkenntnissen

Simon Marius Bezugsgrößen übernommen von Tycho Brahe

	Erde Radius	Erde Ø	Sonne Radius	Sonne Ø	Jupiter Radius	Jupiter Ø
(in germ. Meilen)	859	1.718	4.438	8.876	500	1.000
(in km)	6.443	12.885	33.285	66.570	3.750	7.500

Simon Marius' Monddaten	IV "Saturn"	III "Jupiter"	II "Venus"	I "Merkur"
Mondgrößen				
Radius / Ø in germ.Meilen	-	-	-	-
in km (1 gM = 7,5 km)	-	-	-	-
Mondbahn-Radius in MJ				
in german. Meilen	13.000	8.000	5.000	3.000
in km (1 gM = 7,5 km)	97.500	60.000	37.500	22.500
Mondbahn-Umfang in MJ				
in german. Meilen	81.714	50.286	31.429	18.857
km (1 gM = 7,5 km)	612.855	377.145	235.718	141.428
Mond-Umlaufperiode Marius in MJ 1614	16 Tg. 18:09:15 h	7 Tg. 3:56:34 h	3 Tg. 13:18:00 h	1 Tg. 18:28:30 h
dezimal in Tagen	16.756	7.164	3.554	1.770
Mond-Umlaufperioden Galileis in "Discorso" 1612	16 Tg. 18:00 h	7 Tg. 4:00 h	3 Tg. 13:20 h	1 Tg. 18:30 h
dezimal in Tagen	16.750	7.167	3.542	1.771
Mond-Bahngeschwindigkeit				
in german. Meilen/h (1 gM = 7,5 km)	206	292	369	440
in km/h (1 gM = 7,5 km)	1.545	2.190	2.768	3.300
im prozentualen Vergleich	46,82%	66,36%	83,86%	100,00%

tatsächl. Daten

	Kallisto	Ganymed	Europa	Io
Monddurchmesser in km	4.820	5.268	3.122	3.643
Mondbahnradius in km	1.882.700	1.070.400	670.900	421.800
Mondbahndurchmesser in km	3.765.400	2.140.800	1.341.800	843.600
Umlaufzeit dez. in Tagen	16.689	7.155	3.551	1.769
mittlere Bahngeschwindigkeit in km/h	29.520	39.168	49.464	62.280
im prozentualen Vergleich	47,40%	62,89%	79,42%	100,00%

tatsächliche Daten

	Erde km	Erde Ø km	Sonne km	Sonne Ø km	Jupiter km	Jupiter Ø km
Radius km / Ø km	6.368	12.736	695.700	1.391.400	69.172	138.345
mittl. Bahngeschwindigkeit in km/h	107.208				47.052	

Datenvergleich Simon Marius, "Mundus Jovialis", 1614, mit Galileo Galilei, "Discorso intorno alle cose, che stanno in su l'acqua ò che in quella si muovono", 1612, u. den heutigen Daten (http://de.wikipedia.org/) © Hans-Georg Pellengahr, 2010

Abbildung 4.23:
Tabelle

die Frage aufwirft, was denn die Himmelskörper mit irdischen Maßangaben in Stadien oder Meilen zu tun hätten.[61]

Gleichwohl berechnet Marius die Umlaufbahnen der Jupitermonde und – auch hier weit über Galilei hinausgehend – sogar deren Bahngeschwindigkeiten. Von germanischen Meilen umgerechnet in km gibt er diese an mit
– 3.300 km/h für den innersten Mond Io,
– 2.768 km/h für den zweiten Mond Europa,
– 2.190 km/h für den dritten Mond Ganymed und
– 1.545 km/h für den äußeren Mond Kallisto.

Diese Werte unterschreiten – bedingt durch die noch weit von der Realität entfernten Größenvorstellungen – bei weitem die tatsächlichen Bahngeschwindigkeiten. Setzt man jedoch Marius' Angaben zueinander und zu den heute bekannten Daten ins Verhältnis, so zeigt sich - ungeachtet der falschen absoluten Zahlenangaben – jedoch auch hier eine erstaunliche Übereinstimmung.[62]

4.5.3 Die Breitenbewegung der Jupitermonde

Im sechsten Phänomen untersucht und analysiert Marius die Abweichungen der *„zum Jupiter gehörenden Planeten"* in der Breite. Diese war ihm zuerst aufgefallen bei der Konjunktion zweier Jupitertrabanten, wenn einer sich dem Jupiter näherte und der andere sich von ihm entfernte.

Durch viele Beobachtungen, immer wieder behindert durch einen wolkenbedeckten Himmel, verschaffte er sich auch hier Klarheit:[63]

> *„... nämlich dass sich diese Jupitertrabanten nicht immer auf einer geraden, durch den Jupiter und parallel zur Ekliptik verlaufenden Linie befinden, sondern bald nach Norden, bald nach Süden hin von dieser Bahn abweichen, wobei die Abweichung stets so groß ist, dass man sie wahrnehmen kann.*
>
> *... schließlich entdeckte ich, dass diese Jupitertrabanten bei der größten Elongation stets auf einer vorhergesagten parallelen Bahn zu finden sind. Aber außerhalb dieser Elongationspunkte weichen sie stets von dieser Bahn ab, und zwar so, dass sie in der ersten Hälfte ihrer Bahn südlich davon, in der zweiten Hälfte aber nördlich davon sind und dass diese Neigung nahe beim Jupiter am größten ist."*

---

61 Recht amüsant und durchaus lesenswert dazu seine Ausführungen in MJ 1988, S. 64 Mitte bis 67 oben.

62 Vgl. rote Hinweispfeile in der Tabelle (Abb. 4.23, S. 120).

63 MJ 1988, S. 84–85 und 102–105.

Unmittelbar folgend finden wir eine – auch an vielen anderen Stellen des *MJ* anzutreffende – für Simon Marius typische Art der Darstellung: Er hadert mit der ihm möglichen bzw. eben nicht möglichen Messgenauigkeit, zweifelt an sich und seinem Instrument, gibt deshalb aber nicht auf und gelangt am Ende zu einem erstaunlich genauen Ergebnis.

> *„Wie groß aber die größte Neigung jedes einzelnen ist, habe ich mit meinem Instrument nicht messen können, weil es nur Sekunden sind; ich will aber nicht behaupten, ich könnte auch Sekunden messen. Dennoch habe ich dies festgestellt, dass keiner von diesen Planeten so sehr von der genannten Parallele abgewichen ist, dass ich sie bei Konjunktion mit dem Jupiter oberhalb oder unterhalb des Jupiter vorbeiziehen gesehen hätte. Auch ist die Breite des vierten größer als die des dritten und die des dritten größer als die der übrigen zwei. Dennoch stelle ich ... aus der ... Konjunktion des vierten und dritten fest, dass – die größte Breite des vierten fünfzehn Sekunden beträgt, die des dritten zwölf und die des zweiten und ersten zehn.*
>
> *Auf dieser Grundlage habe ich die Tabellen über die Breite dieser Jupitergestirne errechnet, aus welcher man mit Hilfe der einfachen Bewegung des Planeten, wenn man neunzig Grad hinzuzählt, die Breite jedes beliebigen ohne Mühe entnehmen kann; ... "*

4.5.4 Erde oder Sonne – Marius' Weltbild

Nachdem Marius – wie wir gesehen haben – in zahllosen Beobachtungsnächten mit erstaunlicher Genauigkeit die Umlaufbahnen und -zeiten ermittelt hatte, wie die Monde im *„Gleichmaß ihrer Bewegung auf den Jupiter als Zentrum ausgerichtet sind"*, stellt er fest, dass sie *zusammen mit dem Jupiter ... nicht auf die Erde, sondern auf die Sonne als Mittelpunkt gerichtet"* sind.[64]

Marius' Erläuterungen dieses fünften Phänomens geben einigen Aufschluss über seine Vorgehensweise und sind auch sonst höchst bemerkenswert. Deshalb werden einige wichtige Passagen wiedergegeben. Nachdem Marius die Punkte der größten Elongation und die Entfernungen der Monde vom Jupiter auf beiden Seiten herausgefunden hatte, berechnete er die Tabellen der durchschnittlichen Umlaufzeiten.

> *„... ich glaubte, dass dies alles richtig sei, und fing an, wie man so sagt, vor dem Sieg zu triumphieren, wie es dem klugen Leser aus*

---

dem Folgenden ersichtlich sein wird.

Ich legte ... die Festpunkte der mittleren Bewegung zu Anfang des Jahres 1610 fest, um Mitternacht, die – nach dem Julianischen Kalender – dem ersten Januar vorausgeht; ich hatte nämlich nur eine einzige Beobachtung dieser Gestirne im vorherigen Jahr notiert, nämlich die vom 29. Dezember. Inzwischen aber war der Sternenbote Galileis ans Licht der Öffentlichkeit gekommen, der im Monat Juni desselben Jahres zum ersten Mal in meine Hände geriet. Ich begann, aus den kürzlich zusammengestellten Tabellen eine Rechnung anzustellen und sie mit meinen und Galileis Beobachtungen zu vergleichen. Während ich aber die Rechnung genauer mit den Beobachtungen vergleiche, bemerke ich, dass an bestimmten Stellen, die einen genügend langen Zwischenraum voneinander entfernt sind, die Berechnung recht genau übereinstimmt, dass sie aber an manchen Stellen um einen hinreichend wahrnehmbaren Unterschied von ihnen abweicht.

Diese Tatsache verwirrte mich sehr, sogar so, dass ich fast den Verstand verlor und die Hoffnung aufgab, eine geeignete Theorie zu finden. Denn zur damaligen Zeit meinte ich noch, dass diese Jupitertrabanten in der Gleichförmigkeit ihrer Bewegung die Erde als Zentrum betrachten. Endlich prüfte ich die Beobachtungen bei Erreichen der Opposition von Jupiter und Sonne, und an diese passte ich die Epochen an. Allmählich kam nämlich bei mir Zweifel über die Stellung dieser Gestirne auf. Deshalb zog ich auch die Beobachtungen, bei denen Jupiter im Quadrat zur Sonne (Sonne und Jupiter bilden von der Erde aus gesehen einen Winkel von 90°) stand, hinzu, und bald erkannte ich einen merklichen Unterschied: Wieviel nämlich der berechnete Wert an einer Stelle – verglichen mit dem beobachteten – zuviel war, soviel war er an einer anderen zu wenig. Ich fasste also wieder Mut und begann, über die Ursachen nachzudenken, und ohne viel Mühe fand ich den Grund dieses Phänomens.

Von Kopernikus nahm ich bald darauf das Verhältnis der Umlaufbahn der Erde zum Umlauf des Jupiter, ... Die erste Ungleichmäßigkeit nämlich, die sich aus der Exzentrizität ergibt, habe ich gänzlich unberücksichtigt gelassen, weil sie ja – meiner Ansicht nach jedenfalls – bei dieser Sache nicht wahrnehmbar wäre. Ich glaubte gar, dass die Exzentrizität der Sonne hier gleichsam verschwindet oder zumindest nicht mehr zu beobachten ist. Nachdem ich also das besagte Verhältnis erhalten hatte, berechnete ich eine Ausgleichsta-

belle; ... *Die Möglichkeit aber, dies zu finden, bot mir meine Meinung über das Weltensystem, welche in ihrer Art mit der des Tycho
übereinstimmt ...."*[65]

4.5.5 Größen- bzw. Helligkeitsveränderungen der Jupitermonde

Galileis – verfehlter – Erklärung der Größen- bzw. Helligkeitsveränderungen der
Jupitermonde (siehe Abschnitt 4.4.3) seien nachfolgend Marius' Ausführungen
zu eben diesem Thema gegenübergestellt.

Zum besseren Verständnis ist es jedoch erforderlich, zunächst den sowohl von
Galilei als auch von Marius verwendeten Begriffs „Größe" in seiner Bedeutung
zu erläutern:

„Größe" steht bei beiden für „Helligkeit". Seit der Antike werden Sterne entsprechend ihrer Helligkeit klassifiziert. Die hierfür bis heute gebräuchliche Maß-
einheit „magnitudo" (lat., abgekürzt mag.) bedeutet „Größe", aber auch „Stärke, Kraft", fig. „Wichtigkeit, Bedeutung, Erhabenheit".

Die geringe Öffnung der frühen Fernrohre bildete hellere Sterne nicht mehr als
Lichtpunkte, sondern als kleine Beugungs*scheibchen* ab, je heller der Stern,
desto größer dessen Durchmesser. Diesen optischen Effekt weisen auch noch
die heutigen Teleskope auf. Da diese aber über wesentlich größere Öffnungen
(Objektiv- bzw. Spiegeldurchmesser) verfügen und damit einhergehend auch ein
sehr viel größeres Auflösungs-/Trennvermögen aufweisen, werden darin Beu-
gungsscheibchen erst unter Extrembedingungen sichtbar, d. h.: Sterne werden
mit modernen Instrumenten i. d. R. zumindest annähernd punktförmig abgebildet. Während Marius' und Galileis Perspicilla lediglich 20″, später 15″ bis
allerhöchstens 10″, aufzulösen vermochten, kann schon ein kleines Amateur-
fernrohr wie der von mir im Beobachtungsvergleich beschriebene 102 mm /
4″-Refraktor bereits 1,3″ auflösen. Bei vergleichenden Beobachtungen durch
dieses Instrument und den historischen Perspicillum-Nachbau waren diese Unterschiede deutlich wahrnehmbar, z. B. bei der Trennung von engen Doppel-
sternen, aber auch von eng beieinander stehenden Jupitermonden, ebenso bei
der deutlich punktförmigeren Sternabbildung.[66]

Die nachfolgende auszugsweise Wiedergabe der Erläuterungen des „siebten
Phänomens" belegt Marius' wissenschaftliche Kompetenz und Gründlichkeit,

---

65 MJ 1988, Erläuterungen des fünften Phänomens, S. 96–101.

66 Sowohl bei Galilei als auch bei Marius könnte die Verwendung des Begriffes „Größe" also
durchaus auch ein wenig mit der nicht ganz punkt-, sondern leicht scheibchenförmigen
Abbildung heller Sterne in ihren Perspicilla in einem gewissen Zusammenhang stehen.

die Qualität seiner Beobachtungen sowie insbesondere auch seine Fähigkeit, daraus die richtigen Schlüsse zu ziehen.[67]

Gestützt auf die Auswertung seiner mehr als vierjährigen Beobachtungen kommt Marius zu dem eindeutigen Schluss, dass

> „... *der von Galilei als plausibel angeführte Grund, weswegen diese Jupitergestirne bald größer, bald kleiner erscheinen, diesem Phänomen nicht gerecht wird.*
>
> *Denn Galilei meint, dass eine Art von dunstiger Hülle, die dichter als die übrige Luft ist, den mondartigen Himmelskörper umgibt, eine ähnliche Luftschicht, wie sie auch die Erde umgibt. Galilei hält dies für erwiesen und deswegen habe er auch durchaus Grund für die Annahme, dass eine derartige dunstige Luftschicht auch um den Körper des Jupiter liege. Dadurch, dass sie sich dazwischen schiebe, erschienen die Monde kleiner, wenn sie erdfern seien, und größer, wenn sie erdnah seien; dann sei die Luftschicht nämlich dünner.*[68]

> *Aber ich zeige folgendermaßen, dass* diese Annahmen nicht sinnvoll sein können: *Denn wenn diese Erwägung wahr wäre, dann würde diesen Jupitertrabanten diese erkennbare Schmälerung der Größe nur und stets dann zuteil, wenn sie erdfern sind, und zwar bei der größten Entfernung von der Erde; aber außerhalb dieser Stellung würden sie stets mit der gleichen Größe wahrgenommen, was beides falsch ist. Denn die Beobachtungen beweisen, dass nicht nur in dieser Stellung, sondern auch beim größten Abstand vom Jupiter dasselbe geschieht, besonders aber beim vierten (Mond). Falls daher die erwähnte sichtbare Schmälerung der Größe eines Mondes durch jene dunstige Luftschicht verursacht würde, dann folgte notwendigerweise, dass sich eine derartige Luftschicht über den größten Abstand des vierten Trabanten vom Jupiter hinaus ausdehnen müsste. Und wenn diese Luftschicht in einer so großen Entfernung durch ihre Dichte das Licht des vierten so sehr herabsetzen könnte, dass man es kaum wahrnehmen würde, könnte man gewiss aufgrund der Dichte einer derartigen Luftschicht in Jupiternähe den vierten Mond niemals nahe beim Jupiter in Erdferne sehen. Das widerspricht aber meinen Beobachtungen, welche beweisen, dass ich den vierten sehr oft nahe beim Jupiter gesehen und beobachtet habe, und*

---

67 MJ 1988, S. 104–119; Absatz- und Textuntergliederung sowie Texthervorhebungen sollen der besseren Übersicht dienen.

68 Vgl. Galilei, SNd, S. 131.

zwar mit offensichtlich unterschiedlicher Größe.
Daher muss ein ganz anderer Grund für dieses Phänomen als eine
dunstige Luftschicht um den Jupiter gesucht werden.
Ich weise auch das zurück, was Galilei von einer um den Mond
herum existierenden Luftschicht für bestätigt und anerkannt hält.
Denn seit ich mich dieses Instrumentes bediene, habe ich niemals
gesehen, dass ein Teil der Mondscheibe dunkler als der Rest war,
ausgenommen der Teile, die dort stets als dunkle Stellen erschei-
nen; dabei ist aber niemals eine unterschiedlichere Helligkeit ent-
deckt worden als die, welche aufgrund der Beschaffenheit der die
Erde umgebenden Luft zustande kommt. Auch habe ich keine beweg-
lichen Flecken auf dem Mond gesehen, wie man sie auf der Sonne
beobachtet.
Dass aber am äußersten Rand der Mondoberfläche keine Kluften
oder Ungleichheiten erscheinen, dies ist nicht für alle Fälle wahr,
wenn es auch gewöhnlich so erscheint. Auch habe ich nicht selten,
wenn der Himmel oder die Luft sehr heiter und klar war, im obe-
ren und nördlichen sowie auch im südlichen Teil des zunehmenden
Mondes irgendwelche Brüche und Kluften gesehen; sie waren frei-
lich sehr schmal, so dass man sie nur mit größter Sorgfalt und Auf-
merksamkeit sehen konnte. Desgleichen sieht man auch am westli-
chen Rand der Mondoberfläche, ein wenig oberhalb der Mitte, ganz
deutlich eine quer laufende Kluft von Fingerbreite ...."

Hier zeigt sich zum wiederholten Male der überlegene Beobachter, der zudem die richtigen Schlüsse aus seinen Observationen zu ziehen weiß. *Marius* erkennt den wahren Grund für das Zunehmen und Abnehmen der Größe dieser Gestirne, nämlich,

„– dass diese (die Jupitermonde) von der Sonne auf dieselbe Art er-
leuchtet werden, wie der Mond, die Venus, der Merkur, der Mars,
der Saturn und der Jupiter selbst,
– und dass die der Sonne zugewandte Hälfte stets leuchtend hell,
die andere abgewandte Hälfte dunkel ist,
– und dass der Körper des Jupiter einen Schatten wirft.
Auch glaube ich, dass die vier Brandenburgischen Gestirne dem
Mond völlig ähneln und auf zweifache Art erhellt werden,
– nämlich sowohl von der Sonne
– als auch vom benachbarten Jupiter;
sie unterscheiden sich untereinander freilich sowohl durch die Fein-
heit als auch den Glanz der Materie; der dritte übertrifft die übrigen

sowohl durch die glatteste Oberfläche als auch durch den Glanz der Materie; so reflektiert dieser die ihn treffenden Sonnenstrahlen am stärksten, besonders, wenn er sich im unteren Teil seiner Bahn nahe den äußersten Punkten befindet. Ich aber glaube, dass der vierte aus dunklerer Materie und aus einer nicht so glatten Oberfläche besteht und dass er deshalb die Sonnenstrahlen nicht so stark reflektieren kann.[69]

... Dass aber die genannten Jupitergestirne bisweilen größer, bisweilen kleiner erscheinen, hat seinen Grund in ihrer unterschiedlichen Stellung zur Sonne, zum Jupiter und zur Erde. Denn es ist wahrscheinlich, dass dasselbe diesen Jupitertrabanten mit dem Jupiter geschieht, was der Erde mit dem Mond geschieht. ...

... die Abstrahlung des aufgenommenen Lichtes durch den Jupiter zu seinen Trabanten ist äußerst schwach, ... weil der Jupiter viel weiter entfernt von der Sonne ist als die Erde; ...

... Deshalb glaube ich, dass diese unterschiedliche sichtbare Größe auf die unterschiedliche Stellung dieser Gestirne zum Jupiter und zur Sonne im Verhältnis zur Erde bezogen werden muss, besonders aber, wenn sie sich in der größten Elongation vom Jupiter oder doch ungefähr dort befinden, was man am stärksten von allen beim vierten beobachtet.

Denn diese Gestirne sind gleichsam vier andere Monde und sie erscheinen dem Betrachter vom Jupiter aus nicht anders, als uns von der Erde aus der Mond erscheint, mit dem Unterschied freilich, dass eine Verfinsterung dieser Gestirne bei jeder Umdrehung oder Mondphase entsteht;

... Dass aber ihnen nahe beim Jupiter etwas ähnliches geschieht, so dass sie nicht nur kleiner erscheinen, sondern, wie es wahrscheinlich ist, völlig verdunkelt oder verfinstert werden, wird aus folgendem klar.

Der Körper des Jupiter ist nicht durchsichtig ... Deswegen wirft er einen Schatten in die der Sonne abgewandte Richtung. Wie weit ein derartiger Schatten sich aber ausdehnt und ob alle vier einmal bei einer Umdrehung in jenen Schatten hineinlaufen und verfinstert werden oder nicht, werde ich nun ... darlegen. ...

... Nun schließlich muss man sehen, ob sich der vierte in seinem

---

[69] Kallisto hat mit einem Albedowert von 0,2 tatsächlich ein deutlich niedrigeres Rückstrahlvermögen als die anderen Jupitermonde. Ganymed, der dritte, ist zugleich der größte Jupitermond, weshalb er Marius trotz seiner gegenüber Io und Europa niedrigeren Albedo heller erschien.

*größten Abstand von der Sonne, dies ist zu Beginn seiner gleich-
mäßigen Bewegung, im Schatten des Jupiter befindet, oder aber ob
er zur Seite hin an diesem Schatten vorübergeht. Was nämlich die
übrigen drei angeht, so gibt es aufgrund der Nähe zum Jupiter und
der geringen Breite keinen Zweifel. ... Deshalb befinden sich* alle
vier Jupitermonde zu Beginn ihrer Bewegung im Schatten des Jupiter und verfinstern sich ....

*... Wenn sich daher der vierte nahe beim Jupiterschatten befin-
det* und nur sehr schwer Sonnenstrahlen aufnimmt, dann erscheint
er kleiner als die anderen, ja verfinstert sich sogar gänzlich; ...
*Denn nicht selten geschah mir dies, dass ich nahe beim Jupiter kei-
nen (Trabanten) gesehen habe, dass ich aber wenige Stunden später
einen Jupitermond in bemerkenswertem Abstand vom Jupiter gesehen; dieser entsprach nicht der Bewegung in den dazwischen liegenden Stunden, sondern war um vieles größer. So habe ich umgekehrt
manchmal einen Planeten in bemerkenswertem Abstand vom Jupiter gesehen; später, nachdem einige Stunden vergangen waren, war
er verschwunden, obwohl er dennoch entsprechend seinem Lauf immer noch hätte gesehen werden müssen. ... bis heute habe ich mich
sehr gewissenhaft dieser Sache zugewandt, vorzugsweise ... beim
vierten; denn bei den übrigen ist es mir wegen meines Instrumentes
unmöglich, eine derartige Verfinsterung zu beobachten.*[70]

*... Ob aber eine gegenseitige Verfinsterung dieser Gestirne oder
doch irgendeine Art von Entzug vom Sonnenlicht möglich ist, bin
ich mir nicht sicher, dennoch scheint es mir wahrscheinlich. Freilich
besitze ich eine Beobachtung, die in diesem Jahr 1613 am 7./17.
(julianisch/gregorianisch) Februar zur zehnten Stunde nach Mittag
gemacht worden ist, zu einer Zeit, in der alle vier sichtbar waren; drei befanden sich östlich und einer, nämlich der erste, befand
sich westlich. Sie alle waren sehr hell, außer dem vierten, der zum
Jupiter hin ganz nahe beim zweiten stand; er stand sowohl etwas
südlicher, als auch war er sehr klein, so dass er kaum zu sehen war.
Der vierte befand sich in der ersten Hälfte seiner Bahn und war
im Zurückgehen; der zweite aber befand sich im Hinzutreten und in
der zweiten Hälfte; nahe jenen war auch der dritte, auch beim Hinzutreten; auch war der Schatten des Jupiter im Westen; er konnte
nicht diese Dürftigkeit des Lichtes verursachen. Daher ist es wahr-*

---

70 Eine solche Beobachtung war weder mit den Perspicilla jener Zeit weder Marius noch
   Galilei möglich!

scheinlich, dass diese zwei Körper, der des dritten, besonders der des zweiten, verhinderten, dass die Sonnenstrahlen sehr stark u. ungehindert zum vierten gelangen konnten . . . ."

Welch erstaunliche Beobachtungsleistung im absoluten Grenzbereich der damaligen Fernrohre, die jedoch durch eine Planetariumssimulation von mir bestätigt werden konnte. Wer will da noch ernsthaft behaupten, Marius' Perspicillum sei dem des Galilei unterlegen gewesen? Wieso hat uns dann letzterer derlei Details nicht berichtet, sie vielleicht aber auch schon aufgrund seiner andersartigen Beobachtungstechnik nicht erkannt? Der Leser mag sich sein eigenes Urteil bilden.

Liest man Marius' umfassende in sich schlüssige und noch aus heutiger Sicht zutreffende Erklärung der Größen-/Helligkeitsveränderungen der Jupitermonde, so kann man sich leicht vorstellen, dass die darin enthaltene gründliche Widerlegung von Galileis These dessen ausgeprägtes Selbstbewusstsein schwer getroffen haben muss. Vielleicht erklärt dies ein wenig die übersteigerte Reaktion des „unfehlbaren" Galilei im „Saggiatore".[71]

4.6 Die Benennung der Jupitermonde

Die vier großen von Simon Marius und Galileo Galilei fast zeitgleich entdeckten Jupitermonde werden als „Galileische Monde" zusammengefasst. Ihre Einzelbenennungen hingegen gehen auf Simon Marius zurück.

4.6.1 Die „Brandenburger Gestirne"

Am Ende des ersten Teils seiner „Welt des Jupiter" widmet Marius sich der Namensgebung für die vier Jupitermonde.[72]

In der Widmung seines Prognosticons für 1613 *(abgefasst im Jahre 1611, gewidmet am 30.06.1612)*, aber auch noch im Vorwort und in den Tabellen von *Mundus Jovialis* spricht der Franke von den „vier Anhängern des Jupiter" und unterscheidet sie nach Nummern (I–IV) entsprechend der Reihenfolge, in der sie zum Jupiter stehen.

Unter Bezugnahme auf Galileis Benennung der Monde zu Ehren seiner florentinischen Mäzene als „Mediceische Gestirne" bezeichnet Marius sie als *„Brandenburger Gestirne"*, was ihm niemand verargen könne, da er doch viel gerechtere Gründe als Galilei hierfür habe. Schließlich sei er nicht nur – wie Galilei

---

71 So auch A. Wilder, MJ 1988, Nachwort, S. 166; vgl. auch Abschnitt 4.4.2.
72 MJ 1988, S. 72–79.

– unter der Herrschaft seiner Landesfürsten geboren und erzogen worden, sondern von diesen ab dem 14. Lebensjahr auf deren Kosten aufgezogen, freigebig mit den Studien der Freien Künste und Sprachen vertraut gemacht und drei Jahre lang im Studium der Medizin unterstützt worden.

Wegen deren einzigartiger Liebe zur Mathematik, welche diese gleichsam ererbt hätten von dem hochberühmten Markgrafen Albert von Brandenburg-Ansbach, dem ersten Herzog von Preußen, nach dem auch die Preußischen Tafeln (*Prutenicae Tabulae Coelestium Motuum* des Erasmus Reinhold von 1551) benannt seien, erhalte er bis jetzt gemeinsam mit seiner Familie den Lebensunterhalt. Er anerkenne die hohe Freigebigkeit seiner Fürsten und bezeuge deren Verdienste mit eben dieser Benennung der Jupitermonde.

4.6.2 Namensgebung analog zu den Planeten der Sonne

Marius zitiert aus an ihn gerichteten Briefen von Johannes Kepler und David Fabricius. Der erste habe jene Himmelskörper *„Umkreiser des Jupiter"* genannt, der andere *„Jupitermonde"*. Jenen, die darauf bestünden, jedem einzelnen Mond einen Namen zu geben, hoffe er Genüge zu tun, indem er den Mond, der die größten Abschweifungen mache, *„Saturn des Jupiter"* nenne. Denn so wie der der eigentliche Saturn im Vergleich zu den übrigen Planeten sehr weit von der Sonne abschweife und seine Umläufe vollende, so tue es dieser Mond beim Jupiter. Der dritte solle der *„Jupiter des Jupiter"* sein, der zweite die *„Venus des Jupiter"* und der erste schließlich der *„Merkur des Jupiter"*.

Den *Mars schließt Marius* bei der planetenbezogenen Benennung der Jupitermonde *aus,*

> *„weil nämlich der eigentliche Jupiter unter allen Planeten für der glücklichste gehalten wird hinsichtlich seines Einflusses auf die unterhalb der Mondsphäre befindlichen Körper; den Mars aber sehen alle Astrologen schon immer als einen unheilbringenden Planeten an, und er kann auf keine Weise oder sicherlich nur schwer mit dem Jupiter zusammengebracht werden. Dem Jupiter werden ohne Zweifel folgende Eigenschaften zugeschrieben: Gerechtigkeit, Frömmigkeit, Gleichmut, Redlichkeit, Gelassenheit, Mäßigung, Ernst und ähnliche Tugenden. Dem Mars aber wird alles diesem Gegenteilige zugeschrieben; dem, der diese Jupitermonde sorgfältig betrachtet, erscheint freilich bei ihnen nichts von dem roten Glanz des Mars, und deswegen wird er verdientermaßen von der glücklichen Gesellschaft mit dem Jupiter ausgeschlossen. Was aber den Saturn betrifft – mag freilich auch dieser von den Astrologen als ein unheilbrin-*

gender Planet angesehen werden –, stimmt er dennoch in gewissen positiven Eigenschaften sehr wohl mit dem Jupiter überein, wie im Ernst, in der Geduld, der Würde und der Erhabenheit etc. Auch die Farbe dieses vierten Mondes ist der Farbe des Sonnensaturns nicht unähnlich ....."

Astronomie und Astrologie lagen zu jener Zeit noch sehr dicht beieinander.

4.6.3 Mythologische Benennung der Jupitermonde

Für jene, denen all diese Namen nicht gefallen und die von den Astronomen einen eigenen Namen für jeden einzelnen dieser vier Jupitermonde verlangen, unterbreitet Marius einen weiteren Vorschlag.

*„Der Jupiter wird von den Dichtern am meisten wegen unerlaubter Liebesverhältnisse beschuldigt. Am meisten werden aber drei junge Frauen gepriesen, zu welchen Jupiter durch heimliche Liebe erfasst wurde, nämlich Io, die Tochter des Flussgottes Inachus, hierauf Kallisto, die Tochter des Lycaon, und dann Europa, die Tochter des Agenor; allzu heiß liebte er gar auch den wohlgestalteten Knaben Ganymedes, den Sohn des Königs Tros, und zwar so sehr, dass er ihn in der Gestalt eines Adlers auf seinen Schultern in den Himmel gebracht hat; so erzählen es die Dichter in ihren Sagen, vor allem aber Ovid, Buch 10, Geschichte 6. Deswegen scheint es mir passend, den ersten Mond Io zu nennen, den zweiten Europa, den dritten wegen seines herrlichen Glanzes Ganymedes, schließlich den vierten Kallisto.
Diese Namen fasst das folgende Distichon zusammen:*

In Europa, Ganymedes puer, atque Calisto,
Lascivo nimium perplacuere Jovi[73]

Zu diesem Einfall und dieser Benennung mit Eigennamen hat der kaiserliche Mathematiker Herr Kepler Anlass gegeben, als wir im Monat Oktober des Jahres 1613 bei einem Treffen in Regensburg waren. Deswegen tue ich wohl gut daran, ihn scherzhaft und in aller Freundschaft, die wir damals schlossen, als Mitpaten der vier Gestirne zu grüßen.

---

[73] Io, Europa, der junge Ganymedes und Kallisto
haben dem wollüstigen Jupiter allzusehr gefallen.

Aber wie ich alle diese Namen ohne tieferen Ernst ausgedacht habe, soll es auch jedem frei stehen, diese entweder abzulehnen oder anzunehmen."

Sie wurden angenommen und gelten bis heute. Nur wenigen ist allerdings bekannt ist, dass sie auf Simon Marius zurückgehen. Fast jeder kennt dagegen Ihre Zusammenfassung als „Galileische Monde". Gleichwohl bleibt festzustellen, dass letztendlich beide Entdecker bei der Benennung der Jupitermonde die ihnen gebührende Ehrung erfahren haben.

4.7 Ein Mondkrater namens „Marius"

Giovanni Battista Riccioli (1598–1671) veröffentlichte in seinem *Almagestum novum astronomiam* (Bologna 1651) eine Mondkarte, deren Nomenklatura in weiten Teilen noch heute gilt. Die Karte basiert auf Teleskopbeobachtungen Ricciolis und seines Assistenten Francesco Maria Grimaldi. Markante Punkte auf dem Mond wurden nach berühmten Astronomen, Wissenschaftlern und Philosophen benannt. Die hellen Bereiche der Mondoberfläche wurden als „Terrae" *(Plural von lat. „terra" = „Land")* und die dunklen Bereiche *(in der Annahme von Wasser)* als „Maria" *(Plural von lat. „mare" = „Meer")* bezeichnet.

Ein im Nordwestquadranten des Erdmondes im Zentralteil des Oceanus Procellarum *(„Ozean der Stürme")* gelegener Krater wurde nach Simon Marius benannt. Südwestlich davon erhielt auch Galilei seinen Krater. Beide Formationen sind auf dem nebenstehenden Kartenausschnitt zu erkennen. Erstaunlicherweise ist „Galilaeus" in Ricciolis Darstellung etwa doppelt so groß wie der Krater „Marius". Tatsächlich verhält es sich anders herum. Der Krater Marius hat einen Durchmesser von 41 km und eine Wallhöhe von 1.670 m. Galilei hingegen misst nur 15,5 km im Durchmesser, seine Wände sind mit 2.000 m allerdings etwas höher. Beide Formationen liegen westlich der bekannten Strahlenkrater „Kopernikus" und „Kepler".

Wegen seiner Randlage im Mond-West-Bogen und seines geringeren Durchmessers ist der Krater Galilei allerdings sehr viel weniger auffällig als die Formation Marius. So hat der „fränkische Galilei" also zumindest auf dem Mond die ihm gebührende Ehrung erfahren. Die folgende Abbildung 4.26 zeigt die Lage der Krater Marius und Galilei / Galilei A westlich der bekannten Strahlenkrater Kopernikus und Kepler.

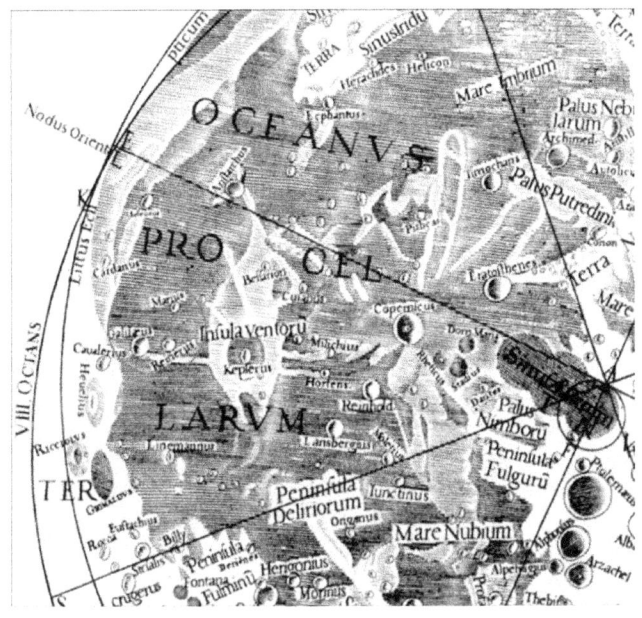

Abbildung 4.24:
Ricciolis Mondkarte (Ausschnitt)
in „Almagestum Novum astronomiam", Bologna, 1651, S. 271 ff.

4.8 Wie kommt ein norddeutscher Amateurastronom zur Beschäftigung mit Simon Marius

Bei Recherchen zur Entwicklung des Fernrohrs und dessen ersten astronomischen Einsätzen stieß ich mehr oder weniger zufällig auf Simon Marius. Der sollte die Jupitermonde noch vor Galilei beobachtet haben? Das wollte ich genauer wissen und vor allem, wer war denn dieser Simon Marius? Auf der Homepage des Simon-Marius-Gymnasiums in Marius' Heimatstadt Gunzenhausen erfuhr ich von seinem Hauptwerk *Mundus Jovialis* und vor allem von dessen Übertragung ins Deutsche, die der Latein-Leistungskurs 1986/87 der Schule unter der Anleitung des Lateinlehrers OStR Joachim Schlör und der naturwissenschaftlichen Begleitung des Physiklehrers OStR Alois Wilder erstellt hat. Als begeisterter Lateiner erstand ich umgehend eines der letzten Exemplare des 1988 als Band 4 der Reihe „Fränkische Geschichte" im Schrenk-Verlag, Gunzenhausen, erschienenen Werkes.

Abbildung 4.25:
Mondkarte der Sternfreunde Münster
Mosaikaufnahme mit aus 85 Summenbildern zu je 100 Frames,
Webcam an 102/1500 mm Refraktor, 14.06.2005
Michael Dütting, Sternfreunde Münster,
http://www.sternfreunde-muenster.de/mondkarte.php

Welch eine Entdeckung: Ich hielt nicht einfach eine Übersetzung, sondern
eine komplette lateinisch-deutsche Ausgabe dieses 1614 veröffentlichten wissenschaftlichen Werkes in Händen: wunderschön gemacht, ein Faksimilenachdruck
der lateinischen Urfassung, Seite für Seite dieser jeweils gegenübergestellt die
deutsche Übersetzung. Lateinischer Urtext und deutsche Übertragung können
parallel gelesen und miteinander verglichen werden. Mit fortschreitender Lektüre offenbarten sich mir die exzellente Qualität und die naturwissenschaftliche
Authentizität der deutschen Fassung. Welche Freude, aber auch Mühe musste
diese Arbeit auch den beteiligten Schülerinnen und Schülern gemacht haben.
Dennoch, da wäre ich gerne dabei gewesen.

Abbildung 4.26:
Links: Oceanus Procellarum mit den Kratern
Kopernikus, Kepler, Marius sowie Galilei und Galilei A
Bildausschnitt aus einer hoch aufgelösten Gesamtaufnahme der westlichen
Mondhälfte, 27.06.2008, 01:15 UT, Altitude 30° (altitude of Sun – 4°), Mosaic aus
12 Bildern, gewonnen an Maksutov-Cassegrain Santel D = 230 mm, f = 3.000 mm,
Unibrain Fire-i 702 CCD S/W-Camera (1.388 x 1.040 pixels),
Filter: Astronomik Planet IR Pro 807nm+, Seeing 7/10, trans 5/5
Rechts eingefügte Vergrößerung: Krater Galilei und Galilei A,
Photo: Luna Orbiter 4
Abdruck mit freundlicher Genehmigung der Bildautoren von ASTRONOMINSK:
Yuri Goryachko, Mikhail Abganan, Konstantin Morozov (Minsk, Belarus),
http://objectstyle.org/astronominsk/Moon/Moon_en.htm
© LPI/LOPAM, Lunar and Planetary Institute, Houston, USA / NASA

Abbildung 4.27:
Mondkrater Marius, Apollo Mapping Cameras, 1968–1972, Missions 15, 16 und 17
© Lunar and Planetary Institute, Houston, USA / NASA

Nie zuvor hatte ich mich mit der lateinischen Sprache als *Sprache der Wissenschaft* beschäftigt. Neugierig geworden schloss sich schon bald die Lektüre von Galileis *Sidereus Nuncius* an, darin vor allem: Galileis Aufzeichnungen über seine Beobachtungen der Jupitermonde vom 07.01. bis zum 02.03.1610.

Die ersten mit Hilfe des niederländischen Fernrohrs erstellten Berichte der astronomischen Wissenschaft hätten kaum unterschiedlicher ausfallen können. Eine vergleichende Betrachtung von Marius' *Mundus Jovialis* und Galileis *Sidereus Nuncius* drängte sich mir geradezu auf. Im Jahre 2009 hatte ich im Rahmen einer Volkshochschulveranstaltung vergleichende Mond- und Jupiterbeobachtungen mit dem historischen Nachbau eines frühen Perspicillum und einem kleinen Amateurteleskop *(4″-Refraktor)* durchgeführt und dabei einen durchaus realistischen Eindruck von der noch sehr begrenzten optischen Leistung jener ersten Himmelsfernrohre bekommen. Aus der historisch nachvollziehenden Beobachtung entstand die Idee, die ersten Observationen des Jupitersystems mittels eines Planetariumsprogramms nachzustellen und zu analysieren.

Rückschlüsse auf die Qualität von Marius' und Galileis Perspicilla, vor allem aber auch auf die unterschiedlichen Beobachtungstechniken der beiden waren das Ergebnis. Auch wurde nachvollziehbar, weshalb sie das ein oder andere nicht gesehen haben bzw. nicht sehen konnten. Zudem fand so manche vor vierhundert Jahren am Perspicillum mehr erahnte als gesehene Beobachtung ihre Bestätigung.

Vor allem aber lieferten die Planetariumssimulationen weitere Belege für die eigenständige Entdeckung der Jupitermonde durch Simon Marius sowie für dessen planvolle und ausdauernde Beobachtungen. Zu welch überragenden Ergebnissen Marius' Arbeit letztendlich führte, belegen seine selbst nach heutigen Maßstäben erstaunlich genauen Tabellen zur Vorausbestimmung der Jupitermondpositionen, aber auch seine überaus sachverständigen Erläuterungen der sieben Phänomene der „Welt des Jupiter". Deren Detailreichtum, aber auch die aus seinen Beobachtungsdaten – zumeist richtig – gezogenen Schlussfolgerungen und entwickelten Theorien lassen uns noch heute staunen.

Ich habe mich bewusst dafür entschieden, einige Schlüssel-Passagen aus Galileis *Sidereus Nuncius*, insbesondere aber aus Marius' *Mundus Jovialis* in Zitatform wiederzugeben, teilweise unter Beifügung der lateinischen Urfassung. Kundige Leser werden beim Textvergleich sehr schnell die in der lat.-dt. *MJ*-Übersetzung in wirklich bewundernswertem Maße gewahrte sprachliche und wissenschaftliche Authentizität erkennen; aber auch die unterschiedliche Annäherung der beiden Entdecker an das Jupitersystem ließ sich so am Besten darstellen.

Heute können wir zweifelsfrei feststellen: Galileis Plagiatsvorwurf erging zu Unrecht. Seine Behauptung, Marius habe die Jupitermond-Tafeln bei ihm gestohlen, ist nicht nur absurd, sondern unredlich. Warum hätte Marius sich bei Galilei bedienen sollen, da er doch selbst über genauere Daten verfügte?

Im Übrigen geht Marius' in sieben Phänomenen zusammengefasste und detailliert erläuterte Theorie der „Welt des Jupiter" weit über die Veröffentlichungen Galileis hinaus. Die Bewegung des Jupiter mitsamt seinen Monden um die Sonne hat Marius logisch aus seinen Beobachtungen entwickelt und rechnerisch zutreffend nachgewiesen. Dass er dabei noch dem tychonischen Weltbild verhaftet blieb, schmälert keineswegs seine wissenschaftliche Reputation, denn einen wirklichen Beweis der kopernikanischen Lehre konnte auch Galilei noch nicht antreten.

Mit großem Interesse habe ich im Nov. 2009 an der Tagung im Simon-Marius-Gymnasium in Gunzenhausen teilgenommen. Ich danke der Schulleitung dafür, dass sie mir dies ermöglicht hat.

Vor allem aber möchte ich Herrn StD Joachim Schlör und Herrn StD i. R. Alois Wilder herzlich danken für ihre Unterstützung meiner Beschäftigung mit

Simon Marius. Keine meiner Anfragen war ihnen zuviel. Ohne ihre kompetenten Auskünfte und ihre Hilfe bei der Beschaffung von – für mich ansonsten nicht zugänglichen – Quellen wäre dieser Beitrag nicht zustande gekommen. Erfreulicherweise hat die von ihnen initiierte und verantwortete Herausgabe der dt. Fassung des *Mundus Jovialis* inzwischen vielfachen Eingang in die Wissenschaftsliteratur gefunden. Simon Marius hat es verdient.

Abbildung 4.28:
Der Autor am 4″-Refraktor
Foto des Autors

4.9 Literaturangaben

4.9.1 Quellen

Marius, Simon (*MJ*)
 Schlör, Joachim (Hrsg. und Bearb.): *Simon Marius. Mundus Iovialis. Die Welt des Jupiter.* (lat.-dt.) Herausgegeben und bearbeitet von Joachim Schlör, naturwissenschaftlich begleitet und mit einem Nachwort versehen von Alois

Wilder. Gunzenhausen: Schrenk-Verlag (Reihe „Fränkische Geschichte", Band 4) 1988.

Galilei, Galileo *Sidereus Nuncius*. Florenz 1610. Gescannte Erstausgabe (Originaldruck):
`http://www.rarebookroom.org/Control/galsid/index.html`, lat. Ausgabe des Sidereus Nuncius im HTML-Format:
`http://www.liberliber.it/biblioteca/g/galilei/sidereus\_nuncius/html/sidereus.htm`.

Galilei, Galileo, *Schriften, Briefe, Dokumente*, 2 Bde., Berlin 1987. Lat.-dt. Übersetzung aus Anna Mudry Ed., darin Sternenbotschaft (Sidereus Nuncius 1610), Chr. Wagner, Übersetzung aus dem Lateinischen, Bd. I S. 94–144.

Galileo Galilei, *Sidereus Nuncius, Nachricht von neuen Sternen*, herausgegeben und eingeleitet von Hans Blumenberg. Frankfurt/Main: Insel Verlag 1965, Berlin: Suhrkamp (Suhrkamp Taschenbuch Wissenschaft; 337) (2. Auflage) 2002.
Übersetzung ins Deutsche durch Malte Hossenfelder unter Zugrundelegung der Ausgabe in *Le Opere de Galileo Galilei*, Edizione Nazionale, vol. III, Firenze 1892, und der Ausgabe von Maria Timpanaro Cardini, Firenze 1948.

Galileis Plagiatsvorwurf in „Il Saggiatore"
Ital. Ausgabe von Galileis „Il Saggiatore", Firenze 1623.
`http://it.wikisource.org/wiki/Il\_Saggiatore/Prefazione`.

Van Helden, Albert: „Galileo-Project." Rice University, Houston, Texas 1995, updated 2004, über „Simon Marius". Engl. Übersetzung des Plagiatsvorwurfs `http://galileo.rice.edu/sci/marius.html`.
mit Verweis auf:
Galileo: The Assayer. Translated by Stillman Drake. In: Drake, Stillman and C. D. O'Malley: *The Controversy on the Comets of 1618*. Philadelphia: University of Pennsylvania Press 1960, p. 164–165.

Galileo Galilei *Dialogo sopra i due massimi sistemi*. Florenz 1632.
Dt. Übersetzung: Dialog über die beiden hauptsächlichen Weltsysteme, das ptolemäische und das kopernikanische (Dialogo 1632), Auszüge, E. Strauss: Übersetzung aus dem Italienischen, Bd. I., S. 179–328.

4.9.2 Verwendete Software für Planetariumssimulationen

Planetariumsprogramm *Stellarium* (Version 0.10.2) © 2000–2009 Stellarium Developers. GNU General Public License, Free Software Foundation.

Redshift (Vers.3.0), Copyright dt. Ausgabe, München: United Soft Media Verlag 1998.

Virtual Moon Atlas, Vers. Pro 4.0b 27.05.2008, © Christian Legrand & Patrick Chevalley
`http://www.ap-i.net/avl/en/start`.

4.9.3 Sekundärliteratur

BLUMENBERG, HANS: *Einführung zum Sidereus Nuncius*. In: Galileo Galilei, Sidereus Nuncius, Nachricht von den Sternen. Hg. von Hans Blumenberg. Berlin: Suhrkamp (Suhrkamp Taschenbuch Wissenschaft; 337) (2. Auflage) 2002, S. 77 f.

BELLONE, ENRICO: *Galileo Galilei, Leben und Wirken eines unruhigen Geistes*. Ital. Originalausgabe: Milano: Science S.p.A. 1998. Dt. Ausgabe als Sonderheft in 2. unveränderter Auflage, Heidelberg: Spektrum der Wissenschaft (Febr. 2002).

BOSSCHA, JOHANNES: Simon Marius. Rehabilitation d'un astronome calomnié. In: *Archives Nederlandaises des Sciences Exactes et Naturelles*, Serie II, T. XII, La Haye (1907), S. 258–307, 490–528.

DRAKE, STILLMAN UND CHARLES T. KOWAL: Galileis Beobachtungen des Neptun. In: *Spektrum der Wissenschaft* (Februar 1981), S. 76–89.

JOHNSON, J. H.: The Discovery of the First Four Satellites of Jupiter. In: *Journal of the British Astronomical Association* **41** (1930–1931), S. 164–171.

KLUG, JOSEF: Simon Marius aus Gunzenhausen und Galileo Galilei. In: *Abhandlungen der Bayerischen Akademie der Wissenschaften, math.-phys. Klasse*, Bd. 22 (1904), II. Abt. München 1904, S. 385–526.

LIESENFELD, CORNELIA: *Die Astronomie Galileis und ihre Aktualität heute und morgen*. Münster: LIT Verlag (Augsburger Schriften zu Theologie und Philosophie, Bd. 2) 2003, II, 2. Monde des Jupiter, a) Mundus Jovialis des Simon Marius mit Exkurs „Galileis Kritik an Simon Marius im Saggiatore", ein Prioritätsstreit über Jahrhunderte, b) Sidereus Nuncius von Galileo Galilei (S. 50 ff.)

OUDEMANS, JEAN ABRAHAM CHRÉTIEN UND JOHANNES BOSSCHA: Galilée et Marius. In: *Archives Nederlandaises des Sciences Exactes et Naturelles*, Serie II, T. VIII, La Haye (1903), S. 115–189.

PAGINI, PIETRO: Galileo and Simon Mayer. In: *Journal of the British Astronomical Association* **41** (1930–1931), S. 415–422, Appendix III, S. 422.

PRICKARD, ARTHUR OCTAVIUS: The 'Mundus Jovialis' of Simon Marius. In: *The Observatory* **39** (1916), S. 367–381, 403–412, 443–452, 498–504.

RIEKHER, ROLF: *Fernrohre und ihre Meister*. Berlin: Verlag Technik (2. Auflage) 1990, S. 19 ff.

ROSEN, EDWARD: Mayr (Marius), Simon. In: *Dictionary of Scientific Biography*, Bd. IX, S. 247–248.

Wilder, A.: Simon Marius – der Namenspatron unserer Schule. In: *450 Jahre Simon-Marius-Gymnasium Gunzenhausen.* Gunzenhausen 1981.

Zinner, Ernst: Zur Ehrenrettung des Simon Marius. In: *Vierteljahrsschrift der Astronomischen Gesellschaft* **77** (1942), 1. Heft, Leipzig 1942, S. 1–53.

Zinner, Ernst: Deutsche und Niederländische astronomische Geräte des 11. bis 18. Jahrhunderts. München: C. H. Beck 1956.

Abbildung 5.1:
Oben: Die Sternwartenbauten des Simon-Marius-Gymnsiums:
links der Schutzbau des Spiegelteleskops rechts der Kuppelbau
Unten: Der Coudé-Refraktor der Sternwarte des Simon-Marius-Gymnsiums

Astronomie am Simon-Marius-Gymnasium Gunzenhausen

Alois Wilder (Gunzenhausen)

5.1 Die Sternwarte

5.1.1 Der Kuppelbau

Am 23.7.1969 wurde dem Gymnasium in Gunzenhausen der Name SIMON-MARIUS-GYMNASIUM gegeben. Im gleichen Jahr wurde auf dem Fachraum-Trakt eine Sternwarte errichtet. Der Kuppelbau mit einem Durchmesser von 4,5 Metern wurde von der Firma Höfler in Nittenau als Holzkonstruktion mit Kupferblechverkleidung geliefert. Die Drehung der Kuppel und die Öffnung des Kuppelspalts erfolgte durch motorischen Antrieb.

Als Beobachtungsinstrument diente ein Coudé-Refraktor der Firma Wachter in Stuttgart mit 150 mm freier Öffnung und einer Brennweite von 2500 mm auf einer parallaktischen Montierung mit elektrischer Nachführung in Rektaszension durch eine Synchronmotorsteuerung.

Die Coudé-Montierung bietet den großen Vorteil, dass unabhängig von der Fernrohrstellung stets an der festen Okularposition beobachtet werden kann, und dies noch in bequemer Sitzhaltung auf einem geeigneten Podest mit Hocker. An diesem Instrument wurden bis zum Jahr 1995 regelmäßige Himmelsbeobachtungen für Schülergruppen durchgeführt.

Auf dem Hauptinstrument befand sich ein zweiter Refraktor mit einem Ansatz zur Beobachtung von Protuberanzen am Sonnenrand. Im Normalbetrieb wurde dieses Instrument auch als Sucherfernrohr oder für fotografische Aufnahmen als Objektiv verwendet. Für die Beobachtung von Sonnenflecken wurde ein Herrschelprisma bzw. ein Schirm für die Okularprojektion benutzt.

5.1.2 Das 16″-Pocher-Spiegelteleskop

Im Jahr 1991 wurde dem Simon-Marius-Gymnasium – durch eine glückliche Fügung – von Frau Gabriele Pocher aus Greding ein Parabolspiegel mit 40 cm Durchmesser aus dem Nachlaß ihres im Jahr 1976 verstorbenen Ehemannes geschenkt. Der Spiegel wurde von Herrn Hugo Pocher selbst mit größter Präzision geschliffen.

In diesem Zusammenhang darf kurz auf die Lebensdaten hingewiesen werden. Hugo Pocher wurde 1905 in Wiesbaden geboren und absolvierte das Studium der Physik in Frankfurt/Main. Ab 1939 arbeitete er bei Askania in Berlin, u. a. auch bei der Herstellung von Großteleskopen. Nach dem Krieg wechselte er zu Siemens und wandte sich dem faszinierenden Hobby des Spiegelschleifens zu, das ihn bis zu seinem Tod im Jahr 1976 nicht mehr losließ.

Der 40 cm Parabolspiegel war neben vielen anderen kleineren Spiegeln das Meisterstück und sollte in einem Fernrohr Verwendung finden. Die Fundamente der von ihm geplanten Privatsternwarte in Greding wurden im Jahr 1976 kurz vor seinem Tod fertiggestellt, jedoch kam es nicht mehr zum Bau der Sternwarte. Die für den Verfasser naheliegende Idee war, diesen exzellenten Spiegel in einem zweiten Fernrohr für das SMG nutzbar zu machen. Im Jahr 1994 konnte der Elternbeirat der Schule zur Durchführung einer Sonderspendenaktion gewonnen werden, die es ermöglichte, eine Gitterrohr-Dobson- Montierung zu finanzieren. Ein notwendiger Bau einer Schutzhütte für das Spiegelteleskop auf der Dachterrasse wurde vom Sachaufwandsträger, dem Landkreis Weißenburg-Gunzenhausen, ermöglicht.

Das komplette Dobson-Teleskop wurde von der Firma Frank-Endig Fernrohrsysteme in Neumarkt geliefert und am 25.3.1996 in Anwesenheit der Schulleitung und des Elternbeirats offiziell in Betrieb genommen. Der Spiegel mit einem Durchmesser von 406 mm und einer Brennweite von 2564 mm und dem Öffnungsverhältnis 1:6,3 eignet sich insbesondere zur Beobachtung von Deep-Sky-Objekten wie z. B. Galaxien, Gasnebeln und Kugelsternhaufen.

5.2 Die neue Sternwarte

Im Rahmen der Generalsanierung des Simon-Marius-Gymnasiums mussten im Jahr 2000 die auf einem Flachdach stehenden Sternwartebauten dem neuen Tonnendach weichen. Der 31 Jahre alte Coudé-Refraktor konnte wegen zu hoher Kosten für eine Generalüberholung nicht mehr verwendet werden. Nicht nur wegen der ebenfalls zu hohen Kosten für einen Kuppelneubau in den früheren Dimensionen wurde vom Verfasser für die Unterbringung eines neuen, kompakteren Spiegelteleskops der Bauart nach Schmidt-Cassegrain ein auf Schienen abfahrbarer Schutzbau auf der neuen 100 m² großen Dachterrasse vorgeschlagen.

Diese Lösung bietet den großen Vorteil, dass bei Beobachtungen mit größeren Schülergruppen genügend Platz vorhanden ist im Vergleich zu einem beengten Raum in einem Kuppelbau. Außerdem ist es so möglich, durch den ungestörten Rundumblick auf den Nachthimmel mit den Schülern, die gerade nicht am Fernrohr beschäftigt sind, sinnvolle Gespräche zu führen – zum Beispiel über Sternbilder oder die Position des gerade am Fernrohr eingestellten Objekts.

Das neue, zeitgemäße Fernrohr ist ein MEADE 12″ f/10 LX200 Spiegelteleskop auf einer 100 cm Säule, in beiden Achsen computergesteuert. Für Schüler, die an Astroaufnahmen interessiert sind, steht außerdem eine CCD Kamera des Fabrikats Pictor 416 XTE mit Autoguider und einem Pictor 616 Dreifarben-Filtersystem zur Verfügung. Direkt neben der Dachterrasse befindet sich ein 20 m² großer Raum, in dem eine Computerausstattung bereit steht, die für alle möglichen Anwendungen – insbesondere für Fotoarbeiten – geeignet ist.

Für Unterrichtszwecke sind die Wände des Raums mit informativen Postern bestückt. Bei längeren Beobachtungen bei winterlichen Temperaturen wird der Raum auch zum Aufwärmen gern genutzt.

5.3 Der Astronomieunterricht

5.3.1 Wahlunterricht Astronomie

Ab dem Jahr 1971 wurde vom Verfasser als Betreuer der Schulsternwarte Wahlunterricht zunächst für die Unter- und Mittelstufe angeboten. Das Interesse an dem neuen Wahlfach war groß, was die Teilnehmerzahlen von bis zu 24 Schülern deutlich machen. Die Möglichkeit von Himmelsbeobachtungen auf der Sternwarte – bevorzugt natürlich für die Teilnehmer am Wahlunterricht – war eine der Motivationen zu Teilnahme. Im Unterricht wurden stets altersgemäße und grundlegende Themen der Astronomie behandelt.

Als unerlässliches Hilfsmittel lernten die Schüler im Zusammenhang mit dem Eingangsthema „Orientierung am Himmel" den Umgang mit einer drehbaren Sternkarte kennen.

Als Themenbereiche für eine Einführung in die Astronomie wurden u. a. behandelt:

- Sternbilder und Sternnamen / Helligkeitsskala

- Astronomische Koordinatensysteme /
  Horizontsystem und Äquatorsystem

Abbildung 5.2:
Das Neue Spiegelteleskop mit abgefahrenem Schutzbau

- Scheinbare tägliche und jährliche Bewegung der Gestirne / Die Jahreszeiten

- Das Sonnensystem – unsere kosmische Heimat

- Geozentrisches und heliozentrisches Weltsystem

- Keplersche Gesetze der Planetenbewegung

- Die Sonne – der Stern, von dem wir leben

- Das Milchstraßensystem – das Reich der Fixsterne.

Als wertvolles Hilfsmittel zur Veranschaulichung von Bewegungsvorgängen im Sonnensystem und Ereignissen wie Sonnen – und Mondfinsternissen wurde das Baader-Planetarium eingesetzt.

Als einen Anreiz, um bei den Schülern das Interesse an der Astronomie zu wecken wurden für alle interessierten Schüler über mehrere Jahre hinweg Busfahrten ins nahe gelegene Nürnberger Nicolaus-Copernicus-Planetarium durchgeführt.

Für die Ankündigung von Beobachtungsterminen auf der Schulsternwarte wurde in der Pausenhalle ein Schaukasten installiert, in dem die Termine wetterbedingt kurzfristig am Vormittag für den Abend festgesetzt wurden. Neben dieser Funktion wurde der Schaukasten auch für Informationen über besondere astronomische Ereignisse oder aktuelle Themen z. B. aus der Raumfahrt genutzt.

Bei den nächtlichen Beobachtungen war es für den Verfasser immer wieder ein besonderes Erlebnis, Schüler mit ihren Reaktionen bei einer Erstbeobachtung z. B. des Mondes, des Ringplaneten Saturn, des Jupiters mit seinen vier hellen Monden, des Großen Orion-Nebels oder des von Simon Marius im Jahr 1612 entdeckten Andromedanebels zu erleben.

5.3.2 Astronomie in der Kollegstufe

In der Kollegstufe des damals noch 9-jährigen Gymnasiums in Bayern hatten die Schüler die Möglichkeit, das Fach Astronomie im Wahlpflichtangebot des Grundkursfaches Physik als Lehrplanalternative oder als Grundkursfach des Zusatzangebots zu wählen.

Diese Alternative zum Fach Physik wurde vorwiegend von solchen Kollegiaten gewählt, die schon in der Mittelstufe den Wahlunterricht Astronomie besucht hatten.

Einen kleinen Einblick in den Lehrplan und das Anforderungsniveau können die folgenden Aufgabenstellungen in einer schriftlichen Kursarbeit bzw. die Fragestellungen einer Colloquiumsprüfung im Rahmen des Abiturs geben.

5.3.3 Praktische Astronomie

Arbeitsgruppe Astrofotografie

Im Jahr 1976 wurden im Rahmen einer seit 1973 fortgeführten Arbeitsgemeinschaft von drei besonders motivierten Schülern Aufnahmen der verschiedensten Himmelsobjekte gemacht. Der Auslöser für diese erneuten Aktivitäten war das Erscheinen des sehr hellen Kometen „West 1975n". Über einen Zeitraum von mehreren Wochen wurde der Komet im Monat März jeweils morgens gegen 5 Uhr vor Sonnenaufgang fotografiert. Diese Serienaufnahmen zeigten eindrucksvoll die Abnahme der Schweiflänge und der Helligkeit des Kometen.

Abbildung 5.3:
Beobachtungsabend am Dobson-Spiegelteleskop

Zusammen mit Aufnahmen des Mondes in verschiedenen Lichtgestalten, einer partiellen Sonnenfinsternis, einer Saturnbedeckung aus dem Jahr 1973 sowie Aufnahmen des Großen Orion-Nebels wurden die Kometenaufnahmen in einer Ausstellung in der Pausenhalle zusammen mit den früher gemachten Aufnahmen einem größeren Publikum gezeigt.

Alle damaligen ausgestellten Aufnahmen sind noch heute im Aufgang zur neuen Sternwarte zu sehen.

Einfache Winkelmessgeräte

Ein besonderes Anliegen im Astronomie-Wahlunterricht war die Herstellung und Verwendung einfacher Messgeräte durch Schüler. Dazu eigneten sich insbesondere der Messkamm, der Jakobstab, der Pendelquadrant und der Sonnenhöhenmesser nach Copernicus. Diese Geräte dienen alle zur Messung von

Grundkurs Physik (Astronomie) 1999/2000
Schulaufgabe am 16.11.1999

....
(Name)

1. a) Der Stern Capella (α Aur) hat die Rektaszension α = 5 h 13 min und die Deklination δ = 45°57'.
   - Erläutern Sie anhand einer beschrifteten Skizze diese Positionsangabe im beweglichen Äquatorsystem.
   - Entscheiden Sie durch Rechnung, ob α Aur für Gunzenhausen (φ = 49,12°) zirkumpolar ist .

   b) Die Sonne kulminiert in Gunzenhausen am 28. Juli in einer Höhe h_k = 59,9°. Berechnen Sie für diesen Tag die Deklination $\delta_\odot$ der Sonne.

   c) Zeichnen Sie in einer maßstabsgetreuen ebenen Meridian-Schnitt-Zeichnung (r = 3 cm) mit Farbe (nicht rot!) die Bahn der Sonne am 21. Juni für einen Ort der geografischen Breite 72° im Horizontsystem. Welche Besonderheit fällt auf?

2. a) Wann (MEZ) geht die Sonne am 1. Dezember in Gunzenhausen unter? Geben Sie für diesen Tag auch die Zeitgleichung an!

   b) An einem unbekannten Ort auf der Erde stellt man fest, dass am 10. März die Sonne um 13:27 Uhr MEZ in einer Höhe von 48,6° kulminiert. Berechnen Sie aus diesen Meßgrößen die geographischen Koordinaten φ und λ des Beobachtungsorts.

3. Zwischen zwei aufeinanderfolgenden Oppositionen des Kleinplaneten Icarus liegt ein Zeitraum von 3486 d .

   a) Berechnen Sie die große Halbachse a seiner Bahn in AU (4 g.Z.) . (Ergebnis : 1,077 AU)
      (Hinweis : a > 1 AU ; 1 Jahr = 365,25 d)

   b) Die numerische Exzentrizität der Icarusbahn hat den Wert 0,827.
      Berechnen Sie die Aphelentfernung r_A und die Perihelentfernung r_P des Kleinplaneten in AU und vergleichen Sie jeweils mit den grossen Halbachsen bekannter Planeten.
      Warum hat man wohl diesem Kleinplaneten den Namen Icarus gegeben ?

4. a) Berechnen Sie anhand einer Zeichnung den maximalen Elongationswinkel φ_{max} (3 g.Z.) des Planeten Venus, wobei Erde- und Venusbahn als Kreise angenähert seien.

   a) In welcher Stellung (mit A in der Zeichnung zu a) kennzeichnen !) ist Venus als Abendstern zu beobachten? Begründung !

5. Der Saturnmond Titan braucht auf seiner nahezu kreisförmigen Bahn für einen vollen Umlauf eine Zeit von 15,95 Tagen . Der Bahnradius beträgt dabei $1,222 \cdot 10^9$ m .

   Berechnen Sie daraus die Masse m_S des Saturn (in kg und in Vielfachen der Erdmasse m_E) , wenn die Mondmasse m dagegen zu vernachlässigen ist.

Zugelassene Hilfsmittel : Taschenrechner , Physik-Formelsammlung , Drehbare Sternkarte

Nr	1a	1b	1c	2a	2b	3a	3b	4a	4b	5	Σ
max.BE	6	3	6	4	8	8	6	6	4	9	60

Colloquiumsprüfung 1999

Gruppe 2 :

Referatthema zum Themenbereich (3) des Ausbildungsabschnitts 13/2

*Erläutern Sie die Einteilung der Sterne in Spektralklassen (auf wesentliche Klassifikations-
kriterien und die Zuordnung zu den Temperaturen an den Sternoberflächen ist einzugehen)
und skizzieren Sie qualitativ ein Hertzsprung-Russel-Diagramm (HRD) unter Verwendung
von absoluten Helligkeiten.*
*Erläutern Sie an Hand dieses HRD das Prinzip der spektroskopischen
Entfernungsbestimmung und geben Sie die Voraussetzungen an, unter denen dies nur
möglich ist.*

Gespräch zum Referat und zum gesamten Themenbereich : (ca 5 Min.)

Der Prüfling erhält ein schematisches HRD auf Overheadfolie vorgelegt.

1) Bis zu welcher Entfernung reicht das Verfahren der spektroskopischen
   Entfernungsbestimmung für O - Sterne auf der Hauptreihe, wenn der Spektraltyp eines
   Sterns bis zu einer scheinbaren Helligkeit von $m = 14$ ermittelt werden kann ?

2) Bestimmen Sie für den Hauptreihenstern Atair der Spekralklasse A7 seine Masse in
   Sonnenmassen.

Fragen zum Ausbildungsabschnitt 13/1 (ca 7,5 Min.)

3) a) In welcher Konstellation ist ein oberer Planet am günstigsten zu beobachten ?

   d) Skizzieren Sie die Konstellation, in der Venus als Morgenstern zu beobachten ist.

   e) Wie lässt sich der Winkel der grössten Elongation (φ) der Venus berechnen ?

4) Erläutern Sie den Begriff einer Hohmann-Bahn an Hand einer Skizze (z.B. für Mars) und
   zeigen Sie, wie sich die Flugdauer T einer Raumsonde auf einer solchen Bahn allgemein
   berechnen lässt.

Zusatz :

Wie lässt sich die Geschwindigkeit v_H , auf welche die Raumsonde zum Mars nach dem
Start beschleunigt werden muss berechnen ?

Abbildung 5.4:
Saturnbedeckung vom 11.12.1973 um 2:00 Uhr MESZ
Die Schüler der Arbeitsgruppe Astrofotografie
unter dem mit Fotoapparaten bestückten Coudé-Refraktor

Abbildung 5.5:
Der Sonnenhöhenmesser zeigt die Sonnenhöhe
für 49,07° N am 17.4.2010 um 14:15 MEZ

Winkeln, wie z. B. Gestirnshöhen über dem Horizont oder Winkeldistanzen zwischen Sternen.

Aufklappbare Sonnenuhr für wahre Ortszeit

Als in früheren Zeiten verwendeter Zeitmesser wurde von Schülern eine aufklappbare Sonnenuhr hergestellt. Dabei mussten auf dem vertikalen und dem horizontalen Zifferblatt zuerst die Stundenlinien für die wahre Ortszeit für Gunzenhausen konstruiert bzw. berechnet werden. Als Schattenwerfer dient dabei eine beim Aufklappen sich spannende Schnur.

Ein Sonnenofen

Im Zusammenhang mit dem Thema „Die Sonne – der Stern, von dem wir leben" (Die Strahlungsleistung der Sonne) wurde das Projekt Sonnenofen durchgeführt. Dazu beklebten die Schüler eine ausgediente Satellitenschüssel mit einer gut reflektierenden Metallfolie. Im Brennpunkt wurde ein mit Wasser gefülltes berußtes Glasgefäß angebracht. An einem sonnigen Tag wurde damit auf dem Schulhof in einer Pause eindrucksvoll demonstriert, wie mit dieser Anordnung das Wasser zum Kochen gebracht werden kann. Die im heißen Wasser erhitzten Wiener Würstchen konnten einigen Schülern zum Verzehr angeboten werden.

Spiegelschleifkurs

Schon 14 Jahre, bevor das Simon-Marius-Gymnasium den 40 cm Parabolspiegel von Frau Pocher geschenkt bekam, erhielt die Schule im Jahr 1977 u. a. das gesamte zum Spiegelschleifen erforderliche Material aus dem Besitz ihres verstorbenen Ehemannes angeboten.

Der Verfasser nahm ohne zu zögern sofort dieses Angebot an. Unter den Materialien befand sich alles, was zum Spiegelschleifen notwendig ist, u. a. das Schleifmittel Karborund in allen Körnungen, Polierpech, Polierpulver, Glasrohlinge aus Duran 50 und Zerodur verschiedenen Durchmessers sowie Meßuhren.

Als sinnvolle Verwendung der vorhandenen Materialien lag es nahe, interessierten Schülern einen Spiegelschleifkurs anzubieten. Zu diesem Zeitpunkt verfügte der Verfasser schon über ausreichende eigene praktische Erfahrung zu diesem Vorhaben. Die notwendigen Kenntnisse wurden wie von allen Spiegelschleifern dem Buch von Hans Rohr *Das Fernrohr für jedermann* (Zürich 1959) entnommen.

Zu Beginn des Schuljahres 1977/78 begannen dann sieben Schüler aus 10. und 11. Klassen mit dem Erlernen des Spiegelschliffs. Das Ziel war es, den Teilnehmern die Kenntnisse und Fertigkeiten zu vermitteln, die es ihnen ermöglichen sollten, einen hochwertigen Parabolspiegel (zum Bau eines Spiegelteleskops geeignet) mit einfachsten technischen Mitteln, jedoch mit sehr viel Geduld und Fleiß herzustellen. Als Vorarbeit wurden unter tatkräftiger Mithilfe der Schüler und vor allem des Hausmeisters geeignete massive Schleifständer hergestellt.

Als Ausgangsmaterial dienen zwei kreisrunde Glasscheiben mit sehr geringer Wärmeausdehnung. Eine der beiden Scheiben wird unter Zwischenschaltung eines Schleifmittels aus Karborund über die andere fest gelagerte Scheibe hin-

und herbewegt. Während dieses Vorgangs wird diese obere Scheibe nach jeweils einigen „Strichen" leicht gedreht. Schließlich geht der Schleifende während des Ablaufs dieser beiden Bewegungen in seitlichen kleinen Schritten um den Schleifständer herum.

Durch die gleichzeitige Ausführung dieser drei Bewegungen entsteht in der oberen Scheibe, dem zukünftigen Spiegel, eine Höhlung, die beim fertigen Spiegel von der Kugelfläche bzw. der Paraboloidfläche um weniger als ein Zehntausendstel Millimeter (!) abweicht.

Die sieben Kursteilnehmer beherrschten die zunächst recht kompliziert erscheinende Schleiftechnik schon nach wenigen Stunden Schleifarbeit. Das erste Schleifstadium, der sogenannte Grobschliff, dient allein dazu, die Höhlung der vorausgeplanten Tiefe herzustellen. Bei den im Kurs verwendeten Scheiben von 150 mm Durchmesser betrug die Vertiefung in der Scheibenmitte nur 0,52 mm, entsprechend einer Brennweite des Spiegels von 120 cm.

Da der Grobschliff neben der notwendigen Technik von den Schülern auch einen erheblichen Kraftaufwand erforderte, dauerte dieser Teil der Schleifarbeit bei 14-tägig stattfindendem Kurs fast ein ganzes Schuljahr. Der Zweck des Feinschliffs ist es – durch Übergang zu immer feineren Körnungen des Schleifmittels – die noch verbliebenen Unebenheiten der Hohlfläche des Spiegels zu beseitigen.

Der interessanteste und faszinierendste Teil des Spiegelschliffs ist das Polieren und schließlich das Parabolisieren. Das Polieren erfolgt nicht mehr auf der unten liegenden Schleifschale aus Glas, sondern auf einer ca. 1 cm dicken Pechschicht, die im erhitztem flüssigen Zustand auf die Schleifschale gegossen wird. Als Poliermittel wird Ceroxid, ein feinstes Pulver, verwendet.

Durch das Polieren werden die letzten Unebenheiten der Spiegelfläche beseitigt. An dem guten Reflexionsvermögen ist der polierte Spiegel zu erkennen. In diesem letzten Stadium muss das Ergebnis des Polierens in immer kürzeren Zeitintervallen mit einem genial einfachen Test überprüft werden. Zur Herstellung des für diesen sog. Foucault-Test benötigten Geräts sind im Wesentlichen nur ein Glühlämpchen und eine Rasierklinge erforderlich.

Beim letzten Teil des Spiegelschliffs wird durch kleinste Retouchen beim Polieren die erreichte exakte Kugelfläche zu einer Paraboloidfläche umgewandelt. Erst der Parabolspiegel besitzt die Eigenschaft für eine einwandfreie optische Abbildung in einem Spiegelfernrohr. Nur einer der sieben Kursteilnehmer erreichte nach dem zweiten Jahr Schleifarbeit das Ziel. Sein Spiegel wurde zwar nicht in einem Spiegelteleskop verwendet, aber doch als Rasierspiegel von exzellenter Qualität benützt. Die anderen Schüler kamen dem angestrebten Ziel in verschiedenen Stadien nahe.

Das Faszinierende beim Spiegelschleifen ist die mit einfachsten Hilfsmitteln und der Geschicklichkeit der eigenen Hände zu erreichende höchste Präzision der Spiegelfläche, die von keinem industriell gefertigten Spiegel übertroffen wird. Daneben ist die Schleifarbeit, insbesondere im Endstadium, eine „Schule der Geduld".

Abbildung 5.6:
Spiegel auf der Schleifschale

Messung von Sternhelligkeiten mittels Fotomultiplier

Im Schuljahr 1982/83 stellten sich zwei Schüler eines Astronomiekurses aus der 11. Klasse einer besonderen Herausforderung. Bei den der Schule von Frau

Pocher geschenkten Materialien befand sich ein Fotomultiplier, wie er auch in der professionellen Astronomie der damaligen Zeit für Helligkeitsmessungen an Sternen verwendet wurde. Leider fehlte für den Einsatz am Coudé-Refraktor das passende stabilisierte Hochspannungsspeisegerät für eine Spannung von 900 Volt.

Den beiden Schülern gelang es durch ihre fundierten Physikkenntnisse, vom Entwurf über die Auswahl der zu verwendenden Bauteile bis zum Zusammenbau, das Gerät herzustellen. So konnten damit Sternhelligkeiten z. B. bei Bedeckungsveränderlichen gemessen werden.

Abbildung 5.7:
Astronomiekurs 1982/83 mit den beiden Gerätherstellern
(1. und 5. v. li.) und dem Baader-Planetarium

Abbildung 5.8:
Wappen der Familie Marius

Abbildung 5.9:
Diplomingenieur Herbert Marius (1918–2000), 1983

5.4 Ein überraschender Besuch am Simon-Marius-Gymnasium

Anfang Mai 1983 kündigte zur großen Überraschung der Schulleitung ein Nachkomme des Astronomen und Mitentdeckers der Jupitermonde Simon Marius seinen Besuch an. Auf der Durchreise zu Verwandten traf Herr Diplomingenieur Herbert Marius aus Wien am 18. Mai 1983 ein und wurde im nach seinem berühmten Vorfahren benannten Gymnasium von Herrn Oberstudiendirektor Werner Pilhofer begrüßt.

Zu dem anschließenden Gespräch waren neben dem Verfasser als Betreuer der Schulsternwarte noch der Heimatforscher Herr Wilhelm Lux und Herr Alfred Gartner eingeladen worden, die sich publizistisch bzw. archivarisch mit Simon Marius beschäftigten.

Der eigentliche Anlass des Besuchs war, nähere Einzelheiten über Geburtstag und Geburtsort von Michael Marius (†1661), einen der drei Söhne von Simon

Marius in Erfahrung zu bringen. Leider ergab sich, daß die oben genannten Personen über keine diesbezüglichen Informationen verfügten. Nach einer ausführlichen Erläuterung des Stammbaumes, den Herr Marius mitgebracht hatte, überließ er diesen zusammen mit dem heute noch verwendeten Familienwappen mit einer persönlichen Widmung dem Simon-Marius-Gymnasium.

Als sich im Gespräch ergab, dass Herr Marius im Besitz einiger Originale aus dem Werk seines Urahns sei, erklärte er sich freundlicherweise bereit, den daran interessierten Gesprächsteilnehmern Kopien zur Verfügung zu stellen. Unter anderem handelte es sich dabei um eine Übersetzung der ersten sechs Bücher des Euklid ins damalige Deutsch. Der Besuch klang mit einer Führung auf der Schulsternwarte aus, wo bei klarem Himmel die Sonne auf einen Schirm projiziert wurde. Dabei konnte Herr Marius neben Sonnenflecken durch einen höchst seltenen Zufall beobachten, wie über die helle Sonnenscheibe als dunkle Silhouette einer der Gunzenhäuser Störche schwebte, ein Erlebnis, das dem Verfasser noch immer in bleibender Erinnerung ist.

Vier Jahre später, im Jahr 1987, verfasste Herr Marius zu der von Joachim Schlör im Schrenk-Verlag herausgegebenen Übersetzung des *Mundus Iovialis* ein Vorwort. Darin würdigt er besonders die Teilnehmer des Leistungkurses „Latein" und dessen Kursleiter, deren Verdienst es sei, dass jetzt auch seine zahlreichen Enkelkinder das Hauptwerk ihres Ahnherrn lesen könnten.

5.5 Tabelle: Stammbaum von Simon Marius

1	Michael Mair	(∗1486 Schweina bei Gunzenhausen)
2	Michael Mair	(1541–1550) Bürgermeister in Gunzenhausen
3	Reichart Mair ∞ 1534 Elisabeth	(∗1529/30, †12.11.1599 Gunzenh.) ab 1576 Bürgermeister in Gunzenhausen (∗ Gunzhausen, †13.11.1599)
4 4	SIMON MARIUS ∞ 8.5.1606 Felicitas Lauer Elisabetha (∗1557) / Michael (∗1560) / Barbara (∗1562) / Jakob (∗1565) / Leonhard (∗1567) / Margaretha (∗1570)	(∗8.1.1573 Gunzenhausen, †26.12.1624 Ansbach) Fürstl. Brandenburgischer Hofmathematicus und Astronom in Ansbach Buchhändlerstochter aus Nürnberg
5 5	Michael Johann Balthasar / Johann Samuel / Anna Margaretha / Maria Magdalena / Margaretha Elisabeth / Margaretha Barbara / Helena Susanna	(†21.2.1661) Fürstlicher Amtsschreiber in Lobenhausen bei Crailsheim
6 6	Theodorus ∞ 23.4.1676 Maria Elisabeth Roschmann Jörg Friedrich / Anna Regina / Alexander / Johann Valentin / Michael / Johann Christoph / Maria Catharina	(∗2.8.1640 Lobenhausen, †31.8.1690) Pfarrer in Obergrönningen 1666–1675, in Eschbach 1675–1690 Pfarrerstochter aus Entendorf
7 7	Gottfried Konrad Theodorus Anna Catharina / Johann Jacob / Philippus / Anna Maria Dorothea / Maria Juliana / Rosina Barbara / Johann Michael	(∗6.1.1676 Eschbach, 2.3.1738) in Altdorf immatrikuliert

8	Johann Friedrich	(∗11.6.1722, †8.6.1782) Nadler in Gaildorf
8	Theodor Franz / Carl Vollrath David / Theodor Andreas / Dorothea Maria / Franz Amandus / Johann Tobias / Johann Philipp / Johann Klias / Johann Jacob	
9	Johann Conrad	(∗8.1.1756, †5.5.1797) Handelsmann und Konditor in Gaildorf
9	Maria Juliana Elisabeth / Vollrath Friedrich Wilhelm / Johann Friedrich / Wilhelm Christian	
10	Johann Friedrich Carl	(∗10.12.1789, †28.4.1837) Gerber in Gaildorf
10	Johann Philipp Friedrich / Catharina Rosina Friederike /	
10	Johann Ernst / Friedrich Wilhelm	
11	Johann Albrecht Carl	(∗8.7.1819 Gaildorf, †27.10.1884 Wien) Hofwagenfabrikant in Wien
	∞ Katharina, geb. König, verw. Hartinger	
11	Wilhelm Albrecht	
12	Adolf	(∗31.12.1857, †21.5.1897) Südbahnbeamter
	∞ Paula Novotny 7.3.1886	
12	Carl / Bertha / Robert	
13	Adolf	(∗1.2.1886, †5.12.1934)
	∞ Adele Fraenzl	
13	Renee / Theodora	
14	Herbert Wolfgang	(∗6.2.1918, †11.8.2000) Abt. Bevollmächtigter in Wien
	∞ Gertrude Ullmann 24.10.1945	(∗15.2.1921, †24.10.1991)
14	Hertha Adele Maria	
15	Eva (1947–1995) / Michael (∗23.8.1949) / Wolfgang (∗23.8.1949)	

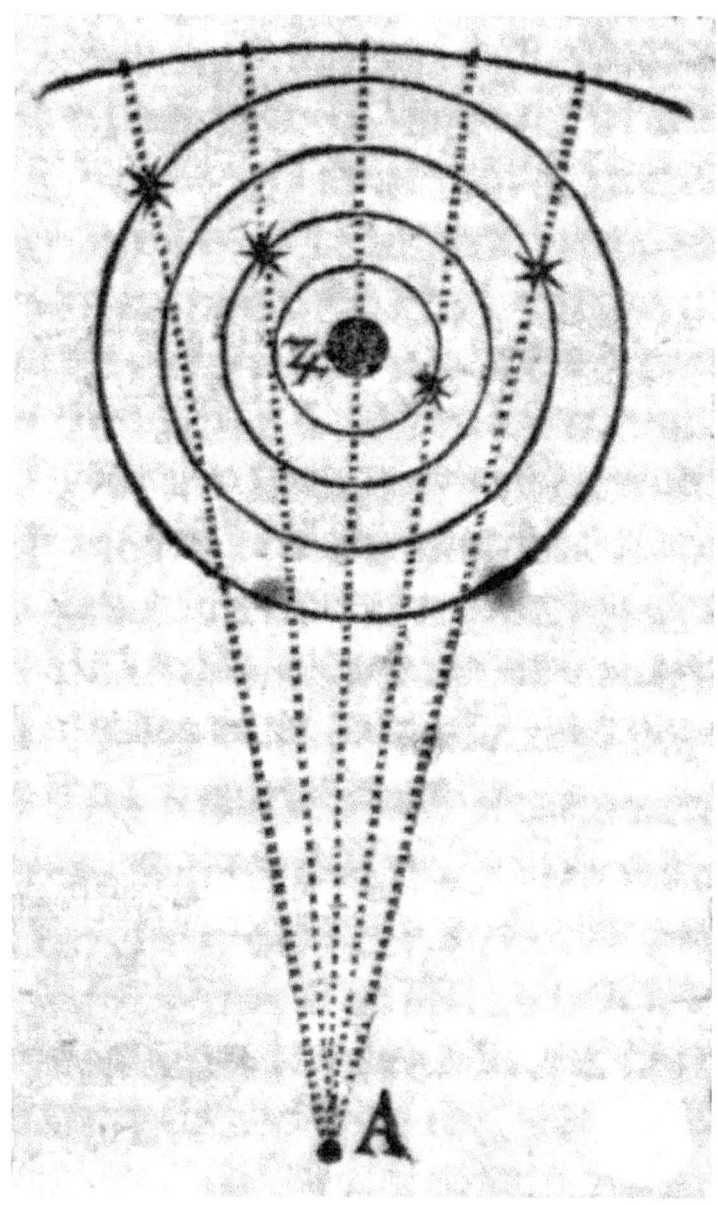

Abbildung 6.1:
Im *Prognosticon auf 1612* gibt Marius
seine erste Darstellung der Jupitermonde
Staatsarchiv Nürnberg, C3r

Die Copernicanische Wende bei Galilei und Kepler und welche Rolle Simon Marius dazu einnimmt

Pierre Leich (Nürnberg)

Als der Königsberger Philosoph Immanuel Kant in der *Kritik der reinen Vernunft* seine erkenntniskritische Wende „mit den ersten Gedanken des Copernicus" verglich, „der, nachdem es mit der Erklärung der Himmelsbewegungen nicht gut fort wollte, wenn er annahm, das ganze Sternenheer drehe sich um den Zuschauer, versuchte, ob es nicht besser gelingen möchte, wenn er den Zuschauer sich drehen, und dagegen die Sterne in Ruhe ließ"[1], war die 'Copernicanische Wende' längst zur Metapher geworden für einen revolutionären Umbruch im Weltbild schlechthin.

Knapp zwei Jahrhunderte früher deutete noch wenig darauf hin, dass sich der Bezugspunkt des astronomischen Weltsystems von der Erde zur Sonne verschieben sollte. Ich möchte im Folgenden die Argumente für den Heliozentrismus, aber auch die sachlichen Einwände aus dem historischen Kontext sichtbar machen und dabei auf den Anteil von Galilei und Kepler fokussieren. Abschließend soll die Position von Simon Marius zu diesem Umbruch dargestellt werden.

Versammelt man die Argumente, die an der Wende vom 16. zum 17. Jahrhundert für eine bewegte Erde sprachen, so kann man drei Gruppen auseinander halten: die Abschätzung von Aristarch, die Theorie von Copernicus und die Beobachtungen von Brahe.

---

1 Aufl. B XVI, Riga [2]1787.

6.1 Aristarch von Samos: Eine geniale Abschätzung

Nicolaus Copernicus war bekannt, dass sich Aristarch von Samos für eine Bewegung der Erde ausgesprochen hat. Er erwähnt ihn im Autographen von *De Revolutionibus* gemeinsam mit Philolaos, Ekphantos, Herakleides von Pontos und Hiketas, den er irrtümlich Nicetus nennt. Vielleicht wegen der geringen Bekanntheit strich er Aristarch jedoch aus der Druckversion.

Auch die Antike wusste nicht viel von Aristarch zu berichten. Spärliche Informationen finden wir bei Archimedes, Plutarch, Vitruv und Aetius. Die einzig erhaltene Schrift *Über Größen und Entfernungen von Sonne und Mond* enthält keine heliozentrische These, dafür verschaffte sich Aristarch in genialer Weise Klarheit über die Größenverhältnisse in der näheren Erdumgebung. Unter Benutzung dreier einfacher Phänomene – Halbmond, Sonnenfinsternis und Mondfinsternis – gelang es ihm durch eine elementare geometrische Betrachtung zu zeigen, dass das Volumen der Sonne etwa 300 Mal größer ist als das der Erde.[2] Ist es da nicht plausibler – so mag er gedacht haben – anzunehmen, die kleine Erde dreht sich um die große Sonne und nicht umgekehrt?

In Plutarchs *Gesicht auf der Mondscheibe* erfahren wir weiterhin, dass Aristarch bereits eine Erdrotation annahm, was sich letztlich aber schon von alleine versteht, da jedes astronomische System neben dem kalendarischen Jahr auch den Tag reproduzieren muss.

In der Antike fand sein System allerdings kaum Anhänger. Die Gründe für die Ablehnung dürften weniger religiöser Natur gewesen sein, auch wenn schon Plutarch kolportiert, Kleanthes sei der Meinung gewesen, Aristarch müsse der Gottlosigkeit angeklagt werden. Entscheidender dürfte schlicht der gesunde Menschenverstand gewesen sein: Wäre bei einer bewegten Erde nicht zu erwarten, dass die Wolken weggeblasen werden oder einen Schweif bilden wie bei den Kometen? Müssten fallende Körper nicht hinter der Erdbewegung zurückbleiben? Und müsste schließlich die Erde aufgrund der Rotation – die Erdgröße war seit Eratosthenes in etwa bekannt – nicht auseinanderbrechen? Auf all diese naheliegenden Fragen gab es noch keine Antwort und wir spüren eben nichts von einer Erdbewegung.

---

2 Nach modernen Werten übersteigt das Sonnenvolumen freilich 1.291.468fach das Erdvolumen. Aristarchs Winkelmessung ist sehr vorsichtig, sein Ergebnis daher im Sinne einer Minimalforderung zu werten.

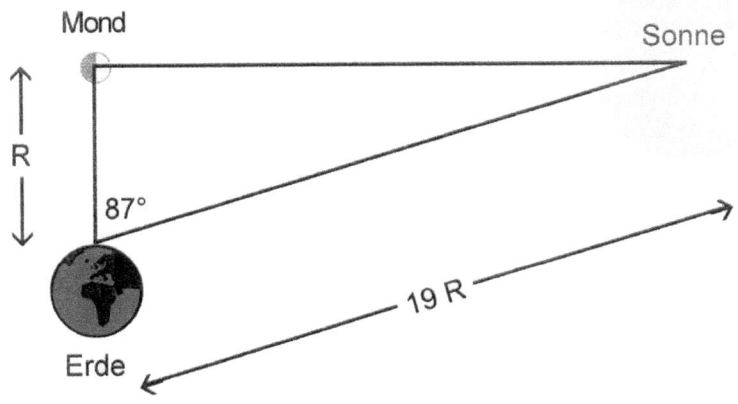

Abbildung 6.2:
In seiner Arbeit *Über Größen und Entfernungen von Sonne und Mond*
entnimmt Aristarch der Messung am Halbmond die Abstandsproportion

6.2 Nicolaus Copernicus: Die mathematische Möglichkeit des Heliozentrismus

Diese Situation hat sich auch zur Zeit des Copernicus nicht verändert, doch dem gelingt der Beweis, dass ein heliozentrisches System vom mathematischen Standpunkt ebenso legitim wie ein geozentrisches ist. Darüber hinaus kann Copernicus einige Argumente beisteuern, die sein Modell plausibler erscheinen lassen.

Eine der größten Herausforderungen der antiken Astronomie war es, die scheinbaren Schleifen der Planeten zu erklären. Durchgesetzt hatte sich das Modell von Apollonius mit Deferent und Epizykel, und für praktische Berechnungen hatte es sich im Rahmen der verfügbaren Beobachtungsgenauigkeit bestens bewährt. Doch so recht glauben, dass die Planeten auf Umkreisen abrollen, wollte wohl niemand. Mit seinem Perspektivenwechsel kann Copernicus zeigen, dass sich die Planetenschleifen dadurch ergeben, dass wir deren

Umkreisung von der bewegten Erde aus beobachten – die Schleifen damit nur perspektivische Effekte, aber keine realen Bewegungen sind. Damit wird sofort ebenfalls klar, warum Sonne und Mond keine Schleifenbewegung aufweisen, was in einem „sauber" geozentrischen System ja zu erwarten wäre.

Auch die gebundene Bewegung der beiden inneren Planeten an die Sonne wird in der Draufsicht auf das Sonnensystem unmittelbar anschaulich wie die Abbildung 6.3, S. 167, zeigt. Merkur und Venus können sich von der Erde aus gesehen niemals weiter als um ihren Elongationswinkel vom Zentralgestirn entfernen. In einem rein geozentrischen System sollte die Sonne für die Position der Planeten keine Rolle spielen.

Einige andere Aspekte sind allerdings ambivalent. Dass sich der Mond als einziger Himmelskörper weiterhin um die Erde dreht, bleibt zunächst eine Anomalie, die erst durch die Entdeckung anderer Monde entschärft wird.

Gegen das heliozentrische Weltbild spricht die fehlende Fixsternparallaxe. Sollte sich die Erde um die Sonne drehen, so wäre doch zumindest bei nahen Sternen zu erwarten, dass sie in halbjährlichem Abstand unter leicht verschiedenem Winkel zu sehen sind (vgl. Abb. 6.4, S. 168). Zwar nannte schon Copernicus die außerordentliche Ferne der Sterne als Grund, warum dies nicht beobachtet wurde, doch musste es den Zeitgenossen so erscheinen, als ob hier eine Ungeheuerlichkeit durch eine andere erklärt wird.

Copernicus konnte schließlich auf den Vorteil verweisen, dass den Fixsternen nun nicht mehr zugemutet werden müsse, innerhalb eines Tages einen riesigen Umfang zu beschreiten, so dass – modern ausgedrückt – gewaltige Zentrifugalkräfte entfallen. Doch während die Sterne nach damaliger Anschauung dem materielosen Äther angehörten, lässt sich das Argument auch gegen Copernicus wenden und entschieden nachfragen, warum die rotierende Erde sich nicht wie eine Torte auf einer Zentrifuge verhält. Man kann es dem Copernicus nicht vorwerfen, aber um einen Beweis zu führen, hätte er gleich eine neue Physik dazuerfinden müssen.

6.3 Tycho Brahe: Irritationen am Himmel

Dies hat auch Tycho Brahe nicht getan, doch dieser deckte weitere Unstimmigkeiten im ptolemäisch-aristotelischen Weltbild auf: Im November 1572 beobachtete Brahe einen neuen Stern nordwestlich des Sternbilds Cassiopeia, der 18 Monate beobachtbar blieb und an dem er keine Parallaxe feststellen konnte.[3]

---

3 Brahe, Tycho: *De nova et nullius aevi memoria prius visa stella*. Hafniae [Kopenhagen]: Laurentius 1573.

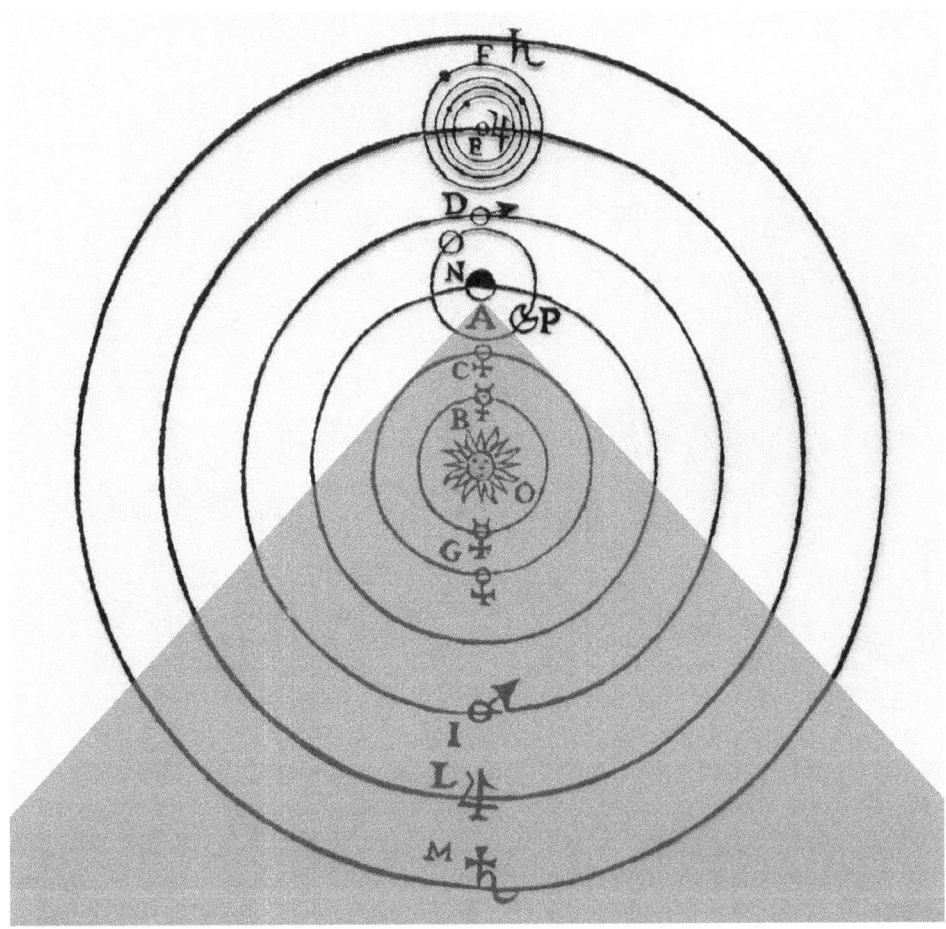

Abbildung 6.3:
Im heliozentrischen Weltmodell wird die an die Sonne gebundene Bewegung
leicht einsichtig. Von der Erde aus gesehen muss die Venus
innerhalb des roten Sektors bleiben.
Illustration mit einer Abb. aus: Galileo Galilei:
Dialogo sopra i due massimi sistemi del mondo, Tolemaico e Copernicano.
Firenze: Batista Landini 1632.
(Staats- und Stadtbibliothek Augsburg)

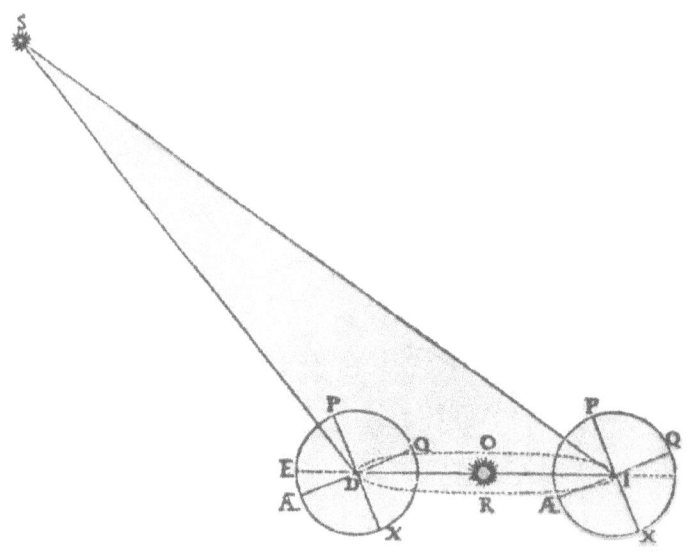

Abbildung 6.4:
1838 veröffentlichte Friedrich Wilhelm Bessel
die erste Fixsternparallaxe an 61 Cygni im Sternbild Schwan.
Illustration aus: Wallis, John: *Opera mathematica*, Bd. 3. Oxford 1699, S. 706.

Wir wissen inzwischen, dass es eine Supernova vom Typ Ia eines weißen Zwerg-
sterns in etwa 10.500 Lichtjahren Entfernung war. Für das 16. Jahrhundert
erschien es als große Irritation, dass in der unveränderlichen Sphäre plötzlich
ein Stern auftaucht und wieder verschwindet. Noch problematischer war fünf
Jahre später ein Komet, für den Tycho berechnen konnte, dass er mehrere Pla-
netensphären kreuzte und damit mit dem antiken Konzept der konzentrischen
Kristallsphären im wörtlichen Sinn kollidierte.

Dies waren sicherlich keine Beweise des Heliozentrismus, aber bei den Fach-
astronomen machte sich ein Gefühl breit, dass das überkommene System über-
arbeitungsbedürftig war. Da Brahe trotz beträchtlich gestiegener Beobachtungsgenauigkeit keine Fixsternparallaxe feststellen konnte, vertrat er jedoch
ein zum Copernicanischen Planetenmodell kinematisch äquivalentes, das die

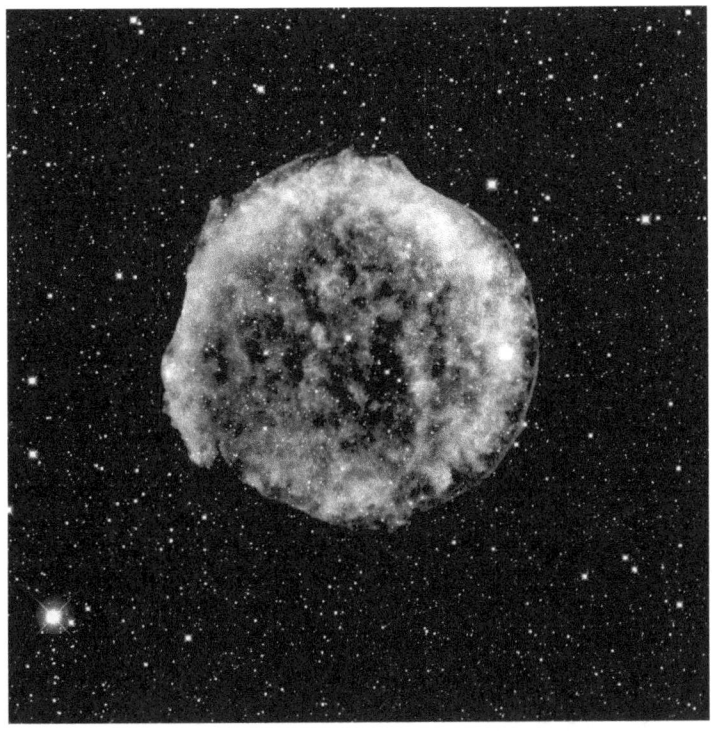

Abbildung 6.5:
Ein Lichtecho erlaubt noch nach vier Jahrhunderten Tychos Nova zu untersuchen,
die hier im Infrarot- und Röntgen-Spektrum zu sehen ist
Oliver Krause, Max-Planck-Institut für Astronomie, Heidelberg

Phänomene genauer liefert als das Ptolemäische, das die Erde aber im Mittelpunkt der Welt belässt.[4]

---

4 *De mundi aetheri recentioribus phaenomenis.* Uraniburgi/Hven 1588. Ähnliche Systeme
vertraten auch Nicolaus Raimarus Ursus (*Fundamentum Astronomicum*, Straßburg 1588)
und Paul Wittich. Im Gegensatz zu Brahe lässt Ursus statt der Fixsternsphäre die Erde
rotieren und der Marsorbit schneidet den Sonnenorbit nicht, so dass sein System mit den
kristallinen Schalen kompatibel ist. Beim System Wittichs, das nur durch eine Anmerkung
von 1578 auf einem Exemplar von *De revolutionibus* erhalten ist, umkreisen Mars, Jupiter
und Saturn die Erde. Wohl unter Kenntnis des „Ägyptischen Systems" von Herakleides
Pontikos äußerte bereits im neunten Jahrhundert Johannes Scotus Eriugena in seiner *De
Divisione naturae* die Vermutung, dass nicht nur Merkur und Venus, sondern auch Mars
und Jupiter um die Sonne kreisen.

Er wurde darin durch die Wahrnehmung des Auges bestätigt, dem auch
Sterne als kleine Scheibchen erscheinen. Da er seine Beobachtungsgenauigkeit
kannte, konnte Brahe auch abschätzen, dass die Sternsphäre mindestens 700-
mal weiter entfernt sein müsste als die Distanz zwischen Sonne und Saturn,
damit deren Fixsternparallaxe für ihn unbeobachtbar bleiben müsste. Die sich
daraus ergebenden Sterngrößen hielt Brahe für absurd und sie machten ihm
ein Akzeptieren des Heliozentrismus unmöglich.

6.4 Galileo Galilei: Das Teleskop wird erfunden

Im Oktober 1608 wurden in den Niederlanden von Hans Lippershey und kurz
danach von Jacob Adriaansz, gen. Jacob Metius Patentanträge für das Teleskop gestellt. Dies wurde beiden verweigert, da die Erfindung schon bekannt
geworden sei. Die Nachricht verbreitete sich im kommenden Jahr über ganz
Europa und Astronomen setzten das zunächst schwache und fehlerbehaftete
Instrument mit engem Sichtfeld für Forschungszwecke ein. Bereits Lippershey
hatte von Sternen, die bislang verborgen geblieben waren, berichtet.

Anfang August 1609 begann Thomas Harriot in Oxford eine Reihe von Mond-
zeichnungen, die allerdings erst posthum veröffentlicht wurden. Sonnenflecken
zeichnete er seit Dezember 1610 auf. Zu dieser Zeit nahm auch Johannes Fabricius in Ostfriesland dunkle Flecken auf der Sonne wahr und ermittelte ab
März 1611 mit seinem Vater David Fabricius die Rotationsdauer der Sonne. Im
gleichen Monat begannen Christoph Scheiner und sein Schüler Johann Baptist
Cysat in Ingolstadt ihre Sonnenbeobachtungen und bemerkten, dass die Flecken
nahe dem Äquator schneller rotieren als in höheren Breiten. Im Januar 1610
entdeckte Simon Marius die Jupitermonde, im Dezember 1612 sah er als erster
Europäer den Andromedanebel.[5]

1610 dürften am Collegio Romano auch Odo Malcote und Giovanni Paolo
Lembo (1570?–1618) teleskopische Beobachtungen geglückt sein. Diese waren
auch an dem Gutachten beteiligt, das auf Nachfrage von Kardinal Roberto
Bellarmin über die Wesenheit „der neuen astronomischen Entdeckungen eines
vortrefflichen Mathematikers" am 24. April 1611 Galilei – ohne seinen Namen
zu nennen – die Wahrheit seiner astronomischen Entdeckungen attestierte.[6]

---

5 Die erste Beschreibung findet sich in einer Pergamenthandschrift des persischen Astronomen 'Abd al-Raḥmân as-Sûfî über die Fixsterne von etwa 964.
6 Die Kommission bestand weiterhin aus den jesuitischen Professoren Christoph Clavius und
Christoph Grienberger. Die Anfrage Bellarmins sowie das abgegebene Gutachten siehe:
Le Opere di Galileo Galilei, Nuova Ristampa della Edizione Nazionale, Vol. XI (Carteggio
1611–1613). Firenze: Barbéra 1966, S. 87f. (Dokument 515) und S. 92f. (Dokument 519).

Galilei war weder der Erste noch der Einzige, der das Fernrohr auf den Himmel richtete. Er war aber der Lauteste und insbesondere der Früheste, der darüber publizierte. Im März 1610 und damit nicht einmal zwei Wochen nach den letzten dort beschriebenen Beobachtungen erschien seine *Sternenbotschaft Sidereus Nuncius*. Wie kein anderer – Kepler ausgenommen – verstand er es, die Bedeutung der neuen Befunde als Argumente für die Copernicanische Lehre herauszustellen.

Schon die schiere Anzahl nie gesehener Sterne und die Auflösung der Milchstraße und der Nebel in Einzelsterne verdeutlichte, dass den Astronomen bislang viele Phänomene völlig unbekannt waren.

> Der Mond offenbarte im Fernrohr, dass seine Oberfläche *„nicht glatt, regelmäßig und von vollkommener Rundung ist, wie es eine große Schar von Philosophen vom Mond selbst und von den übrigen Himmelskörpern geglaubt hat, sondern daß sie im Gegenteil uneben, rauh und ganz mit Höhlungen und Schwellungen bedeckt ist, nicht anders als das Antlitz der Erde selbst, das durch Bergrücken und Talsenken allenthalben unterschiedlich gestaltet ist.“*[7]

Indem Galilei die Ähnlichkeit betont, lässt er den Mond wie einen Materiebrocken erscheinen und macht gleichzeitig die Erde zum Gestirn wie die Planeten.

Mit der Bekanntgabe der Jupitermonde wird der Mathematiklehrer Galilei eine europäische Berühmtheit, die in einem Atemzug mit den Entdeckern neuer Welten wie Columbus oder da Gama genannt wird. Galilei ist allein schon die Existenz des Jupitersystems ein Beleg, dass sich dieses um die Sonne dreht. Zumindest wird unbezweifelbar, dass es einige Gestirne gibt, die sich nicht direkt um die Erde drehen: Die Satelliten des Jupiters umkreisen zunächst den Jupiter. Freilich muss der unvoreingenommene Betrachter zugeben, dass sich Jupiter mit seinen Monden ebenso um die Erde wie die Sonne drehen könnte, wenn nicht weitere Argumente den Ausschlag geben.

Die Jupitermonde deuten jedoch eine andere Struktur des Planetensystems an. Im Copernicanischen System war es eine Anomalie geblieben, dass für alle Gestirne die Sonne zum neuen Zentrum geworden war, allein der Mond weiterhin um die Erde kreiste. Die Jupitermonde zeigten nun, dass dies nicht länger als Einwand gegen die heliozentrische Lehre vorgebracht werden konnte:

---

[7] Galilei, Galileo: *Sidereus Nuncius. Nachricht von neuen Sternen*, S. 87f. Zitiert wird nach der deutschen Übersetzung der von Hans Blumenberg herausgegebenen Ausgabe, Frankfurt a. M. 1980. Erstmals erschienen als: *Sidereus nuncius magna, longeque admirabilia spectacula pandens, suspiciendaque proponens unicuique, praesertim vero philosophis atque astronomis ...* Venedig: Thomas Baglionum 1610.

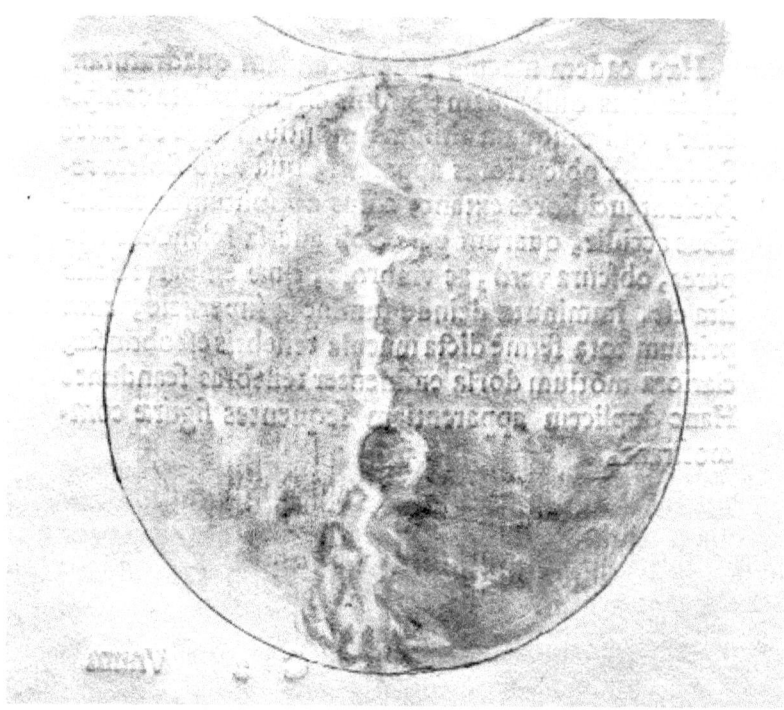

Abbildung 6.6:
Der Mond, Tuschezeichnung von Galileo Galilei, 1609

Planeten können eben Monde haben – die Erde hat einen, Jupiter sogar vier; vielleicht haben auch andere Planeten Monde.

Im Juli 1610 erkannte Galilei Merkwürdigkeiten in der Saturngestalt, die er als dreigestaltige Form interpretierte. Sicher hätte er gerne weitere Monde identifiziert, doch nachdem in den folgenden Jahren der Saturnring in Kantenstellung zur Erde geriet, hielt selbst Galilei eine Vorspiegelung aufgrund schlechter Linsen für möglich und mutmaßte in einer Anspielung auf die griechische Mythologie, ob Saturn seine Kinder verschlungen habe. Den Ring erkannte um den Jahreswechsel von 1655 auf 1656 Christiaan Huygens.[8]

---

8 Huygens, Christiaan: „De Saturni luna observatio nova." In: Borel, Pierre: *De vero telescopii inventore* ... The Hague: Adriaan Vlacq 1656, S. 62–63. *Systema saturnium*. The Hague: Adriaan Vlacq 1659.

Sonnenflecken will Galilei bereits im Juli oder August 1610 in Padua und
Florenz beobachtet haben. Von Februar bis April 1612 datieren Aufzeichnungen dunkler Flecken auf der Sonne, die Galilei im Gegensatz zu Scheiner nicht
für Planeten hielt, sondern für einen Teil der Oberfläche der Sonne. Dies widersprach der klassischen Anschauung des Aristoteles, nach der die Sonne eine
makellos reine, unveränderliche Kristallkugel war – eine Vorstellung, der sich
die Kirche als Metapher für die „unbefleckte" Jungfrau Maria bediente. Einem rechten Christen geziemte es schon von daher, diese Lehrmeinung nicht
leichtfertig und möglicherweise voreilig aufzugeben.

Systematisch am bedeutendsten war Galileis Entdeckung der Venusphasen
im Dezember 1610, die auch zeigte, dass die Planeten offenbar keine selbstleuch-
tenden Himmelskörper sind. Phasen der Venus hätten zwar auch ptolemäisch
orientierte Astronomen erwartet, aber nicht in dieser Weise. Die Abfolge von
Neu-Venus über die Sichelgestalt bis zu Voll-Venus ließ nur einen Schluss zu:
Die Venus – und wohl auch Merkur – drehen sich um die Sonne. Damit war
der Beweis erbracht, dass das ptolemäisch-aristotelische Weltsystem zumindest
hinsichtlich seiner Aussagen über die inneren Planeten definitiv falsch ist.

Während es der populären Literatur damit als ausgemacht gilt, dass das heliozentrische Weltsystem als wahr erwiesen wurde, muss man sich klar machen,
dass sich all die genannten Phänomene im Tychonischen Weltmodell ebenso
erklären lassen. Dort ruht die Erde in der Mitte und wird von Mond und
Sonne umkreist. Die Planeten ziehen dann ihre Bahnen um die Sonne. Lage
und Abstände der Planeten ergeben sich in beiden Modellen identisch. Um
diese Problematik deutlicher werden zu lassen, wird es hilfreich sein, sich zu
vergegenwärtigen, was wir als Beweise anerkennen müssten.

Schon Newtons Gravitationslehre schuf den theoretischen Rahmen, in dem
nur ein heliozentrisches System plausibel erscheinen konnte. Beweise im modernen Sinn sind die Entdeckung der Aberration durch James Bradley, der 1728
bemerkte, dass wegen der endlichen Lichtgeschwindigkeit durch ein bewegtes
Fernrohr beobachtete Sterne eine scheinbare Ortsveränderung erleiden. Für
die Rotation der Erde sprachen die experimentelle Bestätigung von Äquator-
wulst und Polabplattung 1735 in den Anden und 1736/37 in Lappland. 1838
veröffentlichte Friedrich Wilhelm Bessel schließlich die lang gesuchte Parallaxe,
durch die nahe Fixsterne je nach Jahreszeit unter verschiedenem Winkel erscheinen. Jean Bernard Léon Foucaults Bestätigung raumstarrer Pendelebenen
1851 bewies wiederum die Erdrotation.

Doch diese Beweise sind ebenso wenig wie Dopplerverschiebung, Drehimpuls-
erhaltung, Corioliskraft, Vorlauf und Äquatorlauf Angelegenheiten des 16. und
17. Jahrhunderts. Eine unvoreingenommene Bewertung zeigt, dass Galilei keinen Beweis für den Heliozentrismus vorbringen konnte und es ist aus der Sicht

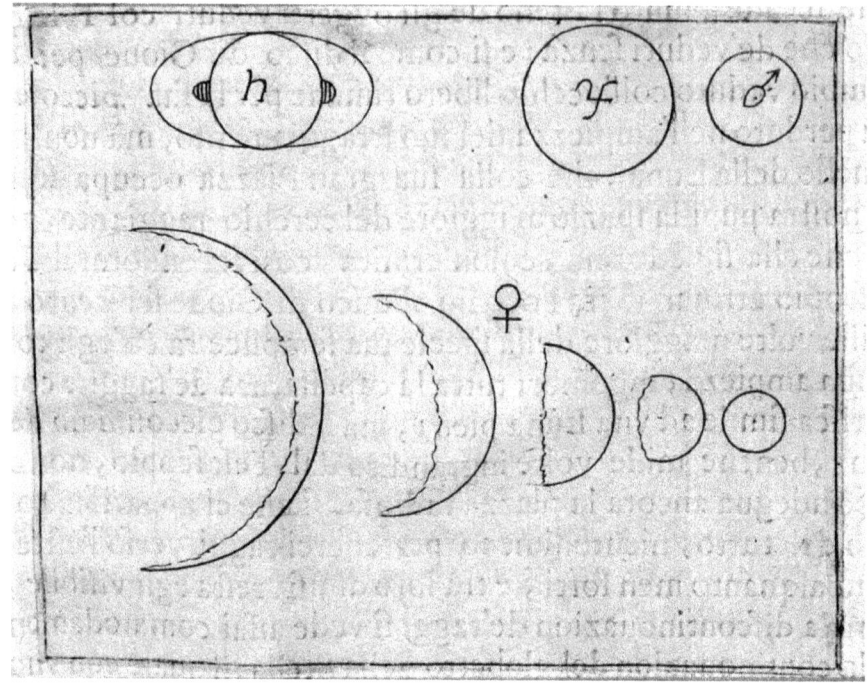

Abbildung 6.7:
Saturngestalt und Venusphasen
Galileo Galilei: *Saggiatore* Rom: Mascardi 1623.
(Istituto e Museo di Storia della Scienza, Florence)

der Zeit kein Wunder, dass die Kirche am überkommenen System haften blieb und mit dem Dekret von 1616 für die Copernicanische Lehre die hypothetische Rede forderte.[9]

6.5 Johannes Kepler: Der bescheidene Revolutionär

Die neuzeitliche Naturwissenschaft stützt sich auf zwei wichtige Vorläufer.[10] Bevor Isaac Newton mit seiner Mechanik und Gravitationstheorie eine univer-

---

9 Siehe: Leich, Pierre: Der Inquisitionsprozess gegen Galileo Galilei. Die schwierige Beziehung von Ratio und Religio. In: *skeptiker* **3** (2009), S. 116–121.

10 Systematisch besonders wichtig sind weiterhin der bei Benedetti bereits angedeutete Trägheitssatz von Descartes, das Kreisgesetz von Huygens und das quadratische Abstandgesetz, das neben Newton auch Wren, Hooke und Halley verwendeten.

sale Erklärung der Bewegungen geben konnte, bedurfte es separater Beschreibungen der Bewegungen der Körper auf der Erde und der Bewegungen der Körper am Himmel. Galilei steht hier nicht für die Himmelsbewegungen, sondern für diejenigen an der Erdoberfläche. Weiterhin sprach er aus, dass das „Buch der Natur" in mathematischer Sprache geschrieben ist und führte das Experiment als Prüfstein für die Theorie ein. Wir verdanken ihm das Prinzip der Superposition, das erste Naturgesetz moderner Form – das Fallgesetz – und er beschrieb den schiefen Wurf und das Pendel.

Den Lauf der Planeten konnte aber erst Johannes Kepler korrekt darstellen. Schon in seinem Frühwerk *Mysterium Cosmographicum* von 1596 zeigte sich Kepler als überzeugter Copernicaner. Als er nach Brahes Tod in den Besitz von dessen Beobachtungsdaten kam, eröffnete sich ihm der mühevolle Weg zu den drei nach ihm benannten Planetengesetzen.

Seit Platon den Astronomen die Aufgabe gestellt haben soll, die gleichmäßigen und geordneten Bewegungsformen zu finden, mit denen man die Bahn der Planeten erklären könnte, galten den Astronomen zwei Fundamentalprinzipien als unumstößlich: die Gleichförmigkeit und die Kreisförmigkeit.

Auch Copernicus und Galilei wollten an diesen Dogmen nicht rütteln. Es war Kepler vorbehalten, nach zwei Jahrtausenden ein neues Paradigma zu schaffen.

Dass der Abstand vom Planeten zum Zentralkörper nicht konstant ist, ergibt sich schon aus der Epizykeltheorie. In einer kühnen Verallgemeinerung des Archimedischen Hebelgesetzes deutete Kepler den Abstand Planet-Sonne als Hebelarm. Wenn sich ein Planet von der Sonne entfernt, verlängert sich der Hebelarm, wird daher schwerer und nach dem peripatetischen Bewegungsgesetz langsamer.

Für Perihel und Aphel der Marsbahn stellte Kepler fest, dass die Bahngeschwindigkeit umgekehrt proportional zur Entfernung zur Sonne ist. Er verallgemeinerte, dass Radius und Geschwindigkeit stets umgekehrt proportional sind. Später erkannte er, dass dies nur für die azimutale Geschwindigkeitskomponente gilt. Seine mathematische Trial-and-Error-Methode führte ihn schließlich zum Flächensatz: Die Planetenradien (auch Fahrstrahlen genannt) überstreichen in gleichen Zeiten gleiche Flächen. Der Planet rast also am sonnennähesten Punkt vorbei, wird dann immer langsamer bis er sich am sonnenfernsten Punkt vorbeiquält und dann wieder immer schneller wird.

Mit dem Flächensatz überprüfte Kepler nun die Erdbahn und berechnete die Marsbahn neu. Dabei stellte er fest, dass sie kein Kreis sein kann. Auf teilweise haarsträubenden (Um-)Wegen gelangte er schließlich zur Einsicht der ellipsenförmigen Planetenbahnen, die als 1. Kepler'sches Gesetz bezeichnet wird und sich ebenfalls in der *Astronomia Nova* von 1609 findet.

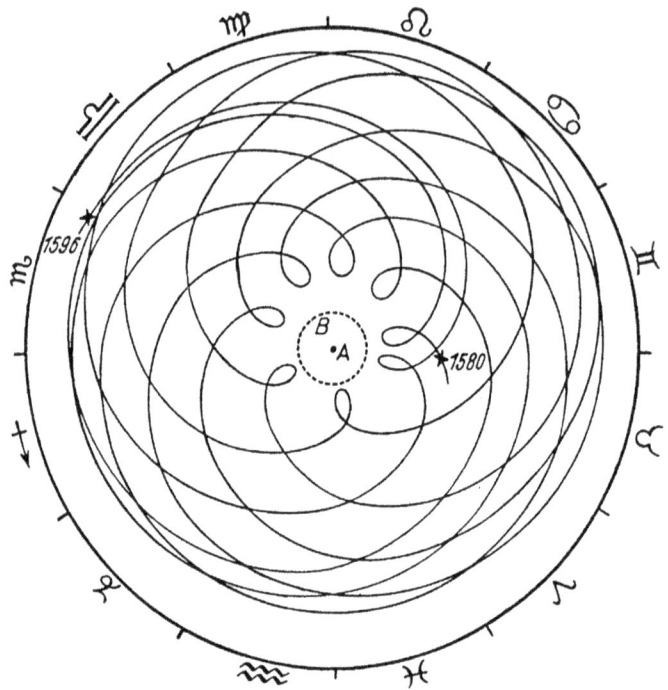

Abbildung 6.8:
Marsbewegung im geozentrischen System nach Johannes Kepler
Bewegt sich Mars auf einer solchen Bahn?
Kepler, Johannes: *Astronomia Nova.*
Heidelberg: Gotthard Vögelin 1609, 1. Kapitel, Fig. 2.

Während bisher nur die Bewegung jeweils eines Planeten im Blick war, bildet sein drittes Gesetz einen Zusammenhang verschiedener Bahnen bezüglich eines Gravitationszentrums. Es charakterisiert damit die stabilen Bahnen und lautet in moderner Formulierung: Die Quadrate der Umlaufzeiten verhalten sich wie die Kuben der mittleren Abstände. Ein Planet in doppelter Entfernung benötigt für seinen Umlauf auf dem (doppelten) Umfang also mehr als die doppelte Zeit, da er sich dort draußen langsamer bewegen muss, um nicht tangential zu entweichen.

Das 3. Kepler'sche Gesetz ist nicht streng gültig, da von den Massen abgesehen wird, gilt aber in Systemen, in denen die Hauptmasse im Zentralkörper vereinigt ist, in guter Näherung.

Mit den drei Kepler'schen Gesetzen wäre ihm sein Platz in den Annalen der Naturwissenschaft bereits sicher, doch Kepler entwickelt als erster Naturforscher überhaupt ein Gefühl dafür, dass es nicht nur um eine mathematische Beschreibung der Planetenbahnen geht, sondern diese einen physikalischen Grund haben müssen. Er stellt sich vor, dass es ein magnetischer Kreisstrom um die Sonne ist, der die Planeten je nach Abstand und Fähigkeit, Kraftwirkung zu empfangen, mitreißt. Dadurch löst er sich von der Selbstbewegungstheorie der Planeten und führt eine physikalisch wirkende Bewegungsursache ein. Die Lösung dieses Zusammenhangs findet sich dann jedoch erst im Gründungsdokument der neuzeitlichen Naturwissenschaft, Newtons *Philosophiae Naturalis Principia Mathematica* von 1687.

Kepler war noch auf weiteren Feldern aktiv. Schon 1604 behandelte er in seiner *Astronomiae pars optica* die Strahlenbrechung, deren Gesetzmäßigkeit später von Snellius und Descartes gefunden wurde. Dabei verknüpfte er geometrische und physikalische Optik, d. h. Lichttheorie einschließlich physiologischer Optik, und beschreibt erstmals die Entstehung des Bildes auf der Netzhaut des Auges richtig. Kepler zeigt die geradlinige Ausbreitung des Lichtes und leitet für die Lochkamera Gesetze ab, die Beziehungen zwischen Schärfe und Größe der Bilder zur Größe des Fensters und zu den Abständen des Bildes und Gegenstandes vom Fenster herstellten. Damit lieferte Kepler auch für die Beobachtungsdaten von Tycho Brahe eine theoretische Fundierung.

Mit dem Teleskop war nun eine neue Situation in der Naturbetrachtung eingetreten. Für den modernen Menschen ist es selbstverständlich, zu Beginn des 17. Jahrhunderts war es aber eine gewöhnungsbedürftige Vorstellung, dass eine Sinnesbeobachtung besser wird, wenn zwischen das Sinnesorgan – hier das Auge – und das zu beobachtende Objekt etwas dazwischentritt. Solange die gesetzesmäßige Funktionsweise des Teleskops nicht gezeigt ist, das Instrument also eine Blackbox ist, müssen die Beobachtungen damit sogar unter Vorbehalt gestellt werden.

Diese theoretische Lücke konnte Kepler 1611 mit der *Dioptrice* schließen, in der er seine Theorie der Linsen weiterentwickelte und das Konstruktionsprinzip des astronomischen Fernrohrs gab. Für unsere Sache des Heliozentrismus schuf Kepler damit die Grundlage, die neuen Beobachtungsbefunde mit dem Teleskop als Argumente anzuerkennen.

Weiterhin leistete Kepler einen entscheidenden Schritt auf dem Weg zur neuzeitlichen Erklärung der Planetenbewegungen. Insbesondere das dritte Gesetz, das er 1619 im 5. Buch der *Weltharmonik* in Kapitel 3 unter 13 Hauptsätzen

Abbildung 6.9:
Den Zeitgenossen erschienen die Argumente für das Copernicanische System
als zu leicht; schwerer wiegt das semi-tychonische System.
Riccioli, Giovanni Battista: *Almagestum novum.* Bononiae [Bologna]: Benatius 1651.
(Staats- und Stadtbibliothek Augsburg)

an 8. Stelle veröffentlichte, ließ sich auch auf die Bahnen der Jupitermonde anwenden. Damit wäre das bislang stärkste Argument gewonnen, denn diese auf Planeten- wie Mondebene kontrollierbare Beziehung ist zu allgemeingültig, als dass man sie nicht ernst nehmen dürfte. Dieser Zusammenhang gilt aber nur, und Kepler weist in diesem Kapitel selbst darauf hin, wenn die Sonne Bezugspunkt dieser „himmlischen Harmonien" ist. Damit ist das heliozentrische System bereits vor einer physikalischen Erklärung kinematisch ausgezeichnet.

Leider nahm Galilei von Keplers Arbeit nur unzureichend Notiz und betrachtete stattdessen die Meeresbewegung durch die Gezeiten als wichtigstes Argument. Wäre dies richtig, dürfte sich der Rhythmus von Ebbe und Flut aber nur am Tag orientieren und wäre nicht mit dem Monat überlagert wie Kepler richtig feststellte.

6.6 Simon Marius: Im Brennpunkt des Umbruchs

6.6.1 Beobachtungen

Der Gunzenhausener Mathematiker, Arzt und Astronom Simon Mayr, der sich Marius nannte, war bereits in der präteleskopischen Ära ein versierter Beobachter. Er hatte über den Kometen von 1596 publiziert[11] und die Position der Supernova im Sternbild des Schlangenträgers von 1604 präzise bestimmt.[12]

Die Jupitermonde entdeckte er nach eigener Aussage am 29. Dezember 1609, Julianischen Datums, also einen Tag nach Galilei, der seine Angaben bereits im gregorianischen Stil vornahm. Venusbeobachtungen erwähnte er in einem Brief an Nikolaus von Vicke vom Sommer 1611. Sonnenflecken beobachtete Marius seit August 1611[13]. Den dritten und großen der drei Kometen von 1618 verfolgte er von Ende November bis Dezember.[14]

---

11 Marius, Simon: *Kurtze und eigentliche Beschreibung des Cometen oder Wundersterns / So sich in disem jetzt lauffenden Jar Christi unsers Heilands / 1596. in dem Monat Julio / bey den Füssen des grossen Beerens / im Mitnächtischen Himmel hat sehen lassen.* Nürnberg: Kauffmann 1596.

12 Marius, Simon: *Prognosticon Astrologicum auf 1606.* Nürnberg: Johann Lauer. Die wesentlichen Auszüge gibt: Zinner, Ernst: *Zur Ehrenrettung des Simon Marius*, S. 48–51. Die vollständige Literaturübersicht zu Marius findet sich am Ende des vorliegenden Bandes, S. 368 ff.

13 Im *Prognosticon Astrologicum auf 1613* berichtet Marius, dass ihm Ahasvero Schmidner diese gezeigt habe und im Oktober habe er ohne weitere Präzisierung „*einen andern Weg erdacht / daß ich die Sonnen durch das benante Instrument ohn alle verletzung deß Gesichts bei hellem Himmel sehen [...] kan.*" (A4v)

14 *Astronomische vnd Astrologische beschreibung deß Cometen so im November und December vorigen 1618. Jahrs ist gesehen worden / Genommen vnd Gestelt auß eygenen*

Im Druck spricht Marius erstmals im *Prognosticon auf 1612* (Widmung
1.3.1611) über seine teleskopischen Beobachtungen (vgl. Abb. 6.1, S. 162). Er
teilt mit, dass er mit dem Fernrohr die Milchstraße und die Nebel als eine An-
sammlung unzähliger Sterne erkannt hat. Beobachtungen am Mond und den
Jupitermonden deutet er nur an. Auch die Venusphasen habe er gesehen. Er
beklagt, dass viele Kalendermacher noch mit den alten Werten rechnen, wo-
mit er auf die Korrekturen durch Tycho Brahe anspielt. In der Widmung vom
30.6.1612 im *Prognosticon auf 1613* schließt Marius aus der Helligkeitsänderung
von Merkur auf seine Bewegung um die Sonne,[15] er erwähnt die Sonnenflecken
und teilt Distanzen und Umlaufszeiten der Jupitermonde mit. Im *Prognosticon
auf 1614* (Widmung 16.5.1613) präzisiert er seine Beobachtungen, die er dann
im Februar 1614 in seinem Hauptwerk *Mundus Iovialis* vorstellt.

Durch diese Beobachtungen stand Marius im Zentrum der Umbruchsbewe-
gung und es wird interessant sein, zu untersuchen, wie er sich angesichts der
neuen Tatsachen positionierte.

6.6.2 Plagiatskontroversen

Ins Zentrum einer weiteren Auseinandersetzung rückte Marius durch den Prioritätsstreit um die Entdeckung der Jupitermonde. Da die frühesten Belege
für seine Beobachtungen der Monde alle nach Erscheinen von Galileis *Sidereus Nuncius* datieren,[16] wird die Angelegenheit wohl nicht mehr zweifelsfrei
zu klären sein.

Zu den Fakten gehört, dass sich Marius bereits 1607 sehr unvorteilhaft verhalten hatte, als sein Schüler Baldessare Capra eine Schrift unter dem Titel
Usus et Fabrica Circini cuiusdam Proportionis veröffentlichte, die sich als eine lateinische Übersetzung einer Gebrauchsanweisung für den Militärkompass
von Galilei aus dem Jahre 1606 erwies.[17] Auch wenn der Proportionszirkel von
Galilei nicht erfunden, sondern nur weiterentwickelt wurde, blieb Capra den

---

Observationibus dabey auch andere sachen kurtz eingemischet werden. Nürnberg: Lauer
1619.

15 *„Das erste ist nun / dass ich auch vermerket / daß Mercurius gleicher weise von der
Sonnen erleuchtet werde / wie die Venus vnnd der Monn“,* A3r. Johannes Bosscha nennt
ihn daher bereits den Entdecker der Merkurphasen. Bosscha 1907, S. 518f. Deutlich
erkannte 1639 Giovanni Zupus in Neapel Merkurphasen.

16 Weitere Ergebnisse seiner Jupitermondbeobachtung gibt Galilei in: *Discorso Intorno alle
cose, che Stanno in sù l'acqua, ò che in quella si muovono.* Firenze: Cosimo Giunti 1612
sowie *Istoria e dimostrazioni intorno alle macchie solari e loro accidenti.* Roma: Giacomo
Mascardi 1613.

17 GALILEI, GALILEO: „Le operazioni del compasso geometrico, et militare." In: *Le Opere
di Galileo Galilei.* Nuova Ristampa della Edizione Nazionale, Vol. II, hg. von Antonio
Segni. Firenze: Barbéra 1965, S. 363–424. Es schließen sich an der Text Capras (S. 425–

Hinweis auf Galileis Autorenschaft schuldig und behauptete, der alleinige Erfinder des Zirkels zu sein. Marius hatte Capra offensichtlich nicht von diesem Schritt abgehalten. Zwar befand er sich bei der Abfassung von dessen Schrift nicht mehr in Padua, wo er noch zwischen Dezember 1601 und Juni 1605 zeitgleich mit Galilei war, doch er stand mit Capra in Kontakt und dass dieser seinem Lehrer dieses Vorhaben verschwiegen haben könnte, ist eher unglaubwürdig. Galilei hat ihn später im *Saggiatore* schwer beschuldigt.

Was nun die Jupitermonde anbelangt, so hat Marius zwar Galileis Verdienste anerkannt, aber zweifellos beansprucht, diese als Erster beobachtet zu haben. Im umfangreichen Vorwort zum *Mundus Iovialis* schreibt er, dass er „*sie durch eigene Forschung fast genau zur gleichen Zeit – vielmehr etwas früher, als Galilei sie zum ersten Mal in Italien gesehen hat – in Deutschland gefunden und beobachtet habe.*"[18] Weiterhin berichtet Marius, dass sein Förderer Johannes Philipp Fuchs von Bimbach im Sommer 1609 ein belgisches Fernrohr erhielt.

> „*Manchmal durfte ich es mit nach Hause nehmen, besonders um das Ende des November; dort betrachtete ich gewöhnlich in meiner Sternwarte die Sterne. Damals sah ich den Jupiter zum ersten Mal, der sich in Opposition zur Sonne befand; und ich entdeckte winzige Sternchen bald hinter, bald vor dem Jupiter, in gerader Linie mit dem Jupiter.*"[19]

Im Zusammenhang der Benennung der Monde als 'Brandenburger Gestirne' gegenüber Galileis 'Mediceischer Gestirne' fragt er „wer wird mir dies verargen, da ich ja viel gerechtere Gründe habe?"[20]

Im *Prognosticon auf 1612* datiert Marius die Beobachtungen der Jupitermonde „*von de End des Decemb. des 1609. Jars an / biß inn das mittel des Aprilln dises 1610. Jars*"[21]. Im *Mundus Iovialis* nennt er den 29. Dezember 1609[22] (= 8. Januar 1610, greg.). Die unterschiedliche Datierung seiner Satellitenbeobachtungen wurde ihm in der Literatur natürlich zum Vorwurf gemacht.

Dass Marius im *Prognosticon auf 1612* direkt im Anschluss an seine Zeitangabe anfügt, „*desswegen ich auch hernach Herrn Davidi Fabricio, in Ostfriessland*

---

511) sowie „Difesa di Galileo Galilei ... Contro alle Calumnie & imposture di Baldessar Capra." Venestra: Tomaso Baglioni 1607, S. 513–601.

18 Marius, Simon: *Mundus Iovialis*, S. 43. Glücklicherweise liegt mit der zweisprachigen Ausgabe von Joachim Schlör eine vollständige Übersetzung der Erstausgabe vor, nach der hier zitiert wird. Der damit verfügbare Text erübrigt eine Reihe von Diskussionen älterer Autoren.

19 Ebd., S. 39.

20 Ebd., S. 73.

21 C3r. Vgl. Bv: "von dem end deß Decembers deß 1609. biß im deß 1610."

22 Marius: *Mundus Iovialis*, S. 87.

und Herrn M. Odontio zu Altorff zugeschrieben hab", macht die Beweislage zusätzlich schwieriger, denn noch im Juni 1614 findet es Fabricius

> *„denkwürdig, daß der Galilaeus Galilaei, ein Italiener, mit hülff
> dises Tubi optici 4 kleine Planetlein umb und neben den Jovem ent-
> decket, davor kein Astronomus jemals gewußt oder meldung getan
> hat. Was auch der Herr Simon Marius von diser neuen Planetlein
> Lauff juxta longitudinem et latitudinem bißher observiert, solches
> wird er verhoffentlich der posteritet mit den ehesten comuniciren
> und ihme damit einen rühmlichen Namen machen."*[23]

Von einem Anspruch auf Erstentdeckung oder unabhängige Entdeckung vor
Erscheinen des *Sidereus Nuncius* ist Fabricius offenbar nichts bekannt.

Der Inhalt des Briefes an Caspar Odontius ist wiederum über Kepler erhalten, da dieser von Odontius eine Mitteilung vom 24. November / 4. Dezember
1611 erhalten hat, in der das ursprüngliche Schreiben von Marius referiert wird.
Er berichtet dort von dessen Beobachtung der Mondfinsternis vom 29. Dezember 1610 und fügt an: *„in derselben Stunde, berichtet Marius, habe er alle
vier Jupitersbegleiter, zwei östliche und zwei westliche sehr schön und sehr
genau gesehen."*[24] Auch hier begegnen wir keinerlei Andeutung, dass Marius
bereits ein Jahr vorher Jupitermonde beobachtet haben will. Der nahe gelegte
Anspruch, Marius habe für seine Beobachtungen vor Erscheinen von Galileis
Schrift Zeugen, kann nicht eingelöst werden.

Die damals unterschiedlichen Datumsvarianten nach julianischem oder grego-
rianischem Kalender konnten dagegen kaum Irritationen hervorgerufen haben.
Dass der Protestant Marius keine „katholischen" Angaben macht, dürfte jedem
klar gewesen sein. Im *Mundus Iovialis* findet sich sogar eine Doppelnennung[25]
und seine Schreibkalender (siehe z. B. Abb. 7.9, S. 214) enthalten wie damals
üblich Spalten für den alten und den neuen Kalender. Der Umstand zweier
Datumsangaben war seit der Einführung des neuen durch Papst Gregor XIII.
im Jahr 1582 eingeführten Kalenders jedem bewusst, der ihn benötigte. Dies
scheint in den folgenden Jahrhunderten manchen Anhängern wie auch Kriti-
kern entfallen zu sein. Marius deswegen zu beschuldigen, ist abwegig. Mit dem
Datum der ersten Aufzeichnung nennt er wissentlich einen Tag nach Galilei.

Wollte man eine Lösung der Plagiatsfrage herbeiführen, wäre zunächst zu klären, ab wann wir von der Entdeckung von Jupitermonden überhaupt sprechen
wollen. Das bloße Sehen kann es wohl kaum sein, sonst hätte Galilei bereits

---

23 Fabricius, David: *Prognostikon auf 1615*; zitiert nach: Wohlwill, S. 363.
24 Kepler, Johannes: *Gesammelte Werke*, Bd. XVI, hg. von Max Caspar, S. 394 f. Zitiert
    wird die Übersetzung von: Wohlwill, S. 364.
25 Marius: *Mundus Iovialis*, S. 119.

im Dezember 1612 Neptun entdeckt.[26] Jeder, der die Jupitermonde erstmals sieht, muss sie für Fixsterne gehalten haben, die ohne Teleskop noch nicht zu beobachten waren. Nur wenn die Konstellation der Monde kontinuierlich beobachtet wird oder die Bewegung von Jupiter merklich von der „Bewegung" des Fixsternhimmels abweicht, kann sich offenbaren, dass diese Pünktchen zu keinem normalen Stern gehören. Erst längeres Observieren belegt, dass die Bewegung an den Jupiter gekoppelt ist und um ihn erfolgt. In diesem Augenblick wird das Gestirn als Jupitermond erkannt. Die beste Gelegenheit dafür bietet sich, wenn Jupiter rückläufig wird und eine Schleife am Firmament zu ziehen scheint. Dies war zwischen den stationären Punkten am 9. Oktober 1609 und am 4. Februar 1610 (greg.) der Fall. Durch die größte Erdnähe Anfang Dezember 1609, die große Höhe über dem Horizont und die lange Sichtbarkeit im Winter war die Beobachtungsmöglichkeit von Jupiter besonders günstig.

Jupitermonde sah Marius nach eigener Aussage „während der ersten von mir durchgeführten Beobachtungen, nämlich im Herbst des Jahres 1609, besonders aber gegen Ende desselben und zu Beginn des folgenden Jahres".[27] Während der Rückläufigkeit begann Marius zu zweifeln, ob dies Fixsterne sein könnten. Es ist dies nicht die einzige Stelle, an der man dem Ansbacher Hofastronomen ein anderes Motto wünschen würde als *„gemach gehet man auch weit / vnd eylen thut selten gut".*[28]

Galilei gibt an, erstmals in der Nacht vom 7. auf den 8. Januar 1610 drei Monde gesehen zu haben, die er zunächst *„zu den Fixsternen zählte".* Sie setzten ihn *„dennoch in einiges Erstaunen, weil sie auf einer vollkommen geraden Linie parallel zur Ekliptik zu liegen und heller als die übrigen Sterne gleicher Größe zu glänzen schienen."*[29] Am kommenden Abend fand er *„eine völlig andere Konstellation vor. Alle drei Sternchen standen nämlich westlich vom Jupiter."*[30] Marius notiert für diesen Abend *„drei Gestirne, die sich westlich des Jupiter gleichsam auf einer geraden Linie mit ihm befanden."*[31] Am 10. Januar sei es Galilei klar gewesen, *„dass die sich zeigende Veränderung nicht im Jupiter, sondern in den beobachteten Sternen begründet sei"* und am Abend darauf wurde es ihm zur Gewissheit, dass sie *„um den Jupiter kreisen".*[32] Alle

---

26 Vgl. Drake, Stillman und Charles T. Kowal: Galileis Beobachtungen des Neptun. In: *Spektrum der Wissenschaft* (Februar 1981), S. 76–89.

27 Marius: *Mundus Iovialis*, S. 87.

28 Marius: *Prognosticon auf 1612*, Cr.

29 Galilei: *Sidereus Nuncius*, S. 111.

30 Ebd.

31 Marius: *Mundus Iovialis*, S. 87.

32 Galilei: *Sidereus Nuncius*, S. 112 und 113.

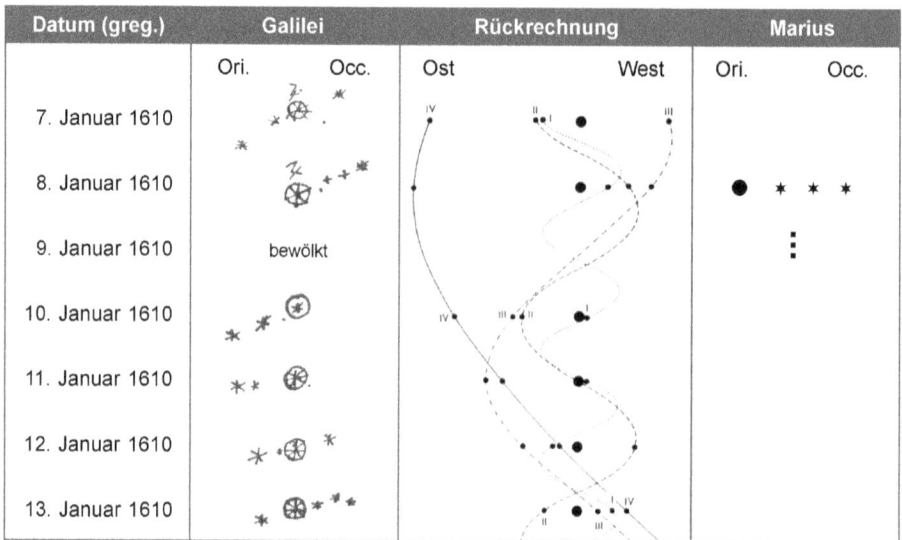

Datum (greg.)	Galilei		Rückrechnung		Marius	
	Ori.	Occ.	Ost	West	Ori.	Occ.
7. Januar 1610						
8. Januar 1610						
9. Januar 1610	bewölkt					
10. Januar 1610						
11. Januar 1610						
12. Januar 1610						
13. Januar 1610						

Abbildung 6.10:
Vergleich der Jupitermond-Beobachtungen von Galilei und Marius (1610)
Galilei-Spalte: *Le Opere di Galileo Galilei*, Nuova Ristampa della Edizione
Nazionale, Vol. III, Parte Seconda, hg. von Antonio Segni, Osservazioni
(7 Gennaio 1610 – 29 Maggio 1613). Firenze: Barbéra 1964, S. 427.
Rückrechnung der Elongationen der Jupitermonde nach Jean Meeus und ihr
von Rolf Müller rekonstruierter Bahnverlauf aus „Die Entdeckung der Jupitermonde.
Galileo Galilei zum 400. Geburtstag am 15. Februar 1964."
Sterne und Weltraum **3** (1964), Heft 2, S. 41. Marius-Spalte: rekonstruiert.

vier Jupitermonde sieht Galilei erstmals am 13. Januar,[33] Marius *„kaum vor
März".*[34]

Obwohl in Sachen der Jupitermondentdeckung Kepler, Scheiner, Fabricius,
Riccioli, Gassendi, Johann Dom. Cassini und Huygens Stellung für Galilei beziehen, gilt ungeachtet der Prioritätsfragen die Forschung von Marius inzwischen als eigenständig und unabhängig,[35] auch wenn Marius Galileis Ergeb-

---

33 Ebd., S. 113. Jean Meeus kann zeigen, dass Galilei de facto bereits am 8. Januar jeden
    Mond einmal gesehen hatte: Galileo's First Records of Jupiter's Satellites. In: *Sky and
    Telescope* **24** (1962), S. 137–139.

34 Julianisch; Marius: *Mundus Iovialis*, S. 89. Vgl. S. 41: *„Gegen Ende Februar und Anfang
    März hatte ich mir schließlich über die genaue Zahl dieser Gestirne völlige Gewißheit
    verschafft."*

35 Vgl. Jean A. C. Oudemans und Johannes Bosscha: Galilee et Marius, 1903, S. 115–189.

nisse für seine Forschung herangezogen hat, wie er selbst zugibt.[36] Teilweise gelten seine Resultate als präziser als diejenigen von Galilei. Die dafür nötige mathematische Expertise hatte Marius 1610 durch die Übersetzung und Herausgabe der *Ersten Sechs Bücher Elementorum EVCLIDIS* belegt (Titelblatt siehe Abb. 13.3, S. 373).

Es ist trivial, sollte aber im Zusammenhang der Plagiatsvorwürfe nicht unerwähnt bleiben, dass die Ähnlichkeit in vielen Berichten keine Abhängigkeit des Marius von Galilei belegt, sondern in dem gleichen Himmelsanblick begründet ist.

6.6.3 Forschungsergebnisse

Marius bemerkte im Gegensatz zu Galilei, dass die Bahnebene der Jupitermonde gegen die Äquatorialebene des Jupiters wie auch die Ekliptik leicht geneigt ist, wodurch sich die Abweichungen in der Breite erklären lassen. Er stellte auch fest, dass sich die Helligkeit der Monde ändert. Für 1608 bis 1630 berechnete Marius Tabellen. Schon seine frühesten Beobachtungen belegen eine größere Präzision und sind den modernen Werten näher als diejenigen Galileis, was für die Ehrlichkeit von Marius spricht.[37]

Die Sonnenflecken hielt Marius für Schlacke, die beim Sonnenbrand entstünden und von Zeit zu Zeit von der Sonnenoberfläche in Form von Kometen abfallen. Er fand im November 1611, dass die Bewegung der Sonnenflecken und damit deren Achse zur Ekliptik geneigt ist, und vermutete 1619 erstmals deren Periodizität.

Von den Forschungsergebnissen von Marius möchte ich drei herausstellen, um seine Haltung in der Weltbildfrage zu verdeutlichen.

Gegen Galilei – teilweise auch gegen die Tradition – wendet sich Marius bei der Frage des Funkelns der Sterne. Was bislang schon Vermutung war, wird mit dem Teleskop zur Gewissheit: Die Planeten sind reflektierende Körper, während die Sterne bei jeder Vergrößerung gleichermaßen funkeln und selbst für moderne Großobservatorien nur ausnahmsweise als Scheibchen aufzulösen sind. Dagegen ist Marius überzeugt, dass das Funkeln nicht nur die Fixsterne betrifft, sondern alle Gestirne außer dem Mond.[38] Warum er auf diesen Gesichtspunkt so insistiert, zu dem er wohl durch schlechte Linsen verleitet wurde, wird erst im folgenden Abschnitt verständlich, wo er es für sicher erwiesen hält,

---

36 Marius: *Mundus Iovialis*, S. 97.
37 Vgl. Bosscha, Johannes: *Simon Marius*. 1907.
38 Marius: *Mundus Iovialis*, S. 45f.

„*dass auch die Fixsterne eine runde Gestalt haben*".[39] Es ist das bereits referierte Argument gegen die Copernicaner, wonach die flächige Wahrnehmung der Fixsterne zeige, dass diese im heliozentrischen Weltmodell entweder unermesslich groß oder unermesslich entfernt sind, was beides bislang als absurd galt.

Konsequenterweise ist Marius bestrebt, die Himmelskörper klein und nah zu halten und ihre (geozentrisch) hohe Geschwindigkeit plausibel erscheinen zu lassen. Bezogen auf den Erddurchmesser sei Saturn 3-mal so groß, in den Erddurchmesser passe Jupiter 5, Mars 145, Venus 91 und Merkur 506 mal. Für Regulus („Cor Leonis") nimmt er an, dieser habe kaum einen viertel Jupiterdurchmesser, sei also „*ungefehr viermal kleiner als der Erdboden.*"[40]

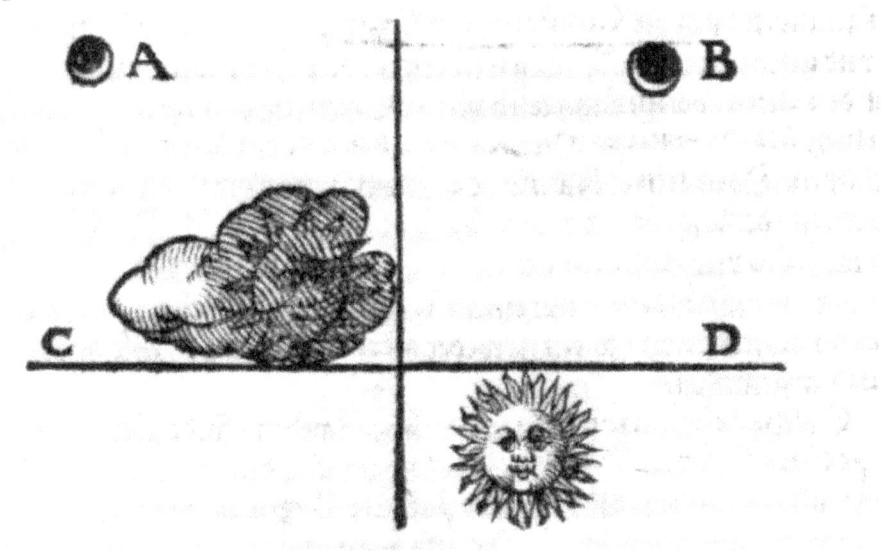

Abbildung 6.11:
Im *Prognosticon auf 1612* (A3r) erklärt Marius die Venusphasen:
links 5. Februar 1611 abends, rechts 25., 26. und 27. Februar 1611 morgens,
CD Horizont, C Oecidentalem, D Orientalem
Staatsarchiv Nürnberg

---

39 Ebd., S. 49.
40 Marius: *Prognosticon auf 1613*. Hier ist Marius mit seinen Werten offenbar durcheinander gekommen, was Klug ihm natürlich um die Ohren haut; Klug, S. 477. Einen Auszug des *Prognosticon* gibt dieser auf S. 521–524 wieder.

Seit Winter 1610 auf 1611 beobachtete Marius die Phasen der Venus. Er berichtet dies in einem verlorenen Brief an Nikolaus von Vicke, über den dieser am 6. Juli 1611 (jul.) Kepler wortwörtlich in Kenntnis setzt:

> *„Drittens werde ich beweisen, daß Venus nicht anders* [als der Mond] *von der Sonne beleuchtet wird und daß sie gehörnt und halb wird, wie sie vom Ende des vorigen Jahres an bis in den April des jetzigen von mir mit Hilfe des belgischen Perspicilis vielmals und aufs sorgfältigste beobachtet und gesehen worden ist."*[41]

Auch in der Widmung vom 1.3.1611 des *Prognosticons auf 1612* gibt sich Marius überzeugt

> *„Daß also gar kein zweiffel mehr ist / denn das Venus von der Sonnen erleuchtet wird / wie der Mond / Welcher Meinung wol etliche auß den Alten gewesen / aber nie von keinem mit Augen gesehen worden."*[42]

Demgegenüber unterbleibt im *Mundus Iovialis* jede Erwähnung von Venusphasen. Vielleicht wollte Marius keine weitere Angriffsfläche bieten, da zwischenzeitlich Keplers *Dioptrik* erschienen war. Dort stellt Kepler dem Haupttext eine umfangreiche Vorrede voran, in der erstmals der Ausdruck 'Mundus Jovialis' auftritt und mit begeisterten Erläuterungen drei Briefe Galileis u. a. über dessen Entdeckung der Phasen der Venus veröffentlicht werden. Ähnlich wie in seinem 1609 verfassten *Traum vom Mond*[43] stellt Kepler in copernicanischer Polemik dar, wie die Bewohner des fremden Gestirns dieses für unbeweglich halten. Anschließen lässt Kepler nun Vickes Mitteilung über das oben genannte Schreiben von Marius an Vicke und bemerkt in der Überleitung:

> *„Weil aber es in der Wissenschaft niemals an dem Wetteifer oder der Verkleinerungssucht der Nationen fehlt und viele in Deutschland hier die Zeugnisse von Deutschen verlangen werden, teile ich für diese über dieselben Gegenstände den Brief eines Deutschen mit, aus dem zugleich auch das sich erkennen lassen wird, daß es von Galilei nicht übel getan war, daß er für das Seine sorgend seine*

---

41 Kepler, Johannes: *Gesammelte Werke*, Bd. XVI: Briefe 1607–1611, hg. von Max Caspar, S. 383; zitiert ist die deutsche Übersetzung von Wohlwill, S. 380.

42 Marius: *Prognosticon Astrologicum auf 1612*, A3r.

43 Nach Keplers Tod von Jacob Bartsch und Ludwig Kepler herausgegeben als: *Somnium seu opus posthumum de Astronomia Lunari*, Sagan, Francofurti. Herzogliche Druckerei 1634; neu hg. v. Ludwig Günther als *Keplers Traum vom Mond*, Leipzig 1898.

Erfindungen frühzeitig wenigstens durch Buchstabenrätsel uns nach Prag hin mitgeteilt hat."[44]

Diese Darstellung hat Marius nicht unbegründet sehr verärgert, musste er doch nun auch bei den Venusphasen als Plagiator erscheinen. Marius spricht die Phasen der Venus nie mehr an; nur im *Prognosticon auf 1627* weist er knapp darauf hin: *„[. . .] wer ein gut Perspicill hat. Der wird sie kurtz vor der Sonnen Auffgang rund antreffen."*[45]

Wie dem auch sei, besteht für Marius kein Zweifel daran, dass die inneren Planeten um die Sonne kreisen.[46] Dieser Umstand bedeutet systematisch eine klare Ablehnung des Ptolemäischen Systems und fordert mindestens das sog. 'Ägyptische System', bei dem die Erde von Mond, Sonne, Mars, Jupiter und Saturn – umkreist wird, und Merkur und Venus die Sonne umkreisen.

Inwieweit Marius nun weiter geht, zeigen seine Messungen an den Jupiter-trabanten.

> *„Nachdem ich sehr viele Beobachtungen angestellt und die periodi-*
> *schen Umlaufzeiten eines jeden Trabanten möglichst genau erhalten*
> *hatte, bemerkte ich noch ein anderes Phänomen: nämlich dass sie*
> *im Gleichmaß ihrer Bewegung auf den Jupiter als Zentrum ausge-*
> *richtet sind; zusammen mit dem Jupiter aber sind sie nicht auf die*
> *Erde, sondern auf die Sonne als Mittelpunkt gerichtet."*[47]

Auch bei der Formulierung seiner Theorie stellt er fest:

> *„Aber meine Beobachtungen [. . .] beweisen, daß noch eine andere*
> *Ungleichheit übrigbleibt und daß Jupiter nicht die Erde, sondern die*
> *Sonne als Zentrum hat."*[48]

Zwei Umstände verhalfen Marius zu diesem erstaunlichen Ergebnis, das wohl kaum im Rahmen der Qualität seiner Linsen und seiner Beobachtungsgenauig-keit lag und dem insbesondere die Annahme kreisförmiger und gleichförmiger Bahnen im Weg stand.

Zum einen geriet im Juni 1610 Galileis *Sidereus Nuncius* in seine Hände, so dass er seine Werte abgleichen und ergänzen konnte.

---

44 Kepler, Johannes: *Gesammelte Werke*, Bd. IV: Kleinere Schriften – 1602/1611, Dioptrice, hg. v. Max Caspar und Franz Hammer. München: C. H. Beck'sche Verlagsbuchhandlung 1941, S. 353f.; zitiert ist die deutsche Übersetzung von Wohlwill, S. 383.

45 Marius: *Prognosticon Astrologicum auf 1627*, D1r. Auszug in: Zinner, *Zur Ehrenrettung des Simon Marius*, S. 71.

46 Vgl. Marius, *Mundus Iovialis*, S. 41, 87.

47 Ebd., S. 85.

48 Ebd., S. 133.

> *„Die Möglichkeit aber, dies zu finden, bot mir meine Meinung über das Weltsystem, welche in ihrer Art mit der des Tycho überein-stimmt. Auf diese stieß ich im Winter zwischen den Jahren 1595 und 1596, als ich zum ersten Mal Kopernikus las."*[49]

Das Tychonische Weltmodell begegnete Marius im Herbst des folgenden Jahres als Skizze. Kurz davor soll er 1596 eine Handschrift über sein Weltsystem mit einer Erklärung dem Konsistorium in Ansbach überreicht haben. Diese wird als *Hypotheses de systemate mundi* vermutlich erstmals in Vockes Geburts- und Todten-Almanach Ansbachischer Gelehrten von 1797 erwähnt.[50] Das Werk gilt als verschollen, manche glauben, es wurde nie veröffentlicht. Im *Mundus Iovia-lis* teilt Marius nur mit, dass diese Anschauung *„von mir selbst herausgefunden worden ist"*,[51] kann als Zeugen aber nur Personen benennen, die 1614 zumeist bereits verstorben waren.

Dass Marius, der mit seiner Forschung neben Galilei im Besitz des interes-santesten Datenmaterials Anfang des 17. Jahrhunderts war, sich nicht in den Dienst des Heliozentrismus stellen wollte, dürfte für Kepler eine große Enttäu-schung gewesen sein. Dabei erkennt Marius durchaus die differentielle Bewe-gung der Jupitertrabanten.

> *„Ob aber dieses Ansteigen oder Nachlassen der Geschwindigkeit von der Kreisbewegung des Jupiter selbst und allein anhängt oder nicht, gleichwie Herr Kepler [...] schlüssig vermutet hat, ist mir bis jetzt ungewiß und von mir nicht beobachtet."*

Obwohl er deswegen keine Meinung über die Sache äußern will, fügt er unmit-telbar an: *„Um aber die Wahrheit zu sagen, ich missbillige völlig diese Metho-de."*[52] Eine Beziehung von Umlaufzeit und Bahnhalbmesser kommt ihm nicht in den Sinn. Wie Galilei ignoriert er zeitlebens alle drei Kepler'schen Geset-ze.[53] Das für die Zeit eigentlich fortschrittliche Tychonische Weltbild verstellt Marius den Blick auf die Vorzüge des keplerschen Copernicanismus und bringt ihn um die Chance, zu den ganz Großen seiner Zeit aufzuschließen.

---

49 Ebd., S. 99.
50 „Marius, oder Mair, Simon." In: Vocke, Johann August: Geburts- und Todten-Almanach Ansbachischer Gelehrten, Schriftsteller, und Künstler oder Anzeige jeden Jahres, Monaths und Tags, an welchem Jeder derselben gebohren wurde, und starb. 2 Bände. Augsburg: Georg Wilhelm Friedrich Späth 1796–1797, Bd. 2, S. 415.
51 Marius, *Mundus Iovialis*, S. 101.
52 Ebd., S. 65.
53 Auf die Jupitermonde wandten das 3. Keplersche Gesetz erstmals Jeremiah Horrocks (1618–1641) und 1643 Gottfried Wendelin (Godefroy Vendelin, 1580–1667) an. Die präzise Bestätigung gelang John Flamsteed (1646–1719).

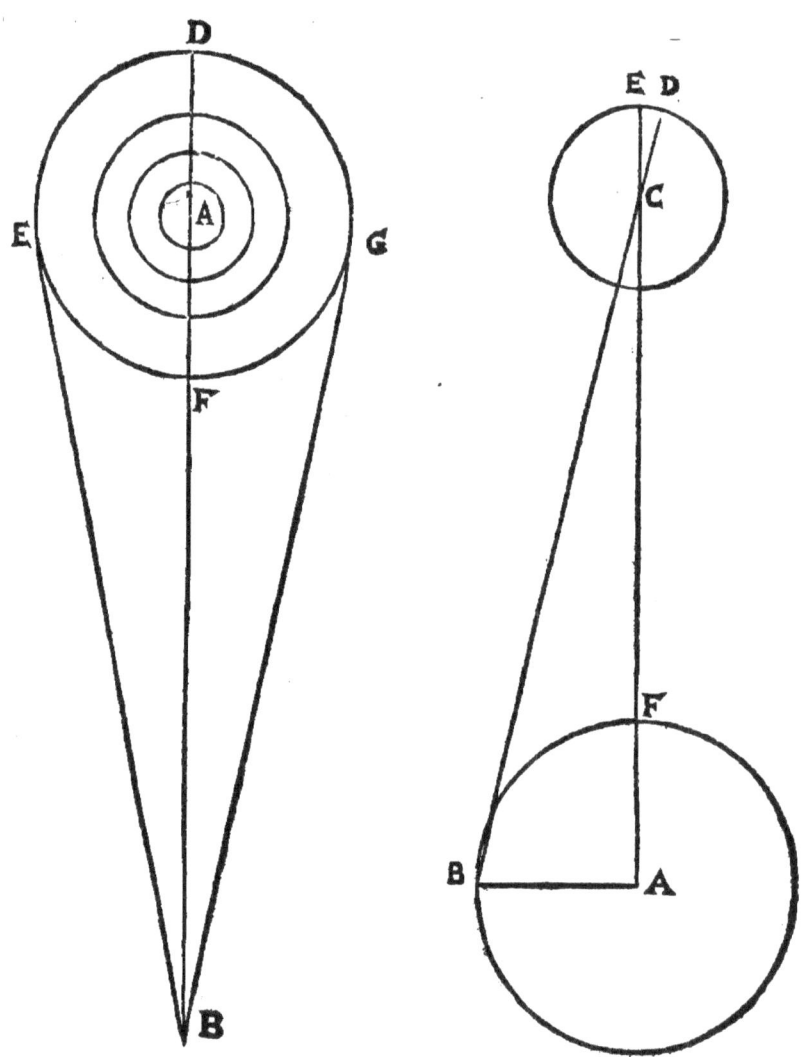

Abbildung 6.12:
Links: Umlaufbahnen und -zeiten der Jupitermonde
Rechts: Ausgleichung wegen Sonnenbezug
Abbildung aus: *Mundus Iovialis*. Nürnberg 1614, S. 126 und S. 134.
Stadtmuseum Gunzenhausen (Inv.-Nr. 1787)

Stattdessen sieht er es als seine Aufgabe, die Verträglichkeit einer ruhenden Erde mit den neuen Befunden zu erweisen. Schon im Brief an Nikolaus von Vicke erklärt Marius programmatisch:

> *„Erstens behaupte ich die Unbeweglichkeit der Erde, wobei Persönliches durchaus ausgeschieden bleibt, vielmehr nur die Argumente gegen die Gründe des Copernicus geprüft werden, die in unserer Zeit Kepler mit dem Paduaner Mathematiker Galilei billigt und ernstlich als zutreffend anerkennt."*[54]

Als Argumente nennt er die Heilige Schrift, die moderate Größe der Himmelskörper, die Venusphasen und die „jovialischen Planeten". Verständlich empört sich Kepler über eine theologische Beweisführung.

6.6.4 Resümee

Was macht nun den Unterschied aus, warum sich Galilei, Kepler, aber beispielsweise auch Simon Stevin für Copernicus entscheiden, und auf der anderen Seite Simon Marius, Horatio Grassi, Christoph Grienberger, Giovanni Paolo Lembo, Christian Longomontanus, Odo van Maelcote und Christoph Scheiner u. a. bei Tycho bleiben?

Ich denke, es ist der Umstand, dass die Copernicaner auch dynamische Konzepte mitentwickelten. Galilei hat zwar mit seiner verunglückten Gezeitentheorie daneben gelangt, aber mit seinem Beharrungssatz für Kugeloberflächen und dem Fallgesetz hat er der Mechanik wichtige Bestandteile geliefert. Kepler verdankt die Mechanik, dass Kräfte für die Bewegungen der Planetenbewegungen verantwortlich gemacht werden. Damit sind beide dem Newton'schen Kraftprogramm deutlich näher als die Tychoniker, denen die entscheidenden Argumente für den Heliozentrismus fehlen.

6.7 Literaturverzeichnis

Siehe am Ende des Bandes, S. 368 ff.

---

54 Kepler, Johannes: *Gesammelte Werke*, Bd. XVI: Briefe 1607–1611, hg. von Max Caspar, S. 382 f.; zitiert ist die deutsche Übersetzung von Wohlwill, S. 380.

6.8 Anhang

Übersetzung von Galileis ersten Tagebucheinträgen seiner Jupitermondbeob-
achtungen. Aus: Galileo Galilei, I Pianeti Medicei, Osservazioni (7 Gennaio
1610 – 29 Maggio 1613). In: Segni, Antonio: Le Opere di Galileo Galilei, Nuova Ristampa della Edizione Nazionale, Vol. III, Part 2. Firenze 1964, S. 427 f.
Übersetzt von Adriano Gambato, Nürnberg.

Fußnote zu S. 193

Die folgende Passage wendet sich an den Drucker, wie die Illustrationen zu
schneiden sind. Danach wechselt Galilei ins Lateinische. Er weiß, er hat einen
großen Fisch an der Angel. Vgl.: Gingerich, Owen und Albert van Helden:
From „Occhiale" to printed page: the making of Galileo's *Sidereus nuncius*.
In: *Journal for the History of Astronomy* **34** (2003), Part 3, No. 116, S. 254;
Bredekamp, Horst: Galilei der Künstler: der Mond, die Sonne, die Hand.
Berlin: Akademie Verlag 2007, S. 115.

Am 7. Januar 1610 sah man mit dem Fernrohr Jupiter und 3 Fixsterne so
von denen ohne das Teleskop keiner zu sehen war.

Am Tage 8 erschien es so   ; er war also direkt und nicht rückläufig wie
die Berechnungen ergeben.

Am Tage 9 war es wolkig. Am 10. sah man sie so   , somit der
westlichste in Konjunktion und von Jupiter verdeckt wie man glauben könnte.

Am Tage 11 waren sie in dieser Kombination   und der Stern näher an
Jupiter war halb so groß wie der andere und ganz nah an dem anderen, wogegen an
den anderen Abenden diese besagten Sterne alle drei von gleicher Größe und in
gleicher Entfernung voneinander schienen; somit sind um Jupiter herum 3 Wandelsterne, die bis dahin für jedermann unsichtbar waren.

Am Tage 12 sah man diese Gestalt   ; der westliche Stern etwas
kleiner als der östliche und Jupiter war in der Mitte dazwischen von beiden entfernt
ungefähr wie sein Ø; und vielleicht war da auch ein dritter, ganz kleiner und ganz nah
an Jupiter gegen Osten. Er war wirklich da, weil ich gründlicher beobachtet habe und
weil die Nacht dunkler war.

Am Tage 13 sah man, indem ich das Instrument gut befestigt habe, ganz nah an
Jupiter 4 Sterne in folgender Stellung   oder besser so
und alle schienen von gleicher Größe. Der Abstand zwischen den 3 westlichen war
nicht größer als der Ø von g und sie waren untereinander bedeutend näher als die
Abende zuvor. Sie standen präzise in gerader Linie wie vorher, aber der mittlere der
drei westlichen stand etwas höher oder besser gesagt, der westlichste stand etwas
geneigt. Diese Sterne sind trotz ihrer Kleinheit alle sehr leuchtend, wogegen andere
Fixsterne, die genauso groß erscheinen, nicht so leuchtend sind.

Am 14. war es wolkig. Am 15. waren sie so   . Der nächste an
g war der Kleinste und die anderen nach und nach größer. Die Entfernung zwischen
g und den 3 nächsten kleineren war so groß wie der Ø von g, aber der vierte war in
etwa das Doppelte entfernt von dem dritten. Sie bildeten keine genaue gerade Linie
wie die Zeichnung zeigt, waren aber wie immer trotz ihrer Kleinheit sehr glänzend,
aber sie funkelten nicht wie sie es davor gemacht haben; [als Anweisung an den
Holzschneider[55]] so wie man Holz sägt, alles in einem Block, die Sterne weiß und der
Rest schwarz, und dann werden die Blöcke in Stücke gesägt.

Abbildung 7.1:
Das Fernrohr von Simon Marius

Ein neuer Blick ins Weltall – Simon Marius, der fränkische Galilei, und das Fernrohr

Gudrun Wolfschmidt (Hamburg)

7.1 Einleitung

Galileo Galilei stand im Mittelpunkt des Jahres der Astronomie 2009; doch der fränkische Galilei, Simon Marius, blieb weitgehend unbeachtet. In diesem Vortrag sollen die Beiträge der fränkischen Astronomen und Instrumentenbauer beleuchtet werden, die auch zur Entwicklung des astronomischen Weltbildes beigetragen haben, zum Wandels des Weltbildes von der geozentrischen Vorstellung der Antike und des Mittelalters zur heliozentrischen Weltsicht des Copernicus in der Frühen Neuzeit.

Galilei ist in die Geschichte eingegangen, weil er ein Fernrohr baute und es zum Himmel richtete; seine revolutionären Entdeckungen hat er in seinem Werk *Sidereus Nuncius* festgehalten. Galilei versuchte, das neue Weltbild des Copernicus mit dem Einsatz des Fernrohrs zu beweisen; doch seine Bemühungen endeten mit dem berühmten Prozeß und der Abschwörung; Galileis astronomisches Werk kam auf den Index.

Das Fernrohr soll im Zentrum dieses Artikels stehen, es symbolisiert den technischen Fortschritt der Astronomie des 17. Jahrhunderts, wie das Mikroskop in der Biologie oder Mineralogie und die Luftpumpe in der Physik als High Tech Instrumente der damaligen Wissenschaft. Die Entwicklung des Fernrohrs im 17. Jahrhundert ist verbunden mit einer Reihe spektakulärer Entdeckungen, die unser Weltbild veränderten, wobei auch Simon Marius einen wesentlichen Beitrag leistete.

7.2 Instrumente, Sternwarten und Weltbild im Wandel

7.2.1 Astronomische Instrumente des Mittelalters und der Frühen Neuzeit

Bereits Ende des Mittelalters war Nürnberg ein bedeutendes Zentrum des Instrumentenbaus.[1] Davon zeugt unter anderem das Männleinlaufen, das 1356 gestiftet wurde in Andenken an Kaiser Karl IV. (1316–1378), der in der Goldenen Bulle Nürnberg wichtige Privilegien zugestand (erster Reichstag des neugewählten Kaisers in Nürnberg). Über dem Hauptportal der Frauenkirche umkreisen die Kurfürsten den Kaiser mittags dreimal. Das kunstvolle Werk der astronomischen Uhr mit der Anzeige der Mondphasen mit Hilfe einer blaugoldenen Mondkugel über dem Zifferblatt konstruierte und fertigte der Schlossermeister Jörg Heuss (1506/09), die kupfergetriebenen Figuren vom Kaiser mit Zepter und den sieben Kurfürsten mit den Reichskleinodien stammen von Sebastian Lindenast dem Älteren.

Nach dem Handwerkerverzeichnis von 1363 gab es in Nürnberg unter 1217 Meistern 353 Metallbearbeiter, darunter 16 Goldschmiede. Erst ab 1442 werden Zirkelschmiede (also Hersteller wissenschaftlicher Instrumente) gesondert aufgeführt. Ab 1484 werden zudem Kompaßmacher (Sonnenuhrhersteller) genannt. Nikolaus von Kues, genannt Cusanus, (1401–1464) kaufte während seiner Teilnahme am Reichstag in Nürnberg 1444 drei astronomische Instrumente, ein Astrolab (um 1240), ein Torquetum (um 1434) und einen hölzenen Himmelsglobus, zusammen mit 16 Büchern. Das Astrolab, ein äußerst vielseitiges Instrument, unter anderem zur Bestimmung der Höhe der Gestirne, aber auch zur Zeitbestimmung, war das wichtigste astronomische Instrument des Mittelalters.

Johannes Müller (1436–1476), genannt Regiomontanus nach seinem Geburtsort Königsberg in Franken, Schüler von Georg von Peurbach (1423–1461), war überzeugt, daß Fortschritte in der Astronomie nur durch verbesserte Beobachtungen und neuere Instrumente erreicht werden können. 1471 errichtete Regiomontan in Nürnberg, *„quasi centrum Europae"*, für seine geplante Neugestaltung der Himmelskunde neben einer Druckerei auch eine Werkstatt zur Herstellung astronomischer Instrumente. Er orientierte sich einerseits an den Instrumenten der Antike und des Mittelalters (Quadrant, Armillarsphäre und Triquetrum), erdachte aber auch Weiter- und Neuentwicklungen wie den Jakobsstab (1472), das Torquetum, das Geometrische Quadrat und das Allgemeine Uhrentäfelchen. Regiomontan war einer der bedeutendsten Astronomen

---

1 Wolfschmidt: Astronomie in Nürnberg 2010, S. 19–143.

und Mathematiker an der Schwelle vom Mittelalter zur Neuzeit. Er erkannte Mängel im ptolemäischen System und war somit Wegbereiter für das neue Weltbild des Nicolaus Copernicus (1473–1543). Wie Praetorius berichtet – äußerte Regiomontan in einem Brief: *„Es ist notwendig, die Bewegung der Sterne etwas zu ändern wegen der Erdbewegung."*

Georg Hartmann aus Eggolsheim (1489–1564), ein hervorragender Meister in der Fertigung von technisch komplizierten Instrumenten, besonders von Astrolabien, hatte Theologie und Mathematik in Köln und Rom studiert, dann wurde er Pfarrer in St. Sebald in Nürnberg 1518 bis 1544.[2] Sein Grab befindet sich neben dem von Albrecht Dürer auf dem Johannisfriedhof: Das Epithaphium trägt folgende Inschrift: *„An diesem Ort ist der Leichnam des ehrwürdigen Herrn Georg Hartmann aus Eggolsheim bestattet. Er genoss viele Jahre lang in Nürnberg höchstes Ansehen, da er sich mit der Herstellung und Verbreitung zahlreicher vortrefflicher und glänzender astronomischer Arbeiten beschäftigte. Im 76. Lebensjahr entschlief er sanft am 8. April 1564."* Kelch mit Hostie und darunter ein Globus deuten seine zwei Wirkungsgebiete an, Priester und Mathematiker bzw. Instrumentenbauer.

Als weiterer wichtiger Instrumentenbauer ist Johann Richter (1537–1616), genannt Prätorius, zu nennen.[3] Er war 1576 bis 1616 Professor für Mathematik und Astronomie in Wittenberg, später in Altdorf, er beobachtete den Kometen von 1572, seine Veröffentlichung von 1578 wurde von Tycho Brahe rezipiert. Praetorius ist auch bekannt bzgl. Vermessungstechnik; er entwickelte um 1590 einen Meßtisch, der von seinem Schüler Daniel Schwenter (1585–1636) bekannt gemacht wurde. Außerdem entwarf und konstruierte Praetorius wichtige astronomische Instrumente, hergestellt von Hans Epischofer (~1530–1585), einem Nürnberger Instrumentenmacher und Goldschmied: eine Würfel-Sonnenuhr (1562), einen Sonnenquadranten (1571), ein Astrolab (1568), ein Torquetum (1568), einen Himmels- und Erdglobus (1566).[4]

7.2.2 Welt im Umbruch – Zeitalter der Entdeckungen

Die Wende vom Mittelalter zur Neuzeit steht nicht nur für die Copernicanische Revolution, sondern ist charakterisiert durch eine Vielzahl von Umbrüchen, Erfindungen in verschiedenen Gebieten der Wissenschaft, Kultur und Technik wie die Kunst der Renaissance, Einführung der Perspektive, Buchdruck, Humanismus und Reformation, Entwicklung der modernen Pharmazie und Medizin und besonders die Entdeckung der Neuen Welt.

---

2 Klemm 1987/88.
3 Folkerts 1996, S. 149–169.
4 Bott: Focus Behaim Globus. Teil 2. 1992, S. 638–645.

> *„Die Weltumseglung, die Entdeckung des größten Kontinents der*
> *Erde, die Erfindung des Kompasses, die Verbreitung des Wissens*
> *durch die Druckpresse, die Revolutionierung der Kriegskunst durch*
> *das Schießpulver, die Rettung antiker Handschriften, die Wieder-*
> *belebung der gelehrten Forschung, all das legt Zeugnis ab vom Tri-*
> *umph unseres Neuen Zeitalters."*[5]

In Nürnberg wurde in dieser Zeit der erste Erdglobus seit der Antike hergestellt, der aber Amerika noch nicht enthielt: Der sog. „Erdapfel", 1492/93
hergestellt von Martin Behaim (1459–1507) auf der Basis portugiesischer See-
karten, zeigt aber noch das alte Weltbild:[6] Amerika ist hier noch nicht zu
finden. Amerigo Vespucci (1451–1512) erkannte die von Christopher Columbus (1451–1506) entdeckten Länder 1503 als neuen Kontinent. Auf der von
Martin Waldseemüller (~1470–1518/22) 1507 erstellten Weltkarte ist erstmals
Amerika als Neuer Kontinent dargestellt. In seiner *Cosmographiae introductio*
(Einführung in die Kosmographie) bezeichnete er Amerigo Vespucci als Ent-
decker der „Neuen Welt". Die Erdgloben von Johannes Schöner (1477–1547) aus
Bamberg, Schüler von Martin Waldseemüller, zeigen ab 1520 erstmals Amerika.
Schöners Himmelsgloben gehören zu den ältesten Himmelsgloben der Frühen
Neuzeit.[7]

7.2.3 Beobachtungsorte und Sternwarten der vor-teleskopischen Zeit

Schon im 16. Jahrhundert – vor dem Siegeszug des Fernrohrs – begann die
Gründung von Sternwarten in Europa. Die ersten Observatorien im modernen
Sinn, mit festen fundierten Instrumenten, gab es bereits im Mittelalter zum
Beispiel in Beijing (1127, 1442) oder im islamischen Kulturkreis wie Marâgha
(al-Dīn al-'Urḍī, 1259), Samarkand (Uluġ Beg, 1420) und Istanbul (Taqī ad-
Dīn, 1575/80).[8]
Der fränkische Astronom Johannes Regiomontan[9] (1436–1476) besaß ein
Haus in der Vorderen Kartäusergasse und eines am Hauptmarkt; die Beobach-
tungen machte er wohl vom Dachgeschoß aus (Hahnenkamm oder Dachhäus-
lein). In einem Brief von 1471 berichtete Regiomontan, daß er in Nürnberg
seine astronomischen Instrumente aufgestellt habe: *Unsere Waffen sollen* [...]

---

5 Fernel, Jean: De abditis rerum causis (Paris 1548). In: Sherrington, Charles Sir: The
   Endeavour of John Fernel. Cambridge 1946, S. 136. Zitiert nach Boas 1988, S. 19.
6 Willers et al. 1992.
7 Wolfschmidt 1978.
8 Vgl. Sayili 1960.
9 Zinner: Leben und Wirken des Joh. Müller von Königsberg, 1938/1968. Zinner 1990.

Abbildung 7.2:
Königsberg in Franken: Regiomontans Wohnhaus und Wappen
Foto: Gudrun Wolfschmidt in Königsberg in Franken (2010)

sein [. . .] die Geräte des Hipparch und des Ptolemäus, die ich schon aus ge-
triebenen Erz anschaulich groß und zur Himmelsbeobachtung höchst geeignet
konstruiert habe.[10]

Nach dem Tod Regiomontans 1476 setzte Bernhard Walther (1430–1504) alleine dessen Beobachtungen fort:[11] zunächst in seinem Haus „Eislingerhof" am
Hauptmarkt 11 vom Dacherker aus, dann in der Zistelgasse, heute Albrecht-
Dürer-Straße: seit 1502 ergänzte er ein Dachfenster im Südgiebel mit einer
kleinen „Beobachtungsplattform"; dieses (spätere) Dürerhaus kann damit als
älteste erhaltene europäische „Sternwarte" bezeichnet werden; es handelt sich
mindestens um einen dokumentierten Umbau für astronomische Zwecke. Bern-

---

10 Regiomontan: Brief an Christian Roder, Rektor der Universität Erfurt 1471. Zitiert nach
   Mett 1996, S. 113.
11 Zu Bernhard Walther siehe Kremer 2010.

hard Walthers Präzision der Beobachtungsreihen von Sternen ist unerreicht in der westlichen Astronomie bis zu Tycho Brahe. Regiomontans und Walthers Beobachtungen nutzten berühmte Astronomen. So zeigt auch ein Titelblattentwurf für die Rudolfinschen Tafeln (in der Albertina in Wien) den Tempel der Wissenschaften mit Regiomontan, Copernicus und Tycho Brahe – Astronomen, in deren Tradition sich Johannes Kepler sah.

Zur astronomischen Beobachtung wurden zunächst bestehende Gebäude verwendet, neben den Dacherkern auch Kirchen- oder Stadtmauertürme; zum Beispiel stellte Nicolaus Copernicus seine Instrumente auf dem Wehrgang der Wehrkirche in Frauenburg (Frombork, Polen) auf. Unter den Arkaden von Schloß Allenstein (Olsztyn, Polen) beobachtete Copernicus die Sonne. um Eine weitere frühe Sternwarte befand sich in Kassel, auf einer Altane am Schloß (1560).[12]

Das erste Gebäude in Europa, das wirklich zu astronomischen Zwecken erbaut wurde, ist die 1576 für Tycho Brahe (1546–1601) errichtete Sternwarte, genannt „Uraniborg" (Himmelsburg), im Stil der flämischen Renaissance auf der damals dänischen Insel Hven (schwedisch „Ven"). Eine genaue Vorstellung von Tycho Brahes Sternwarten und ihrer neuzeitlichen instrumentellen Ausstattung – 8 Sextanten, 3 Triquetra (Dreistab), 8 Quadranten, 5 Armillarsphären, großer Himmelsglobus und Halbkreis (Semicirculus) – haben wir dank der mit zahlreichen Holzschnitten versehenen Beschreibung in seinem Werk *Astronomiae instauratae mechanica* (Wandsbek 1598, 2. Auflage, Nürnberg: Levinus Hulsius 1602).   1584 ließ Tycho sich ein zweites, kleineres Observatorium „Stellaeburgum" (Stjerneborg, Sternenburg) für seine wertvollen Instrumente bauen, dessen Einfassung gleichen Grundriß wie Uraniborg aufweist, aber nur eine Seitenlänge von 30 Metern besitzt.

Tycho hatte danach drei Beobachtungsplätze in Prag: das Ferdinandeum, das Renaissance Sommerschloß Belvedere, ein Arkadenbau von Paolo della Stella 1538–1555, das Curtius Haus (Jacob Kurtz von Senftenau), Keplerova ul./Parlérova ul. 2 (heute steht an der Stelle das Tycho-Kepler-Denkmal), das Haus Goldener Greif, wo Tycho lebte (1600), Nový Svet 1, und schließlich Schloß Benatký, etwa 30 km außerhalb von Prag mit einem Tycho-Kepler-Museum und einem Modell des großen hölzernen Quadranten von 5.4 m Radius, hergestellt in Augsburg 1568.

---

12 Mackensen et al. 1979, (2. Aufl.) 1982.

7.2.4 Neues Weltbild des Copernicus

Wie im Zeitalter des Humanismus üblich, studierte Copernicus in Italien. Copernicus griff auf antike Vorbilder zurück und ersetzte das im Mittclalter verbreitete Weltbild des Aristoteles durch sein heliozentrisches System, wobei er besonderen Wert darauf legte, die antiken Voraussetzungen von Kreisbewegung und gleichförmiger Geschwindigkeit einzuhalten.

Georg Joachim Rheticus (1514–1574) übergab die Überwachung des Drucks an Andreas Osiander (1498–1552), aus Gunzenhausen stammend wie Simon Marius; dieser lutherische Theologe und Mathematiker an der Lorenzkirche in Nürnberg bezeichnete die neue Theorie als Hypothese – was mit großer Wahrscheinlichkeit der Intention des Copernicus widersprach.[13]

> *„Im Hinblick auf Hypothesen war ich von jeher der Ansicht, daß sie keine Glaubensartikel darstellen, sondern Berechnungsgrundlagen. Selbst wenn sie also falsch sind, bedarf es keiner Aufregung, solange sie genau die Phänomene der Bewegung wiedergeben. Denn wenn wir den Hypothesen des Ptolemäus folgen, wer kann uns da sagen, ob die ungleichmäßige Bewegung der Sonne durch einen Epizykel oder durch die Exzentrizität verursacht wird, vermag doch jedes von beiden das Phänomen zu erklären?"*[14]

Das Hauptwerk von Copernicus *De revolutionibus orbium coelestium* „Von den Umdrehungen der Himmelssphären" entstand in 36 Jahren (4 × 9 Jahren) Arbeit. Es erschien 1543 in Nürnberg bei Johannes Petreius (1497–1550); dieser Drucker stammt aus Langendorf, L.Kr. Hammelburg, und studierte in Wittenberg, 1517 bekam er den Magister artium. Er druckte Werke von Johannes Schöner, Copernicus, Rheticus, Peter Apian, Hieronymus Cardano und Lucas Gauricus (Neapel).

Ein frühes heliozentrisches Modell unseres Sonnensystems, ein Planetarium mit Armillarsphäre, fertigte der Nürnberger Mechanicus und Zirkelschmied Johann Luthring (1628–1688) 1680 für Georg Christoph Eimmart (1638–1705) an. Dieses Instrument zur Darstellung der Planetenbewegung beschrieb Johann Christoph Sturm (1635–1703) in seiner Publikation *Sphaerae armillaris ...* (Altdorf 1695). Im hölzernen Sockel steckt ein Triebwerk aus Eisen; die Armillarsphäre ist aus vergoldetem Messing. Zwei Nürnberger Kaufleute (Andreas Ingolstädter und Jacob Grassel) hatten das Modell 1690 für die enorme Summe von 300 Gulden (200 Taler) für die Universität Altdorf erworben; 1711 wurde das Planetarium in der dortigen Sternwarte aufgestellt.

---

13 Wolfschmidt 1994. Pilz 1977, S. 197–207, 207–212.
14 Osiander: Brief an Copernicus vom 20.4.1541. Zitiert nach: Menzzer 1959, S. 1–2.

7.2.5 Kalenderreform – Christoph Clavius (1537/38–1612) aus Bamberg

Die Kalenderreform bildete ein wichtiges Anliegen sowohl für die Kirche als auch für die Wirtschaft. Der Ostertermin, von dem die meisten Festtage abhängen, bereits zehn Tage verspätet. Märkte und Messen an diesen Tagen waren dadurch betroffen. Mehrere Konzilien beschäftigten sich mit dieser Frage. Universitäten und Gelehrte, darunter auch Copernicus, sollten hierzu Vorschläge machen. Im Vordergrund stand das Problem der genauen Jahreslänge und die Frage, ob man den Ostertermin nach der bisherigen zyklischen Methode oder mit Hilfe von astronomischen Tabellen berechnen sollte. Die römische Kalenderkommission entschied sich – im Gegensatz zu der Ansicht mancher protestantischer Gelehrter – für die zyklische Methode, da man sich nicht von den damals noch unsicheren Tafelwerten abhängig machen wollte.

Als Copernicus von Leo X. 1514 um Mitwirkung bei der Kalenderreform gebeten wurde, lehnte er zunächst ab, weil die Jahreslänge noch nicht genau genug bekannt sei. Dann begann er aber mit Messungen von Fixsternen in der Nähe der Äquinoktialpunkte (Schnittpunkte von Ekliptik und Äquator) mit dem Ziel der Ermittlung der genauen Jahreslänge. Sein Interesse galt dabei besonders der Spica, dem „Stern Christi": Dieser hellste Stern im Sternbild Jungfrau war schon von Hipparch beobachtet worden; damals stellte dieser fest, daß sich seit der Zeit von Timocharis der Abstand der Spica von 8° auf 6° westlich vom Herbstäquinoktium verkleinert hatte. Dieser Effekt vergrößerte sich bis zur Zeit des Copernicus. Zur Ermittlung der Jahreslänge führte er auch Messungen der Sonne in Allenstein in den Jahren 1516 bis 1519 durch. Für Copernicus war die Kalenderreform ein wichtiges religiöses Motiv für die Entwicklung seiner Theorie, wie sein Anhänger Rheticus berichtete, und was er selbst in der Widmung seines Hauptwerkes an den Papst Paul III. betonte.

Das V. Laterankonzil (1512 bis 1517) beschäftigte sich ausführlich mit der Kalenderfrage. Das Breve Leos X. (1475–1521) (*Breve super correctionem Kalendarii*, Rom 1515) veröffentlichte die Beschlüsse der X. Session dieses Konzils. Der Name Copernicus findet sich in einer Denkschrift der Kalenderkommission des V. Laterankonzils, die deren Vorsitzender Paul von Middelburg (1455–1534) 1516 verfaßt hat.

Eine wesentliche Rolle spielte bei der Kalenderreform der fränkische Jesuit Christoph Clavius [Klau] (1537/38–1612) aus Bamberg. Dieser bedeutende Mathematiker und Astronom hatte in Coimbra studiert und 20 Jahre lang in Rom Mathematik gelehrt. Seit 1552 wirkte er am Jesuitenkolleg *Collegium Romanum* in Rom. 1570 erschien in Rom sein Kommentar zur *Sphaera* des Sacrobosco, der fünfmal länger als das Original war und vielfach neu aufgelegt

Abbildung 7.3:
Christoph Clavius (1537/38–1612),
Kalenderreform (Sonnen- und Mondkalender!), Bulle *Inter gravissimas* 1582
Gregor XIII. (Ugo Buoncompagni) (1502, Papst 1572 bis 1585)
Portrait Clavius, Stich von Francesco Villamena (1566–1624), Rom 1606,
Briefmarke Gregorianischer Kalender nach Johann Rasch (1586)

wurde. 1574 folgte die Herausgabe der 15 Bücher der *Elemente* des Euklid
in lateinischer Übersetzung, ein Buch, das über 200 Jahre zum wichtigsten
Lehrbuch der Mathematik an den Universitäten wurde.

Bekannt wurde Clavius als Vorsitzender der römischen Kommission, von der
die Kalenderreform endgültig ausgearbeitet werden sollte, insbesondere engagierte sich Aloysius Lilius (~1510–1576) an der Abfassung des *Compendium
novæ rationis restituendi kalendarium*, 1577 gedruckt durch Clavius, Grundlage für die päpstlichen Bulle *Inter gravissimas* (1582).[15] Obwohl man die copernicanische Theorie nicht akzeptierte, verwendete man die Jahreslänge nach

---

15 Moyer 1983.

Copernicus. Jedoch distanzierte man sich von seiner Lehre einer mehrfachen Erdbewegung als einer kosmologischen Theorie.

Nach dem Scheitern des V. Laterankonzils und langen politischen Auseinandersetzungen eröffnete Papst Paul III. das Konzil von Trient 1545, was letztlich zur Reform führte. Das Tridentinum kam in drei Sitzungsperioden zusammen (1545–1547, Bologna 1551–1552 und 1562–1563). Die Kalenderreform vom 13. Februar 1582 setzte Papst Gregor XIII. (1502–1585) durch ein *Breve* in Kraft. Inzwischen war das Osterfest bereits um zehn Tage in den Sommer verschoben. Diese 10 Tage, die sich aufgrund der fehlerhaften Jahreslänge des Julianischen Kalenders angesammelt hatten, mußten zunächst ausgeglichen werden. Man ließ sie ausfallen, so daß auf den 4. Oktober 1582 der 15. Oktober folgte.

Die Einführung des neuen Kalenders stieß in vielen katholischen, besonders aber bei allen evangelischen Staaten auf Ablehnung. Um die Schwierigkeiten zu beheben, verfaßte Clavius den Traktat *Novi Calendarii Romani Apologia* (Rom 1588), dem im Auftrag von Papst Clemens VIII. (1536–1605) 1595 eine *Explicatio* folgte.

7.3 Simon Marius (1573–1624)

7.3.1 Gunzenhausen

Der Lebenslauf von Simon Marius wurde u. a. von Zinner und vielen anderen Autoren eingehend untersucht;[16] siehe insbesondere den Beitrag von Werner Mühlhäußer, Kapitel 2, S. 35. Simon Mayr wurde am 10. Januar 1573 (Jul. Kal.) in Gunzenhausen geboren (Prog. 1609) und am 11. Januar als 8. Kind des Büttners Reichart Mayr getauft.[17] Sein Vater Reichart Mayer [Mair] war 1576 Bürgermeister, vgl. den Stammbaum, S. 160. Sein Bruder Jakob studierte 1587 in Wittenberg; ihm wurde wegen Armut die Immatrikulationsgebühr erlassen; ein anderer Bruder Michael war Lehrer in Creglingen.

7.3.2 Fürstenschule Heilsbronn, 1586 bis 1601

Im 1578 geschlossenen fränkischen Zisterzienser-Kloster Heilsbronn (Fons Salutis, gegründet von Bischof Otto von Bamberg 1132, Gebäude erneuert 1476 bis

---

16 Zinner 1942. Bzgl. Literatur über Marius siehe die Zusammenstellung S. 368.
17 Lic. Clauss: Zum Lebensbild des Simon Marius. In: Gunzenhausener Heimat-Bote 5 (Febr. 1922), S. 18–19.

Abbildung 7.4:
Heilsbronn – Zisterzienser-Kloster und Fürstliche Akademie (1582)
Simon Marius 1586 bis 1601
http://www.heilsbronn.de/stadt-rathaus/stadt-geschichte/stadtgeschichte.html

1555, wurde die lutherische Fürstliche Akademie zu Heilsbronn (Fürstenschule) 1582 gegründet,[18] und zwar von Markgraf Georg Friedrich I., dem Älteren, (1539–1603), Markgraf der beiden Fürstentümer Brandenburg-Ansbach und

---

18 Die Fürstenschulen entstanden aus säkularisiertem Klosterbesitz zur Vorbereitung auf die neu gegründeten Universitäten. Die Fürstenschule Heilsbronn bestand bis 1736. Heilsbronn war die Grablege der Hohenzollern von 1297 bis 1625, u. a. drei Kurfürsten von Brandenburg sind hier bestattet. Geißendörfer/Nieden 2003. Burgdorf 2006. Die Bibliothek des Klosters Heilsbronn entstand zusammen mit dem Zisterzienserkloster im 12. Jahrhundert. Nach der Auflösung des Klosters (1578) ging die Bibliothek an die lutherische Fürstenschule im gleichen Gebäude. 1736 wurde auch die Fürstenschule aufgelöst. Zwei Kataloge sind erhalten: von Johann Ludwig Hocker (Hailsbronnischer Antiquitäten-Schatz, Ansbach 1731, Neudruck: Neustadt an der Aisch 2004) und von August Friedrich Pfeiffer (1805). Die Bibliothek gelangte schließlich ab 1748 aus dem Besitz von Bayreuth und Ansbach in die Universitätsbibliothek Erlangen-Nürnberg, vgl. http://www.vifabbi.de/fabian?Universitaetsbibliothek_Erlangen-Nuernberg.

Brandenburg-Kulmbach von 1543/1557 bis 1603, Administrator des Herzogtums Preußen von 1577 bis 1603.

Simon wurde 1586 in die Fürstliche Akademie zu Heilsbronn aufgenommen, verließ sie aber bald, weil er seiner schönen Stimme wegen in der fürstlichen Kapelle mitwirken mußte. Im Jahre 1589 kehrte er nach Heilsbronn zurück und blieb hier bis 1601. Mehrmals versuchte er, ein Stipendium zum Besuch der Universität in Königsberg zu bekommen; trotz Unterstützung durch die fürstlichen Räte 1597/98 war das Gesuch von Marius nicht erfolgreich.

Marius blieb in Heilsbronn, wie auch aus seinen Wetterbeobachtungen hervorgeht; seine astronomischen und meteorologischen Beobachtungen begannen 1594. Im Jahr 1596 beobachtete er den Kometen des Jahres und veröffentlichte seine Ergebnisse in einem Traktat, vgl. Abb.7.8, S. 212. In einer verschollenen Handschrift stellte er sein Weltbild dar, das dem Tychonischen entsprach; für eine detaillierte Diskussion siehe den Beitrag von Pierre Leich, S. 188. Aufgrund dieser Erfolge bekam er 1601 die Anstellung als Hof-Mathematiker und Astronom der Markgrafschaft Ansbach.

7.3.3 Studien in Prag und Padua

Wohl zur Entschädigung, weil er kein Stipendium zum Besuch einer Universität bekam, erhielt er 1601 die Möglichkeit, nach Prag zu Tycho Brahe (1546–1601), Kaiserlicher Hofastronom bei Rudolph II. (1552–1612), zu reisen, der sich bereit erklärt hatte, ihn bei sich zu beschäftigen (siehe die Beobachtungsplätze von Tycho in Prag, S. 200). Im Mai 1601 reiste er ab, kam aber mit Brahe, der erkrankt war, wohl nicht zusammen, auch nicht mit Johannes Kepler (1571–1630), der noch in Linz weilte, sondern mit David Fabricius (1564–1617).[19] Mit ihm beobachtete Marius mit Tychos präzisen Instrumenten. Bereits im September 1601 war er auf der Rückreise, die ihn über Znaim in Mähren und Wien führte.[20]

Nach kurzem Aufenthalt in der Heimat reiste er im Dezember 1601 nach Padua,[21] um dort Medizin zu studieren, und bekam dazu ein Stipendium von 100 Gulden. Das alte Anatomische Theater ist noch heute erhalten, ferner wurde dort der erste Botanische Garten Europas angelegt; dort gab es auch

---

19 Das Vorhaben, auch Fabricius aus Resterhafe in Ostfriesland dauerhaft nach Prag zu holen, sollte sich allerdings nicht erfüllen.

20 1619 spricht Kepler in einem Brief an Johannes Remus Quietanus in Wien schlecht über Marius (Tychonisches Weltbild, Prognosticon).

21 Die Universität wurde 1222 gegründet. Sie ist somit eine der ältesten Universitäten Europas und nach Bologna und Modena die drittälteste Universität Italiens. Im Hof der Universität Padua sind die Wappen der Studenten.

Abbildung 7.5:
Simon Marius bei Tycho (1546–1601) in Prag 1601
und bei David Fabricius (1564–1617)
Schloß Benatký bei Neu-Benatek
Fotos: Gudrun Wolfschmidt in Benatký

Heilpflanzen. In Padua gehörte Marius der *Natio Germanorum*, dem Ausschuss der Studenten der „deutschen Nation", an.[22] Marius hatte in Padua Gelegenheit, sich mit der *Sphaera* des Sacrobosco und mit Galileis Schriften zu beschäftigen. Kurz nach Kepler entdeckte Marius am 10. Oktober 1604 im Sternbild Ophiuchus eine Nova (heute Supernova) – noch vor Galilei – und bestimmte ihre Helligkeit und genaue Position. Über die Natur der Neuen Sterne vertrat Marius eine moderne, anti-aristotelische Ansicht, sie müssen *aus einer viel subtileren und perfekten Materie durch Gottes Willen gemacht sein und ihren Stand in supremo aethere bei den Fixsternen haben.*.[23]

---

22 Die *Natio Germanorum* traf sich in einer Kirche im Osten der Stadt, vgl. Klug 1904, S. 398.
23 Klug 1904, S. 401.

Abbildung 7.6:
Universität Padua (1222), Marius Studium der Medizin, 1601–1605
Mitte: Theatrum Anatomicum und Botanischer Garten Padua
Fotos: Gudrun Wolfschmidt in Padua (2011)

Marius unterrichtete Studenten in der Astronomie wie Paul Böym 1603 und Baldessare Capra (1580–1626) aus Mailand 1604. 1607 hatte Capra ein Manuskript Galileis über den Proportionalzirkel unter seinem Namen drucken lassen. Capra wurde deshalb von der Universität verstoßen. Ob Marius von diesem Plagiat seines Schülers gewußt hat, wird kontrovers diskutiert, siehe dazu ausführlicher den Beitrag von Pierre Leich, S. 180. Im Juli 1605 kehrte Marius in seine fränkische Heimat Gunzenhausen zurück.

7.3.4 Marius in Ansbach

In dem berühmten Holzschnitt von 1614, vgl. Titelbild,[24] hält Simon Marius die Attribute seiner beruflichen Tätigkeiten in Händen: der Destillierkolben weist auf seine medizinische Ausbildung hin, der Zirkel kennzeichnet ihn als Mathematiker, das Fernrohr, beschriftet *Perspicillium*, und sein Werk *Mundus Iovialis* charakterisieren ihn als Astronomen (und Astrologen) – ebenso die Abbildungen oben, die die Entdeckung der Jupitermonde und die Beobachtung von Kometen zeigen.

Ab 1606 wurde er nach Ansbach als Hofastronom und Medicus (*„Fürstlich bestellter Mathematicum und Medicinae Studiosum"*) von Joachim Ernst von Brandenburg-Ansbach (1583–1625), Markgraf von 1603 bis 1625,[25] wo er mit einem Gehalt von 150 Talern jährlich angestellt war; durch den Tod des offiziellen Kalenderschreibers Ansbachs war diese Stelle gerade frei geworden. Zu den Pflichten von Marius als Hofmathematikus und Astrologe gehörten auch jährliche Prognostica und Schreibkalender. Allerdings gab es zur Beobachtung keine richtige Sternwarte; wahrscheinlich beobachtete er vom Turm des Schlosses, aber auch von zu Hause aus.

Er heiratete Felicitas Lauer, die Tochter seines Nürnberger Verlegers Johann Lauer, bei dem schon seit 1601 seine Kalender und Vorhersagen erschienen waren. Mit ihr hatte er 10 Kinder; 5 Söhne starben jung, während die 5 Töchter den Vater überlebten.[26]

7.3.5 Astronomische Beobachtungen

Planetentafeln und Elemente des Euklid

1599 veröffentlichte Simon Marius seine Planetentafeln *Tabulae directionum novae* (Norimberga 1599) unter dem Titel (Titelblatt siehe Abb. 13.2, S. 367):

---

24 Beschreibung vgl. `http://de.wikipedia.org/wiki/Simon_Marius`.
25 Spindler/Kraus 1997.
26 Siehe den Stammbaum von Simon Marius, S. 160.

Abbildung 7.7:
Marius in Ansbach (Onoltzbach), um 1640 – Kupferstich von Joachim Ernst von
Brandenburg-Ansbach (1583–1625), Markgraf 1603 bis 1625
Merian, Matthäus und Martin Zeiller: Topographia Franconiae: Onoltzbach.
Frankfurt am Main 1648, S. 80. Kupferstich: *Theatrum Europaeum* 1662 (Wikipedia).

*„Neue Tabellen der Planetenpositionen, die für ganz Europa nützlich sind, in
denen*

- *I. Die wahre Vorgehensweise der alten Astrologen und des Ptolemaeus
  selbst bei der Einteilung der zwölf Häuser des Himmels nicht so sehr von
  neuem dargestellt als neu begründet wird;*

- *II. Die einfachere und genauere Vorgehensweise bei der Ptolemaeischen
  Positionsbestimmung, sowohl bei der wissenschaftlichen als auch bei der
  allgemein üblichen*

- *III. Die übliche, verbesserte Methode, den ASPECTUS herzustellen und
  zwar die neu ans Licht gebrachte Vorgehensweise der Alten, die von den
  modernen Astrologen bis heute unbeachtet oder wohl eher unverstanden
  geblieben ist.“*

1609 übersetzte Marius die ersten sechs Bücher der *Elemente* Euklids (Titel-blatt siehe Abb. 13.3, S. 373), aus dem Griechischen ins Deutsche (*Die Ersten Sechs Bücher Elementorum Evclidis, In welchen die Anfänge vnd Gründe der Geometria ordentlich gelehrt, vnd gründtlich erwiesen werden, Mit sonderm Fleiss vnd Mühe auss Griechischer in vnsere Hohe deutsche Sprach übersetzt*), auf Veranlassung von Freiherr Hans Philip Fuchs von Bimbach für Zwecke der Landesvermessung, des Festungsbaus und der Geschützkunde. Gewidmet war das 1610 in Ansbach veröffentlichte Werk in Dankbarkeit Fuchs von Bimbach für dessen Hilfe beim Teleskop.

Kometen-Schriften, Kalender und astrologische Prognostica von Marius

Große Konjunktionen, Kometenerscheinungen oder das Auftauchen eines neuen Sterns riefen eine große Flut von Publikationen mit astrologischen Interpreta-tionen hervor. Die früheste Beobachtung eines Kometen in Nürnberg stammt von 1456.[27] *„Es sollen uns solche Zeychen auch darzu dienen, damit wir dar-auß lernen, daß Gottes zorn ein brennendes Fewr ist ..."* Marius schrieb 1596 einen Traktat über den Kometen dieses Jahres im Sternbild Bär (Großer Wa-gen), veröffentlicht in Nürnberg 1596 (Titelblatt, siehe Abb. 7.8, S. 212). Auch den Kometen von 1618 beobachtete er,[28] veröffentlicht ein Jahr später unter dem Titel *Astronomische vnd Astrologische beschreibung deß Cometen so im November und December vorigen 1618. Jahrs ist gesehen worden / Genom-men vnd Gestelt auß eygenen Observationibus dabey auch andere sachen kurtz eingemischet werden.* (Nürnberg: Lauer 1619), Titelblatt, siehe Abb. 13.4, S. 377. Bzgl. der Natur der Kometen schließt sich Marius nur teilweise den anti-aristotelischen Vorstellungen des Tycho an und meint, daß die Kometen nicht aus Äthermaterial bestehen und nicht zur Fixsternsphäre gehören. Im 16. Jahrhundert gab es Holzschnitte, die teils aquarelliert wurden; im 17. und 18. Jahrhundert gab es Kupferstiche und Radierungen.[29] Bekannt ist die Dar-stellung des Kometen von 1680/81 über der Eimmart-Sternwarte von Jochen Jacob von Sandrart (1630–1708). Schon kurz danach (1682) konnte der Der Halley'sche Komet über Nürnberg beobachtet werden, vgl. einen Einblattdruck unbekannter Herkunft *Eigentliche Vorstellung des Neu entstandenen Kometen-Liechts*.

Jährlich gaben Astronomen Kalender mit astrologischen Vorhersagen heraus und verdienten sich damit ihren Lebensunterhalt. Diese Traditionen beeinfluss-ten noch Johannes Kepler, der durch seine Beobachtung des *Neuen Sterns* 1604

---

27 Pilz 1977, S. 100 f, 221.
28 Drake / O'Malley 1960.
29 Der Himmel über Nürnberg (1968). Pilz 1977, S. 262.

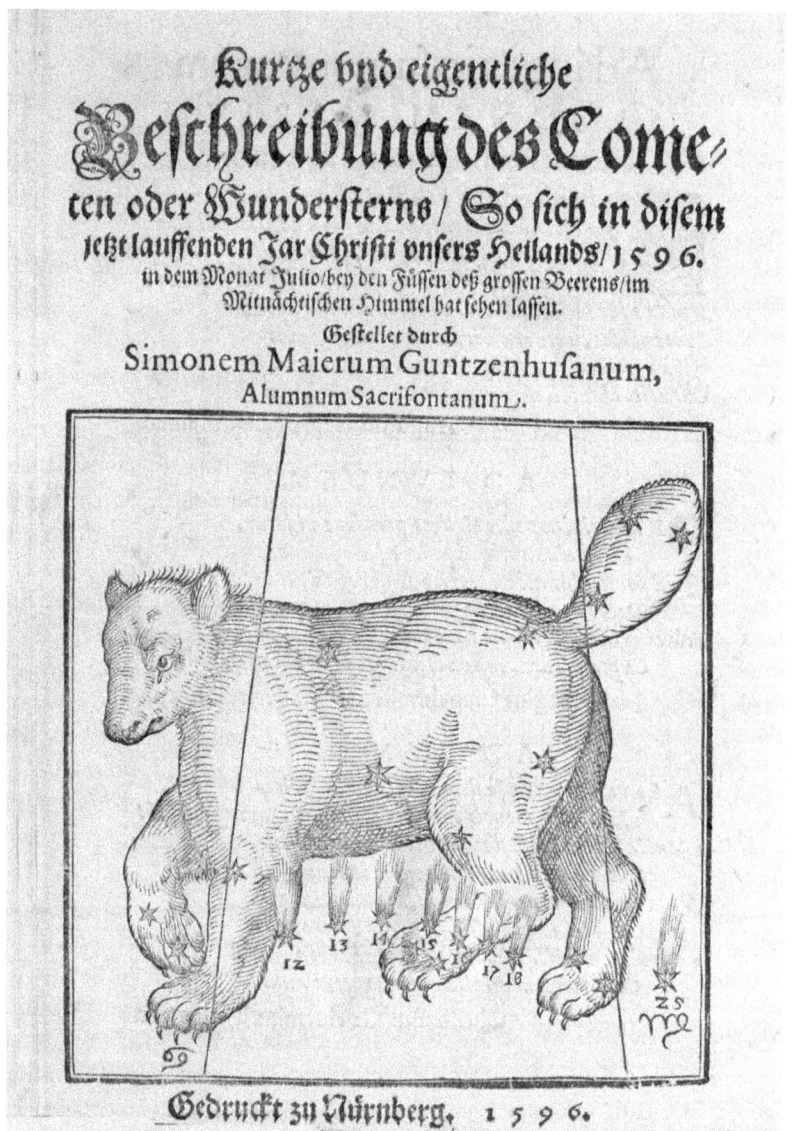

Abbildung 7.8:
Simon Marius: *Kurtze und eigentliche Beschreibung des Cometen oder Wundersterns / So sich in disem jetzt lauffenden Jar Christi unsers Heilands / 1596. in dem Monat Julio / bey den Füssen des grossen Beerens / im Mitnächtischen Himmel hat sehen lassen.* Nürnberg: Kauffmann 1596.

gleichzeitig mit einer Großen Konjunktion zu seinen Berechnungen zur Geburt Jesu (Stern von Bethlehem) angeregt wurde. Die Große Konjunktion von 1584 war die erste in einem dem Feuer-Trigon zugeordneten Tierkreiszeichen und das Auftreten von Tychos und Keplers *Supernova* 1572 bzw. 1604 wurde als himmlische Bestätigung dieser astrologischen Vorstellungen aufgefasst.[30] Marius gab über zwei Jahrzehnte (1601 bis 1629) seinen SchreibCalender heraus, gedruckt bei Johann Lauer in Nürnberg (Titelblatt, siehe Abb. 7.9, S. 214).

In den Jahren von 1601 bis 1624 veröffentlichte Marius 23 Prognostica (ebenfalls gedruckt bei Johann Lauer; vier davon sind verschollen). Sein erstes Prognosticon[31] (1601) widmete Mayer der Freifrau Maria von Eyb, die weiteren Prognostica waren jeweils den Markgrafen Christian, Markgraf von Brandenburg-Bayreuth, und später Joachim Ernst, Markgraf von Brandenburg-Ansbach, gewidmet. Beim Prognosticon von 1620 ist auf dem Titelblatt zum ersten Mal Urania mit Fernrohr dargestellt. Das Portrait von Marius erscheint auf dem Prognosticon von 1621, aber mit einer anderen Beschriftung im Vergleich zu dem bekannten Portrait im *Mundus Jovialis*. Der Nürnberger Kaufmann Philipp Eckebrecht, der auch Kepler bei den Rudolphinischen Tafeln unterstützte, publizierte die letzten Werke von Marius, als dieser zu krank war.

Marius stand in Kontakt mit verschiedenen Gelehrten; in Ansbach wurde er besucht: 1615 von Petrus Saxonius (1591–1625), Professor für höhere Mathematik in Altdorf, und von Lukas Brunn (~1572–1628), Professor für Mathematik in Wittenberg. Ferner korrespondierte Marius mit anderen Wissenschaftlern wie David Fabricius, Kepler, Michael Maestlin und Johann Caspar Odontius (1580–1626), Professor für niedere Mathematik in Altdorf. Allerdings sind nur wenige Briefe erhalten[32] und dadurch gingen auch wichtige Beobachtungen verloren.

7.3.6 Nachwirkung: Simon-Marius-Denkmal in Ansbach und Mondkrater

In seiner fränkischen Heimat genoß Simon Marius großes Ansehen. Die Schenkung eines kleinen Bechers zu $6\frac{1}{2}$ Gulden als Dank für seine Entdeckung der Jupitermonde von seiner Vaterstadt Gunzenhausen 1612 wurde schon erwähnt

---

30 Frühe astronomische Druckwerke: `http://dkcmzc.chemie.uni-mainz.de/~pfeiffer/aag/gut/astimpr.htm`.

31 Marius, Simon: *Prognosticon astrologicum, das ist außführliche Beschreibung deß Gewitters, Krieg, kranckheit, und andern Natürlichen zufällen, genom[m]en auß dem Lauff unnd Stand der Planeten Fixstern, Finsternussen, [et]c. Auff das Jar nach unsers Herrn unnd Seligmachers Geburt, MDCI. Allen frommen Christen zur nachrichtung treulich und fleissig gestellet.* Nürnberg [1601], siehe Abb. 14.2, S. 406.

32 Für die Briefe an Odontius, Vicke und David Fabricius siehe Klug 1904, S. 445 ff.

Abbildung 7.9:
Simon Marius: *Alter und Newer SchreibCalender / mit dem Stand / Lauff unnd Aspecten / Sonnen / Monds und der andern Planeten und Fixsternen / auch den gemeinen Astrologischen Erwehlungen / Auff das Jahr ... Calculiret und beschrieben.* (Nürnberg: Johann Lauer 1629).

(vgl. den Beitrag von Joachim Schlör und die Abb. 2.8, S. 45). Das Staatsarchiv Nürnberg besitzt verschiedene Sammelbände mit Kalendern und Vorhersagen, insbesondere das Prognosticon von Marius für 1612 (Schreibkalender Nr. 274) mit den ersten Nachrichten von seinen Entdeckungen.

1991 bekam Simon Marius als Entdecker der vier Jupitermonde ein Denkmal auf dem kleinen Schloßplatz in Ansbach (Karl-Burkhardt-Platz),[33] angeregt vom Lions-Club, ausgeführt vom Münchner Künstler Friedrich Schelle. Das Denkmal zeigt den Kopf von Simon Marius als birnenförmigen Stein bei der Himmelsbeobachtung, dazu ist ein Buch mit einem Fernrohr als Symbol seiner Tätigkeit dargestellt; Jupiter in der Mitte des Kreises wird von den vier Monden umkreist. Simon Marius wurde schließlich von der astronomischen Community geehrt durch die Benennung eines Mondkraters (1935).[34] 1979 wurde noch eine Region auf dem Jupitermond Ganymed *Marius Regio* benannt.[35]

7.4 Die Einführung des Fernrohrs im 17. Jahrhundert – ein neuer Blick ins Weltall

7.4.1 Vom Beryll zum Teleskop – Die „Erfindung" des Fernrohrs in Italien und Holland

Johann Baptist Cysat (1587–1657) beschrieb den Gebrauch eines „Fernrohres" in seiner Kometenschrift von 1619 und orientiert sich dabei an einem Buch in der Klosterbibliothek Scheyern, *„welches vor 400 Jahren geschrieben worden ist"* (*Historica scholastica*, vor 1241).[36] Hier ist ein Astronom abgebildet, der ein Fernrohr zum Himmel richtet, um die Sterne zu betrachten. *Neben einer Frauengestalt, der Astronomia, betrachtet ein Mann durch ein vierfach ausziehbares Sehrohr einen Stern. „Durch die Möglichkeit des Ausziehens des Sehrohres war man in der Lage, die für die Helligkeit eines bestimmten Sternes günstigste Länge durch hin- und herschieben zu ermitteln."* Allerdings hatten diese Sehrohre, die gelegentlich in mittelalterlichen Handschriften dargestellt sind, keine Optik.

Lesesteine (*lapides ad legendum*) waren geschliffene Quarzkristalle, die bereits in Antike und im Mittelalter zur Vergrößerung der Schrift wie mit einer

---

33 http://www.w-volk.de/museum/monum69.htm und Virtueller Stadtrundgang, Simon-Marius-Denkmal bei http://www.procity-ansbach.de/.

34 Mondkrater Marius: 11,9° N, 50,8° W und 41 km Durchmesser.

35 *Marius Regio* auf dem Jupitermond Ganymed: 12.1° N, 199.3° W, 3572 km Durchmesser.

36 Dieser Absatz ist zitiert nach Goercke, Ernst: Anläßlich des Besuches des Historischen Vereins Ingolstadt im Kloster Scheyern am 23.10.1988: http://www.ingolstadt. de/stadtmuseum/scheuerer/museum/fernrohr.htm.

Abbildung 7.10:
Lesestein (Beryll) auf einer Handschrift
Foto: Gudrun Wolfschmidt im Optischen Museum in Jena (2011)

Lupe beim Lesen in Verwendung waren (Beryll, vgl. Abb. 7.10, S. 216).[37] Wie
Willach 2007 ausführt, war bereits seit der Antike die Technik des Schleifens
auf rotierenden Scheiben bekannt[38] und auch das Polieren mit Eisenoxid. Diese Technik wurde auch in den Klöstern des Mittelalters verwendet und hat im
12. Jahrhundert bereits eine hohe Perfektion erreicht. Im 14. und 15. Jahrhundert war das Handwerk des Linsenschleifens hoch entwickelt.[39] Besonders die
Insel Murano bei Venedig wurde Ende des 13. Jahrhunderts Zentrum der Glas-
herstellung (*cristallo*, ein Soda-Kalk-Glas). Zum Schmelzen von Glas braucht
man Quarzsand (SiO_2), ein Flußmittel zur Senkung des Schmelzpunktes des
Quarzes – in der Antike wurde Soda (Natriumkarbonat, Na_2CO_3) bevorzugt,
im Mittelalter Pottasche (Kaliumkarbonat, K_2CO_3) –, und schließlich Kalk
(Kalziumkarbonat, $CaCO_3$) als Stabilisator, der einen lösenden Angriff des
Wassers verhindert und die Härte des Glases verbessert.[40] Die Tradition des
römischen Glases, das mit Hilfe des wichtigen Rohstoffs Soda („Natron") aus
Ägypten oder aus der Levante geschmolzen wurde, konnte in Venedig durch die
Kontakte mit dem Orient, mit Konstantinopel, wiederbelebt werden.

Seit dem 13. Jahrhundert finden sich Gemälde, die Gelehrte, Mönche oder
Nonnen mit Brillen („Beryll") zeigen. Bekannt ist der Lesende mit einer Niet-
brille, die auf der Nase festgeklemmt wird, auf dem Altarbild von Conrad von
Soest (1403) oder auf einem Fresko im Kapitelsaal bei der Kirche San Nicolo in
Teviso (1352). Ferner gibt es eine Darstellung mit Brille auf der Predella der
St.-Jakobs-Kirche in Rothenburg ob der Tauber (1466).[41] Im Kloster Wien-
hausen wurden sogar Reste von Brillen im Nonnenchor gefunden.[42] In Städten
wie Nürnberg und Regensburg mit guten Kontakten nach Italien entwickelte
sich das Brillenmacher-Handwerk im 16. Jahrhundert;[43] das Kristallglas konnte aus Murano bezogen werden. Zunächst wurden Nietbrillen als Lese- und
Schreibhilfe benutzt, zunächst im wesentlichen mit konvexen Brillengläsern zur

---

37 Willach 2007, S. 38–45.

38 Willach 2007, S. 38 ff.

39 Willach 2007, S. 54–126, findet sich eine ausgezeichnete Übersicht über die Entwicklung
von Glasschmelzen und Glasschleifen, die Artefakte wurden optisch vermessen, Schleifmittel, Klebemittel und Rotationsscheibe, wurden diskutiert, vgl. auch die Abbildung einer
Schleifmaschine (1738) bei Willach 2007, S. 51.

40 Es gibt zwei Darstellungen eines Glasschmelzofens im Hochmittelalter: nach Hrabanus
Maurus (um 780–856), Abt des Klosters Fulda und Erzbischof von Mainz, im Werk *De
Universo, De rerum naturis* (1023) und von Theophilus Presbyter, Rogerus von Helmarshausen (um 1070–nach 1125), der in Köln und im Kloster Helmarshausen in Nordhessen
wirkte, im Werk *De diversis artibus* (1100/20).

41 Rossi: Brillen 1989, S. 18–21.

42 Buck 2002, S. 46.

43 Brillenschleifer-Zunft in Nürnberg 1578 und Brillenmacherordnung in Regensburg um
1600. Siehe dazu: Rossi: Brillen, S. 40. Buck: Der geschärfte Blick 2002. Kuisle 1992.

Abbildung 7.11:
Glasschmelzofen nach Agricola *De re metallica libri XII* (Basel 1556)
Bügelbrille eines Gelehrten (Plotin) in der Schedelschen Weltchronik (1493)
Schedel, Hartmann: Weltchronik. Nürnberg: Anton Koberger 1493.

Korrektur der Altersweitsichtigkeit, dann im 16. Jahrhundert auch mit konka-
ven Linsen zur Korrektur der Kurzsichtigkeit.[44]

Die Schrift von Girolamo Fracastoro aus Verona (∼1478–1553) *Homocentri-
corum sive de stellis liber unus* (1538) zeigt klar,[45] daß die Idee des Fernrohrs
in der Luft lag – bereits in der ersten Hälfte des 16. Jahrhunderts und daß man
es nicht vollständig neu erfinden mußte. In Italien scheint schon im 16. Jahrhundert eine Art Fernrohr mit Linsen konstruiert worden zu sein. Es gibt
beispielsweise auch eine Schilderung von Giambattista della Porta (1535–1615)
aus Neapel, Gründer der *Academia Secretorum Naturae* (1560), bzgl. einer

---

44 Vgl. Rossi: Brillen, S. 35. Kuisle 1985, S. 24.
45 *„Et per duo perspicilla ocularia, si quis perspiciat altero alteri superposito, majora mul-
to et propinquiora videbit omnia.“*, vgl. `http://www.bo.astro.it/dip/Museum/english/`
`index_12.html` (13.07.2011).

Kombination konvexer und konkaver Linsen (*Magia naturalis* (Neapel 1558), erweitert auf *libri XX* 1589,[46] um in der Ferne einen Mann viele Meilen entfernt sehen zu können; in einem Brief an Federico Cesi (1585–1630), vom 28. August 1609 findet sich vielleicht die früheste Illustration eines Teleskops.[47] In della Portas Werk *De refractione optices* (1593) wurde berichtet: „*Fiunt imagines ut in aere pendulae videantur, tam clare et perspicue ut nisi manibus tengas vix oculis credas*".[48]

Der andere Entwicklungsstrang neben Italien war die Niederlande – und zwar im Jahr 1608; mit der Erfindung des Fernrohres sind hier drei Namen verbunden.[49] Zunächst versuchte der holländische Brillenmacher Hans Lippershey (um 1570–1619) aus Middelburg, Provinz Zeeland, am 25. September 1608, ein Linsenfernrohr für 30 Jahre zum Patent in Den Haag anzumelden. Das Objektiv war eine Sammel-, das Okular eine Zerstreuungslinse. Diese Anordnung wurde später holländisches oder auch Galileisches Fernrohr genannt. Das Patent wurde allerdings nicht gewährt, weil – wie gesagt wurde – andere Brillenmacher bereits ähnliche Ideen gehabt hätten.[50] Aber er bekam einen Auftrag für mehrere Binokularteleskope. Lippershey dachte zunächst an eine militärische Verwendung, zum Beispiel im Spanisch-Niederländischen Krieg von 1568 bis 1648. So präsentierte er seine Erfindung auch vor Prins Maurits van Oranje (1567–1625). Auch Jacob Adriaanszon, genannt Metius von Alkmaar (†1624/31), bekam das Patent nicht. Aber der holländische Brillenmacher Zacharias Janssen (1588–1631) aus Middelburg war erfolgreich mit seinem Patentantrag im Oktober 1608. Sein Sohn, Johannes Zachariassen, behauptete später unter Eid, dass Lippershey seinem Vater die Erfindung gestohlen hätte. Wahrscheinlich läßt sich dieser Prioritätsstreit nicht mehr klären, aber die Erfindung lag in der Luft und diese Brillenmacher konnten sie auch unabhängig voneinander gemacht haben.

Die Verbreitung des Fernrohrs ging unglaublich schnell. Janssen stellte bereits 1608 sein Fernrohr auf der Frankfurter Messe vor. Der französische Botschafter in den Niederlanden erwarb ein Teleskop zum Vergnügen für König Heinrich IV. (1553–1610). Im April 1609 wurden Fernrohre in Läden in Paris verkauft, dann im Mai in Mailand, im Juli in Venedig und Neapel und dann in London und in Heidelberg – speziell für die Jagd und die Seefahrt. Bald

---

46 Kepler berichtete jedenfalls in seiner *Unterredung mit dem Sternenboten* (Prag 1610) darüber, schränkte aber ein, daß Giambattista della Porta etwas unklar formuliert habe.
47 Favaro: Le Opere di Galileo Galilei: Edizione Nazionale, 1890–1909, Vol. 10, S. 252.
48 Balbiani 2001.
49 Riekher: Fernrohre und ihre Meister, 1990, S. 19–21. The Galileo Project, The Telescope: http://galileo.rice.edu/sci/instruments/telescope.html.
50 Helden: The Invention of the Telescope, 1977, S. 40.

konnte man Teleskope neben Frankreich, Italien, Deutschland auch in England erwerben.

Das Wort „Teleskop" kommt aus dem Griechischen (τέλε = fern, σκοπέιν = sehen). Das Wort Teleskop soll nach Giambattista della Porta, der sich in Italien als Erfinder präsentierte, von Federico Cesi (1585–1630), dem Präsidenten der *Accademia dei Lincei*, eingeführt worden sein.[51] Galilei benutzte dagegen *organum, instrumentum* oder *perspicillum*, letzteres verwendete auch Marius. Fernrohre erzeugen das Bild eines Gegenstandes, indem sie entweder das Licht mit Linsen brechen (Refraktion) oder mit Spiegeln zurückwerfen (Reflexion). Dementsprechend unterscheidet man zwischen Linsenfernrohren oder Refraktoren und Spiegelteleskopen oder Reflektoren.

7.4.2 Galileisches Fernrohr

Am 21. August 1609 zeigte Galilei acht Patriziern auf dem Turm von S. Marco in Venedig die Wirkung seines Fernrohrs (vgl. Abb. 7.12). Der Franzose Jean Tarde (1561/12–1636) berichtete von einem Besuch bei Galilei:

> *„Galilei erzählte mir, das Rohr eines Teleskops zum Betrachten der Sterne sei nicht mehr als zwei Fuß lang; wenn man aber sehr nahe, wegen ihrer Kleinheit dem bloßen Auge kaum erkennbare Objekte gut beobachten wolle, so müsse das Rohr zwei- oder dreimal länger sein. Er sagte mir, er habe mit diesem langen Rohr Fliegen betrachtet, die so groß wie Lämmer aussahen, ganz und gar mit Haaren bedeckt waren und mit sehr spitzen Nägeln versehen, mit denen sie sich festhalten, wenn sie mit dem Kopf nach unten über Glas spazieren."*[52]

Merkwürdigerweise erfuhr Galileo Galilei (1564–1642) nichts von den frühen italienischen Instrumenten, sondern von den holländischen – und zwar im Juni oder Juli 1609. Aufgrund dieser Berichte – und mit Hilfe seiner physikalischen Kenntnisse über die Lichtbrechung – baute sich Galilei ein Fernrohr – aus einer Konvex- und Konkavlinse. Wie das genau von statten ging – weit über Galileis Informationen im *Sidereus Nuncius* (1610) hinaus –, berichtet Giorgio Strano (2012) in einem äußerst interessanten Artikel;[53] hier wird detailliert die „Einkaufsliste" von Galilei für Venedig vorgestellt (Ende 1609), wie er zu den Glasmachern nach Murano gehen wollte und wie er plante, was er sonst noch für den Tubus oder zum Schleifen der Linsen brauchte. Mathematisch verstand

---

51 Rosen: The Naming of the Telescope, 1947.
52 Tarde, Jean, Manuskript, 1614, abgedruckt in *Edizione Nazionale* XIX, S. 590.
53 Strano: Galileo's Shopping List (2012), S. 1–19, hier besonders S. 8–10.

Abbildung 7.12:
Oben: Galilei führte 1609 sein Fernrohr dem Senat in Venedig vor, Gemälde von
Luigi Sabatelli (1772–1850), Palazzo Torrigiani (Museo Zoologico della Specola);
Unten: Galileis Teleskope im Museo Galileo –
Istituto e Museo di Storia della Scienza in Florenz
Fotos: Gudrun Wolfschmidt in Florenz (2010)

Galilei allerdings dieses optische Problem nicht – im Gegensatz zu Kepler.[54] Doch Galilei erkannte sofort die neuen wissenschaftlichen Möglichkeiten, die darin steckten und begann mit der astronomischen Beobachtung.

> *„At the same time in Rome the president of the Lynxes, the most illustrious Frederick Cesi, having heard only a rumor from Belgium, constructed the very instrument and passed it around among very many noblemen in the city. He also thought up the name telescope and bestowed in on the instrument. Not many months later Galileo came to Rome. Cesi entertained him at dinner on the Janiculum, together with [. . .] Before dining, we viewed some sights in the heavens and on the earth, and held philosophical discussions. While the instrument was in use, Cesi repeated the name telescope many times. It pleased everybody so much and was so welcome that it subsequently spread throughout the city and the world.“*[55]

Das holländische oder Galileische Fernrohr besitzt eine Konvex- oder Sammellinse als Objektiv und eine Konkav- oder Zerstreuungslinse als Okular. Die Vergrößerung des Teleskops steigerte sich von 3fach über 8- bis 10fach (etwa 60 cm lang, 4 cm Durchmesser) bis zu 30fach.[56] Das erste kleine Teleskop entsprach dem holländischen Instrument, wovon Galilei nur gehört hatte; dies ließ sich mit käuflichen Linsen von einem Brillenmacher herstellen. Noch im August 2009 führte er sein 2. Teleskop in Venedig vor; Ende des Jahres war sein großes Teleskop fertig. Von Galilei sind zwei Teleskope im *Museo Galileo – Institute and Museum of the History of Science* in Florenz erhalten:[57]

- Inv.-No. 2428: kleineres Fernrohr:
  plan-konvexe Linse als Objektiv von 37 mm Durchmesser (Öffnung 15 mm), Brennweite 980 mm, Dicke in der Mitte 2,0 mm,
  bi-konkave Linse als Okular von 26 mm Durchmesser (19. Jahrhundert), Brennweite -47.5 mm, Dicke in der Mitte 1,8 mm, Vergrößerung 21fach, Bildfeld 15′.

- Inv.-No. 2427: größeres Fernrohr:
  bi-konvexe Linse als Objektiv von 51 mm Durchmesser, Brennweite 1330 mm, Dicke in der Mitte 2,5 mm,
  plan-konkave Linse als Okular von 26 mm Durchmesser, Brennweite -94 mm, Vergrößerung 14fach, Bildfeld 15′.

---

54 Dupré (2005), S. 145–180.
55 John Faber (1574–1629), zitiert nach Rosen: The Naming of the Telescope, 1947, S. 24.
56 Galilei, Galileo: *Sidereus Nuncius* Venedig 1610, S. 61.
57 Reeves: Galileo's Glassworks, 2008.

Das holländische oder Galileische Fernrohr liefert ein aufrechtes, seitenrichtiges Bild und ist etwa mit einem heutigen Opernglas zu vergleichen, allerdings mit einer viel schlechteren Bildqualität. Die Fernrohre von Galilei kamen in Besitz von Fürst Leopoldo de' Medici (1615–1675) und wurden Teil der Sammlung der Medici nach dem Tod von Leopoldo (1675).

Die in Galileis Zeit verwendeten Linsen Anfang des 17. Jahrhunderts hatten noch diverse Lufteinschlüsse und waren noch nicht optimal geschliffen. Diese Nachteile konnten mit der Zeit verbessert werden. Ein grundsätzliches Problem des holländischen Fernrohres bieb jedoch bestehen: Das Gesichtsfeld dieses Fernrohrtyps war relativ klein. Galileis Teleskope hatten ein kleines Gesichtsfeld von etwa 15 Bogenminuten, das bedeutet, daß beim Beobachten des Vollmondes nur etwa ein Viertel der vollen Scheibe sichtbar ist.

Wichtiges Hilfsmittel war für Galilei das Fernrohr, das er astronomisch nutzte: *„Die himmlische Region wird erforschbar, das Fernrohr durchdringt sie."* Durch Beobachtung sollte neue naturwissenschaftliche Kenntnis erreicht werden. Als Beweis für die Richtigkeit des Copernicanischen Systems führte Galilei die Gezeiten als Folge einer doppelten Erdbewegung an, obwohl bei diesen bereits seit der Antike der Zusammenhang mit der Mondbewegung erkannt worden war. Beim Anblick des kraterüberzogenen Mondes oder der Sonne mit Flecken wurde Galilei in seinen Zweifeln an der aristotelischen Physik bestärkt. Offensichtlich war der Mond keine ideale Kugel und die Sonne nicht makellos. Damit ähnelt der Mond der Erde; die Trennung zwischen sub- und translunaren Raum mußte aufgegeben werden. Galilei konnte sogar die Höhe der Mondberge bestimmen. Beispielsweise beobachtete Thomas Harriot (1560–1621) schon 1609 den Mond und auch die Sonnenflecken – früher als Galilei; Harriot hat dies aber nur in seinem Notizbuch notiert, und nicht veröffentlicht.[58] Die erste Mondkarte in Deutschland wurde von Christoph Scheiner in der Dissertation *Disquisitiones mathematicae de controversalis ac novitatibus astronomicis* seines Schülers Johann Georg Locher (um 1592–1633) veröffentlicht (S. 58).[59] Gedruckt wurde sie bereits im Jahre 1614 in Ingolstadt, wobei nicht auszuschließen ist, daß sie bereits früher gezeichnet wurde. Sie entstand durch Beobachtung mittels eines „holländischen Fernrohres".

Galilei konnte erstmals die Milchstraße in einzelne Sterne auflösen und stellte fest, daß die Milchstraße aus zahllosen Sternen besteht. Dies wirkte sich sogar auf die Malerei aus: Adam Elsheimers *Flucht nach Ägypten* (1609) bildet die erste Darstellung der Milchstraße in der Kunst.[60] Zudem entdeckte Galilei die Nebel *Praesepe* und die *Hyaden* (heute: Offene Sternhaufen).

---

58 1601 Harriot: Lichtbrechungsgesetz, unveröffentlicht. Shirley 1983.
59 Goercke (1988), S. 229–236. Goercke 1991, S. 152.
60 Hartl/Sicka 2005.

Abbildung 7.13:
Links: Galileo Galilei (1564–1642)
Rechts: Galilei weiht sein Fernrohr den Musen (1655)
Foto (links): Gudrun Wolfschmidt in Buenos Aires (2011)
Galileo, Galilei: *In questa nuoua editione insieme raccolte . . .* (Bologna 1655).

Mit Hilfe des Fernrohrs versuchte Galilei, das Copernicanische System zu beweisen:

1. Die Jupitermonde waren für Galilei ein Zeichen dafür, daß Jupiter aus der gleichen Materie wie die Erde besteht.

2. Die Jupitermonde zeigten aber auch, daß es außer der Erde mindestens noch ein Zentrum im Kosmos gibt, das Mittelpunkt einer Bewegung ist. Sie bildeten somit ein Beispiel für die Forderung des Copernicus, daß die Himmelsbewegungen verschiedene Mittelpunkte haben.

3. Galilei glaubte außerdem, daß sie sich aufgrund der häufig auftretenden
   Verfinsterungen zur Längenbestimmung auf See gut eignen könnten – eine
   Idee, die schließlich zum Erfolg führte.[61]

Galilei führte ferner die von ihm entdeckten Venusphasen an, die eindeutig
gegen das antike, geozentrische System sprachen, nach dem es eine Vollvenus
nicht geben konnte.[62] Damit war zwar bewiesen, daß Venus um die Sonne
kreist, aber dies war sowohl im heliozentrischen System des Copernicus erfüllt, als auch im Tychonischen System – doch diesen letzten Punkt diskutierte
Galilei nicht.

Schließlich zeigten die regelmäßigen Beobachtungen von Sonnenflecken im
frühen 17. Jahrhundert zudem, daß die Sonne rotiert. Der Analogieschluß auf
eine Rotation der Erde lag deshalb nahe – wurde aber von Galilei nicht gezogen.

Galileis Veröffentlichung seiner ersten astronomischen Entdeckungen (beobachtet seit August 1609) geschah im *Sidereus Nuncius* (Sternenboten), 4. März
1610, gewidmet seinem Gönner Cosimo II. de' Medici.[63]

7.4.3 Das Fernrohr von Marius und der Streit um die Entdeckung der Jupitermonde

Im Herbst 1608 erfuhr Marius vom Artillerie-Offizier, Freiherr Hans Philip
Fuchs von Bimbach, daß auf der Frankfurter Herbstmesse Fernrohre angeboten
wurden, die aus den Niederlanden stammten. Aber diese Fernrohre waren viel
zu teuer. Marius ließ sich daher in Nürnberg Linsen schleifen, (vgl. S. 217)
aber die Optiker stellten zu stark konvexe Linsen her; schließlich mußten Bimbach und Marius doch die Unkosten für den Kauf eines Fernrohrs im Sommer
1609 auf sich nehmen. Folgendermaßen schilderte Simon Marius in seinem
Werk *Mundus Jovialis* (1614) die Entdeckung der Jupitermonde mit Hilfe seines Fernrohres:[64]

> *„Dies geschah im Sommer 1609.* [kurz nachdem in den Nieder-
> landen das Fernrohr entdeckt worden war]. *Seit diesem Zeitpunkt
> begann ich mit diesem Instrument zum Himmel und zu den Sternen
> zu sehen,* [...] *um das Ende des November* [...] *betrachtete ich
> gewöhnlich in meiner Sternwarte die Sterne.*

---

61 Wolfschmidt: „Sterne weisen den Weg" – Geschichte der Navigation, 2009, S. 162–163.
62 Simon Marius berichtete, daß er im Februar 1611 die Venusphasen entdeckt habe, vgl.
   Abb. 6.11, S. 186, aber er hat sie erst im Prognosticon (1612) veröffentlicht.
63 Gingerich, van Helden (2003).
64 Marius, Simon: *Mundus Iovialis anno MDCIX Detectus Ope Perspicilli Belgici.* Nürnberg
   1614.

*Damals sah ich den Jupiter zum ersten mal, der sich in Opposition
zur Sonne befand, und ich entdeckte winzige Sternchen bald hinter, bald vor dem Jupiter, in gerader Linie mit dem Jupiter. Erst
meinte ich, jene gehörten zur Zahl der Fixsterne, die man anders
und ohne dieses Instrument nicht sehen kann, wie ich sie in der
Milchstraße, in den Plejaden, den Hyaden, dem Orion und an anderen Orten gefunden habe. Als aber Jupiter retrograd* [rückläufig –
entgegen der normalen Bewegungsrichtung der Planeten] *war und
ich dennoch im Dezember die Sterne um ihn sah,* [...] *gelangte ich
zu der Meinung, dass sich diese Sterne geradeso um den Jupiter
bewegen, wie die fünf* [damals bekannten] *Sonnenplaneten Merkur,
Venus, Mars, Jupiter und Saturn sich um die Sonne bewegen. Ich
begann also meine Beobachtungen aufzuschreiben; die erste war am
29. Dezember, als drei derartige Sterne in gerader Linie vom Jupiter in Richtung Westen zu sehen waren.*"[65]

Marius gab als frühestes Beobachtungsdatum der Jupitermonde den 29. De-
zember 1609 (jul.) an. Unabhängig von Galilei (7. Januar 1610 greg.) fand
Marius am 8. Januar 1610 (greg.) – nur einen Tag nach Galilei – die vier
Jupitermonde mit seinem Linsenfernrohr.

Bereits in seinem *Prognosticum für 1612*, beendet bereits 1611, berichtete
Marius erstmals von seiner Entdeckung der Jupitermonde,[66] vgl. Zitat, S. 112,
und daß er sich eifrig bemüht, die Umlaufzeiten der Monde zu ermitteln. Er lieferte auch 1612 die erste Beschreibung dieser sogenannten „holländischen Fernrohre". Durch weitere sorgfältige Beobachtung ermittelte er die Umlaufzeiten
der Monde um den Jupiter und entdeckte ihre unterschiedlichen Helligkeiten,
so wie sie 1614 veröffentlicht wurden.

Stammt das Fernrohr im Deutschen Museum (Inv.-Nr.: 1910/21794) von Simon Marius (vgl. Abb. 7.1, S. 194) und wurde es bei den Jupiter-Beobachtungen
1609/1610 eingesetzt? Es stellt sich die Frage nach der Herkunft. Nach den
Akten[67] berichtete der Regierungspräsident von Mittelfranken Dr. Julius von
Blaul in einem Brief vom 3.12.1909 über ein Fernrohr, das sich bis in der Ansbacher Schlossbibliothek befand: „*Das Fernrohr nun, mit welchem Marius diese
Entdeckung gemacht haben soll, befindet sich hier in Ansbach, und ich wäre in
der Lage, dem Deutschen Museum dieses Stück zu überweisen.*" Das Deutsche
Museum übernahm dieses Fernrohr am 13.1.1910 als Stiftung und bedankte

---

65 Zitiert nach Schlör 1988: *Mundus Jovialis*, S. 38–41.
66 Herbst 2009.
67 Vgl. Fuchs: Das Fernrohr von Simon Marius (1955), Heft 1, S. 16–17.

sich am 17. Januar 1910 mit folgenden Worten „*Das Fernrohr ist ein wichtiges Dokument für die Konstruktion der ersten Fernrohre …* ".

Folgendermaßen lassen sich das Fernrohr sowie die beiden Wechselfassungen (Objektiv und Okular) technisch beschreiben: Der Tubus (Länge etwa 7,8 m, Durchmesser 9,5 cm) besteht aus 30 einzelnen, ineinander steckbaren Eisenblechröhren. Ein verkürzter Tubus lässt sich durch Trennung nach der 17. Röhre herstellen. Für das lange und für das gekürzte Fernrohr sind aufsteckbare, hölzerne Objektiv- und Okularfassungen vorhanden (vgl. Abb. 7.1, S. 194):[68]

- „Objektiv 1: Linsendurchmesser 52 mm, handschriftliche Aufschrift auf der Holzfassung: *Focus = 14 Schuh, Amplificatio = 40 mahl.* 14 Schuh entsprechen 4,39 m Brennweite, die Vergrößerung 40mal ist auf die Fläche bezogen. Dies entspricht einer linearen Vergrößerung von 6,3fach."

- „Objektiv 2: Holzfassung ohne Linse, Aufschrift auf der Holzfassung: *Focus = 25 Schuh, Amplificatio = 100 mahl*, entsprechend 7,8 m Brennweite und 10fache lineare Vergrößerung."

- „Die beiden Okularfassungen sind ebenfalls ohne Linsen, d. h. vom gesamten Teleskop ist nur noch eine Linse vorhanden!"

Verwendete Marius wirklich dieses Fernrohr bei seiner Entdeckung? Allerdings deuten Indizien darauf hin, daß es sich nicht um das große 7 m lange Rohr gehandelt haben kann. Beim Portrait von Marius (1614) ist nämlich ein sehr kleines Fernrohr *Perspicillum* abgebildet, von etwa 40 cm Länge und 2 cm Öffnung. Auch beschrieb Marius, daß er manchmal das Fernrohr zum Beobachten mit nach Hause nahm. „Auch das Fernrohr selbst gibt Hinweise. Sowohl die Qualität des Glases (Blasen und Färbung) als auch die Art der Linsenfassungen und die Ausgestaltung des Tubus deuten auf eine Herstellung in der 2. Hälfte des 17. Jahrhunderts hin, ebenso die lange Brennweite der beiden Objektive. Bis Mitte des 17. Jahrhunderts waren Fernrohre mit relativ kurzen Objektivbrennweiten (maximal 2 bis 3 m) in Anwendung."

Zinner schlug eine andere plausiblere Provinienz für das Fernrohr des Simon Marius vor:[69] „*Simon Marius benutzte 3 Fernrohre: im Sommer 1609 ein belgisches Fernrohr, dann baute er sich Ende 1609 aus Venediger Linsen ein besseres Fernrohr und 1613 brachte er aus Regensburg ein Fernrohr mit.*" „*Die Altdorfer Sternwarte erhielt 1713 ein Fernrohr mit 2 verschieden langen Rohren, deren Okulare und Objektive für 25 Gulden aus Danzig bezogen wurden; vielleicht stammen sie aus dem Nachlasse Hevelius [. . .] Dieses Fernrohr*

---

[68] Die folgenden Informationen stammen aus dem Artikel von Hartl 2002.

[69] Zitiert nach Hartl 2002. Vgl. Zinner: Zur Ehrenrettung des Simon Marius, 1942.

Abbildung 7.14:
Hevelius Werkstatt mit Linsen-Schleifmaschine zur Fernrohr-Herstellung
in seiner Danziger Sternwarte, um 1660
Hevelius, Johannes: *Selenographia* (1647). (Hamburger Sternwarte)

ist wohl identisch mit dem angeblichen Fernrohr des S. Marius im Deutschen Museum." Auch wenn es kein Orginal von Marius ist, stellt es trotzdem ein wertvolles Zeugnis dieser seltenen frühen Teleskope aus der ersten Hälfte des 17. Jahrhunderts dar.

Der Streit um die Entdeckung der Jupitermonde

Simon Marius nahm die Entdeckung der Jupitermonde für sich in Anspruch. Die zugrunde liegenden Beobachtungen machte Marius nach eigenen Aussagen bekanntlich ab dem 29. Dezember 1609. Doch auch Galileo Galilei reklamierte, diese Entdeckung zuerst gemacht zu haben. Seine Veröffentlichung *Sidereus*

Nuncius datiert vom März 1610, die zugrunde liegenden Beobachtungen fanden ab dem 7. Januar 1610 statt, vgl. Abb. 7.3, S. 203.

Simon Marius 29.12.1609 jul. → 08.01.1610 greg. – *Mundus Iovialis* (1614).
Galileo Galilei 07.01.1610 greg. → 28.12.1609 jul. – *Sidereus Nuncius* (1610)

Zweifellos hat Galilei die Priorität der Entdeckung, aber es handelt sich nur um einen Tag und Marius hat sicher unabhängig von Galilei die Jupitermonde entdeckt; innerhalb eines Tages konnte er sicher nicht von der Entdeckung in Italien erfahren und ein Fernrohr beschafft haben. Nach Marius' Veröffentlichung, die – abgesehen von der kurzen Nachricht im *Prognosticum* 1612 – erst 1614, aber in sehr ausführlicher Form geschah, entflammte zwischen Galilei und Marius ein heftiger Streit um die Entdeckung. Galilei beschuldigte in seiner Streitschrift *Il Saggiatore* (1623) den fränkischen Astronomen des Plagiats – doch zu Unrecht – das bestätigen auch die sehr detaillierte Untersuchungen von Oudemans und Bosscha;[70] diese haben außerdem nicht nur ergeben, dass Marius seine recht exakten Ergebnisse mit selbstständigen Beobachtungen erhalten hat, sondern dass diese sogar wesentlich genauer waren als die von Galilei bis 1614 veröffentlichten.[71] Marius ermittelte die genauen Umlaufzeiten der Monde und bemerkte, daß sie unterschiedliche Helligkeiten haben.

Die Entdeckung war für das 17. Jahrhundert deshalb so bedeutend, weil sie ein starkes Argument gegen das bis dahin gültige geozentrische Weltbild und indirekt auch für die Gültigkeit der heliozentrischen Lehre von Copernicus war: Es gab nun nachweislich Himmelskörper, die sich nicht an der Erde als Mittelpunkt des Universums orientierten. Allerdings war Marius trotz seiner Beobachtungen ein Anhänger des Tychonischen Weltbildes.

Aus Dankbarkeit gegenüber den Brandenburg-Ansbacher Fürsten schlug Simon Marius vor, die neu entdeckten Monde *Brandenburgische Gestirne* zu nennen, analog wie Galilei sie nach der Familie der Medici benennen wollte. Ihre heutigen Namen *Io, Europa, Ganymed und Kallisto* hatte Johannes Kepler im Oktober 1613 angeregt; Simon Marius propagierte bereits diese mythologische Benennung in seinem Hauptwerk Mundus Iovialis:

> *„Io, Europa, Ganymed atque Callisto*
> *lascivo nimium perplacuere Iovi.“*[72]

---

70 Oudemans / Bosscha 1903.
71 Wilder 1981.
72 *„Io, Europa, Ganymed und Callisto haben dem wollüstigen Jupiter allzu sehr gefallen.“* Marius: *Mundus Iovialis*, S. 78 f.

7.4.4 Kepler und die Theorie des Fernrohrs

Johannes Kepler (1571–1630) begründete die geometrische Optik mit seinen Schriften *Ad Vitellionem paralipomena*[73] (1604) und *Dioptrice* (Augsburg 1611), er entwickelte eine Theorie des Fernrohrs und das Sehen mit dem Auge.

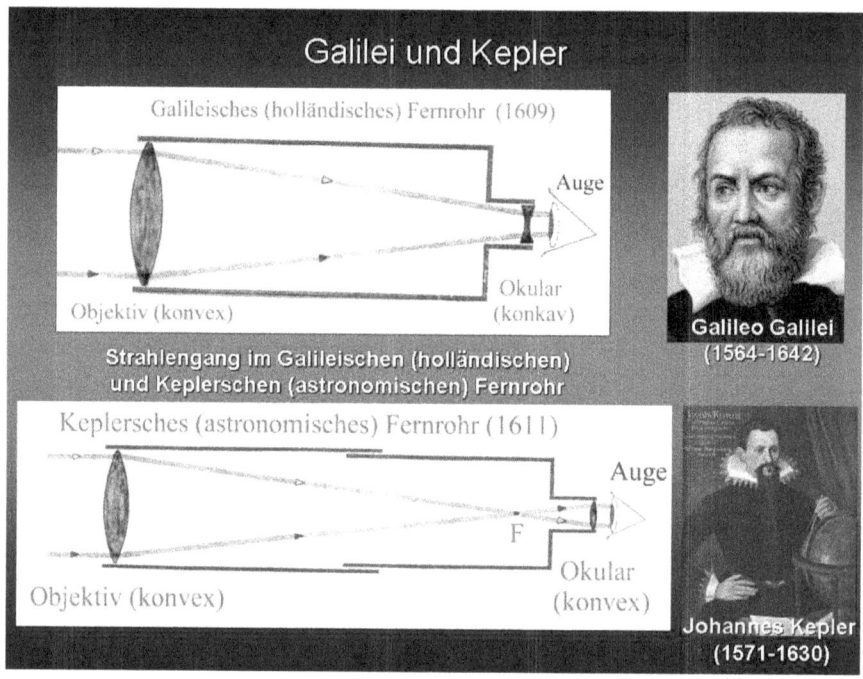

Abbildung 7.15:
Galilei und Johannes Kepler (1571–1630)
Strahlengang im Galileischen und Keplerschen (astronomischen) Fernrohr

Kepler verbesserte das Fernrohr und zwar schlug er eine Anordnung zweier Sammellinsen (Konvexlinsen) vor. Dieses Keplersche Fernrohr erlaubt eine stärkere Vergrößerung als das holländische, entwirft aber ein umgekehrtes Bild. In der *Dioptrice* erklärte er auch den Strahlengang in beiden Arten von Fernrohren.

---

73 Hier wird die Camera obscura, auch zur Sonnenbeobachtung, vorgestellt (Supplement zu Witelo (∼1230–1280/1314). Frankfurt 1604, S. 51). `http://www.precinemahistory.net/1600.htm`.

- Das astronomische oder Keplersche Fernrohr hat im Vergleich zum Galileischen Fernrohr zwei Konvexlinsen, ein langbrennweitiges Ojektiv und ein kurzbrennweitiges Okular; es liefert ein auf dem Kopf stehendes Bild, allerdings ist das Gesichtsfeld deutlich vergrößert und auch die Bildhelligkeit.

- Kepler selbst baute allerdings kein Fernrohr; ein erstes Beispiel konstruierte Christoph Scheiner im März 1611.

- Das Keplersche Fernrohr konnte durch Einführung einer dritten Sammellinse zu einem terrestrischen Fernrohr verwandelt werden, was zwar eine Verlängerung des Fernrohrs mit sich brachte, aber ein aufrechtes Bild lieferte.

7.4.5 Sonnenbeobachtung mit dem Fernrohr

Unabhängig von Galileo Galilei gelangen anderen Beobachtern etwa gleichzeitig auch bedeutende Entdeckungen – bei den Sonnenflecken war Galilei nicht der Erste.[74] Thomas Harriot (1560–1621) in England beobachtete schon 1609 den Mond und auch die Sonnenflecken – noch vor Galilei in Padua – allerdings hat Harriot dies nicht publiziert.[75] Auch Johannes Fabricius (1587–1616) aus Friesland gehört zu den frühen Sonnenfleckenbeobachtern (Dezember 1610). Hier eine Übersicht zur Entdeckung und Veröffentlichung:

- Thomas Harriot[76] (1560–1621) beobachtet seit Juli 1609 in Syon, England, etwa 200 Zeichnungen von Sonnenflecken ab 8. Dez. 1610 bis 19. Jan. 1611, nicht publiziert, nur Beobachtungsbücher.

- Galileo Galilei[77] (1564–1642), berichtet von Beobachtungen im Aug. oder Okt./Nov. 1610?, April 1611, publiziert in einem Brief im Mai 1612, als Buch *Istoria e Dimonstratione* (Rom 1613).

- Johannes Fabricius[78] (1587–1615), Beobachtung im Dez. 1610?, 9. März 1611 n. St., publiziert in Wittenberg im Juni 1611.

- Christoph Scheiner (1575–1650) beobachtet[79] im März 1611 bis 1627, bekanntgemacht in drei Briefen an Markus Welser (1558–1614) vom 12. November, 19. Dezember und 26. Dezember 1611, publiziert von Welser als

---

74 Mitchell (1916).
75 Bereits vor Erfindung des Fernrohrs hatten Chinesen, Inkas und Araber über einzelne (ziemlich große) Sonnenflecken berichtet.
76 Shirley 1983. Schemmel 2008.
77 Drake 1978. Biagioli 2006.
78 Berthold 1894.
79 Drake 1978; Shea 1972.

Tres epistolæ de maculis solaribus scriptae ad Marcum Welserum am 5. Jan. 1612.

- Johannes Kepler (1571–1630), Beobachtung 1611.
- Simon Marius [Mayr] (1573–1624) Beobachtung in Ansbach am 3. August 1611.

Johannes Fabricius hat wahrscheinlich ein Fernrohr von Leiden nach Ostfriesland gebracht und mit seinem Vater David Fabricius (1564–1617) beobachtet.

> *„Ich richtete das Fernrohr nach der Sonne. Sie schien mir allerlei Ungleichheiten und Rauhigkeiten zu haben [. . .] Indem ich nun das aufmerksam betrachte, zeigt sich mir unerwartet ein schwärzlicher Flecken von nicht geringer Größe in Vergleichung mit dem Sonnenkörper. [. . .] Ich glaubte vorbeiziehende Wolken stellen den Flecken dar. Ich wiederholte die Wahrnehmung wohl zehnmal, durch batavische Fernröhren von verschiedener Größe, versicherte mich endlich, Wolken verursachten diesen Flecken nicht. [. . .] Den folgenden Morgen erschien mir beim ersten Anblick der Flecken wiederum, zu meiner großen Freude [. . .]“*[80]

So erzählte Johannes Fabricius von seiner ersten Sonnenfleckenbeobachtung in Friesland im Dezember 1610, berichtet in *De Maculis in Sole Observatis, et Apparente earum cum Sole Conversione Narratio* (Wittenberg, 13. Juni 1611).

Kein Forscher des 17. Jahrhunderts untersuchte die Sonne so gründlich wie Jesuitenpater Christoph Scheiner (1573–1650) in Ingolstadt.[81] Flecken auf der Sonne! Welches Erstaunen mag wohl den Jesuitenpater Christoph Scheiner (1575–1650) in Ingolstadt 1611 befallen haben, als er zum ersten Mal die kleinen schwarzen Flecken wie Fliegendreck auf der Sonne sah. Scheiner beobachtete mit einem selbstgebauten Kepler-Fernrohr die Sonnenflecken. Der Ordensprovinzial erklärte 1611 seinem verunsicherten Kollegen:

> *„Ich habe meinen Aristoteles mehr als einmahl vom Anfange bis zum Ende durchgelesen, aber nichts dem Ähnliches [über Flecken auf der Sonne] gefunden. Also halten Sie diese Absurditäten lieber zurück und geben Sie sich nicht öffentlich bloß, sondern seyen Sie vielmehr überzeugt, daß es bloß ein Fehler Ihres Auges oder Ihres Fernglases ist, welches Sie sogar in der Sonne noch Flecken sehen läßt.“*[82]

---

80 Wolf 1877, S. 389.
81 Daxecker 2006. Roloff 2010.
82 Littrow 825, Band 2, Erste Abtheilung, S. 6–7.

Abbildung 7.16:
Christoph Scheiner in Ingolstadt bei der Beobachtung der Sonne mit
Kepler-Fernrohr (dreilinsig 1614), Sonnenflecken in der *Rosa Ursina, sive Sol*, 1630
Scheiner, Chr.: *Rosa Ursina*. Bracciano 1630, S. 150.

Scheiner wagte es daraufhin nicht, seine Beobachtung zu publizieren, sondern
nur in drei Briefen an Markus Welser (1558–1614) Ende 1611 bekanntzuma-
chen. Er interpretierte allerdings die Sonnenflecken als Monde, die die Sonne
umkreisen. Nach der Publikation durch Welser unter dem Titel *De Maculis Solaribus Et stellis circa Iouem errantibus accuratior Disquisitio* (Augsburg, Jan.
1612) entbrannte ein Prioritätsstreit bezüglich Entdeckung der Sonnenflecken
mit Galilei.[83] Der Orden befahl Scheiner, für weitere Schreiben das Pseudonym
Apelles latens post tabulam (13. September 1612) zu benutzen.

Scheiner versuchte, um die Frage des richtigen Weltsystems entscheiden zu
können, die physikalische Beschaffenheit des Himmelsstoffes, des Äthers, zu
ergründen und kam zur Lösung eines flüssigen Himmels im Gegensatz zu den

---

83 Helden (1996). Biagioli 2002. Reeves/Helden 2009.

aristotelischen festen Kristallsphären im geozentrischen Weltbild.[84] In seinem Werk *Disquisitiones mathematicae* (Ingolstadt 1614), zusammen mit seinem Schüler Johann Georg Locher (~1592–1633) verfaßt, beschrieb er alle drei Weltsysteme, das antike geozentrische, gab aber dem Tychonischen und dem Copernicanischen auf der Basis eines flüssigen Himmels den Vorzug, was ihm eine weitere Ermahnung des Ordens einbrachte.

Nach fast zwanzigjähriger Arbeit veröffentlichte Scheiner in Rom 1630 seine *Rosa Ursina*;[85] gewidmet einem italienischen Fürsten, Paolo Giordano II. Orsini [Herzog von Bracciano] (1591–1646), der Bären („Ursus") im Wappentier trug. In diesem Buch stellte er aufgrund der Fleckenbewegungen von Tag zu Tag fest, daß die Sonne – von der Erde aus betrachtet – in etwa 27 Tagen rotiert, ein Meßwert, der bis 1863 nicht verbessert werden konnte; zudem gab er die Neigung der Rotationsachse an. Schließlich beschrieb er sogar Fackeln auf der Sonnenoberfläche als Beweis für die feurige und flüssige Natur des Himmels. Offiziell bemühte er sich, das Copernicanische System zurückzuweisen,[86] aber interessanterweise schrieb René Descartes (1634) an Marin Mersenne in Paris:

> „Ich habe mir sagen lassen, dass die Jesuiten zur Verurteilung des Galilei beigetragen haben und das Buch des Pater Scheiner zeigt zur Genüge, dass sie nicht zu seinen Freunden zählen. Im Übrigen bringen die Beobachtungen des Buches von Pater Scheiners „Rosa Ursina" so viele Beweise, um der Sonne die ihr zugeschriebene Bewegung [um die Erde] abzusprechen, dass ich meine, dass Pater Scheiner selbst in seinem Herzen an die Meinung des Kopernikus glaubt."[87]

Aufgrund des sog. Maunder Minimums, etwa 1645 bis 1710, konnten im weiteren Verlauf des 17. Jahrhunderts die Sonnenflecken nicht mehr so intensiv beobachtet werden, wie auch manche Astronomen, zum Beispiel Hevelius oder Flamsteed, mit Bedauern feststellten.

---

84 Daxecker 2008.

85 Der gesamte Titel *ROSA VRSINA, sive SOL* lautet übersetzt ins Deutsche: „Rosa Ursina, oder über die Sonne, die sich dank des wunderbaren Phänomens ihrer Fackeln und Flecken veränderlich zeigt, und dazu auch im Verlauf eines Jahres um eine feste Achse von Westen nach Osten um ihren eigenen Mittelpunkt rotiert sowie eine Umdrehung um eine durch ihre Pole bewegliche Achse von Osten nach Westen in knapp einem Monat absolviert."

86 Posthum wurde Scheiners Werk *Prodromus pro Sole Mobili et Terra Stabili contra Galilaeum a Galileis* 1650 veröffentlicht.

87 Daxecker (1999).

7.4.6 Nebelbeobachtung mit dem Fernrohre und das neue Bild vom Kosmos

Im 17. Jahrhundert gelangen mit dem Fernrohr wichtige Entdeckungen,[88] die das Bild vom Kosmos entscheidend veränderten und damit eine Revolution bewirkten; allein die Zahl der wahrnehmbaren Objekte zur Positionsbestimmung erhöhte sich um ein Vielfaches, aber auch qualitativ waren ganz neue Untersuchungen möglich; zum Beispiel erlaubte die Untersuchung der Oberflächen der Planeten und der Sonne eine Bestimmung ihrer Rotationszeit. Während die Präzisionsmessung wichtig im Bereich der Forschung war, hatte die Erfindung und Entwicklung des Fernrohrs eine große Wirkung auf die Öffentlichkeit.[89]

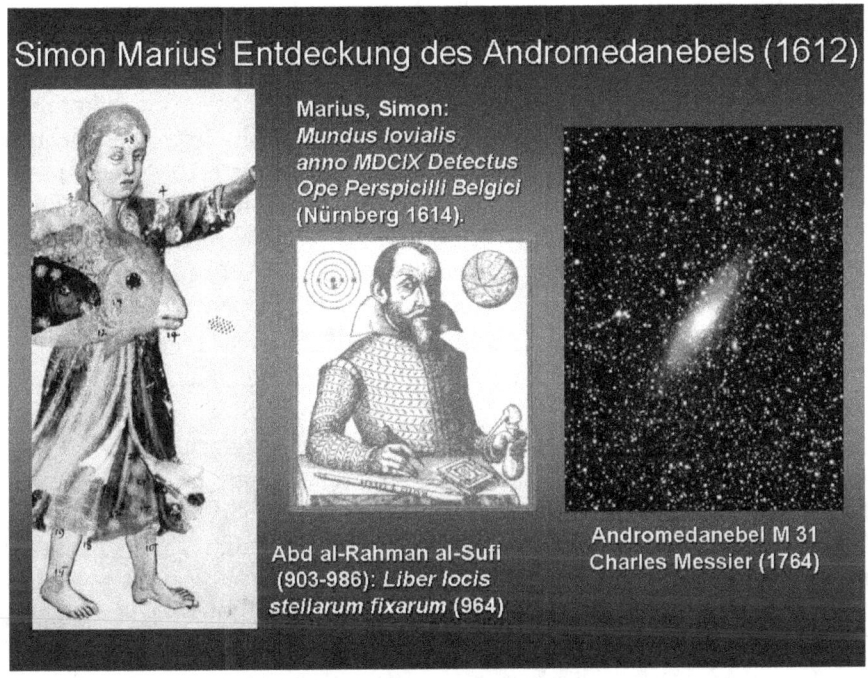

Abbildung 7.17:
Marius' Entdeckung des Andromedanebels (1612)
'Abd al-Raḥmân as-Sûfi (903–986), *Liber locis stellarum fixarum* (964)
Andromedanebel M 31, Charles Messier (1764)

---

88 Wolfschmidt (2003).
89 Bialas 1998, S. 292–293.

Die mechanische Natur des Universums konnte jedem, der durch ein kleines
Fernrohr sah, vor Augen geführt werden (z. B. Beobachtung der Jupitermonde).
Zunächst stand das Sammeln von Beobachtungen, von Fakten, im Vordergrund,
die aber nicht unbedingt in Zusammenhang mit dem Copernicanischen Welt-
bild stehen mußten. Die ersten nebelartigen Objekte am Himmel wurden von
Galilei mit dem Fernrohr entdeckt, *Praesepe* und die *Hyaden* (heute: Offene
Sternhaufen). Auf Nicolas Fabri de Peiresc (1580–1637) in Aix-en-Provence
ist die Entdeckung des Orionnebels 1610 zurückzuführen. 1618 entdeckte der
Jesuitenpater Johann Baptist Cysat (1587–1657) in Ingolstadt den Orionnebel
erneut.[90]

Simon Marius entdeckte als erster den Nebel im Gürtel der Andromeda am
15. Dezember 1612 mit seinem kleinen Teleskop. Er beschrieb, daß er aussah
wie eine Flamme durch ein Horn gesehen, publiziert in Marius (1614). Er wußte
allerdings nicht, daß der persische Astronom 'Abd al-Raḥmân as-Sûfi (903–986)
bereits dieses Objekt beobachtet hatte, publiziert im seinem Sternkatalog *Liber locis stellarum fixarum* (964). Charles Messier (1730–1817) beobachtete in
seinem Observatorium Hôtel de Cluny in Paris und führte 1764 den Andromedanebel als M 31 in seiner Nebelliste auf. Die ersten 45 nebelartigen Objekte
wurden 1774 in der Französischen Akademie der Wissenschaften in Paris veröffentlicht. Schließlich wuchs der Katalog auf 103 Nebel an, veröffentlicht 1781.[91]

Mit der Nebelbeobachtung stieß man zu kosmologisch interessanten Objekten vor. Um 1700 waren nur knapp zwanzig Nebel bekannt. Um 1800 waren
bereits über 2000 Nebel bekannt. Voraussetzung sind Spiegelteleskope, die bereits im 17. Jahrhundert von drei Astronomen vorgeschlagen wurden: Newton,
Gregory und Cassegrain.[92] Aber diese konnten damals noch nicht mit den
Linsenfernrohren konkurrieren. Die große Aufschwung in der Erforschung der
Nebel begann erst in der ersten Hälfte des 19. Jahrhunderts mit der Entwicklung der großen Metall-Spiegelteleskope durch Wilhelm (1738–1822) und John
Herschel (1792–1871), Lord Rosse (1800–1867) und anderen.[93] Die Natur

---

90 1631 Cysat beobachtete in Innsbruck auch einen Merkurdurchgang vor der Sonne, ent-
    sprechend der Vorhersage durch Kepler.
91 Messier, Charles: Catalogue des Nébuleuses & des amas d'Étoiles. In: *Connoissance des
    Temps for 1784* (1781), S. 227–267.
92 Bzgl. der Entwicklung der Spiegelteleskope siehe Riekher 1990.
93 Als Hersteller großer Metall-Spiegelteleskope wären in Deutschland noch zu nennen: Jo-
    hann Hieronymus Schroeter (1745–1816) in Lilienthal und Johann Gottlieb Schrader
    (1763–∼1833) in Kiel sowie in Großbritannien neben Lord Rosse [William Parsons] (1800–
    1867) aus Irland mit seinem 180 cm-Spiegelteleskop („Leviathan of Parsonstown") noch
    der Schotte James Nasmyth (1808–1890) und der Engländer William Lassell (1799–1880),
    der sein 120 cm-Teleskop auf Malta aufstellte.

der Nebel verstand man erst im 20. Jahrhundert, beginnend mit der *Großen Debatte* 1920 und den Forschungen von Edwin Hubble (1889–1953) in den 20er Jahren.[94]

7.4.7 Sternwarten im 17. und Anfang des 18. Jahrhunderts

Angeregt durch die eindrucksvolle Serie von astronomischen Entdeckungen steigerte sich die Aktivität bezüglich der Gründung von Sternwarten. So wurden im 17. Jahrhundert nicht nur die berühmten, in Europa führenden Sternwarten, das *Observatoire de Paris* (1667) und das *Royal Greenwich Observatory* bei London (1675/76), gegründet, sondern auch weitere, beispielsweise die Sternwarte von Johannes Hevelius [Hewelcke] (1611–1687) in Danzig (Gdańsk, 1650), und der „Runde Turm" in Kopenhagen (1642). Hier hatte sich der frühere Assistent Brahes, Christian Severin, genannt Longomontanus (1562–1647), um den Bau eines neuen dänischen Observatoriums bemüht.[95]

Abbildung 7.18:
Die Sternwarte des Hevelius über den Dächern von Danzig
Hevelius, Johannes: *Machinae Coelestis* (1673).

---

94 Für die Nebelbeoachtung im 19./20. Jahrhundert und die kosmologischen Komsequenzen siehe Wolfschmidt 1994.

95 Erste Universitäts-und Akademie-Sternwarten wurden in Holland, Leiden 1633 und Utrecht 1642, ferner in Jena 1697 und Berlin (1700/11) gegründet. Im 18. Jahrhundert folgten viele weitere, z. B. Bologna 1725 oder Stockholm 1753.

Auch in Franken entstand im 17. Jahrhundert eine wichtige Sternwarte;[96] auffällig sind neben klassischen Winkelmeßinstrumenten die langen Fernrohre, die die Vestertorbastei überragen – zu sehen auf dem bekannten Kupferstich von Johann Adam Delsenbach (1687–1765) *Nürnbergische Prospecten, anderer Theil* (Nürnberg 1716). Die Sternwarte in Nürnberg errichtete Georg Christoph Eimmart[97] (1638–1705) 1677 und sie bestand mit einer kurzen Unterbrechung bis 1757. Eimmart führte Refraktionsbestimmungen durch und Pendelversuche zur Bestätigung der Lehre von der Erdrotation. 1678 beobachtete er das Zodiakallicht (publiziert 1694). Beobachtungen von Finsternissen, Mond und Kometen befinden sich in der Royal Society in London. Er erstellte eine Mondkarte und eine Himmelskarte *Planisphaerium caeleste*. Die meisten Instrumente für seine Sternwarte stellte Eimmart selbst her – Teleskope und Winkelmeßinstrumente:[98] großer hölzener Doppel-Quadrant, ein kleiner Hemyclus, ein Trient (Drittelkreis), Azimutalkreis, Quadrant, Sextant, ein Meridian-Plan, eine astronomische Uhr, eine Äquinoctial-Uhr, ferner diverse Fernrohre von 16, 12 und 10 Fuß Länge (486 cm, 365 cm und 304 cm), montiert an einem Pfeiler, ein Helioscopium zur Abschwächung des Sonnenlichtes bei der Beobachtung, zwei Cameras obscuras zur Beobachtung der Sonne. Die Instrumente wurden 1705 nach dem Tod Eimmarts vom Rat der Stadt für 1500 fl. erworben und als Nachfolger wurde Johann Heinrich Müller (1671–1731) bestimmt.

Peter Kolb[99] (Dörflas bei Marktredwitz 1675–1726 Neustadt an der Aisch) wurde 1696 Assistent von Eimmart auf seiner Sternwarte. Seit 1700 studierte er in Halle an der Saale. Dort erschien seine Dissertation *De Natura Cometarum* (1701). 1704/05 fuhr er mit dem Schiff nach Südafrika und errichtete am Kap der Guten Hoffnung auf der Buuren-Bastion der Festung eine Sternwarte nach Nürnberger Vorbild; er blieb bis 1713, vgl. den Beitrag von Karsten Markus, Kapitel 10, S. 295, sowie Abb. 10.3, S. 316. Seine ethnologischen Forschungen veröffentlichte er *Caput bonae spei hodiernum, das ist: Vollständige Beschreibung des afrikanischen Vorgebürges der Guten Hoffnung* (1719). 1718 wurde er Rektor der *Hochfürstlichen Stadt-Schule* (Lateinschule, Gelehrtenschule) in Neustadt an der Aisch.

---

96 Gaab 2010.

97 Eimmart hatte an der Universität Jena bei Erhard Weigel (1625–1699) Mathematik, Astronomie und Jura studiert. Seit 1660 war er in Nürnberg tätig als Grafiker, Maler und Mathematiker; er wurde Mitdirektor der Malerakademie 1674 und Direktor von 1699 bis 1704. Vgl. Gerstl 2000.

98 Zinner 1956, S. 301–303. Glaser, Christoph Jacob: *Epistola Eucharistica ad Virum … M. Martinum Knorre.* [Brief an Martin Knorre in Wittenberg.] Nürnberg 1691. Pilz 1977, S. 292–298. Forbes 1970.

99 Wolfschmidt, August 1978.

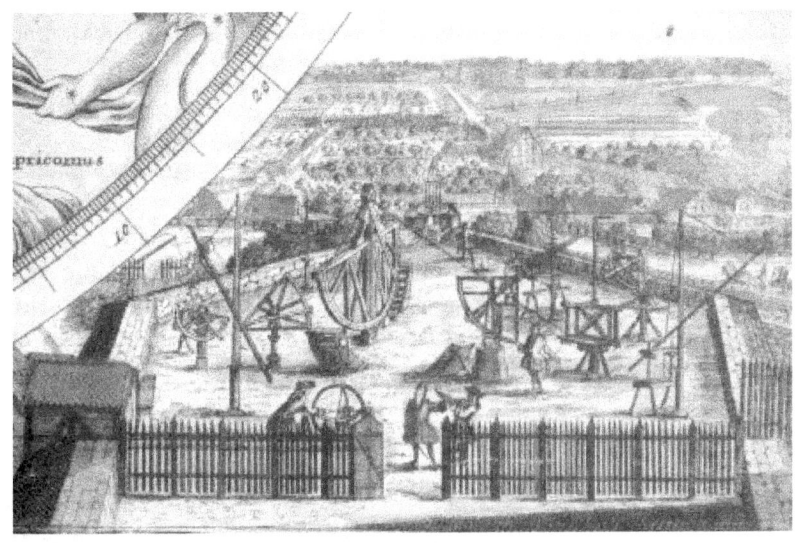

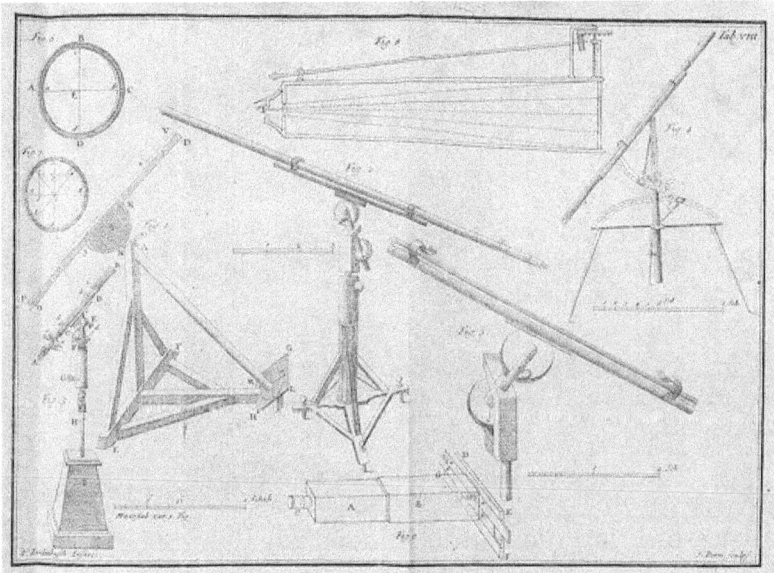

Abbildung 7.19:
Oben: Eimmartsche Sternwarte auf der Vestnertorbastei in Nürnberg (1742) nach
Johann Gabriel Doppelmayr (1677–1750), Direktor von 1710 bis 1750;
Unten: Teleskope der Eimmartschen Sternwarte in Nürnberg nach Rost (1718)
Johann Gabriel Doppelmayr (1677–1750): *Atlas Novus Coelestis* (Nürnberg 1742)
Rost, Johann Leonhard: *Astronomisches Handbuch* (1718).

Das 1526 gegründete Gymnasium Aegidianum (das spätere Melanchthon-Gymnasium) in Nürnberg wurde 1575 nach Altdorf verlegt. Das Kollegien-gebäude entstand 1575. Bereits nach drei Jahren 1578 erfolgte die Erhebung zur Akademie, 1622 zur Universität. 1711 wurde die Sternwarte in das Kol-legiengebäude verlegt. Die instrumentelle Ausstattung umfaßte einen Azimu-talquadranten, einen großen Sextanten, aber auch Fernrohre wie einen *Tubus opticus*, ein Kepler Fernrohr (1669) von der Länge 2,5 m und ein neues Fernrohr (1713), schließlich eine *Camera obscura* im Türmchen zur Sonnenbeobachtung. Gegen Ende des 18. Jahrhunderts entwickelte sich eine spezielle Sternwarten-Architektur, ein Gebäude mit Kuppel, nicht mehr ein Turm oder eine Plattform (Bastion).

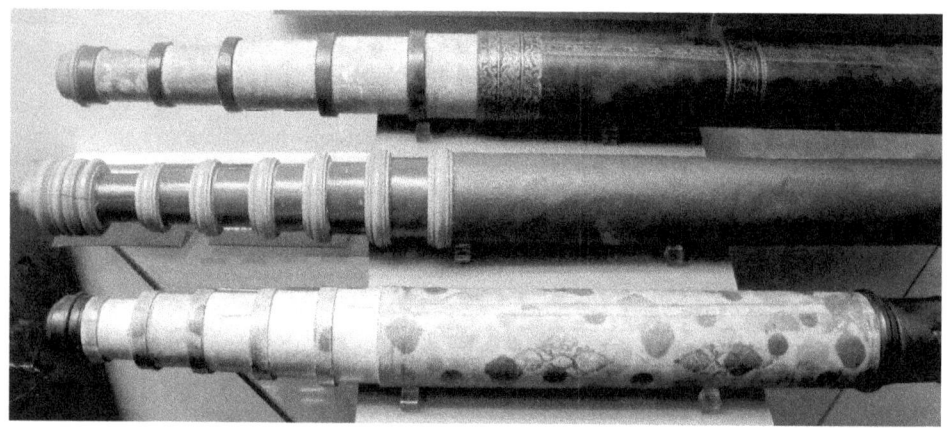

Abbildung 7.20:
Auszugsfernrohre, 17. Jahrhundert
Foto: Gudrun Wolfschmidt im Optischen Museum in Jena (2011)

7.4.8 Fernrohre und die Entdeckungen im Planetensystem

Mitte des 17. Jahrhunderts entwickelten sich die Linsenfernrohre zu beacht-licher Größe. Anfangs hatten die Fernrohre 5 oder 6 Fuß Länge, dann stieg die Länge auf 15 bis 20 Fuß an.[100] Die Schleif- und Poliertechnik verbesser-te sich, vgl. die Schleifmaschine von Hevelius, um 1660, Abb. 7.14, S. 228.[101]

---

100 Zur Entwicklung des Fernrohrs siehe zum Beispiel: Helden (1977/2007). Riekher 1990.
    Hamel in Gaulke/Hamel 2010, S. 9–34.
101 Willach 2007.

Höhepunkt der Entwicklung Mitte des 17. Jahrhunderts waren die Teleskope des Augsburger Instrumentenmachers (Perspektivmacher) Johann Wiesel
(1583–1662) (vgl. den Beitrag von Inge Keil in diesem Band, S. 259 und die
zugehörige Literaturliste).[102] Hevelius in Danzig, der Italiener Gian Domenico
Cassini (1625–1712) und der Holländer Christiaan Huygens (1629–1695) – letztere beide in Paris tätig – versuchten, die Abbildungsfehler der Linsenfernrohre
zu verkleinern. Sie verwendeten Linsen mit Brennweiten von rund 40 Metern.
Bei diesen Luftfernrohren wurde allerdings die Apertur nur so weit verkleinert
wie es zur Überwindung der chromatischen Aberration nötig war.[103]

Abbildung 7.21:
Eustachio Divini (1610–1685) am Hof von Federico II. de Medici
Mariano Piervittori (1815–1888), 1884 (engl. Wikipedia)

Die Beobachtungserfolge mit diesen Fernrohren in den verschiedenen europäischen Ländern Mitte des 17. Jahrhunderts waren beachtlich: die Entdeckung
von Monden des Saturn und seines Ringes, die Rotation von Mars, Jupiter

---

102 Anton Maria Schirleus de Rheita (1604–1659/60) gab eine Empfehlung für die Wieselschen
Fernrohre. Willach (1995).
103 Vgl. Willach 2007, S. 116.

und Saturn aufgrund ihrer Oberflächenstrukturen, erste Nebel (Orionnebel und Andromedanebel) und bald die ersten Veränderlichen Sterne. *„By taking our sense of sight far beyond the realm of our forebears' imagination, these wonderful instruments, the telescopes, open the way to a deeper and more perfect understanding of nature."*[104]

- Francesco Fontana (um 1590–1656) in Neapel: *Novae Coelestium, Terrestriumque Rerum Observationes* (Neapel 1646): Erste Marszeichnungen mit Teleskop, 1636/38

- Giuseppe Campani (1635–1715), der Schwiegersohn Wiesels, und Eustachio Divini (1610–1685) bauten ab 1650 die besten Auszugsfernrohre in Rom. Nicht nur in Italien waren diese Fernrohre verbreitet.[105] Beispielsweise hat Campanis 1674 hergestelltes Fernrohr eine Objektivöffnung von 38 mm und etwa 20fache Vergrößerung; das 3 m lange Rohr läßt sich auf 61 cm zusammenschieben. Campanis 10,5 Fuß Luft-Teleskop wurde für Francesco Bianchini (1662–1729) in Rom in Rom aufgestellt, vgl. Abb. 7.23, S.245.

- Der Kapuzinerpater Anton Maria Schirleus de Rheita (1604–1659/60) aus Reutte in Tirol baute oder ließ sich um 1645 von Johann Wiesel (1583–1662) ein Fernrohr mit vier Linsen bauen, das ein aufrechtes Bild lieferte (terrestrisches Teleskop). Solche Auszugs-Fernrohre fanden besonders bei der englischen Marine Absatz.

- Der Danziger Ratsherr Johannes Hevelius (1611–1687) konstruierte verschiedene Fernrohre und andere Instrumente, beschrieben in seiner *Machina coelestis* (1673), vgl. den Beitrag von Irena Kampa in diesem Band, S. 273. Hevelius publizierte seine Kometenbeobachtungen in der *Cometographia* (1668). Am einfachsten war mit dem Fernrohr die Topographie des Mondes zu untersuchen: Schon Galilei entdeckte Krater und Mare; aus den Schattenlängen konnte er die Höhe von Mondbergen ermitteln. Er konstruierte um 1641 ein „Luftfernrohr" von 45 m Länge (150 Fuß) und 8″ Objektivdurchmesser, vgl. Abb. 9.7, S. 287. Die Luftteleskope mit ihrer langen Brennweite milderten zwar die Bildfehler (sphärische und chromatische Aberration) beträchtlich, waren aber bei der Beobachtung relativ unhandlich. Mit diesem riesigen Luftfernrohr erstellte Hevelius eine detaillierte Mondkarte, publiziert in seiner *Selenographia* 1647. Die heute noch verwendeten Bezeichnungen der Krater gehen auf

---

104 Descartes 1637.
105 Ein Campani-Fernrohr in Kassel, vgl. Hamel/Keil, S. 185.

Abbildung 7.22:
Hevelius bei der Beobachtung mit Fernrohr in seiner Danziger Sternwarte
Hevelius, Johannes: *Selenographia* (1647).

die Mondkarte von Francesco Maria Grimaldi (1618–1663) zurück, die in Ricciolis *Almagestum novum* 1651 enthalten war.

- Christian Huygens' (1629–1695) Entdeckungen mit dem Luftteleskop von 37 Fuß: Mars, Syrtis Major (1659) und Saturnring (1656/59), Saturnmond Titan (1655, 1675).

- Georg Christoph Eimmarts Tochter Maria Clara Eimmart (1676–1707) wirkte als Assistentin ihres Vaters bei den Beobachtungen und kartographischen Projekten mit und wurde so in die Astronomie eingeführt; sie bekam dann auch alleine Zugang zu den Instrumenten. Maria Clara Eimmart beobachtete und zeichnete Mond, Kometen und alle Planeten.[106] Mit großer Sorgfalt und Geduld fertigte sie Zeichnungen aller Mondphasen an – sehr realistisch und detailliert dargestellt, die sich in einigen Exemplaren im Observatorium in Bologna erhalten haben.[107] Die 250 Zeichnungen, entstanden zwischen 1693 und 1698, dienten als Basis für eine neue Mondkarte. Maria Clara Eimmart heiratete 1706 den Nürnberger Mathematikprofessor Johann Heinrich Müller (1671–1731), der 1705 bis 1709 Direktor der Eimmartschen Sternwarte war. So hatte sie weiterhin die Möglichkeit, astronomische Beobachtungen mit dem Fernrohr zu machen.

- Giovanni Domenico Cassini (1625–1712) auf der Pariser Sternwarte: Cassinis astronomische Beobachtungen: Cassinische Teilung im Saturnring, 1675, vier Saturnmonde: Japetus, Rhea, Tethys, Dione, 1671/72, 1684. Den Höhepunkt der Mondtopographie stellt die große Mondkarte von Cassini in der Pariser Sternwarte dar.

- Christiaan Huygens und sein Bruder Constantijn konstruierten ein Teleskop von 23 Fuß Länge; es vergrößerte 100fach und hatte ein ziemlich großes Gesichtsfeld. Damit beobachteten sie z. B. den Orionnebel (1656).[108]

- Francesco Bianchini (1662–1729) beobachtete auf dem Palatinhügel in Rom mit zwei Teleskopen langer Brennweite (37,5 m und 23,5 m), angefertigt von Campani; die Ergebnisse veröffentlichte er im Buch *Hesperi et*

---

106 Pilz 1977, S. 298.
107 Wolfschmidt 1990, hier 138–140.
108 „*In the sword of Orion are three stars quite close together. In 1656 I chanced to be viewing the middle of one of these with a telescope, instead of a single star twelve showed themselves (a not uncommon occurrence). Three of these almost touched each other, and with four others shone through the nebula, so that the space around them seemed far brighter than the rest of the heavens, which was entirely clear and appeared quite black, the effect being that of an opening in the sky through which a brighter region was visible.*" (Huygens, 1659).

Abbildung 7.23:
Luftfernrohre, Teleskope langer Brennweite (37,5 m und 23,5 m),
Giuseppe Campani (1635–1715) für Francesco Bianchini (1662–1729) in Rom
Foto: Gudrun Wolfschmidt in Venedig (2009)

Phosphori (1728). In Kassel befindet sich die Optik eines solchen Luft-
Teleskops (Objektivdurchmesser 11 cm, Brennweite 30 m) von Campani,
1684 (vgl. Trier / Gaulke 2007).

Objekte des Planetensystems erweckten besonders großes Interesse

- Die Venus- (Galilei) und Merkurphasen (Joannes Zupo, S.J., 1639) wurden erkannt.

- Abgesehen von der Entdeckung der Jupitermonde durch Galilei und Marius erstellte J. Domenico Cassini als praktische Anwendung 1693 Tafeln
  zur geographischen Längenbestimmung; die Monde sind genauer als eine
  Zeitminute, das heißt in Längenkoordinaten genauer als 15 Bogenminuten. Die Rotationsdauer von Jupiter bestimmte Cassini (1625–1712) in
  Bologna 1665/66.

 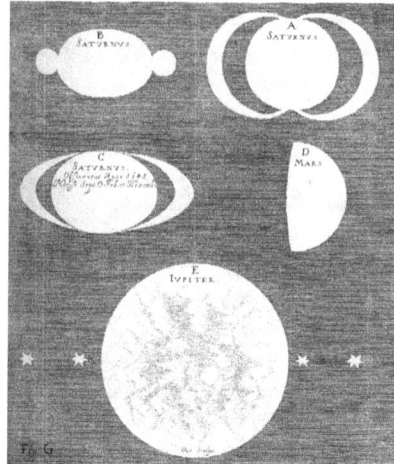

Abbildung 7.24:
Mond- und Planeten-Beobachtung von Hevelius in Danzig
Hevelius, Johannes: *Selenographia* (1647).

- Den Saturnring beschrieb Christian Huygens (1629–1695) 1659 wie folgt:[109]
  „ein dünner flacher Ring, der den Planeten umgibt und nicht berührt".
  Den ersten Saturnmond „Titan" entdeckte Huygens schon 1655 mit seinem 3,5 m langen Teleskop. 1675 fiel ihm die Lücke im Saturnring, die
  sog. Cassinische Teilung, auf.

- Vier weitere Saturnmonde entdeckte Cassini in Paris: 1671/72 Rhea und
  Japetus, 1684 Thetys und Dione.

- Bzgl. Kometenbeobachtung sind zu nennen: (Regiomontan 1572, Marius 1596), Johann Baptist Cysat, S.J., (1586–1657) in Ingolstadt, Samuel
  Dörffel (1643–1688) in Plauen, der 1681 auf die parabolische Bahn hin-
  wies,[110] und Edmond Halley in London, der 1705 die Periodizität erkannte.

7.4.9 Beginn der Stellarastronomie

Außerhalb des Planetensystems interessierte man sich für spezielle Sterne unserer Milchstraße. Dazu gehören die „Neuen Sterne" (Novae) im Sternbild Cassio-

---

109 Vgl. auch Hamel/ Keil 2007, S. 164.
110 Armitage (1951).

Abbildung 7.25:
Dame mit Fernrohr, Personifizierung der astronomischen Wissenschaft
(Fresko in der Aula Leopoldina in Breslau, 1730)
Foto: Gudrun Wolfschmidt in Breslau / Wrocław (2011)

peia (Tycho 1572) und im Sternbild Schlangenträger bzw. Ophiuchus (Kepler 1604).[111] Auch die ersten Veränderlichen Sterne wurden entdeckt: David Fabricius (1564–1617) bemerkte 1596 einen ungewöhnlichen, roten Stern im Sternbild Walfisch, der in den bisherigen Sternkarten fehlte. Er nannte ihn Mira, den Wunderbaren. Nach wenigen Monaten war der Stern wieder verschwunden. Im Gegensatz zu den beiden Novae tauchte Mira aber 1603 wieder auf und wurde als *Omicron Ceti* in Johann Bayers Sternkatalog *Uranometria* von 1604 festgehalten. Erst 1639 erkannte man, daß Mira relativ regelmäßig seine Helligkeit ändert und etwa alle elf Monate ein Helligkeitsmaximum erreicht. Geminiani Montanari (1633–1687) in Bologna fand 1667 Algol (ß Persei); 1782 erkannte John Goodricke (1764–1786) die Periode der Lichtschwankung. Bei einer Suche nach Kometen entdeckte der Direktor der Berliner Sternwarte Gottfried Kirch 1686/96 einen dritten Veränderlichen im Sternbild Schwan (Chi Cygni).

Doch erst Ende des 18. Jahrhunderts häuften sich die Entdeckungen Veränderlicher Sterne. Edward Pigott (1753–1825) erstellte 1786 einen Katalog, der 12 Veränderliche Sterne enthielt. Allmählich waren die Astronomen davon überzeugt, daß nicht alle Sterne mit konstanter Helligkeit strahlen.

Abbildung 7.26:
Weltsysteme, Planeten und Mond
auf der Eimmartschen Sternwarte auf der Nürnberger Burg
Meyer, Johannes: *Astronomia – Die Gestirn Kunst* (Zürich 1707).

---

111 Duerbeck 2009.

7.5 Zusammenfassung und Ausblick

Nürnberg entwickelte sich (neben Augsburg) in der Frühen Neuzeit zu einem Zentrum der Herstellung wissenschaftlicher Instrumente in Deutschland. Astronomische Instrumente bilden eine wichtige Grundlage für die Aufstellung des Weltbildes. Die Instrumente des Copernicus – Quadrant, Armille und Triquetrum – beruhten auf antiken Vorbildern. Tychos Instrumente führten schließlich zum Tychonischen Weltbild; auf der anderen Seite gelang Johannes Kepler aufgrund der exakten Vermessung des Himmels durch Tycho Brahe die Aufstellung seiner drei Gesetze der Planetenbewegung.

Mit der Entwicklung des Fernrohrs Anfang des 17. Jahrhunderts ist eine Reihe spektakulärer Entdeckungen verbunden. Astronomische Instrumente trugen wesentlich zum Wandel des Weltbildes bei, – und hierbei haben fränkische Astronomen wie beispielsweise Regiomontan (bereits vor der Erfindung des Fernrohrs) und Simon Marius einen bedeutenden Beitrag geleistet.

Während die Präzisionsmessung wichtig im Bereich der Forschung war, hatte die Erfindung und Entwicklung des Fernrohrs eine große Wirkung auf die Öffentlichkeit. Im 17. Jahrhundert gelangen damit wichtige Entdeckungen, die das Bild vom Kosmos entscheidend veränderten und damit eine Revolution bewirkten; allein die Zahl der wahrnehmbaren Objekte zur Positionsbestimmung erhöhte sich um ein Vielfaches, aber auch qualitativ waren ganz neue Untersuchungen möglich; zum Beispiel erlaubte die Untersuchung der Oberflächen der Planeten und der Sonne eine Bestimmung ihrer Rotationszeit. Die mechanische Natur des Universums konnte jedem, der durch ein kleines Fernrohr sah, vor Augen geführt werden (z. B. Beobachtung des Mondes, der Sternflecke, der Jupitermonde).

Am einfachsten war die Topographie des Mondes zu untersuchen. Bemerkenswert ist in diesem Zusammenhang die Serie von 250 Mondphasen, die sehr realistisch von Clara Eimmart (1676–1707) an der Nürnberger Sternwarte 1693/98 gemalt wurden. Die Entdeckung der Sonnenflecken gelang verschiedenen Forschern praktisch gleichzeitig. Ferner erweckten Objekte des Planetensystems großes Interesse wie die Venus- und Merkurphasen (Joannes Zupo, S.J., 1639), die vier Jupitermonde, die Rotationsdauer von Jupiter, der Saturnring und die fünf Saturnmonde.

Während der Schwerpunkt der Beobachtung im 17. Jahrhundert im Planetensystem lag (Sonne, Mond, Planeten, Kometen), begann man ab dem 18. Jahrhundert auch mit der Stellarastronomie und mit der Erforschung des Aufbaus des Kosmos. Außerhalb des Planetensystems interessierte man sich für spezielle Sterne unserer Milchstraße; dazu gehören die „Neuen Sterne" (Novae) und die Veränderlichen Sterne.

Abbildung 7.27:
Ptolemaios, Copernicus, Tycho und Kepler
Johann Gabriel Doppelmayr (1677–1750): *Atlas Novus Coelestis* (Nürnberg 1742)

Mit der Nebelbeobachtung stieß man zu kosmologisch interessanten Objekten vor: Als Entdecker des Andromedanebels gilt Simon Marius 1612; Johann Baptist Cysat, S. J., entdeckte den Orionnebel 1618 in Ingolstadt. Um 1700 waren knapp zwanzig Nebel bekannt. Voraussetzung für die erfolgreiche Beobachtung waren hier größere Fernrohre, insbesondere der Aufschwung der Spiegelteleskope, die in der ersten Hälfte des 19. Jahrhunderts einen Höhepunkt erlebten. Mitte des 19. Jahrhunderts wurden die Grundlagen für die astrophysikalische Forschung gelegt.

Die Erfindung des Fernrohrs eröffnete einen ganz neuen Himmel, der nicht nur eine größere Anzahl von Sternen bot, sondern der Forschung auch neuartige Objekte präsentierte. Nicht nur die Planetenastronomie wurde völlig verändert, sondern neue Typen von Sternen wurden gefunden: Novae und Veränderliche Sterne; aus diesen Anfängen entwickelte sich ab 1800 die Stellarastronomie. Erste Nebel wurden als interessante astronomische Objekte wahrgenommen; dies verstärkte sich ab Ende des 18. Jahrhunderts als Wilhelm Herschel seine Nebelbeobachtung und Forschung begann. Große Bedeutung bekamen die Nebel erst im 20. Jahrhundert, als man sich der Kosmologie zuwandte. Die Klärung der Natur der Nebel und des Aufbaus des Kosmos gelang ab den 20er Jahren, entschlüsselt durch Hubble und Einstein. Was zunächst als reine Faktensammlung nach der Einführung des Fernrohrs begann, entwickelte sich zu einer ganz veränderten Astronomie und reifte zu einem ganz neuen Bild vom Kosmos.

7.6 Bibliographie

Originaldokumente und Literatur zu Marius siehe am Ende des Bandes, S. 368 ff.

Armitage, Angus: Master Georg Doerffel and the Rise of Cometary Astronomy. In: *Annals of Science* **7** (1951), S. 303–315.

Balbiani, Laura: *La magia naturalis di Giovan Battista della Porta: lingua, cultura e scienza in Europa all'inizio dell'età moderna.* Bern, Wien, Hamburg, New York, Oxford: Peter Lang (IRIS; Bd. 17) 2001.

Bialas, Volker: *Vom Himmelsmythos zum Weltgesetz. Eine Kulturgeschichte der Astronomie.* Wien: Ibers Verlag 1998.

Biagioli, Mario: Picturing Objects in the Making: Scheiner, Galileo and the Discovery of Sunspots. In: Detel, Wolfgang und Claus Zittel (Hg.): *Wissensideale und Wissenskulturen in der frühen Neuzeit.* Berlin: Akademie Verlag 2002, S. 39–96.

Biagioli, Mario: *Galileo's Instruments of Credit: Telescopes, Images, Secrecy.* Chicago: University of Chicago Press 2006.

BOAS, MARIE: *The Scientific Renaissance 1450–1630.* London: Collins (The Rise of Modern Science; 2) 1962. Deutsche Übersetzung: *Die Renaissance der Naturwissenschaften 1450–1630. Das Zeitalter des Kopernikus.* Gütersloh: Sigbert Mohn 1962. Nördlingen: Franz Greno 1988.

BOTT, GERHARD (Hg.): *Focus Behaim Globus.* Teil 1: Aufsätze, Teil 2: Katalog. Bearbeiter: JOHANNES WILLERS; PETER J. BRÄUNLEIN; RENATE HILSENBECK; GRZEGORZ LESZCYNSKI. Nürnberg: Germanisches Nationalmuseum 1992.

BUCK, SUSANNE: *Der geschärfte Blick. Zur Geschichte der Brille und ihrer Verwendung in Deutschland seit 1850.* Dissertation, Philipps-Universität Marburg 2002.

BURGDORF, WOLFGANG: *Ein Weltbild verliert seine Welt: Der Untergang des Alten Reichs und die Generation 1806.* München: Oldenbourg Wissenschaftsverlag 2006.

DAXECKER, FRANZ: P. Christoph Scheiner und der Galilei-Prozeß. In: *Sammelblatt des Historischen Vereins Ingolstadt* **108** (1999), S. 111–112.

DAXECKER, FRANZ; FRIESS, PETER; HAUB, RITA UND JULIUS OSWALD SJ: *Sonne entdecken. Christoph Scheiner 1575–1650.* Katalog zur Ausstellung. Ingolstadt 2000.

DAXECKER, FRANZ: *Der Physiker und Astronom Christoph Scheiner.* Innsbruck: Universitätsverlag Wagner, 2006.

DAXECKER, FRANZ: Christoph Scheiner und der flüssige Himmel. In: *Acta Historica Astronomiae* **36**, Beiträge zur Astronomiegeschichte 9 (2008), S. 26–36.

DESCARTES, RENÉ: *Discours de la Méthode, Les Météores, La Dioptrique, La Géometrie.* Leiden 1637.

DELSENBACH, JOHANN ADAM: *Nürnbergische Prospecten – Vues de Nuremberg. Nürnberg 1785.* Reprint: Leipzig: Zentralantiquariat der DDR, München: Hugendubel 1986.

DUERBECK, HILMAR W.: New Stars and telescopes: Nova research in the last four centuries. In: *Astronomische Nachrichten* **330** (2009), No. 6, S. 568–573.

FUCHS, FRANZ: Der Aufbau der Astronomie im Deutschen Museum. In: *Deutsches Museum, Abhandlungen und Berichte* **23** (1955), Heft 1.

Der Himmel über Nürnberg. Astronomische Instrumente, Karten, Handschriften, Bücher und grafische Darstellungen, 15.–18. Jahrhundert. Ausstellung im Germanischen Nationalmuseum Nürnberg vom 20.9.–15.10.1968. Nürnberg 1968.

DOPPELMAYR, JOHANN GEORG: *Historische Nachricht Von den Nürnbergischen Mathematicis und Künstlern.* Nürnberg: Peter Conrad Monath 1730. Reprint: Hildesheim: Olms 1972.

DOPPELMAYR, JOHANN GEORG: *Grosser ATLAS Uber die Gantze Welt. ...* Charten ... in Kupfer gebracht und ausgefertigt von Johann Baptist Homann. Nürnberg: Johann Ernst Adelbulner 1731.

DOPPELMAYR, JOHANN GEORG: *Atlas Coelestis in qvo mvndvs spectabilis et in eodem stellarvm omnium Phoenomena notabilia, circa ipsarum Lumen, Figuram, Faciem, Motum, Eclipses, Occultationes, Transitus, Magnitudines, Distantias, aliaque secvndvm Nic. Copernici et ex parte Tychonis de Brahe Hypothesin. Nostri intuitu, specialiter, respectu vero ad apparentias planetarum indagatu possibiles e planetis primariis, et e luna habito, generaliter e celeberrimorum astronomorum observationibus graphice descripta exhibentur, cum tabulis majoribus XXX.* Nürnberg: Homanns Erben 1742.

DRAKE, STILLMAN AND C. D. O'MALLEY: *The Controversy on the Comets of 1618.* Philadelphia: University of Pennsylvania Press 1960.

DÜRER, ALBRECHT: *Vnderweysung der messung / mit dem zirckel vn richtscheyt / in Linien ebnen unnd gantzen corporen.* Nürnberg 1525. Reprint: Nördlingen: Verlag Dr. Alfons Uhl 1983.

DUPRÉ, SVEN: Ausonio's Mirrors and Galilei's Lenses: the Telescope and Sixteenth-Century Practical Optical Knowledge. In: *Galilaeana* **2** (2005), S. 145–180.

FAVARO, ANTONIO (ed.): *Le Opere di Galileo Galilei: Edizione Nazionale sotto gli auspici di Sua Maestà il Re d'Italia.* 21 Vols. Florenz: Barbera 1890–1909.

FOLKERTS, MENSO: Johannes Praetorius (1537–1616) – ein bedeutender Mathematiker und Astronom des 16. Jahrhunderts. In: DAUBEN, J. W. ET AL. (ed.): *History of Mathematics: States of the Art. Flores quadrivii – Studies in Honor of Christoph J. Scriba.* San Diego: Academic Press 1996, S. 149–169.

FORBES, ERIC GRAY: Das Eimmartsche Observatorium zu Nürnberg (1691–1757). In: *Sterne und Weltraum* **12** (1970), S. 311–315.

GAAB, HANS: Johann Gabriel Doppelmayr (1677–1750). In: DICK, WOLFGANG R. UND JÜRGEN HAMEL (Hg.): *Beiträge zur Astronomiegeschichte* **4**. Frankfurt am Main: Harri Deutsch 2001, S. 46–99.

GAAB, HANS: Die Eimmart-Sternwarte in Nürnberg. In: WOLFSCHMIDT 2010, S. 212 / 213–233.

GEISSENDÖRFER, PAUL UND DANIELA NIEDEN (Hg.): *Münster Heilsbronn. Ein Zisterzienserkloster in Franken.* Heilsbronn: Schulist Verlag 2000, Lindenberg: Kunstverlag Josef Fink (2. Auflage) 2003.

GERSTL, DORIS: *Drucke des höfischen Barock in Schweden. Der Stockholmer Hofmaler David Klöcker von Ehrenstrahl und die Nürnberger Stecher Georg Christoph Eimmart und Jacob von Sandrart.* Berlin: Gebr. Mann 2000.

GINGERICH, OWEN UND ALBERT VAN HELDEN: From Occhiale to Printed Page: The Making of Galileo's Sidereus Nuncius. In: *Journal for the History of Astronomy* **34** (2003), S. 251–267.

GOERCKE, ERNST: Christoph Scheiners Mondkarte und die frühe Selenographie. In: *Die Sterne* **64** (1988), Heft 4, S. 229–236.

GOERCKE, ERNST: *Die Jesuiten in Ingolstadt.* Katalog zur Ausstellung. Ingolstadt 1991.

HAMEL, JÜRGEN UND INGE KEIL (Hg.): *Der Meister und die Fernrohre: Das Wechselspiel zwischen Astronomie und Optik in der Geschichte: Festschrift zum 85. Geburtstag von Rolf Riekher.* Frankfurt am Main: Verlag Harri Deutsch (Acta Historica Astronomiae; Vol. 33) 2007.

HARTL, GERHARD: Ein astronomisches Fernrohr, zugeschrieben Simon Marius. In: *Meisterwerke aus dem Deutschen Museum*, Band IV. München 2002, S. 52–55.

HARTL, GERHARD UND CHRISTIAN SICKA: Komposition oder Abbild? Die Darstellung des Nachthimmels in Adam Elsheimers Flucht nach Ägypten – eine naturwissenschaftlich-kritische Betrachtung. In: BAUMSTARK, REINHOLD (Hg.): *Von Neuen Sternen, Adam Elsheimers Flucht nach Ägypten.* München, Köln: DuMont 2005, S. 106–126.

HARTMANN, JOHANNES: Die ältesten deutschen astronomischen Instrumente. In: *Zeitschrift für Instrumentenkunde* **40** (1920), S. 221–235.

HELDEN, ALBERT VAN: Galileo and Scheiner on Sunspots: A Case Study in the Visual Language of Astronomy. In: *Proceedings of the American Philosophical Society* **140** (1996), S. 358–396.

HELDEN, ALBERT VAN: The Invention of the Telescope. In: *Transactions of the American Philosophical Society* **67** (1977), Pt. 4. Nachdruck: The American Philosophical Society Philadelphia (2008).

HERBST, KLAUS-DIETER: Galilei's astronomical discoveries using the telescope and their evaluation found in a writing-calendar from 1611. In: *Astronomische Nachrichten* **330** (2009), No. 6, S. 536–539.

HOCKER, JOHANN LUDWIG: *Hailsbronnischer Antiquitäten-Schatz, derer uralten Burggrafen von Nürnberg, der Chur-Fürsten und Markgrafen von Brandenburg Grabstätte, Wappen und Gedächtniß-Schriften[...] in der vormaligen Closterkirche zu Hailbronn, ...* Ansbach: Lüders und Nürnberg: P. C. Monath 1731–1739. Neudruck: Neustadt an der Aisch 2004.

KLEMM, HANS G.: *Georg Hartmann – Aspekte seiner Lebens- und Schaffensgeschichte.* Forchheim: Jahresbericht Ehrenbürg-Gymnasium 1987/88.

KOLB, PETER: *Caput bonae spei hodiernum, das ist: Vollständige Beschreibung des afrikanischen Vorgebürges der Guten Hoffnung.* Nürnberg 1719.

KNORRE, MARTIN: *Lectori Benevolo S. & O.D. Martinus Knorre, Mathematum inferiorem Professor Publicus.* Wittenberg: Matthäus Henckel 1689 [Sächsische Landes- und Universitätsbibliothek Dresden: Biogr. Erud. C. 306, 24]. Online: http://www.vd17.de.

KREMER, RICHARD: War Bernhard Walther, Nürnberger astronomischer Beobachter des 15. Jahrhunderts, auch ein Theoretiker? In: WOLFSCHMIDT 2010, S. 156/157–183.

KUISLE, ANITA: *Brillen – Gläser, Fassungen, Herstellung.* München: Deutsches Museum 1985.

KUISLE, ANITA: Von Lesesteinen, Nasenquetschern und Scherenbrillen. Ein kurzer Gang durch die Geschichte der Augengläser. In: *Gefaßten Blicks, Brillentragen und Brillendesign in der Nachkriegszeit.* Katalog zur gleichnamigen Wanderausstellung des Westfälischen Museumsamtes. Münster 1992, S. 4.

LEARNER, RICHARD: *Astronomy through the Telescope.* London: Harrow House 1981. Deutsche Übersetzung: *Das Teleskop. Die Geschichte der Astronomie seit Galilei.* München: Christian Verlag 1982.

LITTROW, JOSEPH JOHANN: *Populäre Astronomie, Band 1 und 2.* Wien: J. G. Heubner 1825.

LÜBKE, ANTON: Nikolaus von Kues. In: *Sterne und Weltraum* (1964), S. 100–104.

MACKENSEN, LUDOLF VON; BERTELE, HANS VON UND JOHN H. LEOPOLD: *Die erste Sternwarte Europas mit ihren Instrumenten und Uhren. 400 Jahre Jost Bürgi in Kassel.* München 1979, 2. Aufl. 1982.

METT, RUDOLF: *Regiomontanus – Wegbereiter des neuen Weltbildes.* Leipzig: Teubner (Einblicke in die Wissenschaft) 1996.

MITCHELL, W. M.: The History of the Discovery of the Solar Spots. In: *Popular Astronomy* **24** (1916), S. 149–162, Plate V, S. 151.

MOYER, G.: Aloisius Lilius and the 'Compendium novae rationis restituendi kalendarium'. In: COYNE, G. V. (ed.): *The Gregorian Reform of the Calendar: Proceedings of the Vatican conference to commemorate its 400th anniversary.* Vatican City: Specola Vaticana 1983, S. 171–188.

PILZ, KURT: *600 Jahre Astronomie in Nürnberg.* Nürnberg: Verlag Hans Carl 1977.

REEVES, EILEEN ADAIR: *Galileo's Glassworks: The Telescope and the Mirror.* Cambridge, Mass.: Harvard University Press 2008.

REEVES, EILEEN ADAIR UND ALBERT VAN HELDEN: *Galileo and Scheiner on Sunspots, 1611–1613.* Chicago: Chicago University Press 2009.

RIEKHER, ROLF: *Fernrohre und ihre Meister.* Berlin: Verlag Technik (2. stark bearbeitete Auflage) 1990.

RÖTTEL, KARL (Hg.): *Peter Apian – Astronomie, Kosmographie und Mathematik am Beginn der Neuzeit mit Ausstellungskatalog.* Buxheim bei Ingolstadt / Eichstätt: Polygon-Verlag 1995.

ROLOFF, ECKART: Christoph Scheiner: Galileis Gegner im Bann der Sonne und ihrer unmöglichen Flecken. In: ROLOFF, ECKART: *Göttliche Geistesblitze. Pfarrer und Priester als Erfinder und Entdecker.* Weinheim: Verlag Wiley-VCH 2010.

ROSEN, EDWARD: *The Naming of the Telescope.* New York: Henry Schuman 1947. http://homepages.tscnet.com/omard1/jportat3b.html.

ROSSI, FRANK: *Brillen. Vom Leseglas zum modischen Accessoire.* München: Callwey 1989.

SAMHABER, FRIEDRICH: *Höhepunkte mittelalterlicher Astronomie. Georg von Peuerbach und die Folgen.* Peuerbach 2000.

SCHEDEL, HARTMANN: *Registrum huius operis Libri cronicarum cu[m] figuris et ymagibus ab initio mu[n]di.* Nürnberg: Anton Koberger 1493. Nachdruck: Ostfildern: Quantum Books 2002.

SCHEDEL, HARTMANN: *Register des Buchs der Croniken und geschichten mit figuren und pildnussen von anbeginn der welt bis auf dise unnsere Zeit.* Durch Georgium Alten ... in diss Teutsch gebracht. Nürnberg: Anton Koberger 1493. Nachdruck: *Buch der Chroniken.* Meersburg: F. W. Hendel Verlag 1933. Nachdruck: München: Reprint-Verlag Kölbl 1991.

SCHEMMEL, MATTHIAS: *The English Galileo: Thomas Harriot's Work on Motion as an Example of Preclassical Mechanics.* Dordrecht, New York, NY: Springer 2008.

SCHÖNER, JOHANN: *Scripta clarissimi mathematici M. Joannis Regiomontani, de Torqueto, Astrolabii armillari, Regula magna Ptolemaica, Baculoque Astronomico, et Observationibus Cometarum, aucta necessariis Joannis Schoneri Carolostadij additionibus. Item Libellus M. Georgij Purbachij de Quadrato Geometrico.* Nürnberg: Joh. Montanus & U. Neuber 1544.

SHIRLEY, J. W.: *Thomas Harriot: a biography.* Oxford: Oxford University Press 1983.

SPINDLER, M. UND A. KRAUS: *Geschichte Frankens bis zum Ausgang des 18. Jahrhunderts.* München 1997.

STRANO, GIORGIO: Galileo's Shopping List: An Overlooked Document about Early Telescope Making. In: *From Earth-Bound to Satellite: Telescopes, Skills and Networks.* Edited by ALISON D. MORRISON-LOW, SVEN DUPRÉ, STEPHEN JOHNSTON AND GIORGIO STRANO. Second Volume of the Series *Scientific Instruments and Collections: Studies Published under the Auspices of the Scientific Instrument Commission.* Leiden, Boston: Brill 2012, p. 1–19.

TRIER, FRIEDRICH H. UND KARSTEN GAULKE: Das Luftfernrohr von Guiseppe Campani im Astronomisch-Physikalischen Kabinett der Museumslandschaft Hessen Kassel. In: HAMEL / KEIL 2007, S. 185–202.

WATTENBERG, DIEDRICH: Astronomische Instrumente. In: *Regiomontanus-Studien.* Wien 1980.

WILLACH, ROLF: Schyrl de Rheita und die Verbesserung des Linsenfernrohres Mitte des 17. Jahrhunderts. In: *Sterne und Weltraum* **34** (1995) S. 102–110 und S. 186–192.

WILLACH, ROLF: Der lange Weg zur Erfindung des Fernrohrs. In: HAMEL/KEIL 2007, S. 34–126.

WILLERS, JOHANNES; HOLZAMER, KARIN: *Schätze der Astronomie. Arabische und deutsche Instrumente aus dem Germanischen Nationalmuseum.* Nürnberg: Germanisches Nationalmuseum 1983.

WILLERS, JOHANNES; BRÄUNLEIN, PETER J.; HILSENBECK, RENATE; LESZCYNSKI, GRZEGORZ: *Focus Behaim Globus. Teil 1: Aufsätze, Teil 2: Katalog.* Hrsg. von GERHARD BOTT. Ausstellung im Germanischen Nationalmuseum, 2. Dezember 1992 bis 28. Februar 1993. Nürnberg: Germanisches Nationalmuseum 1992.

WOLFSCHMIDT, AUGUST: *Magister Peter Kolb. Ein Forscher und Lehrer aus Franken.* Neustadt an der Aisch 1978.

Wolfschmidt, Gudrun: *Astronomie im frühen Buchdruck. (Katalog zur Ausstellung der Staatsbibliothek in Bamberg vom 1. Sept. bis 1. Okt. 1977).* Veröffentlichung der Dr. Remeis-Sternwarte Bamberg, Band XII, Nr. 128, Bamberg 1977, S. 1–96.

Wolfschmidt, Gudrun: Johann Schöner – ein fränkischer Geograph und Astronom. In: *Sterne und Weltraum* **17** (1978), S. 86–90.

Wolfschmidt, Gudrun: *Die Bedeutung der Mädlerschen Mondkarten in der Entwicklung der Mondtopographie.* München: Oldenbourg Verlag (Deutsches Museum – Wissenschaftliches Jahrbuch 1990, Abhandlungen und Berichte; Neue Folge, Band 7) 1990, S. 132–154.

Wolfschmidt, Gudrun (Hg.): *Nicolaus Copernicus (1473–1543) – Revolutionär wider Willen.* Begleitbuch und Katalog zur Ausstellung im Zeiss Großplanetarium in Berlin, Juli bis Oktober 1994. Stuttgart: GNT-Verlag 1994.

Wolfschmidt, Gudrun: *Milchstraße Nebel Galaxien – Strukturen im Kosmos von Herschel bis Hubble.* München: Deutsches Museum (Abhandlungen und Berichte; Neue Folge, Band 11) München: Oldenbourg-Verlag 1995.

Wolfschmidt, Gudrun: Die Entwicklung des Teleskops. In: *Europas neue Teleskope. Vorstoß in die Tiefe der Zeit.* In: *Sterne und Weltraum Special* **3** (2003), S. 14–27.

Wolfschmidt, Gudrun: *„Sterne weisen den Weg" – Geschichte der Navigation.* Katalog zur Ausstellung 2008–2011 in Hamburg und Nürnberg. Norderstedt bei Hamburg: Books on Demand (Nuncius Hamburgensis; Bd. 15 (2009).

Wolfschmidt, Gudrun (Hg.): *Astronomie in Nürnberg – anläßlich des 500. Todestages von Bernhard Walther (1430–1504) im Juni 2004 und des 300. Todestages von Georg Christoph Eimmart (1638–1705) am 5. Januar 2005.* Hamburg: tredition science (Nuncius Hamburgensis; Bd. 3) 2010.

Zinner, Ernst: *Geschichte und Bibliographie der astronomischen Literatur in Deutschland zur Zeit der Renaissance.* Leipzig 1941, Stuttgart: Anton Hiersemann 2. Auflage 1964.

Zinner, Ernst: *Leben und Wirken des Joh. Müller von Königsberg, genannt Regiomontanus.* München: C. H. Beck 1938 (Schriften zur bayerischen Landesgeschichte Bd. 31). Nachdruck: Osnabrück: O. Zeller (Milliaria Bd. 10,1) 2. Aufl. 1968.

Zinner, Ernst: *Regiomontanus: His life and work.* Translated by Ezra Brown. Amsterdam, New York, Oxford, Tokio (Studies in the history and philosophy of mathematics; 1) 1990.

Zinner, Ernst: *Deutsche und niederländische Instrumente des 11.–18. Jahrhunderts.* München: C. H. Beck 1956, 2. Aufl. 1967, Nachdruck 1979.

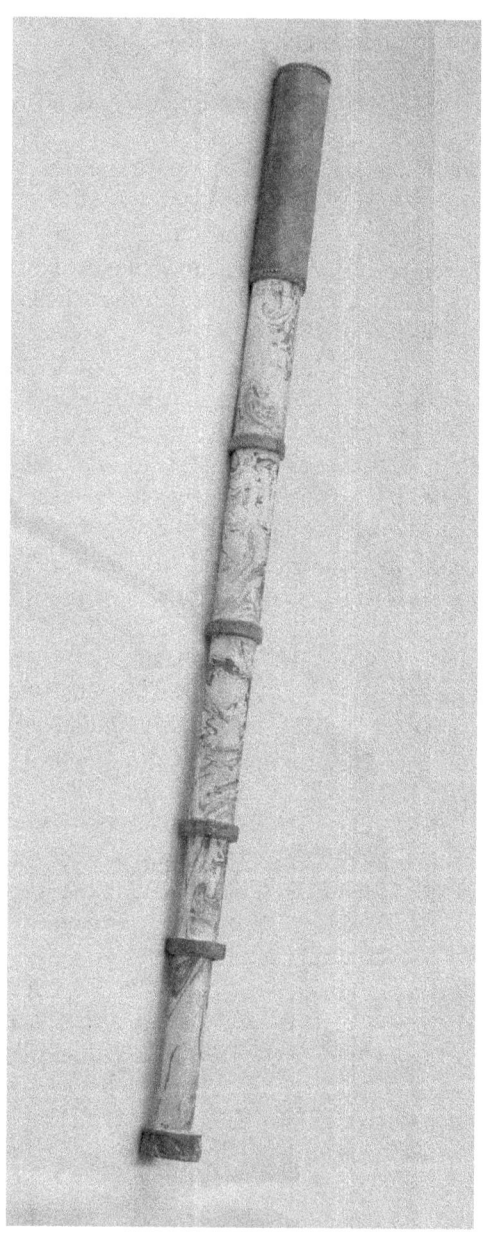

Abbildung 8.1:
Fernrohr aus dem Pommerschen Kunstschrank,
1617 geliefert
Kunstgewerbemuseum Berlin

Johann Wiesel (1583–1662), der erste namhafte Optiker in Deutschland

Inge Keil (Augsburg) (†2010)[1]

Johannes Philipp Fuchs von Bimbach brachte 1608 die Kunde von dem neuen optischen Instrument von der Frankfurter Herbstmesse mit nach Ansbach, aber kein Instrument, weil eine Linse zerbrochen war. Ein halbes Jahr später, auf der Frühjahrsmesse 1609, erwarb ein Kaufmann aus Augsburg solch ein Fernrohr. Er verehrte es dem Innsbrucker Erzherzog Maximilian, aber man versuchte in Augsburg vermutlich, es nachzubauen. In dieser Stadt gab es kein organisiertes Brillenmachergewerbe wie in Nürnberg und Regensburg. Sollte 1609 ein Brillenmacher in Augsburg gearbeitet haben, so hatte er offenbar so wenig Glück wie die Nürnberger Brillenmacher, als Simon Marius von ihnen passende Linsen haben wollte, denn wir hören nichts darüber, dass so früh schon Fernrohre in Augsburg entstanden sind.

Aus dem Briefwechsel Philipp Hainhofers, eines Augsburger Kunsthändlers und Agenten etlicher Fürsten, wissen wir, dass er schon bald optische Instrumente auf dem Jahrmarkt bei Händlern kaufte, die aus Savoyen kamen. Weil er aber gute Beziehungen nach Italien, besonders nach Venedig, hatte, konnte er von dort Linsen oder auch ganze Teleskope kommen lassen. So hatte das Fernrohr, das er in den Kunstschrank legte, den er 1617 nach Pommern brachte, vermutlich italienische Linsen. Es liegt heute mit den anderen Inhalten des Pommerschen Kunstschranks im Kunstgewerbemuseum Berlin und ist eins der wenigen ganz frühen Fernrohre, die man sicher datieren kann (vgl. Abb. 8.1, S. 258).[2]

---

1 Die Schlussarbeiten an diesem Artikel wurden von Dr. Karl-August Keil nach dem Tod der Autorin fertiggestellt.

2 RIEKHER 1990, S. 47; MUNDT 2009, S. 177–179.

Den Nürnberger Brillenmachern war es inzwischen auch gelungen, Fernrohre zu bauen. Als Herzog August d. J. von Braunschweig-Lüneburg seinen Agenten Hainhofer bedrängte, er möge ihm doch ein gutes Fernrohr aus Italien beschaffen, schrieb er, nachdem ihm Hainhofer 1614 eines geschickt hatte:

> *Daß Instrumentum Opticum will mir allerdingß nicht gefallen, und kann ich nicht sehr weitt damitt sehen, eß muß villeicht noch ein grieff darauf sein, wie manß recht ausziehen solle. ... [ich] habe vor diesem Kleine zu Nurnbergk Kauffett, da ich viell weyter mitt sehe....*[3]

Dem Herzog kostete es offenbar Mühe, das aus mehreren Rohren bestehende Gerät richtig einzustellen. Die „kleinen" aus Nürnberg waren vermutlich Fernrohre ohne Auszug. Aber keiner der Nürnberger Brillenmacher ist als Fernrohrbauer bekannt geworden, so dass wir heute noch seinen Namen kennen würden. Auch aus dem übrigen deutschen Sprachgebiet kennen wir keinen Namen aus dieser Zeit.

Anders gestaltete sich die Lage in Augsburg. Um 1620 kam Johann Wiesel (1583–1662) aus der Pfalz in die Stadt.[4] Er arbeitete zuerst als Schreiber bei einem Zeitungsschreiber. Im Januar 1621 erwarb er durch seine Heirat mit Regina Arnold, der Tochter eines Kistlers, das Augsburger Bürgerrecht und eröffnete eine optische Werkstatt. Er nannte sich Perspektivmacher und zeigte damit an, dass er die neuen Geräte bauen konnte. Der Name Fernrohr entstand erst später. In den ersten Jahren sprach man z. B. von Perspektiv, *tubus opticus* oder *telescopium*. Vermutlich verdiente Wiesel seinen ersten Unterhalt durch die Herstellung von Brillen (Perspicillen). In Augsburg gab es nämlich um 1620 keinen Brillenmacher. Die Stadt bot weitere Vorteile: Sie war bereits weitum als Ort bekannt, an dem man Uhren und Automaten wie auch präzise wissenschaftliche Instrumente kaufen konnte. Die Herstellung wissenschaftlicher Geräte war eine „freie Kunst", Wiesel musste sich also keinem Handwerk anschließen. Es war außerdem nicht schwer, das klare Glas aus Venedig, das „cristallo", das man für die Linsen benötigte, zu bekommen, weil die Augsburger Kaufleute in lebhaftem Handel mit Venedig standen.

Vielleicht hat ja Simon Marius vor seinem Tod im Dezember 1624 noch von Wiesel gehört. Von Anfang 1625 kennen wir Angebote seiner Produkte, die der Augsburger Stadtarzt Carolus Widemann an Fürst August zu Anhalt sandte.[5]

---

3 4/14.2.1614 und 5/15.2.1614 Herzog August an Hainhofer: Herzog August Bibliothek Wolfenbüttel (HAB) Cod. Guelf. 93 Novi, fol. 30r–31v, fol. 32r-33v; Gobiet 1984, Nr. 34 und 35.

4 Keil 2000.

5 Januar 1625, Widemann an Fürst August zu Anhalt: *Sequentes effectus ettlicher artificialischer Spiegel kan machen einer zue Augspurg mit nahmen Johann Wiesel.* Niedersächsi-

Beide, der Arzt und der Fürst, beschäftigten sich mit der Alchemie und interessierten sich vor allem für Brennspiegel oder Brennlinsen und für Mikroskope (Flohbüchslein). Aber Fürst August bestellte auch ein Perspektiv. Das Angebot Wiesels enthielt neben Fernrohren für Tag und Nacht und Flohbüchsen auch Laternen, Brenngeräte, Brillen, Camera Obscura und Polemoscopium.

Widemann und Hainhofer sorgten für einen weiteren Kunden, Herzog August d. J. von Braunschweig-Lüneburg. Er bestellte gleich ein Fernrohr als er 1630 von Wiesel hörte. Der Perspektivmacher soll damals schon für den Kaiser und den bayerischen Herzog gearbeitet haben. Es dauerte allerdings zwei Jahre, bis Hainhofer ein Wieselsches Fernohr an den Herzog schicken konnte. Zu der Zeit hatte der Dreißigjährige Krieg auch Augsburg erreicht. 1632 war die Stadt von den Schweden eingenommen worden, und König Gustav II. Adolf, der stark kurzsichtig gewesen sein soll, bestellte fünferlei „Gläser". Darunter war sicher auch ein Fernrohr. Herzog Ernst von Sachsen-Weimar, der später Herzog von Gotha werden sollte, war mit dem schwedischen König in die Stadt gekommen, und auch er wollte unbedingt ein Teleskop haben, weil er es im Feld brauchen würde. Gute Fernrohre waren noch teuer, die Herstellungszeit war nicht gerade kurz, und während des Krieges schaute man weniger in die Sterne als auf den Feind. Philipp Hainhofer warb direkt damit. Er schrieb 1632 an einen Kunden in Hamburg:

> So haben wir auch hier einen maister der schöne tubos Galileanos, oder rohr machet, dardurch man vff 4. und 5. Meil weit perfect sehen kan, kostet ain solches rohr 70. In 80. ReichsTaler vnd ist dises Instrument sonderlich kriegesobristen sehr nuzlich vnd dienlich zum recognosciern [beobachten].[6]

Von den beiden Fernrohren, die Wiesel 1632 den Herzögen von Braunschweig und Sachsen verkaufte, kennen wir Beschreibungen: es waren Galileische Rohre mit einer Konkav- und einer Konvexlinse. Man konnte sie fünfmal ausziehen, und sie waren dann mehr als eineinhalb Meter lang. Das äußerste Rohr war mit Samt überzogen. Die Pufferringe und auch die Kapseln, in denen die Linsen lagen, bestanden aus Elfenbein.[7]

---

sche Landesbibliothek (NSLB) Hannover, Ms IV 341, S. 850–864; Keil 2003, S. 18f.; Keil 2000.

6 21.6./1.7.1632, Hainhofer an Heinrich Schmidt in Hamburg: HAB 17.27 Aug. 4°, fol. 353v; Keil 2003, S. 38.

7 16./26.4.1650, Herzog August an Hirt: *mit rotem Sammith ist der Tubus überzogen: dy Extremitates seynd von helfenbein, hat 6 Teile, dan man ihn 5 mahl ausziehen kan: Ist Vnßrer länge, wan er ausgezogen.* HAB 14 Noviss. 8° fol. 158r-v; Keil 2003, S. 115; Keil 1999.

1635 mussten die Schweden nach einer monatelangen Belagerung die Stadt
räumen und es rückte eine bayerische und kaiserliche Besatzung ein. Nicht
nur dieser äußerst kalte Hungerwinter 1634/35 sondern auch die Pest hatte
die Bevölkerung fast auf ein Drittel dezimiert. Auch die folgenden Jahre wurden für die überwiegend evangelische Bevölkerung schwierige Jahre. Alle ihre
Kirchen wurden geschlossen. Das städtische evangelische Gymnasium bei St.
Anna musste den Jesuiten übergeben werden, die 1582 selbst eine Lateinschule
eröffnet hatten. Auch die neben dem Gymnasium liegende Stadtbibliothek,
deren Leiter der Rektor des Annagymnasiums gewesen war, wurde zugesperrt,
und mit ihr der angebaute Turm, auf dem 1614 der Stadtbaumeister Elias Holl
eine Plattform zu astronomischen Beobachtungen eingerichtet hatte.

Obwohl Johann Wiesel selbst auch evangelisch war, konnte er doch seine
Werkstatt weiterführen. Wollte man gute Erzeugnisse haben, spielte die Kon-
fession keine Rolle. Ein Beispiel bietet Kurfürst Maximilian I. von Bayern, der
Anführer der katholischen Seite im Dreißigjährigen Krieg. Er ließ den evangelischen Perspectivmacher wiederholt nach München kommen, weil er gute
Brillen benötigte und verlieh ihm als Anerkennung sogar eine goldene Kette
mit seinem Medaillon.[8]

Schon die Schwedenzeit hatte eine starke Teuerung verursacht. Die Stadt
musste hohe Contributionen an die Besatzung zahlen und den Einwohnern
wurden die Steuern erhöht. Unter der bayerischen Besatzung dauerten diese
Nöte an. Dazu kam wiederum die Pest. Johann Wiesels Arbeiten aber waren
gefragt. Wollte ein auswärtiger Kunde ein Brille haben, so versuchte Wiesel
bereits eine indiviuelle Lösung zu finden, indem er einen Faden und einen Zettel
mit einer Schrift erbat. Die Länge des Fadens gab die Entfernung an, in der
der Kunde die mitgesandte Schrift noch lesen konnte. Bisher war es üblich
gewesen, eine Brille nach dem Alter des Kunden zu bestellen. 1637 hatte sich
die kriegerische Lage um Augsburg beruhigt und es kamen wieder Reisende
durch die Stadt. Hainhofer brachte interessierte Leute in Wiesels Werkstatt,
wie den Herzog von Bracciano Paolo Giordano II. Orsini, der dann auch etliche
Geräte kaufte.[9] Dem dänischen Grafen Pentz zeigt Wiesel ein Fernrohr, für

---

8 28.8./7.9.1651, Hans Martin Hirt an Hzg. August von Braunschweig-Lüneburg: ... *Gewiß*
   ist, daß der Chur Fürstl: Durchleüchtigkeit in Bayern gesichte er bißhero erhalten, wie
   Er dann offt nach Munichen raiset, vnd Ihr Chur Fürstl Durchl: ihme das bildtnus sambt
   einer gulden Ketten ohnlangsten gnedigst verehrt haben ... . HAB 98 Novi, fol. 522r–524v;
   Keil 2003, S. 137; siehe auch Abb. 8.4, S. 269.
9 Paolo Giordano II. Orsini hatte die abschließende, umfangreiche Arbeit von Christoph
   Scheiner über die Sonnenflecken drucken lassen: „Rosa Ursina", Bracciano 1630.

das er den hohen Preis von 150 Reichstaler verlangte. Es muß demnach ein längeres Rohr gewesen sein.[10]

Der Däne bestellte eine Schiffslaterne für den dänischen König Christian IV., die heute noch in Schloß Rosenborg gezeigt wird und damit eines der wenigen Geräte ist, die man Wiesel sicher zuordnen kann (Abb. 8.2, S. 264).[11] Auf einem langen Stab sitzt eine Kapsel, die eine Linse und einen Metallspiegel enthält. Zwischen beiden steckt eine Kerze, die man beim Brennen hochschieben kann. Auf der Kapsel wurde ein Rauchabzug angebracht.

1637 konnte Wiesel ein Haus kaufen, das heute noch als „Wieselhaus" bekannt ist.[12] Hier richtete er sich einen Schmelzofen ein, in dem er zwar kein Glas produzieren, aber Glasscheiben zum Schmelzen bringen und sie in eine neue Form gießen konnte. 1642 musste er das Haus auf Geheiß des Rats an die Karmeliter verkaufen, die sich in der Nachbarschaft niedergelassen hatten. Im Grundbuch wird er hierbei zum ersten Mal „Opticus" genannt. Bisher war ein Opticus ein Mann, der die optische Wissenschaft, die Perspektive, kannte, jetzt wird der Opticus zur Bezeichnung für den Handwerker, der optische Geräte herstellte. Wiesels Ruf verbreitete sich, sodaß Hainhofer im Oktober 1642 an den Stuttgarter Geistlichen Johann Valentin Andreae schreiben konnte:

> ... welcher mit seiner Khunst nunmehr inner vnd ausser reichs bekhant ist, für den Keyßer, König in Dennemarkh, Duca di Bracciano zu Rom, vnd andere grosse herren, stattliche wunderliche sachen gemacht hat, [...] vorhin ist der Galilaeus de Galilaeis in perspettiva & optica arte zu florentz berüembt gewesen. Jetzt füeret diser Wisel den ruem [...] .[13]

Als Andreae kurz darauf zu einem Besuch nach Nürnberg kam, schrieb er an Hainhofer:

---

10 6./16.7.1637, Hainhofer an Hzg August: ... *Er hat Ihrer Ex:^{z} ainen tubum per 150 Rt:^{r} durch welchen man beÿ haiterer zeit auf 14. meil weegs in das gebürg sehen khan, gezaigt, welchen Ihre Ex:^{z} Ihne wol abhandlen möchte.* NSAW 1 Alt 22 Nr. 177n, fol. 46r-50v; Keil 2003, S. 50.

11 13./23.7.1637, Hainhofer an Hzg. August: ... *hat herr graf Penz ... dem Wisel aine lanternen, die ain groses liecht in die weittin würft, angefrimbt* [bestellt], *vnd Ihme 300. Rtaler auf die hand geben ...*, NSAW 1 Alt 22 Nr.177n, fol.51r-v; Keil 2003, S.50; Bencard 1999.

12 Im Wieselhaus (im Domviertel) plant die Regio Augsburg nach der Renovierung bis 2012 ein Museum für die Fugger und Welser einzurichten. Dann soll auch ein Raum an Johann Wiesel erinnern.

13 15/25.9.1642, Philipp Hainhofer an Johann Valentin Andreae, HAB Cod. Guelf. 17.29 Aug 4°, fol. 177v-178v; Keil 2003, S. 58.

Abbildung 8.2:
Wiesels Schiffslaterne für König Christian IV. von Dänemark
Schloss Rosenborg, Kopenhagen

Von dem Brillenmacher Johann Wiseln habe ich in Nürnberg vil wunders gehört.[14]

Wiesel war also auch in Nürnberg bekannt, liefen doch alle Güter, die Hainhofer an den Herzog von Braunschweig schickte, über dessen Agenten Georg Forstenhäuser in Nürnberg.

Im Jahr darauf hielt sich der Kapuzinerpater Anton Maria Schirle de Rheita mehrere Monate in Augsburg auf. 1604 in Reutte in Tirol geboren, war er in das Augustinerkloster Indersdorf eingetreten und hatte von 1623 bis 1626 in Ingolstadt studiert, wo man in der Tradition von Christoph Scheiner und Johann Baptist Cysat Astronomie und Optik lehrte. Danach wechselte er den Orden, wurde Kapuziner und absolvierte ein mehrjähriges Noviziat und Theologiestudium in Passau. 1637 wurde er zum Lektor in Linz bestellt, wo er den Kurfürst von Trier kennenlernte. Er ging mit ihm als Beichtvater nach Wien, wo der Kurfürst in kaiserlicher Gefangenschaft gehalten wurde. In dieser ganzen Zeit muss sich Rheita mit der Optik und mit dem Bau von Fernrohren beschäftigt haben, auch in Köln, wo er ab 1641 lebte.[15]

In Augsburg kam er oft mit Wiesel zusammen und aus der fruchtbaren Zusammenarbeit des Wissenschaftlers mit dem erfahrenen Handwerker entstand eine neue Form des Fernrohres, das terrestrische oder Erdfernrohr mit vier konvexen Linsen.[16] Die Umkehrlinse stellt das Bild, das im Keplerschen Fernrohr auf dem Kopf steht, wieder aufrecht und die Feldlinse erzeugt ein größeres Gesichtsfeld als das Galileische Fernrohr. Rheita ging 1644 nach Antwerpen, wo er sein Buch *„Oculus Enoch et Elia"* zum Druck vorbereitete, das dann 1645 erschien. Dieses Buch behandelt das Weltall und im zweiten Teil die Mutter Jesu. Dazwischen steht ein Kapitel über die Konstruktion von Fernrohren, in dem Rheita vor allem das Binoculum preist, durch das man mit beiden Augen sehen kann. Darauf deutet auch der Titel des Buches hin. Nur in einem *Secretum*, in vier verschlüsselten Zeilen, spricht er von dem neuen Erdfernrohr. In einer zweiten verschlüsselten Stelle gibt er das Geheimnis einer guten Politur preis: Wenn man in die Schleifschalen dünnes Papier einklebt bevor man die Linsen darin poliert, behalten sie ihre Form.

---

14 5.[15.]10.1642, Andreae an Hainhofer, HAB 74 Noviss 2°, fol. 60r-61v; Keil 2003, S. 58.
15 Zu Rheitas bewegtem Leben: Thewes 1983. Die dortigen Aussagen über Rheitas Verhältnis zu Wiesel sind allerdings überholt. Rheita lebte von 1645 bis 1652 wieder beim Kurfürsten in Trier. 1656 wurde er auf der Reise nach Rom in Bologna in Klosterhaft genommen. Die Gründe sind heute noch nicht geklärt. 1659 oder 1660 starb er in Ravenna. Wiesel hatte mit ihm nach seinem Weggang aus Augsburg keine Verbindung mehr. Zu Rheitas Leistungen in der Optik: Dupré 2007.
16 Willach 1995: Keil 1995; Keil 2000, S. 66–70.

Im Vorwort zu diesem Kapitel teilte Rheita dem Leser mit, dass man diese neuartigen Fernrohre bei Gervasius Mattmüller und bei Johann Wiesel in Augsburg kaufen könne, der wohl der beste Optiker in Deutschland sei. Der Ingenieur Mattmüller lebte seit etwa 1637 als kaiserlicher Optiker in Wien, war aber sehr auch mit anderen Aufgaben wie dem Festungsbau betraut.[17] Es setzte eine starke Nachfrage ein. Aber die Stadt Augsburg hatte vor dem Ende des langen Krieges 1646 und 1648 noch zwei Belagerungen zu überstehen, und vielleicht war auch die Konstruktion noch nicht ausgereift. 1647 gelangte eine handgeschriebene Fernrohr-Preisliste von Wiesel nach London an Samuel Hartlib, der dort eine Nachrichtenagentur betrieb. Hartlib sandte Kopien der Liste in deutscher sowie in lateinischer Sprache an verschiedene seiner Briefpartner. Wiesel kündigte hier die drei verschiedenen Formen des Fernrohrs an: erstens das Galileische oder holländische Fernrohr, zweitens das heute Keplersche oder astronomische genannte mit zwei Konvexlinsen, und drittens das erst neu entstandene terrestrische mit mehreren Linsen.[18] Das erste derartige Fernrohr von Wiesel erreichte nach heutiger Kenntnis im September 1649 Amsterdam und von da aus im Dezember London. Um 1650 setzte Wiesel die Feldlinse auch in das Mikroskop ein und verkaufte auch solche Mikroskope nach England. Seit etwa 1640 arbeitete der Optiker Richard Reeve in London, der das zusammengesetzte Okular im Fernrohr wie auch die Feldlinse im Mikroskop sofort nachbaute.

Fürsten waren unter Wiesels Kunden aber auch Wissenschaftler wie die Astronomen Riccioli und Grimaldi in Bologna, Christiaan Huygens in Holland und Johannes Hevelius, der in Danzig eine Sternwarte eingerichtet hatte. Der König von Dänemark bestellte ein Fernrohr für die Sternwarte in Kopenhagen. In Deutschland waren astronomische Beobachtungen durch den Krieg zum Erliegen gekommen, deutsche Fürsten stellten die neuartigen Instrumente in ihre Kunstkammern, so in Dresden, Stuttgart, Wolfenbüttel oder Gotha. Von den vielen Fernrohren, die der Augsburger Optiker verkauft hat, haben sich wohl nur zwei erhalten (vgl. Abb. 8.3, S. 267)[19] Sie liegen in Schweden, im Schloss Skokloster des ehemaligen Generals Karl Gustav Wrangel. Wrangel war der letzte Befehlshaber der schwedischen Truppen im dreißigjährigen Krieg gewesen und wurde nach dem Krieg Gouverneur von Schwedisch-Pommern. Er war nie in Augsburg gewesen, nahm aber 1649 an dem Friedenskongress in Nürnberg teil. Vielleicht hörte er hier von dem Augsburger Optiker. Er war mit Georg Forstenhäuser bekannt, sowie auch mit dem Nürnberger Ratsherrn Georg Phil-

---

17 Habacher 1960.
18 Rohr 1933; Keil 2000; Keil 2003.
19 Willach 2002; Keil 2000, S. 295–306.

ipp Harsdörffer, der Wiesel drei Jahre später in seinem Buch „Mathematische Erquickstunden" rühmte:

Die neuen Stern= oder Ferngläser / damit man die Planeten genau betrachten kan / sind also gemachet. [...] Dieser Gläser kan man solcher gestalt noch mehr ordnen/ und das Rohr auf 30 oder 40 Schuh erlängern / wie dergleichen zu finden bey dem hochberühmten und kunstreichen Herrn Johann Wiesel / wolerfahrnen Optico in Augsburg / meinem insonders geehrten Freunde / der es in dieser Kunst weiter gebracht / als Galileus Galilei , welcher sich in dem Gestirn blind gesehen hat. Das Gläser schleiffen ist heut zu Tage der grösten Meisterstück eines / und sind solche zu Augsburg sonderlich zu bekommen.[20]

Abbildung 8.3:
Wiesel-Fernrohre in Skokloster
(Länge 69 cm bis 265 cm; Vergrößerung 28fach)
Ein Nachbau wurde 2009 von der Autorin hergestellt, der im Maximilianmuseum Augsburg im Rahmen einer Sonderschau des Mathematisch-Physikalischen-Salons Dresden ausgestellt war und für ein neues Fugger-Welser-Museum im Wieselhaus Augsburg ab 2012 vorgesehen ist.

Die beiden Fernrohre in Skokloster hatten fünf Linsen und ein gefärbtes Glas zur Sonnenbeobachtung, die leider alle verloren sind. Sie bestehen aus elf Papprohren, von denen die inneren mit Marmorpapier bezogen sind. Auf dem

---

20 Harsdörffer 1651, S. 203–204; Keil 2003, S. 141. Ein Augsburger Schuh betrug ungefähr 30 cm.

äußeren, mit Leder bekleideten Rohr findet sich die Signatur „J W A O F": Johann Wiesel Augustanus Opticus fecit. Zusammengeschoben sind sie etwa 69 cm lang, auseinandergezogen ungefähr 2,65 m. Die Pufferringe haben alle denselben Durchmesser, ein Charakteristikum früher Fernrohre. Man kann dies auch auf dem Kupferstich mit Wiesels Porträt sehen, den der Ulmer Ratsherr Theodorus Schad 1660 drucken ließ (vgl. Abb. 8.4, S. 269).

Wiesel beschäftigte sich in seinen letzten Lebensjahren wohl mehr mit dem Mikroskop. Er starb im März 1662, nicht ganz 79 Jahre alt. Über Instrumente seines Nachfolgers, seines Schwiegersohns Daniel Depiere, wissen wir nicht viel. Er hatte seit 1638 in der Augsburger Werkstatt gearbeitet. Aber er ließ 1674 einen Katalog seiner Produkte drucken, einen der ersten gedruckten Kataloge eines Instrumentenmachers. Depiere starb 1682. Mittlerweile hatte sich in London das optische Handwerk weiter entwickelt und in Italien waren die beiden Optiker Divini und Campani in Rom bekannt geworden. Divini arbeitete seit 1646 und Campani trat im Todesjahr Wiesels 1662 an die Öffentlichkeit. Er wurde vor allem durch seine ausgezeichneten Linsen, die er an die Sternwarte in Paris lieferte und mit denen Giovanni Domenico Cassini weitere Entdeckungen am Himmel gelangen, der führende Optiker um 1700.

Gute Fernrohre suchte man jetzt nicht mehr in Augsburg, sondern in London oder in Rom. Trotzdem entwickelte sich das optische Handwerk auch in Süddeutschland weiter. Von 1670 bis 1677 lebte der frühere Kapuziner Johann Franz Griendel von Ach (1631–1687) in Nürnberg von der Herstellung und Vorführung optischer Geräte, bevor er als Festungsingenieur nach Dresden ging. Von ihm wurde erst vor kurzem ein gedruckter Katalog aus den Nürnberger Jahren bekannt.[21]

In Augsburg baute Cosmus Conrad Cuno (1652–1745) seit 1683 vor allem „einfache" Mikroskope mit einer einzigen winzigen Linse. Er veröffentlichte 1685 eine Beschreibung seiner Mikroskope und 1734 ein Buch mit seinen mikroskopischen Beobachtungen.[22]

In Freising arbeitete Cristian Mur (1635–1721) wohl seit den späteren siebziger Jahren und danach sein Schwiegersohn Johann Sterr (~1667–1746). Georg Christoph Eimmart in Nürnberg empfahl die Freisinger Werkstatt, wenn man ihn um Fernrohre ersuchte. Und auch in Ansbach wirkten einige Optiker: Der Hofkapellmeister Georg Heinrich Bümler (1669–1745), der von 1698 bis 1723 und von 1726 bis 1745 in Ansbach lebte, bezeichnete sich selbst in einem Stammbuch-Eintrag 1718 als *Opticus und Capelmeister*.[23] Aus dem Ende des 18. Jahrhunderts haben sich einige Mikroskope von Johann Balthasar Op-

---

21 Rossell 2008, S. 57-61; Martin 1970.
22 Cuno 1734; Keil 2000, S. 162–185, 334–343; Keil 2003, S. 244–257.
23 Krautwurst 1973; Album Amicorum von C. C. Cuno, British Library Add. 19479, fol. 141r.

Abbildung 8.4:
Bartholomäus Kilian: Johann Wiesel, Augburg 1660
Staats- und Stadtbibliothek Augsburg

pelt (geb. 1743) erhalten, unter anderen im Deutschen Museum im München und im Science Museum in London.[24] Es würde sich wohl lohnen, über diese Ansbacher Optiker einmal Nachforschungen anzustellen.

8.1 Literatur

BENCARD, MOGENS: Sikkerhed til SØS. In: *Skalk* **3** (1999), S. 18–19; nachgedruckt in: *Rosenborg Studier* Kobenhavn 2000, S. 214–217.

BRACEGIRDLE, BRIAN: *A Catalogue of the Microscopy Collections at The Science Museum, London.* (CD) London: Trustees of the National Museum of Science and Industry 2005.

DUPRÉ, SVEN: Rheita, A. M. Schyrleus de, Schyrle (Schierl, Schürle) Johann Burchard. In: HOCKEY, THOMAS (Hg.): *The Biographical Encyclopedia of Astronomers, Vol. II.* New York 2007, S. 965f.

CUNO, COSMUS CONRAD: *Observationes durch dessen verfertigte Microscopia deren unterschiedlichsten Insecten nebst andern unsichtbaren Kleinigkeiten der Natur welche er nach dem Leben accurat abzeichnen und auf Verlangen hoher Liebhaber in Kupffer stechen lassen.* Augspurg: Samuel Fincke 1734.

GOBIET, RONALD (Hg.): *Der Briefwechsel zwischen Philipp Hainhofer und Herzog August d. J. von Braunschweig-Lüneburg.* München (Forschungshefte des Bayerischen Nationalmuseums; Bd. 8) 1984.

HABACHER, MARIA: Mathematische Instrumentenmacher, Mechaniker, Optiker und Uhrmacher im Dienste des Kaiserhofes in Wien (1630–1750). In: *Blätter für Technikgeschichte* **22** (1960), S. 5–80.

HAMEL, JÜRGEN UND INGE KEIL (Hg.): *Der Meister und die Fernrohre: Das Wechselspiel zwischen Astronomie und Optik in der Geschichte: Festschrift zum 85. Geburtstag von Rolf Riekher.* Frankfurt am Main: Verlag Harri Deutsch (Acta Historica Astronomiae; Vol. 33) 2007.

HARSDÖRFFER, GEORG PHILIPP: *Delitiae Philosophicae et Mathematicae. Der Philosophischen und Mathematischen Erquickstunden Zweyter Theil.* Nürnberg: Dümmler 1651.

KEIL, INGE: Johann Wiesel Augustanus Opticus. In: *Sterne und Weltraum* **34** (1995), S. 888–890.

KEIL, INGE: Die Fernrohre von Herzog Ernst I., dem Frommen, von Sachsen-Gotha. In: DICK, WOLFGANG R. UND JÜRGEN HAMEL (Hg.): *Beiträge zur Astronomiegeschichte, Bd. 2.* Frankfurt: Harri Deutsch (Acta Historica Astronomiae; Vol. 5) 1999, S. 70–79.

KEIL, INGE: *Augustanus Opticus. Johann Wiesel (1583 bis 1662) und 200 Jahre optisches Handwerk in Augsburg.* Berlin: Akademie Verlag (Colloquia Augustana; 12) 2000.

---

24 Martin 1983, S. 85f.; Bracegirdle 2005.

KEIL, INGE: *Von Ocularien, Perspicillen und Mikroskopen, von Hungersnöten und Friedensfreuden, Optikern, Kaufleuten und Fürsten Materialien zur Geschichte der optischen Werkstatt von Johann Wiesel (1583–1662) und seiner Nachfolger in Augsburg.* Augsburg: Wißner (Documenta Augustana; 13) 2003.

KEIL, INGE: Johann Wiesel's Telescopes and his Clientele. In: *From Earth-Bound to Satellite: Telescopes, Skills and Networks.* Edited by ALISON D. MORRISON-LOW, SVEN DUPRÉ, STEPHEN JOHNSTON AND GIORGIO STRANO. Second volume of the series *Scientific Instruments and Collections: Studies Published under the Auspices of the Scientific Instrument Commission.* Leiden, Boston: Brill 2012, p. 21–39.

KRAUTWURST, FRANZ: Bümler, Georg Heinrich. In: *Musik in Geschichte und Gegenwart (MGG), vol. 15, Supplement.* Kassel 1973.

MARTIN, HUBERT DE: *Griendel von Ach. Ein Mikroskopiker der Barockzeit.* Wien: Höhere Graphische Bundes-Lehr- und Versuchsanstalt 1970.

MARTIN, HUBERT UND WALTRAUD DE: *Vier Jahrhunderte Mikroskop.* Wiener Neustadt 1983.

MUNDT, BARBARA: *Der Pommersche Kunstschrank des Augsburger Unternehmers Philipp Hainhofer für den gelehrten Herzog Philipp von Pommern.* München: Hirmer 2009.

RIEKHER, ROLF: *Fernrohre und ihre Meister.* Berlin: VEB Verlag Technik (1. Auflage) 1957. Berlin: Verlag Technik (2. stark bearbeitete Auflage) 1990.

ROHR, MORITZ VON: Die älteste Fernrohrpreisliste. In: *Zeiss-Notizen* **24** (1933), S. 3f.

ROSSELL, DEAK: Laterna Magica. In: *Magic Lantern, vol. 1.*Stuttgart: Füsslin 2008.

SCHEINER, CHRISTOPH: *Rosa Ursina sive Sol.* Bracciano: Andrea Phaeus 1630.

THEWES, ALFONS: *Oculus Enoch ... Ein Beitrag zur Entdeckunsgeschichte des Fernrohrs.* Oldenburg: Verlag Isensee 1983.

WILLACH, ROLF: Schyrl de Rheita und die Verbesserung des Linsenfernrohres Mitte des 17. Jahrhunderts. In: *Sterne und Weltraum* **34** (1995) S. 102–110 und S. 186–192.

WILLACH, ROLF: The Development of Telescope Optics in the Middle of the Seventeenth Century. In: *Annals of Science* **58** (2001), S. 381–398.

WILLACH, ROLF: The Wiesel-Telescopes in Skokloster Castle and their Historical Background. In: *SIS-Bulletin,* Nr. 73 (2002), S. 17–22.

Abbildung 9.1:
Die kleinen und mittelgroßen Fernrohre.
Sie sind von links nach rechts mit den Buchstaben d, b, a, e bezeichnet.
Hevelius, Johannes: *Machinae Coelestis Pars Prior* (Danzig 1673).
Bibliothek der PAN in Danzig.

Johannes Hevelius (1611–1687) – ein Astronom im Konflikt zwischen Antike und Moderne

Irena Kampa (Kiel, Hamburg)

9.1 Einleitung

Im 17. Jahrhundert machte die Wissenschaft und speziell die Astronomie große Sprünge nach vorne. Das war nicht nur der Verdienst der großen akademischen Zentren in Frankreich und England, sondern auch der Wissenschaftler aus der europäischen Provinz. Sie waren Bürger der sogenannten „res publica literaria" oder „republic of letters", weil sie ihre Gedanken untereinander durch Briefe und Bücher über Grenzen hinweg austauschten. Einer von ihnen war Johannes Hevelius, der, weit entfernt von Paris und London, in der Hansestadt Danzig[1] den Himmel von seiner privaten Sternwarte aus erkundete. Mit der Zeit baute er diese zu der größten und am besten ausgestatteten Sternwarte im Europa seiner Zeit aus.[2] Erst die nationalen Sternwarten von Paris und Greenwich konnten ihr in den 1670ern den Rang ablaufen.[3] Hevelius erreichte europaweiten Ruhm durch die Veröffentlichung der *Selenographia* im Jahre 1647.[4] Die

---

1 Danzig liegt an der polnischen Ostseeküste und war im 17. Jahrhundert eine wohlhabende und multikulturelle Stadt. Sie gehörte zum polnischen Königreich, hatte aber Sonderrechte. Weil sie vom 30jährigen Krieg verschont worden war, konnten sich Wissenschaft und Bildung ungestört entwickeln. Zu ihrer Blütezeit in der Mitte des 17. Jahrhunderts hatte Danzig 70.000 Einwohner. Durch die aufkommenden Konflikte mit Schweden nahmen Einwohnerzahl und Wohlstand danach wieder ab.

2 siehe [Saridakis 2006] S. 229.

3 Das Pariser Observatorium wurde 1671 fertiggestellt. Vier Jahre später wurde das Royal Greenwich Observatory gegründet.

4 Hevelius, Johannes: Selenographia sive Lunae Descriptio. Gedani: 1647

darin enthaltenen Mondkarten setzten neue Maßstäbe und blieben für weitere
100 Jahre unübertroffen.[5]

Das Leben von Johannes Hevelius war sehr eng mit der Hansestadt Danzig
verbunden. Hier wurde er am 28. Januar 1611 als Sohn eines wohlhabenden
Kaufmannes und Brauereibesitzers geboren, hier wurde er am Akademischen
Gymnasium ausgebildet und hier wurde schließlich seine Faszination für die
Astronomie von seinem Lehrer Peter Krüger (1580–1639)[6] geweckt. Weil es
in Danzig aber keine Universität gab, zog es ihn, wie es für junge Männer
seiner Gesellschaftsschicht üblich war, zum Studium ins Ausland. Er besuch-
te die Universität in Leiden und lernte auf seinen anschließenden Reisen nach
England und Frankreich führende Wissenschaftler der damaligen Zeit kennen.
Mit einigen hielt er noch Jahrzehnte später brieflichen Kontakt. 1634 wurde
Hevelius von seinen Eltern ins heimatliche Danzig zurückberufen, um die el-
terliche Brauerei zu übernehmen. Von nun an kümmerte er sich nicht nur um
das Geschäft, sondern engagierte sich auch im Rat der Altstadt von Danzig.
Sozusagen nebenbei baute er aus eigenen Mitteln eine Sternwarte auf den Dächern seiner drei Stadthäuser auf. Gleich seine erste größere Veröffentlichung,
die erwähnte *Selenographia*, wurde ein großer Erfolg und war maßgeblich daran
beteiligt, dass er 1664 in die *Royal Society* aufgenommen wurde. 1677 erhielt er
eine weitere große Ehrung durch den Besuch des polnischen Königs Jan Sobieski
III auf seiner Sternwarte und seiner Gewährung von Privilegien[7] und großzügi-
gen finanziellen Unterstützungen. Leider traf ihn das Schicksal im Jahre 1679
schwer, als ein Feuer seine Häuser mitsamt der Sternwarte, allen seinen Instrumenten und unveröffentlichten Manuskripten zerstörte. Zwar baute er das
Observatorium wieder auf, doch konnte er die Qualität der vorherigen Instrumente nicht mehr erreichen.[8] Nach seinem Tod im Jahre 1687, veröffentlichte
seine junge Frau Elisabeth, geborene Koopmann,[9] die ihn schon zu Lebzeiten
bei den Beobachtungen tatkräftig unterstützt hatte, die letzten Beobachtungen von Hevelius in dem Werk *Prodromus Astronomiae*.[10] Zusammen mit ihm

---

5 siehe [Wolfschmidt 1990] S. 134.

6 siehe [Czerniakowska 1987]. Peter Krüger lehrte von 1607–1639 als Professor der Mathematik und Poesie am Danziger Gymnasium. Außerdem war er Stadtvermesser und stellte
astronomische Kalender her.

7 Hevelius wurde beispielsweise von der Biersteuer befreit.

8 siehe [Szanser 1976] S. 496.

9 siehe [Hockey 2007] Eintrag: Elisabetha Hevelius. Elisabeth (1647–1693) war die Tochter
eines wohlhabenden Niederländischen Kaufmannes. Sie heiratete Johannes Hevelius im
jungen Alter von 16 Jahren und schenkte ihm vier Kinder, von denen drei Töchter das
Erwachsenenalter erreichten. Sie war gebildet und teilte mit ihrem Mann die Vorliebe
für die Astronomie. Hevelius lobte sie in seiner *Machina Coelestis* ausdrücklich als fähige
Mitarbeiterin.

10 Hevelius, Johannes: *Prodromus Astronomiae*. Gedani: 1690.

starb auch die Ära der einfachen Positionsinstrumente, wie sie schon seit der Antike in Verwendung waren.

Dieser Artikel beschäftigt sich nun näher mit den astronomischen Instrumenten, die Hevelius selber konstruierte. Sie zeugen einerseits von der fortschreitenden technischen Entwicklung auf diesem Gebiet, lösen sich aber andererseits noch nicht von ihren antiken Wurzeln.

9.2 Astronomische Instrumente

Unglücklicherweise hat kein astronomisches Instrument von Hevelius die Zeit bis heute überdauert. Zumindest ist bisher keines entdeckt worden, denn die Feuersbrunst von 1679 war unnachgiebig und zerstörte Hevelius' gesamtes Instrumentarium. Das Schicksal der wenigen später erschaffenen Instrumente ist nicht bekannt. Wahrscheinlich wurden sie, wie auch sein brieflicher Nachlass, von Hevelius' Schwiegersöhnen verkauft. Dass wir uns trotzdem ein gutes Bild von seiner Arbeitsstätte machen können, haben wir Hevelius' künstlerischem Talent und seiner Verehrung für Tycho Brahe[11] zu verdanken. Denn wie sein Vorbild verewigte Hevelius seine astronomischen Instrumente in seinen Werken, vor allem in der 1673 erschienenen *Machina Coelestis*.[12] Hier stellte er seine wichtigsten Instrumente in ausführlichen Texten und kunstvollen Bildern dar.

Seine erste kleine Sternwarte baute Hevelius im Jahre 1641 auf dem Dachboden seines Hauses. Sie bestand aus ein Raum mit großen Fenstern zu allen vier Himmelsrichtungen. Doch noch war das eher ein Provisorium. Schon bald darauf, etwa 1650, ließ Hevelius eine große Plattform auf drei benachbarten Stadthäusern errichten. Er nannte seine zweite Sternwarte Stellaeburgum.[13] Sie war sehr funktional und ohne große Verzierungen aufgebaut. Es gab kleine Räume, die Platz boten zum Ausruhen und für die Lagerung der Instrumente, und einen Pavillon, der zu einer Seite offen war und sich auf Rädern drehen ließ. Die Instrumente, die Hevelius hier aufbewahrte, kann man in zwei übergeordnete Kategorien einteilen: in Positions- und Linseninstrumente. Sie unterscheiden sich nicht nur durch Aufbau und Funktionsweise, sondern dienten auch völlig unterschiedlichen Zwecken.

---

11 Tycho Brahe (1546–1601) baute sich mit Unterstützung der Dänischen Krone zwei Sternwarten auf der Insel Hven (Ven). Die instrumentelle Ausstattung hielt er in seinem Werk *Astronomiae Instauratae Mechanica* (Wandsbek, 1598) fest, welches Hevelius als Vorbild für seine *Machina Coelestis Pars Prior* diente.

12 Hevelius, Johannes: *Machinae Coelestis Pars Prior*. Gedani: 1673.

13 Eine Anspielung auf Tycho Brahes Stjerneborg.

9.3 Winkelmessinstrumente

Für die Bestimmung von Sternörtern verwendete Hevelius Quadranten, Sextanten und Oktanten, wie sie bereits von Tycho Brahe beschrieben worden waren. Hevelius baute die Instrumente aber nicht einfach stur nach. Er übernahm nur die grundlegenden Aspekte von Brahe, erweiterte die Instrumente aber durch eigene Ideen und Verbesserungen, um ihre Messgenauigkeit weiter zu erhöhen. Ein kritischer Umgang mit Brahe ist auch in Hevelius überzeugter Ablehnung anderer Geräte, wie der Armillarsphäre, dem Astrolab oder dem Paralaktischen Lineal, die man allesamt in Brahes Uraniborg finden konnte, zu erkennen. Er erkannte, dass ihre Konstruktionsweise zu viele Fehlerquellen aufwies und er seine angestrebte Messgenauigkeit damit nicht erreichen konnte. So beschränkte er sich also auf die drei oben genannten Geräte, die auf dem gleichen Funktionsprinzip basieren. Ihr Hauptunterscheidungsmerkmal ist ihre Bogenlänge und ihr Einsatzgebiet.[14]

9.3.1 Beschreibung und Funktionsweise

Quadrant

Der Quadrant war schon in der Antike bekannt.[15] Er besteht aus einem Viertelkreis, der entweder in der Hand gehalten oder, was für genauere Messungen unbedingt erforderlich ist, auf einem Stativ montiert wird. Der Bogen ist mit einer Skala von 0° bis 90° unterteilt.[16] In Abb. 9.2 ist das einfache Funktionsprinzip veranschaulicht. Der Beobachter peilt einen Stern über zwei Visiereinrichtungen am oberen und am unteren Ende des Quadrantenschenkels an. Wenn der Quadrant richtig eingestellt ist, kann der Höhenwinkel des Sterns mit Hilfe des Lotes abgelesen werden. Alternativ kann auch der Quadrant dauerhaft so ausgerichtet werden, dass eine Seite waagerecht steht. Der Stern wird dann mit einer Alhidade, also einer Zeigervorrichtung, anvisiert. Das hat den Vorteil, dass nicht der gesamte Quadrant bewegt werden muss. Der Quadrant dient zur Bestimmung von Sternhöhen und, mit den passenden Visiervorrichtungen ausgerüstet, auch zur Ermittlung der Sonnenhöhe. Im Falle des Azimutalquadranten, befindet sich der Viertelkreis senkrecht auf einem zusätzlichen horizontalen Kreis. Mit diesem Gerät kann neben der Höhe auch

---

14 Standardwerk zu den astronomischen Instrumenten von Hevelius ist Rybka (1987). Es bildet zusammen mit Repsold (1908) die Grundlage für dieses Kapitel.

15 siehe [Repsold 1908] S. 2: Schon Ptolemäus benutzte im 2. Jahrhundert n. Chr. einen Quadranten aus Holz, hauptsächlich zur Sonnen- und Mondhöhenbestimmung.

16 Einige kleine Quadranten von Hevelius hatten auch einen Bogen von 110°, was den Einsatz eines Nonius erleichterte.

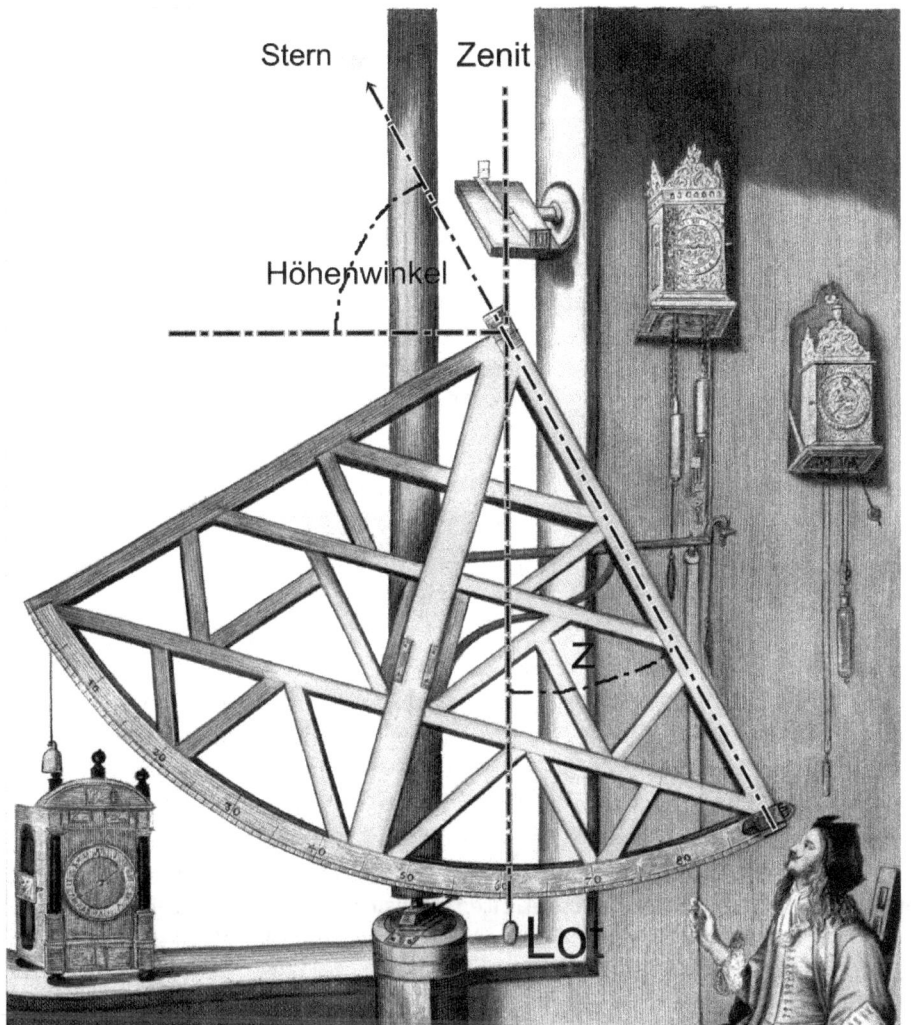

Abbildung 9.2:
Das Funktionsprinzip des Quadranten.

Die Abbildung verdeutlicht das Funktionsprinzip eines Quadranten. Über die Visiere
am Schenkel wird ein Stern angepeilt. Ein Lot zeigt den Höhenwinkel an, der 90°
minus der Zenitdistanz z entspricht. In diesem Fall ist die Höhe des Sterns 61°.

Hevelius, Johannes: *Machinae Coelestis Pars Prior* (Danzig 1673).
Vom Autor bearbeiteter Stich des großen Holzquadranten,
der dankenswerterweise zur Verfügung gestellt wurde von der Bibliothek der PAN
(Polnischen Akademie der Wissenschaften) in Danzig (Gdansk).

der azimutale Winkel eines Sternes bestimmt werden. Der Quadrant benötigt nur einen Beobachter.

Sextant

Der Sextant stellt eine Abwandlung des Quadranten dar und wurde von Tycho Brahe erfunden.[17] Sein Bogen beträgt allerdings, wie der Name schon verrät, nur ein Sechstel eines Kreises, also 60°. Ein größerer Bogen ist für den Einsatzzweck nicht nötig und würde nur das Gewicht erhöhen und die Handhabung erschweren. Der Sextant ist nicht, wie der Quadrant, senkrecht aufgestellt, sondern kann in jede Ebene gebracht werden. Deswegen wird er auf einem drehbaren Kugelgelenk montiert. Auf die Spitze des Sextanten, also den Mittelpunkt des Sechstelkreises, setzte Hevelius einen Zylinder als Visier und folgte damit Tycho Brahe. Ein Zylinder hat den Vorteil, dass er von allen Seiten betrachtet wie ein Plättchen erscheint, dessen Breite dem Zylinderdurchmesser entspricht. So kann er von mehreren Positionen gleichzeitig angepeilt werden. Auf einem Schenkel des Sextanten befindet sich ein Visier, bestehend aus einem Plättchen mit 2 Schlitzen in einer Entfernung voneinander, die dem Durchmesser des Zylinders entspricht. Zusätzlich dazu gibt es noch eine bewegliche Alhidade, die ebenfalls mit dem gleichen Visier ausgerüstet ist. Der Sextant ist für zwei Beobachter gedacht und dient der Bestimmung von Winkelabständen zwischen zwei Sternen. Aus den bekannten Positionen von Referenzsternen und den Winkelabständen zu dem gesuchten Stern lassen sich nämlich seine Koordinaten berechnen. Der erste Beobachter stellt den gesamten Sextanten so ein, dass er sich in einer Ebene mit den beiden zu messenden Sternen befindet und so dass ein Stern über die Seite des Sextanten anvisiert wird. Der zweite Beobachter peilt dann mit der Alhidade den anderen Stern an. Der Winkelabstand kann direkt auf dem Bogen abgelesen werden. Hevelius hatte in seinem Repertoire auch einen Sextanten, der nur von einem Beobachter benutzt werden konnte. Das Zentrum dieses Sextanten war dem Beobachter zugewandt und mit einem drehbaren Zylinder als Visier bestückt. An den Seiten des Zylinders entstanden durch zwei angesetzte Plättchen Schlitze. Mit ihm konnte abwechselnd ein Stern über einen Zylinder auf dem Sextantenschenkel und ein zweiter Stern über einen Zylinder auf der Alhidade anvisiert werden. Dieser Sextant hatte zwar den Vorteil, dass man ihn alleine bedienen konnte. Er war aber in der Handhabung ziemlich schwierig und wurde von Hevelius deswegen eher selten benutzt.

---

17 siehe [Hevelius 1673] S. 106.

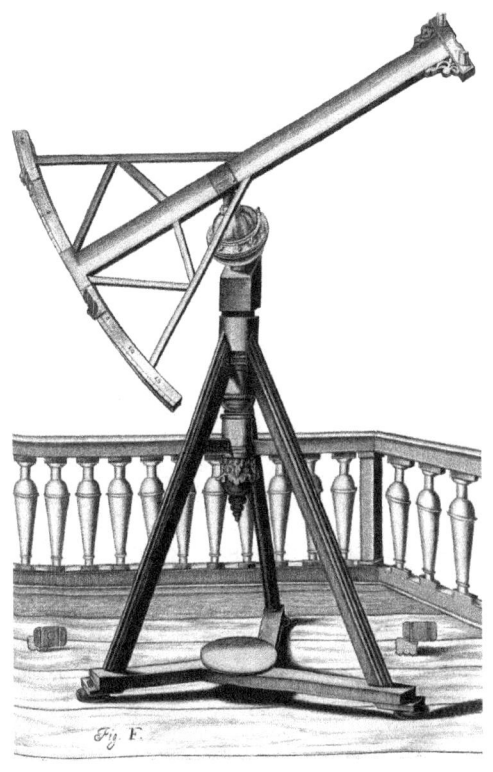

Abbildung 9.3:
Der große Holz-Oktant
Hevelius, Johannes: *Machinae Coelestis Pars Prior* (Danzig 1673).
Bibliothek der PAN in Danzig.

Oktant

Die dritte Instrumentenart ist der Oktant. Er entspricht dem *Arcus Bipartitus* von Tycho Brahe, der den Namen Oktant noch nicht verwendete. Der Oktant besteht aus zwei Bögen, die zusammen 45° ergeben. Die Bögen berühren sich nicht, sondern haben einen gewissen Abstand voneinander. Von diesem Bereich geht eine lange, breite Leiste aus, an deren Spitze eine Querleiste befestigt ist. Auf dieser Querleiste sind zwei Zylindervisiere so befestigt, dass sie sich jeweils im Mittelpunkt der beiden Bögen befinden. Der Oktant dient wie der Sextant zur Bestimmung von Winkelabständen und ist deswegen zweckmäßigerweise ebenfalls auf einer Kugel gelagert. Er kommt immer dann zum Einsatz, wenn die Sterne so nahe beieinander stehen, dass eine Benutzung des Sextanten unbequem werden würde. Die Beobachter müssten sich sonst mit ihren Köpfen sehr nahe kommen oder würden gar zusammenstoßen. Durch den Abstand der beiden Bögen können mit dem Oktanten auch sehr kleine Winkelabstände ohne übermäßigen Körperkontakt gemessen werden. Jeder Beobachter verschiebt dazu ein Visier direkt auf dem Bogen, um seinen Stern anzupeilen. Alhidaden gibt es nicht, da sie sich schlecht auf das Gleichgewicht des Instrumentes auswirken würden. Die Summe der gemessenen Winkel gibt die Winkeldistanz an.

Zusammenfassend sind die Einsatzbereiche der drei Positionsinstrumente wie folgt: ein Quadrant wird für die Bestimmung von Sternhöhen verwendet und von einem Beobachter bedient. Der Sextant und Oktant benötigen zwei Beobachter und dienen der Winkeldistanzmessung. Der Oktant wird aber nur für kleine Winkel eingesetzt.

9.3.2 Entwicklung am Beispiel des Sextanten

Nachdem nun die allgemeinen Eigenschaften der Instrumententypen beschrieben sind, folgt hier eine ausführlichere Betrachtung ausgewählter Instrumente von Hevelius. Am Beispiel des Sextanten, soll die Entwicklung seiner Instrumente mit der Zeit nachvollzogen werden.

Kleine Messinginstrumente

Hevelius begann seine Beobachtungsarbeit um 1640 mit einem Set kleinerer Instrumente aus Metall. Die Geräte hatten einen Radius von ungefähr 3 Fuß[18] und waren sehr schlicht, aber funktional. Die Stabilität gewährleisteten einfache Streben.[19] Ein Beispiel für diese einfachen Instrumente ist der kleine Messingsextant in Abb. 9.4. Er stand auf einem 6 Fuß hohen Eichenholzstativ und konnte durch seine geringe Größe leicht transportiert und gehandhabt werden. Die Alhidade konnte in der Beobachtungsposition mit einer kleinen Schraube am Bogen fixiert werden. Federmechanismen, wie sie Brahe benutzte, lehnte

---

18 Nach [Repsold 1908] S. 22 hat ein Tychonischer Fuß eine Länge von 278 mm. Nach Kruse, J.E.: Allgemeiner und besonders hamburgischer Kontorist. Hamburg 1766, S. 202, entsprach ein Dänischer Fuß einem Rheinländischen Fuß. Auf S. 115 steht, dass 32 Rheinländische Fuß 35 Danziger Fuß waren. Ein Danziger Fuß wäre demzufolge also etwas kürzer (wenn der Tychonische Fuß dem Dänischen entspricht ungefähr 254 mm). Da Hevelius aber mit seinen Maßangaben nicht sehr genau war und häufig nur ungefähre Angaben gegeben hat, ist eine genaue Umrechnung nicht nötig. Es reicht aus zu sagen, dass 3 Fuß ungefähr 80 cm entsprechen.

19 Seine späteren Instrumenten waren hingegen mit kunstvollen floralen Mustern geschmückt, die sowohl der Stabilität als auch der Ästhetik dienten.

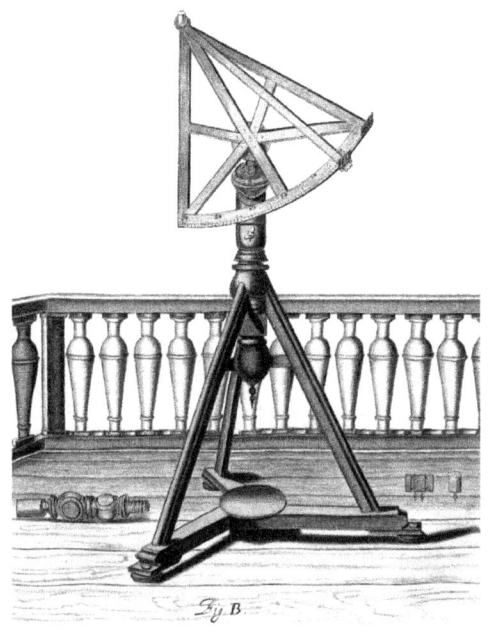

Abbildung 9.4:
Der kleiner Messingsextant
Hevelius, Johannes: *Machinae Coelestis Pars Prior* (Danzig 1673).
Bibliothek der PAN in Danzig.

Hevelius ab, da die Alhidade dadurch nur ruckartig zu bewegen sei und keine feinen Einstellungen ermöglichte. Die Skala war auf 10 Bogenminuten geteilt und konnte durch Transversalen auf 1 Bogenminute genau abgelesen werden. Diesen Sextanten benutzte Hevelius häufig und erfolgreich, als er noch keine größeren Instrumente hatte. Denn bei Winkelmessintrumenten dieser Zeit galt „size matters“. Je größer der Radius des Instrumentes, desto feiner konnte sein Bogen geteilt werden. Ein großer Sextant bedeutete aber nicht nur eine mögliche höhere Genauigkeit, sondern auch ein höheres Gewicht. Jeder Astronom hätte Metall dem Holz als Material vorgezogen, weil es sehr formstabil und witterungsbeständig ist. Aber sein hohes Gewicht machte mit steigender Größe immense Probleme. Zu Beginn seiner Beobachtungskarriere traute sich Hevelius noch nicht große Instrumente aus Metall zu bauen, aus Angst, dass sie sich unter ihrem eigenen Gewicht durchbiegen würden und nur mit sehr großen Mühen zu händeln seien.

Abbildung 9.5:
Der große Holzsextant
Hevelius, Johannes: *Machinae Coelestis Pars Prior* (Danzig 1673).
Universitätsbibliothek Kiel.

Große Holzinstrumente

Also stattete Hevelius seine Sternwarte mit einigen großen Holzinstrumenten
aus. Ihr Radius betrug 6 Fuß, beim Oktanten 8 Fuß. Diese Instrumente sind
noch sehr von Brahe geprägt und gehörten schon früh zu Hevelius Ausrüstung.
Abb. 9.5 zeigt als Vertreter dieser Klasse den großen Holzsextanten. Er sieht
seinem kleinen Messingbruder sehr ähnlich. Seine Verstrebungen sind genauso
schlicht und schmucklos, er ist ebenfalls auf einem dreibeinigen Stativ montiert und ist mit den gleichen Visieren und Dioptern ausgerüstet. Zwar ist das
Gestell hölzern, aber die wichtigsten Teile des Sextanten sind nicht aus Holz,
sondern aus Messing gefertigt. Dazu zählen die Alhidade, die Visiervorrichtun-

gen und die Skala, die hier auf 10 Bogensekunden genau ablesbar ist. Hevelius hatte aber nicht viel Freude mit dem Sextanten. Nicht nur, dass er immer Angst haben musste, das Holz würde sich durch die Danziger Seeluft verziehen, er hatte auch noch große Probleme ihn in die geforderte Ebene zu bringen und ihn in dieser zu halten. Denn er war trotz des leichten Materials Holz so schwer, dass das Kugelgelenk ihn nicht stark genug fixieren konnte. Stattdessen musste ein Assistent den Sextanten in der gewünschten Position halten und gleichzeitig auch noch Messungen vornehmen. Um den Mangel ein wenig auszugleichen, hängte Hevelius Gewichte an den Sextanten. Diese Idee führte er in seiner nächsten Instrumentengeneration zur Perfektion. Denn wenn er die Genauigkeit von Brahe übertreffen wollte, musste er auch bessere Instrumente bauen als er. Und so wagte er sich doch an große Metallinstrumente, die aber trotzdem leicht zu bedienen sein sollten.

Große Metallinstrumente

In den Jahren 1658 und 1659 wurden die drei neuen Instrumente aus Metall für die Sternwarte fertiggestellt. Sie alle zeichnete ihre Größe, ihre kunstvolle Verzierung und die durchdachte Aufhängung aus. Für ihre Herstellung war der Danziger Wolfgang Günther verantwortlich. Hevelius war bei jedem Instrument eng in den Entstehungsprozess eingebunden, aber natürlich musste auch er die Hilfe erfahrener Handwerker in Anspruch nehmen. Allerdings bestand er darauf, die Teilung immer eigenhändig auszuführen, da er bezweifelte, dass jemand, dessen Herzblut nicht an der Astronomie hing, genügend Muße und Zeit für eine genaue Teilung aufbringen würde. Kleine Schlampereien wären kaum festzustellen, würden aber unter Umständen, das Messergebnis sehr verfälschen und die Arbeit von Monaten unbrauchbar machen. Also stellte er alle kritischen Teile, wie die Skala oder die Visiere, selbst her. In Abb. 9.6 sieht man als Beispiel für diese Kategorie den großen Metallsextanten. Er hatte einen Radius von 6 Fuß und war auf einem Pfeiler befestigt. Mit Hilfe von Seilzügen und Gewichten, die je nach Bedarf an eine Stahlleiste auf der Rückseite des Sextanten gehängt wurden, konnte der Sextant trotz seines hohen Gewichtes leicht bewegt und auch in seiner Position gehalten werden. Der Sextant stand in einem eigens für ihn erstellten Pavillon, der dem Beobachter wettergeschütztes arbeiten ermöglichte. Nach Beendigung der Observation wurde der Sextant unter dem Dach des Pavillons aufgehängt. Mit diesem Sextanten erreichte Hevelius seine besten Ergebnisse. Der Kreisbogen war durch Transversalen auf eine Bogenminute geteilt und konnte mit einem Nonius auf 5 Bogensekunden und mit Hilfe einer Mikrometerschraube auf eine Bogensekunde genau abgelesen werden. Leider gaukelte diese hohe Ablesegenauigkeit

Abbildung 9.6:
Der große Messingsextant.
Johannes Hevelius und seine Frau Elisabeth beobachten zusammen.
Hevelius, Johannes: *Machinae Coelestis Pars Prior* (Danzig 1673).
Universitätsbibliothek Kiel.

eine zu große Messgenauigkeit vor. Der Beobachtungsfehler von Hevelius lag
je nach Autor zwischen 15″ und 50″.[20] Eine große Neuerung gegenüber seinen
früheren Instrumenten war, dass die feine Bewegung der Alhidade, aber auch
des Sextanten selbst, nicht mehr direkt, sondern über eine Schraube bewältigt
wurde. So konnte der Beobachter nicht nur feiner einstellen, sondern konnte
ihn auch bequem mit Handschuhen bedienen. Erwähnenswert ist, dass Hevelius als einer der ersten die Umdrehungen dieser Schraube mit einer Vorrichung
zählte, um noch genauer ablesen zu können.

9.3.3 Zusammenfassung

Hevelius Winkelinstrumente entwickelten sich mit der Zeit von kleinen einfachen Standardinstrumenten zu großen ausgeschmückten Kunstwerken, die mit
allerlei technischen Finessen ausgestattet waren. Er schaffte es, dass sogar
schwere Metallinstrumente leicht zu bedienen waren und bedachte bei Konstruktion kleinste Details. Auf der Jagd nach der größten Genauigkeit scheute
er keine Kosten und Mühen. Diese Instrumente waren nicht nur wissenschaftliche Geräte, sonder konnten allein durch ihre Schönheit sicher selbst königlichen
Besuch beeindrucken. Leider standen diese Instrumente nicht am Anfang einer
neuen Entwicklung, denn die Zeit der Quadranten und Sextanten sollte bald
zu Ende sein.

9.4 Linsenfernrohre

Neben den Winkelinstrumenten hatten auch zahlreiche Fernrohre auf Hevelius'
Sternwarte ihren Platz. Schon sehr früh – etwa um 1640 – begann Hevelius sich
für die Linsenherstellung zu interessieren. Auf seiner Werkbank schliff er die
Gläser für seine Teleskope zum größten Teil selbst.[21] Die Fernrohre benutzte Hevelius, um die Oberflächen von Himmelskörpern zu beobachten. Unter
anderem kartierte er den Mond, beschrieb die Venusphasen oder die eigenar-
tige Form des Saturn.[22] Mit dem Helioskop, einem Fernrohr, das durch ein
Loch in der Wand eines dunklen Raumes das Bild der Sonne auf einen Beob-
achtungsschirm warf, zählte er Sonnenflecken und konnte die Rotationsperiode
der Sonne bestimmen. Die Daten zu den Sonnenflecken sind auch für heutige

---

20 Siehe [Wünsch 1999] S. 391. Hevelius selbst schätzte die Genauigkeit auf 5″ bis 10″.
21 siehe [Czerniakowska 1998] S. 9.
22 Die Ringe waren zu der Zeit noch nicht entdeckt und auch Hevelius kam ihnen noch nicht
   auf die Spur.

Wissenschaftler, beispielsweise für die Untersuchung des Zusammenhangs von Sonnenaktivität und Klima, von Interesse.[23]

9.4.1 Linsenfehler

Fernrohre waren zu Hevelius Zeiten noch immer eine relativ neue Erfindung. Kein Wunder also, dass die Linsenherstellung noch weit von Vollkommenheit entfernt war. Zwar eröffneten Teleskope den Menschen neue, ungesehene Welten, doch Einschlüsse im Glas, Beugungserscheinungen oder Abbildungsfehler verfälschten das Bild und durften nicht mit der Realität verwechselt werden. Licht, das durch eine Linse läuft, wird je nach Wellenlänge unterschiedlich stark gebrochen. So entsteht ein „Farbsaum" um die Objekte. Dieses Phänomen ist als chromatische Abberation bekannt und konnte zu Hevelius Zeiten noch nicht durch achromatische Linsen behoben werden (vgl. S. 328). Ein anderer Abbildungsfehler tritt dadurch auf, dass wegen der Krümmung der Linse die Lichtstrahlen im äußeren Bereich stärker gebrochen werden als die im Inneren. Gegen diese sphärische Abberation glaubte man die Lösung gefunden zu haben. Man versuchte einfach die Krümmung möglichst klein zu halten. Je kleiner die Krümmung ist, desto größer ist aber die Brennweite der Linse und desto länger muss der Tubus des Teleskops sein. Um die Bildqualität zu verbessern, blieb Hevelius nichts anderes übrig, als immer längere Teleskope zu bauen.

9.4.2 Beschreibung der Teleskope

Die erste Abbildung eines Teleskopes von Hevelius ist in der *Selenographia* zu finden.[24] Es zeigt ein Fernrohr, das azimutal auf einem Stativ montiert ist. Diese Art der Befestigung nutze Hevelius nur für seine kleinsten Fernrohre (6 bis 12 Fuß).[25] Eine zur Nachführung sehr bequeme paralaktische Montierung ist bei keinem von Hevelius Instrumenten zu finden. An dem Fernrohr war ein kleiner Quadrant zur Höhenablesung angebracht. Auch das ist ein Sonderfall, denn Hevelius hielt Winkelinstrumente und Fernrohre streng voneinander getrennt, wie in Kap. 9.5 näher erläutert wird.

Abb. 9.1, S. 9.1, zeigt vier Teleskope, die stellvertretend für viele andere ähnlicher Bau- und Aufhängungsweise stehen. Teleskop a entspricht dem Fernrohr aus der *Selenographia*, nur ohne kleinen Quadranten und auf der Balustrade

---

23 Das zeigt z. B. Hoyt/Schatten (1995), S. 371–378.
24 Hevelius, Johannes: *Selenographia sive Lunae Descriptio*. Gedani 1647, zwischen S. 40 und S. 41.
25 Siehe [Rybka 1987] S. 138–151.

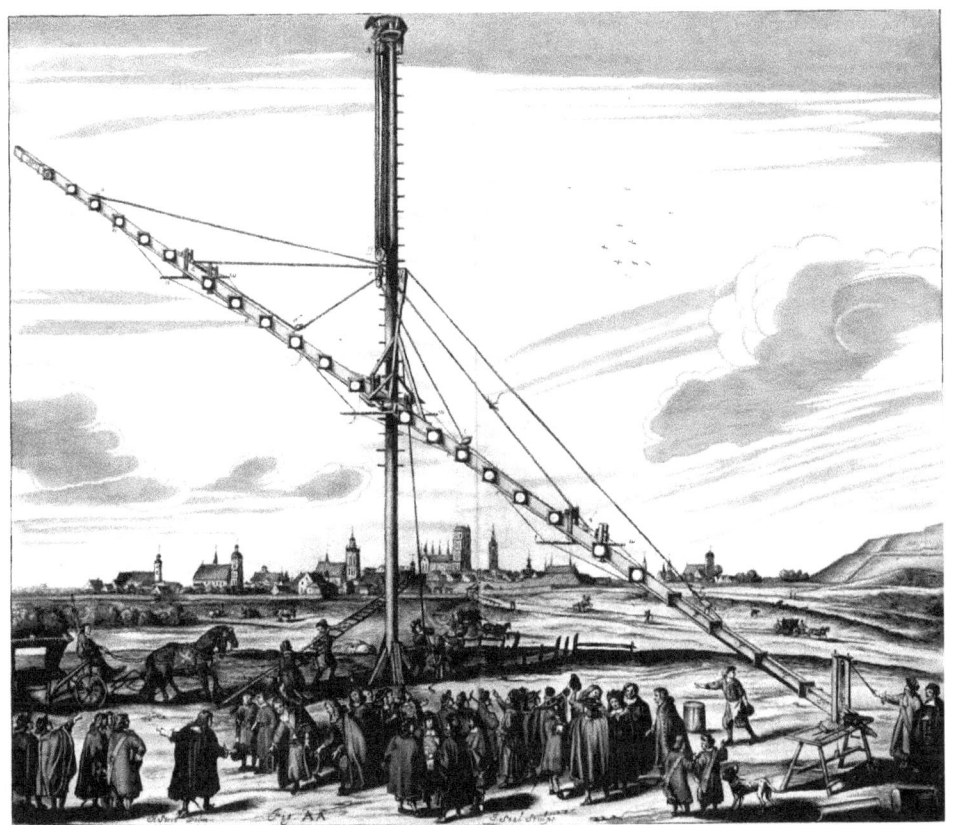

Abbildung 9.7:
Riesenfernrohr („Luftfernrohr")

Das 140 Fuß Fernrohr wird außerhalb der Stadt aufgebaut.
Johannes Hevelius (zweiter von rechts) dirigiert die Arbeiter,
während eine große Zuschauermenge das Spektakel beobachtet.

Hevelius, Johannes: *Machinae Coelestis Pars Prior* (Danzig 1673).
Bibliothek der PAN in Danzig.

montiert, statt auf einem Stativ. Für größere Fernrohre ab 15 Fuß war die Halterung in einem Punkt aus Gewichtsgründen nicht mehr praktikabel, siehe Teleskop b. Stattdessen befestigte Hevelius einen Mast mit rechteckigen Öffnungen an die Balustrade seiner Terrasse. Hier konnte ein waagerechtes Brettchen in verschiedenen Höhen eingesetzt werden, auf dem dann ein Ende des Fernrohrs ruhte. Das Okularende wurde auf einen kleinen Bock gesetzt, dessen Höhe über Schraubspindeln veränderbar war. Der Tubus des Fernrohres bestand aus ineinanderschiebbaren Holzsegmenten und war auf einem Holzbrett befestigt, um eine Durchbiegung zu verhindern. Noch größere Teleskope hängte Hevelius mit Seilen an einem Mast auf, wobei die Anzahl der verwendeten Flaschenzüge und Abstützpunkte mit der Länge zunahm. Die Fernrohre deren Brennweite 25 Fuß überschritt (Beispiel Teleskope), bestanden nicht mehr aus einem runden Tubus mit Stützbrett, sondern wurden aus vier Brettern zusammengesetzt. Das größte Teleskop, das noch auf die Terrasse der Sternwarte passte, hatte eine Länge von 60 Fuß und war aus zwei Teilen zusammengesetzt. Das Okularende ruhte auf einem speziell angefertigten Tisch, mit dem sich das Teleskop in horizontaler Richtung mittels kleiner Seilzüge anheben und senken ließ. In waagerechter Richtung wurde es auf Schienen verschoben.

Hevelius hatte den Ansporn das beste Teleskop seiner Zeit zu bauen, und das war nur durch immer größere Ausmaße zu erreichen. Sein größtes Teleskop hatte eine Länge von 140 Fuß[26] und war damit viel zu groß für die Plattform auf seinem Haus. Vor den Toren der Stadt baute er einen 90 Fuß hohen Mast auf. Das Teleskop wurde aus drei Teilen zusammengesteckt. Zwei Männer brauchte es, um es mit einem Drehkreuz nach oben zu ziehen. Die Seile, die das Teleskop hielten und es auch vor dem Durchbiegen bewahren sollten, waren an mehreren Punkten am Teleskop befestigt. Die Linse für dieses Teleskop wurde ausnahmsweise nicht von Hevelius selbst, sondern von Titus Burratinus angefertigt, einem italienischen Mathematiker und Instrumentenbauer, der im Dienste des polnischen Hofes stand.[27] Der größte Unterschied zu seinen anderen Teleskopen bildete der Tubus. Dieser war nämlich nicht geschlossen, sondern bestand nur aus zwei rechtwinklig verbundenen Brettern. Ein vollständiger Tubus hätte sich unter seinem eigenen Gewicht verbogen. In regelmäßigem Abstand waren kleine rechteckige Bretter mit einer großen Öffnung eingesetzt. Sie dienten der Stabilität und als Blende. Für die Nachführung des Teleskops wurde der selbe Teleskoptisch verwendet, wie bei den 25 Fuß und 60 Fuß Fernrohren. Das Fernrohr war so gut ausbalanciert, dass nur wenig Gewicht auf dem Tisch lastete. Hevelius äußerte sich ganz zufrieden darüber, dass der of-

---

26 Das sind ungefähr 40 Meter!
27 Siehe [Monaco 1998].

fene Tubus keinerlei Probleme bereitete. Auch sei eine Abdeckung mit Leinen nicht nötig gewesen. Trotzdem kam das Fernrohr nur selten zum Einsatz, weil es einen gravierenden Nachteil hatte. Es konnte nur bei völliger Windstille benutzt werden, da es ansonsten zu leicht in Schwingung geriet. Auch war die Bedienung sehr umständlich. Es waren immer viele Helfer nötig, um das Teleskop aufzubauen und es wieder abzubauen.

9.4.3 Zusammenfassung

Hevelius folgte dem Trend zu immer längeren Fernrohren. Er setzte dabei auf Montierungen mit Hilfe von Masten und Seilzügen, die aber bei der Nachführung der Erddrehung eine gleichzeitige Veränderung beider Achsen erforderte. Doch Hevelius hatte sehr viel Ausdauer, Geduld und Übung, so dass er diese Methode mit Sicherheit gut beherrschen konnte. Eine parallaktische Montierung wäre für Fernrohre dieser Größe eine große Herausforderung, der sich Hevelius nicht gestellt hat. Hevelius glaubte an die Zukunft von Teleskopen mit sehr großen Brennweiten und sah sich als Pionier auf diesem Gebiet. Er hielt sein Teleskop für einzigartig, denn er wusste nicht, dass auch Giuseppe Campani und Eustachio Divini Linsen mit Brennweiten von über 40 m geschliffen hatten.[28] Tatsächlich war die Zeit der Riesenteleskope noch nicht beendet. Und man kann das große Fernrohr von Hevelius mit seinem offenem Tubus als Vorgänger der Luftteleskope von Huygens sehen.

9.5 Im Konflikt zwischen Antike und Moderne

Hevelius war es, der die antiken Winkelmessinstrumente zur Perfektion gebracht hat. Er erreichte eine bisher nie da gewesene Genauigkeit und Anwenderfreundlichkeit. Man könnte ihn sozusagen als antiken Beobachter bezeichnen, denn er steht an der Spitze einer Jahrtausende alten Tradition, die von Hipparch über Ptolemäus und Brahe reicht.

Zugleich hatte er eine Reihe zu seiner Zeit hochmoderner Fernrohre. Die Erfindung des Fernrohres am Anfang des 17. Jahrhunderts beschloss eine neue Ära in der Astronomie, zu der auch Hevelius seinen Beitrag leistete. Seine Fernrohre waren von durchaus guter Qualität,[29] wie die Ergebnisse beweisen, die er mit ihnen erzielte. So war Hevelius einerseits in der antiken Tradition verwurzelt, und anderseits Teil der beginnenden wissenschaftlichen Moderne.

---

28 siehe [Rybka 1987]S. 148.
29 siehe [Keil 2000].

Diese beiden Aspekte konnte er bis zu der Zeit der Hooke-Kontroverse konflikt-
los miteinander vereinen.

1674 veröffentlichte Robert Hooke als Antwort auf die *Machina Coelestis I*
seine *Animadversions*.[30]   Er kritisiert Hevelius darin sehr heftig, weil er an
seinen Winkelinstrumenten keine Zielfernrohre einsetzte. Schon 1665 hatte er
diese Hevelius in einem Brief näher gebracht, doch darauf nie eine Reaktion
erhalten. Hookes wichtigster Punkt war, dass jede Messung durch die Auflö-
sungsfähigkeit des menschlichen Auges beschränkt ist. Und die beträgt ohne
die Hilfe eines Fernrohres bestenfalls etwa eine Bogenminute. Tatsächlich waren Zielfernrohre auf dem Vormarsch und die meisten Wissenschaftler stimmten
Hooke in dieser Sache zu. Da sich Hevelius aber strikt weigerte und nur auf
sein Auge vertraute, litt sein Ruf und seine Arbeit wurde in Zweifel gezogen.[31]
Hevelius wehrte sich heftig und begründete seine Ablehnung der Zielfernrohre
hauptsächlich mit den damaligen technischen Unzulänglichkeiten der Linsen.
Er hatte ja selber viele Fernrohre und wusste, dass man dem Bild, das sie
lieferten, nicht sicher trauen konnte. Und er kannte die Probleme, die bei ihrer Benutzung auftraten: Linsen, die verrutschen, beschlagen oder bei kaltem
Wetter zerspringen. Und jedes Mal hätte die Linse herausgenommen und das
ganze Instrument neu kalibriert werden müssen. Der Aufwand schien sich für
ihn nicht zu lohnen. Es ist auch zu bemerken, dass Hevelius seine großen Winkelinstrumente, auf die er sehr stolz war, bereits 1659 fertiggestellt hatte. Er
war überzeugt von ihrer Genauigkeit und wollte sich nicht durch ein Teleskop-
visier eine zusätzliche potentielle Fehlerquelle einbauen. Wie konnte er auch
die Kritik eines 24 Jahre jüngeren Hooke ernst nehmen, der selber die harte Arbeit des nächtlichen Beobachtens kaum kannte und auch den experimentellen
Beweis für seine Behauptungen schuldig blieb. Um den Streit zwischen Hevelius und Hooke zu schlichten, schickte die Royal Society den jungen Edmund
Halley[32] nach Danzig. Er hatte seinen Sextanten mit Zielfernrohr im Gepäck
und beobachtete zwei Monate lang zusammen mit Hevelius. Halley bestätigte
die Methode von Hevelius und beendete damit Hookes Kampagne.[33] Wie war
es möglich, dass Hevelius mit seinem bloßen Auge Messungen, die weit genauer
waren als eine Bogenminute, durchführen konnte? Als Erklärung dafür wird oft
sein unbestritten außerordentlich gutes Augenlicht genannt. Doch einer neuen
Theorie von James Caplan zufolge, lässt sich das besser mit dem speziellen Auf-

---

30 Hooke, Robert: *Animadversions on the first part of the Machina Coelestis.* London: 1674.
31 Siehe [Vertesi 2010].
32 [Poggendorff 1883]: Edmund Halley (1656–1742/43). Vor seinem Besuch in Danzig hat
   Halley ein Jahr lang auf der Insel St. Helena den Südsternhimmel kartografiert. Diese
   etwa 350 Sterne nahm Hevelius später in seinen Sternenatlas auf.
33 Siehe [Szanser 1976] S. 494.

bau der Tychonischen und Hevelischen Visiere erklären.[34] Sie führten durch die beiden Schlitze dazu, dass die Beobachtung quasi zu einer photometrischen Messung wurde. Der Quadrant war dann richtig ausgerichtet, wenn der Stern durch die beiden Schlitze des Visiers gleich hell erschien. Warum auch immer, aber Hevelius Methode funktionierte und so sah er keinen Grund sie zu ändern. Doch hier lag nicht die Zukunft. Noch waren die Fernrohre nicht ausgereift, aber nach kurzer Zeit steigerten sie die mögliche Beobachtungsgenauigkeit so sehr, dass Hevelius Sternkatalog bereits nach wenigen Jahren überholt war. Hevelius lebte in einer Zeit des Umbruchs in der Positionsastronomie. Man kann ihm keinen Vorwurf machen, denn für ihn waren die besten Ergebnisse wichtig und die erreichte er auch ohne Zielfernrohr. Aber dadurch, dass er das Potential dieser neuen Technologie nicht erkannte, ging er nicht als Pionier sondern als letzter klassischer Astronom in die Geschichte ein.

9.6 Ausblick

Noch zu Hevelius' Lebzeiten hatte sich das Zielfernrohr in der Astronomie durchgesetzt. Langsam verlor der Sextant an Bedeutung, denn eine neue Beobachtungsmethode hielt Einzug in die europäischen Sternwarten: Die Messung des Meridiandurchgangs. Dazu wurde ein Quadrant fest in der Meridianebene aufgestellt. Wenn ein Stern den Meridian passierte, wurde seine Höhe gemessen und der Zeitpunkt notiert. Aus der Höhe erhielt man schnell die Deklination und aus der Zeit konnte die Rektaszension des Sternes berechnet werden. Auch Brahe und Hevelius kannten diese Methode. Doch fehlte ihnen ein entscheidendes Puzzleteil: eine genau gehende Uhr. Brahes Uhren waren bei weitem nicht gut genug, um exakte Messungen zu ermöglichen. Bei Hevelius konnte die Sache schon anders aussehen. Er benutzte nämlich bereits vor der Patentierung der Penduluhr durch Huygens[35] ein Pendel zur Bestimmung der Uhrzeit. Erst bestimmte er die aktuelle Zeit über die Höhe der Sonne oder eines anderen Sterns und zählte dann die Zahl der Pendelschläge bis zur Beobachtung. Dieses Vorgehen war sehr mühselig und so baute Hevelius eine Vorrichtung, die das Zählen für ihn übernahm. Zu einer vollwertigen Uhr fehlte aber höchstwahrscheinlich ein Mechanismus, der das Pendel in Gang hielt. Es musste stattdessen immer wieder manuell angestoßen werden. So schrammte Hevelius wohl knapp an der Erfindung der Penduluhr vorbei. Hevelius hatte aber viele andere sehr gute Uhren in seinem Besitz. In Danzig waren die besten Uhrenwerkstät-

---

34 Caplan, James: Vortrag in Danzig 2011.
35 [Poggendorff 1883] Christian Huyghens (1629–1695) erhielt 1657 ein Patent auf die Penduluhr.

ten des polnischen Königreichs beheimatet.[36] In wieweit er die Methode des Meridiandurchganges angewendet hat, muss noch genauer untersucht werden.

Die Weiterentwicklung des Quadranten stellte Ole Römers[37] Meridiankreis dar. Das ist ein Fernrohr, das sich nur in der Meridianebene schwenken lässt. Die Beobachtungsgenauigkeit konnte damit um ein Vielfaches gesteigert werden. Mit der Zeit verdrängte der Meridiankreis auch den letzten Mauerquadranten aus den europäischen Sternwarten.

Die Zeit der langen Fernrohre ging noch ein wenig weiter, man denke nur an die Luftfernrohre von Huygens. Aber spätestens mit der Erfindung der achromatischen Linse in der Mitte des 18. Jahrhunderts, war dieses Kapitel auch beendet. Ebenfalls im 18. Jahrhundert begann dann der Aufstieg der Spiegelfernrohre.

9.7 Literatur

[Abrahams 2006] ABRAHAMS, PETER: *Historic Telescopes of Poland*. Essay (2006): http://home.europa.com/~telscope/tspoland.txt (11.10.2011).

[Czerniakowska 1987] CZERNIAKOWSKA, MALGORZATA: Piotr Krüger (1580–1639) – Nauczyciel i Wspolpracownik Naukowy Jana Heweliusza. In: *Kwartalnik Historii Nauki i Techniki* **32** (1987), S. 369–386.

[Czerniakowska 1998] CZERNIAKOWSKA, MALGORZATA: W 350. Rocznice Wydania Selenografii Jana Heweliusza. In: *Kwartalnik Historii Nauki i Techniki* **43** (1998), S. 7–26.

[Hevelius 1673] HEVELIUS, JOHANNES: *Machinae Coelestis Pars Prior*. Gedani 1673.

[Hevelius 1647] HEVELIUS, JOHANNES: *Selenographia sive Lunae Descriptio*. Gedani 1647.

[Hockey 2007] HOCKEY, THOMAS: *Biographical Encyclopedia of Astronomers*. New York: Springer 2007.

[Hooke 1674] HOOKE, ROBERT: *Animadversions on the first part of the Machina Coelestis*. London 1674.

[Hoyt/Schatten 1995] HOYT, D. V. UND K. H. SCHATTEN: Overlooked Sunspot Observations by Hevelius in the early Maunder Minimum – 1653–1684. In: *Solar Physics* **160** (1995), S. 371–378.

[Keil 2000] KEIL, INGE: *Augustanus Opticus. Johann Wiesel (1583–1662) und 200 Jahre optisches Handwerk in Augsburg*. Berlin: Akademischer Verlag 2000.

[Monaco 1998] MONACO, G.: Alcune considerazioni sul „MAXIMUS TUBUS" di Hevelius. In: *Nuncius, anno* **XIII** (1998), fasc. 2. Florenz 1998, S. 33–550.

---

36 siehe [Szychlinski 2011].
37 [Poggendorff 1883] Ole Römer (1644–1710) ist hauptsächlich für die Messung der Lichtgeschwindigkeit berühmt.

[Poggendorff 1883] POGGENDORFF, JOHANN CHRISTIAN: Biographisch-Literarisches Handwörterbuch zur Geschichte der exakten Wissenschaften. Leipzig: Johann Ambrosius Barth 1883.

[Repsold 1908] REPSOLD, JOHANN ADOLPH: *Zur Geschichte der astronomischen Meßwerkzeuge. Band 1: Von Purbach bis Reichenbach 1450–1830.* Leipzig: Engelmann 1908.

[Riekher 1957] RIEKHER, ROLF: *Fernrohre und ihre Meister – Eine Entwicklungsgeschichte der Fernrohrtechnik.* Berlin: VEB Verlag Technik 1957.

[Rybka 1987] RYBKA, PRZEMYSLAW: *Instrumentarium Astronomicznem Heweliusza – Geneza i Rozwoj Konstrukcji.* Wroclaw: Zaklad Narodowy im. Ossolinskich 1987.

[Saridakis 2006] SARIDAKIS, VOULA: Establishing an astronomical network from Danzig – Johannes Hevelius' exchange with the European scientific community. In: *The Global and the Local: The History of Science and the Cultural Integration of Europe.* Proceedings of the 2nd ICESHS. Cracow 2006, S. 228–232.

[Szanser 1976] SZANSER, ADAM J.: Johannes Hevelius (1611–1687) – Astronomer of Polish Kings. In: *The Quaterly Journal of the Royal Astronomical Society* (QJRAS) **17** (1976), S. 488–498.

[Szychlinski 2011] SZYCHLINSKI, GRZEGORZ: Jan Heweliusz i zegar wahadlowy. In: PELCZAR, MARIA UND JAROSLAW WLODARCZYK: *Jan Heweliusz.* Radom: Wydawnictwo Naukowe Instytutu Technologii Eksploatacji 2011, S. 193–201

[Wolfschmidt 1990] WOLFSCHMIDT, GUDRUN: Die Bedeutung der Mädlerschen Mondkarten in der Entwicklung der Mondtopographie. In: *Deutsches Museum – Wissenschaftliches Jahrbuch.* München: Oldenbourg Verlag 1990, S. 132–154.

[Wünsch 1999] WÜNSCH, JOHANNES: The Accuracy of Hevelius's Astrometric Measurements. In: *Jornal for the History of Astronomy* (1999), S. 391–406.

[Vertesi 2010] VERTESI, JANET: Instrumental Images – The visual rhetoric of self-presentation in Hevelius' Machina Coelestis. In: *British Society for the History of Science* (2010), S. .

Abbildung 10.1:
Ein vom Autor bearbeitetes Portrait von Peter Kolb (1675–1726)
Kolb 1719, erstes Bild nach dem Deckel und erstem Deckblatt.

Peter Kolb (1675–1726), ein fränkischer Astronom in Afrika

Karsten Markus (Berlin)

10.1 Abstract

Gegen Ende des Jahres 1704 brach der Astronom Peter Kolb (1675–1726) von Amsterdam aus auf, um eine Sternwarte am Kap der Guten Hoffnung zu errichten. Er hatte die meisten der von ihm benötigten Instrumente dabei, war mit Empfehlungsschreiben bedacht worden und er hatte einen Geldgeber, der auch der Initiator dieser Expedition war: Bernhard Friedrich Baron von Krosigk (1656–1714). Die bekannten Hauptakteure bei diesem Vorhaben waren Kolb, von Krosigk und ein weiterer Astronom welcher in Berlin korrelierende Beobachtungen von der dortigen Privatsternwarte von Krosigks anstellte: Johann Wilhelm Wagner (1681–1745). Neben diesen dreien gab es allerdings noch eine Reihe weiterer Personen, die an den Vorbereitungen und der Durchführung beteiligt waren. Zu den bekannteren dieser Gruppe gehören Johann Gabriel Doppelmayr (1677–1750), Georg Christoph Eimmart (1638–1705), Johann Heinrich Hoffmann (1669–1716), Gottfried Kirch (1639–1710), Gottfried Wilhelm Leibniz (1646–1716), Olaf Christensen Rømer (1644–1710), Johann Philipp von Wurzelbaur (1651–1725) und Lothar Zumbach von Coesfeld (1661–1727). Der vorliegende Artikel gibt eine erste kurze und noch unvollständige Übersicht über die Entstehung der ersten Kap-Sternwarte.

10.2 Anfangsbemerkungen

Dieser Artikel gibt eine erste kurze Übersicht über die Entstehung der ersten
Kap-Sternwarte und einzelner Beteiligter anhand der bisher ausgewerteten Dokumente. Das in der astronomischen Forschung kaum berücksichtigte Thema offenbart zwar nur geringe neue astronomische Kenntnisse, es ist aber ein
hervorragendes Beispiel für eine internationale wissenschaftliche Kooperation
zu Zeiten der europäischen Frühaufklärung. Die Geschichte ist besonders interessant, weil die Expedition auf verschiedenen Ebenen gescheitert ist, und
gibt gerade dadurch eine einmalige Möglichkeit, sozial- und wissenschaftshisto-
risch interessante Studien durchzuführen. Auch die Rezeption und Wandlung
von Wissenschaftsgeschichte in den vergangenen dreihundert Jahren Geschichte
zeigt in diesem Fall sehr interessante Entwicklungen.

Der hier vorliegende Text sollte als eine erste grobe Übersicht über das Thema verstanden werden. Er ist inhaltlich sicherlich nicht vollständig. Der Autor
steht daher gerne zur Verfügung, um etwaig aufkommende Fragen zu beantworten.

10.3 Vorgeschichte

10.3.1 Seemacht Holland

Die seit 1477 unter Herrschaft der Habsburger stehende Burgundische Niederlande befanden sich auf dem Gebiet der heutigen Niederlande, Belgien und
Luxemburg, sowie in Teilen von Nordfrankreich und Westdeutschland. Sie
bestand aus 17 Provinzen, die Kaiser Karl V. (1500–1558), der auch spani-
scher König war, unter sich vereinigen konnte. Zu seiner Zeit florierte in den
Niederlanden neben Ackerbau, Viehzucht, Fischerei, Künste und Wissenschaft
insbesondere auch der ungehinderte weltweite Handel.

Karl V. dankte in den Jahren 1555 und 1556 schrittweise ab und teilte seinen
Besitz auf. So übergab er – unter anderem – die Niederlande an seinen Sohn
Philipp II. von Spanien (1527–1598). Dieser wollte die Niederlande in das
katholische Spanische Reich eingliedern und verfolgte die dort weit verbreiteten
Calvinisten. Die nördlichen protestantischen Provinzen sagten sich daraufhin
1581 von Spanien los und es folgte der 'achtzigjährige Unabhängigkeitskrieg'.
Erst 1648 wurde dieser Krieg, zusammen mit dem Dreißigjährigen Krieg, im
Westfälischen Frieden beendet.

Durch diesen und andere Kriege gegen England und Frankreich, verlor Spanien als Seemacht an Bedeutung während England und die Niederlande zunehmend ihre Positionen als Seemacht ausbauten. Gegen Ende des 17. Jahrhun-

derts löste sich weiterhin die norddeutsche Hanse auf und Holland wurde zu einer der größten See- und Handelsmachten.

10.3.2 Gründung von De Kaap

Im 18. Jahrhundert gab es einige große staatliche Handelskompanien über die ein Großteil des Überseehandels stattfand. Neben England gab es insbesondere auch in den Niederlanden solche Gesellschaften, eine Niederländische Westindien-Kompanie (niederl.: *Geoctroyeerde West-Indische Compagnie* bzw. WIC) für den Handel mit Westafrika und Amerika und eine Ostindien-Kompanie (niederl.: *Vereenigde Oostindische Compagnie* bzw. VOC) für den Handel mit Indien und Ostasien. Die Waren aus diesen fernen Ländern waren sehr begehrt und bescherten den Niederlanden einigen Wohlstand.

Das Überführen der Güter mit Schiffen, beispielsweise von Asien nach Europa und vorbei an der südlichen Spitze Afrikas, dauerte jedoch mehrere Monate. Da es nur wenige Möglichkeiten für einen Zwischenstopp gab, musste die Besatzung der Schiffe meist entsprechend lang auf dem Schiff ausharren. Der Mangel an frischen Nahrungsmitteln sorgte häufig für den Ausbruch von Krankheiten und es war ungewöhnlich, wenn es auf einer Überfahrt nicht mehrere Tote gab. Im Extremfall wurde ein Schiff manövrierunfähig, wenn zu große Teile der Mannschaft ausfielen. Eine Möglichkeit, um diesem Schicksal zu entgehen, war das Ankern an der Küste des südlichen Afrikas. Dort konnte man frisches Wasser aufnehmen und Waren mit den indigenen Einwohnern tauschen. Natürlich lief man dann Gefahr, dass Missverständnisse für Konflikte mit den Einheimischen sorgten, wie es oft beschrieben wurde.[1]

Bereits in der ersten Hälfte des 17. Jahrhunderts landeten Schiffe der VOC in der Nähe des Kaps der Guten Hoffnung, um Wasser und Vorräte aufzunehmen, aber auch, um mittels unter Steinen abgelegten Briefen mit den anderen Schiffen und der Heimat zu kommunizieren.[2] Das Kap bot sich an, da die Umsegelung eine Annäherung an das Land erforderte, wenn man nicht zu viel Zeit mit einer großräumigen Umschiffung in Richtung Süden verlieren wollte. Die Seefahrer kannten daher mit den Jahren die Küste des Kaps immer besser, und wussten, wo es Möglichkeiten zum Ankern gab, beispielsweise in der weiter nördlich vom heutigen Kapstadt gelegenen Saint Helena Bay,[3] der Saldanha Bay[4] oder in der Tafelbucht beim heutigen Kapstadt gelegen.[5]

---

1 Raven-Heart 1967, e. g. S. 9, „Item 10".
2 Vgl. Raven-Heart 1967.
3 Raven-Heart 1967, e. g. S. 3, „Item 2".
4 Raven-Heart 1967, e. g. S. 25, „Item 25".
5 Raven-Heart 1967, e. g. S. 28, „Item 25".

Ein weiterer Grund für das Interesse am Kap war das dortige Klima. Entlang der Westküste des südlichen Afrikas gibt es lange unwirtliche Gegenden, in denen es nicht viel Vegetation gibt, wie z. B. die heutige Skeleton Coast am Atlantischen Ozean, beginnend im Süden Angolas und bis weit in den Süden der nördlichen Küste Namibias reichend. Ebensowenig dürfte die Namib-Wüste, die sich entlang des südlichen Küstenbereichs von Namibia erstreckt für die damaligen Seefahrer attraktiv gewesen sein. Die Ostküste des südlichen Afrikas ist etwas einladender, weshalb dort die Portugiesen und später die Engländer Stützpunkte einrichteten. Die äußerste Südspitze Afrikas, grob um das Kap der Guten Hoffnung gelegen, bot jedoch ein mediterranes Klima, reichhaltige Vegetation und etwas Wald zur Deckung eines eventuellen Holzbedarfs. Auch war es möglich, Rinder und andere Lebensmittel mit den indigenen Einwohner gegen vermeintlich billige Ware zu tauschen.[6]

So entschloss sich die VOC Mitte des 17. Jahrhunderts einen Herrn Jan Anthoniszoon van Riebeeck (1619–1677) mit drei Schiffen zum Kap zu schicken, um dort einen Versorgungsposten einzurichten. Am 6. April 1652 erreichte van Riebeeck die Tafelbucht und blieb dort bis 1662. Als er das Kap wieder verließ, hatte er neben dem für die Versorgung der eigenen Leute und der Schiffsbesatzungen nötigen Garten auch das erste Fort hinterlassen. Dieses Fort existiert nicht mehr, da es abgebaut wurde, als 1666–1679 gut einhundertfünfzig Meter weiter südöstlich die heute noch existierende Festung gebaut wurde. Um diese Festung und den so genannten Kompanie-Garten bildete sich in den nächsten fünfzig Jahren eine kleine Siedlung, dessen vorgelagert, also etwas weiter im Landesinneren, einige Bauernhöfe existierten. Die Siedlung nannte sich gegen Ende des 17. Jahrhunderts 'De Kaap' und sie hat sich im Laufe der Zeit zum heutigen Kapstadt entwickelt.[7]

Die frühen Einwohner der Kapgegend werden heute als Khoikhoi und als San bezeichnet, bzw. oft als Gruppe zusammengefasst unter dem Namen Khoisan. Grob gesagt waren die San eher 'Jäger und Sammler', während die Khoikhoi Vieh züchteten. Nachdem die Europäer in der Tafelbucht ihren Stützpunkt aufgebaut hatten, bauten sie schnell ihren Einflussbereich auf Kosten dieser Khoisan-Gruppen aus und um die Jahrhundertwende gab es bereits mehrere neue europäische Siedlungen, heute als die Kapstadt vorgelagerten Kleinstädte Stellenbosch, Drakenstein, Franschhoek und Paarl bekannt. Die Khoisan konnten sich dieser Entwicklung nicht widersetzen. Sie waren nicht als eine Nation organisiert und so agierten immer nur kleinere Gruppen gegen die Europäer. Es gab von Anfang an kaum Möglichkeiten sich gegen die Europäer zu wehren,

---

6 Vgl. Raven-Heart 1967.
7 Vgl. Pearse 1956.

selbst wenn sie in der ersten Anfangszeit ihre Absichten durchschaut hätten. Die Khoisan hatten daher nur die Möglichkeit, sich immer weiter zurück zu ziehen, oder sich in die europäische Lebensweise zu integrieren. So sind z. B. die Nama im Norden Südafrikas und in Namibia Nachkommen von in diese Gegenden geflüchteten Khoi. Auch gab es in vielen Europäischen Haushalten in De Kaap und auf den Feldern der Bauernhöfe am Anfang des 18. Jahrhunderts viele Khoisan als Arbeitskräfte. Letztlich kamen für die Khoisan weitere ungünstige Faktoren hinzu, wie von den Europäern importierte Krankheiten, so dass es bis Mitte des 18. Jahrhunderts vermutlich keine Khoisan mehr in der näheren Umgebung um Kapstadt gab, die in ihrer ursprünglichen Kultur und Lebensweise aufwuchsen.[8]

10.3.3 Brandenburgisch-Afrikanische Handelskompanie

Auch der brandenburgische Kurfürst Friedrich Wilhelm (1620–1688) versuchte seit 1651 eine Handelskompanie nach holländischem Vorbild zu gründen. So begann 1675 der Aufbau einer Flotte, die fünfzehn Jahre später bereits aus 28 Schiffen mit insgesamt 500 Kanonen bestand. Angemerkt sei hier, dass zu dieser Zeit die Niederländer um die sechzehntausend Schiffe besaßen. Die „Brandenburgisch-Afrikanische Kompagnie"(BAK) war, neben gelegentlichen Angriffen auf spanische oder schwedische Schiffe, insbesondere für den Überseehandel mit Afrika gedacht. Da die bestehenden Häfen in der Ostsee jedoch für diesen Handel ungünstig lagen, Brandenburg zu der Zeit aber keine Ländereien an der Nordsee besaß, wurde ein Vertrag mit der Stadt Emden geschlossen, um dort einen Heimathafen für die BAK zu etablieren. Gebaut wurden die Schiffe unter anderem auch in Berlin, am heutigen Schiffbauerdamm.[9]

Ähnlich wie bei den anderen Handelskompanien, gab es bei der BAK Handelsposten in Afrika, insbesondere an der Elfenbeinküste. Der größte und bekannteste dieser Orte dürfte die Festung Großfriedrichsburg in der gleichnamigen Kolonie gewesen sein. Als UNESCO Weltkulturerbe befindet sich die Ruine dieser Festung heute nahe der Stadt Princess Town in Ghana. 1692 wurde die BAK schließlich in die *„Brandenburgisch-Afrikanische-Amerikanische Kompanie"* (BAAK) umgewandelt und ein Dreieckshandel mit Amerika etabliert. Dabei wurden von der BAAK neben diversen Handelsgütern auch geschätzte 30.000 Afrikaner als Sklaven über den Atlantik nach Amerika entführt.[10]

Die Schiffe und Festungen der Kompanie waren nicht nur in Konflikte mit Schweden und Spanien involviert, wo die brandenburgische Flotte recht erfolg-

---

8 Elphick 1979, S. 22.
9 Vgl. Heyden 2001.
10 Vgl. Heyden 2001.

reich war. Weniger aussichtsreich und folgenreicher waren die Probleme, die es mit den anderen Handelskompanien gab, wie z. B. der VOC. Insgesamt hat sich das Unterfangen nicht rentiert und nach einem starken Abbau der Flotte und deren Unternehmungen wurden die letzten zur Handelskompanie gehörenden Güter schließlich 1727 verkauft.[11]

10.3.4 Berlin und Brandenburg

Als der Kurfürst Friedrich Wilhelm 1688 starb, wurde sein Sohn, Friedrich III. (1657–1713), dessen Nachfolger. Dieser wollte sich selbst 1701 zum König Friedrich I. krönen, musste dafür aber zum einen aus Rücksicht auf die noch zu Polen gehörenden Teile Preußens den Titel 'König in Preußen' verwenden, anstelle sich 'König von Preußen' nennen zu dürfen. Zum anderen musste der Kurfürst dem Kaiser des Heiligen Römischen Reiches, Leopold I. (1640–1705), der die Krönung unterstützte, im spanischen Erbfolgekrieg beistehen. Dieser Krieg dauerte von 1701 bis 1714 mit Beteiligung von – unter anderem – Frankreich und Spanien auf der einen, Großbritannien, Österreich und die Niederlande auf der anderen Seite.

Bereits Jahre 1700 wurde in Berlin die *Kurfürstlich-Brandenburgische Societät der Wissenschaften* gegründet, die nach der Krönung 1701 in *Königlich-Preußische Sozietät der Wissenschaften* umbenannt wurde. Die Sozietät musste sich selbst finanzieren, ganz im Gegenteil zu den schon einige Jahrzehnte vorher eingerichteten Akademien in Paris und London. Bewerkstelligt wurde dies zum größten Teil durch ein neu eingeführte Kalendermonopol im Zusammenhang mit der ebenfalls in 1700 stattfindenden Einführung des *verbesserten Julianischen Kalenders* in Brandenburg und Preußen. Da die Sozietät als einzige Institution Kalender herausgeben durfte, konnte sie sich über hundert Jahre durch den Verkauf dieser Kalender finanzieren. Der neue Kalender sah astronomische Beobachtungen vor, und Gottfried Kirch (1639–1710) wurde der erste Astronom der Akademie. Kirch war damals einer der führenden deutschen Astronomen und publizierte seit 1667 eigene Kalender. Er zog 1700 mit seiner Familie nach Berlin, starb jedoch, bevor die Sternwarte der Akademie 1711 offiziell eingeweiht wurde. Zwar konnte er ab ca. 1706 von der provisorisch eingerichteten Akademiesternwarte beobachten, einen Großteil seiner Beobachtungen dürfte er jedoch von seiner Wohnung aus getätigt haben. Möglicherweise hatte er auch Unterstützung von Astronomen der Sternwarte des Freiherrns Bernhard Friedrich von Krosigk (1656–1714) bekommen, auf die später noch eingegangen wird.

---

11 Vgl. Heyden 2001.

10.3.5 Astronomie bis 1700

Ein wichtiger Forschungsbereich der Astronomie im 17. und 18. Jahrhundert war die Bestimmung von Örtern, also das Messen des Längen- und Breitengrades. Hierbei ging es um die möglichst exakte Bestimmung eines Ortes, wie beispielsweise des Kaps der Guten Hoffnung. Insbesondere für die Seefahrt war dies eine wichtige praktische Anwendung der Astronomie. Das genaue Wissen der Uhrzeit, zusammen mit exakten Sternkarten, ermöglichte es, die geographische Länge eines Ortes zu bestimmen. Schwierigkeiten bereitete dabei weniger die Bestimmung des Breitengrades, den man z. B. durch Messung der maximalen Deklination bzw. der Höhe der Sonne bestimmen konnte. Vielmehr war die Bestimmung des Längengrades eines Ortes extrem schwierig. Für die Astronomen war dies eine interessante und viel diskutierte Aufgabe, und eines der gravierendsten Probleme hierbei war die Ungenauigkeit der verfügbaren Uhren. Einfache Positionsbestimmungen konnte zwar jeder Navigator anstellen, da man mit der Reisegeschwindigkeit rechnen konnte. Je länger man aber unterwegs war, umso unsicherer wurde die Navigation. Im Extremfall wich die gedachte Position durchaus einige hundert Kilometer von der tatsächlichen ab. Vorschläge für eine Verbesserung der Messungen gab es einige, insbesondere nachdem die Britische Regierung 1714 einen Preis ausschrieb, um eine möglichst einfache und genaue Methode zur Lösung dieses Problems zu finden.

Eine von Seefahrern oft und lange verwendete astronomische Methode, die eigene Position zu bestimmen, war die sogenannte Monddistanz-Methode. Hierbei wurde der Abstand des Mondes zu einzelnen Sternen gemessen und mit berechneten Tabellen verglichen. Galileo Galilei (1564–1642) schlug alternativ vor, das rund tausendmal im Jahr vorkommende Erscheinen bzw. Verschwinden der Jupitermonde vor bzw. hinter dem Jupiter als eine weltweit zugängliche Universaluhr einzusetzen. So veröffentlichte Giovanni Domenico Cassini (1625–1712) seit 1668 genau vorausberechnete Tabellen von Jupitermond-Bedeckungen. Olaf (Ole) Christensen Rømer (1644–1710) aus Kopenhagen, damals einer der angesehensten Astronomen Europas, entdeckte bei Beobachtungen der Jupitermonde bereits 1668 systematische Abweichungen in den Tabellen Cassinis. Er sah eine Abhängigkeit von der Position der Erde relativ zum Jupiter und schrieb dies einer Endlichkeit der Lichtgeschwindigkeit zu. Rømer war es auch, der um 1700 ein bis ins 20. Jahrhundert weit verbreitetes, sehr genaues Messinstrument zur Bestimmung von Sternpositionen erfand, den sogenannten Meridiankreis.

10.3.6 Astronomische Reisen

Um die Welt zu erforschen und zu vermessen, wurden oft Wissenschaftler und insbesondere Astronomen auf Schiffen mitgenommen. So reiste beispielsweise Jean Richer (1630–1696) im Jahre 1671 nach Chayenne in Südamerika, beobachtete dort den Mars und machte Pendelversuche. Die Pendelversuche ergaben eine Hebung der Erdoberfläche am Äquator und bestätigten damit eine Theorie von Isaac Newton (1643–1727). Richer war ein Schüler Jean Dominique Cassini's (1748–1845), welcher zur gleichen Zeit ebenfalls den Mars beobachtete, allerdings von Paris aus. Man wollte durch Triangulation eine sogenannte Parallaxenmessung vornehmen und damit die Entfernung des Mars bestimmen.

Ein etwas bekannterer Vertreter der reisenden Wissenschaftler war Edmond Halley (1656–1741). Er reiste 1677 nach St. Helena, beobachtete einen Merkurtransit und bestimmte die Position von 341 Sternen am südlichen Sternenhimmel. Von 1698 bis 1700 unternahm er eine zweite Fahrt in den Atlantik. Für die Schifffahrt interessant waren seine detaillierten Karten der magnetischen Deklination, also die regionale Abweichung der Kompassnadel von der tatsächlichen Position des geographischen Nordpols.[12] Allgemein bekannt geworden ist Halley durch seine Vorhersage des erneuten Auftauchens eines Kometen im Jahre 1759, der heute als Halleyscher Komet bekannt ist.

Auch am Kap der Guten Hoffnung sind bald nach Gründung des dortigen Versorgungspostens astronomische Beobachtungen getätigt worden. Eine Gruppe von Jesuiten reiste 1685 über das Kap der Guten Hoffnung nach Siam (heute Thailand), wo sie an einer wissenschaftlichen Expedition teilnahmen. Während ihres Aufenthalts am Kap beobachteten sie vom 2. bis zum 5. Juni unter anderem die Jupitermonde und nutzten Cassini's Tabellen, um die Position des Kaps zu bestimmen. Der Jesuit Guy Tachard (1651–1712) publizierte die Ergebnisse 1686 in seinen Reisebeschreibungen.[13]

10.4 Das Projekt einer Sternwarte am Kap

10.4.1 Anfang

Die genauen Anfänge der ersten Überlegungen zum Aufbau einer Sternwarte am Kap der Guten Hoffnung lassen sich nicht sicher festlegen. Anhand der vorhandenen Dokumente vom Ende des 17. Jahrhunderts kann jedoch ein ungefährer Zeitraum bestimmt werden, in welchem diese Idee vermutlich entstanden ist. So schrieb Adam Adamandus Kochanski (1631–1700), Mathematiker

---

12 Wolfschmidt 2005, S. 18 f.
13 Moore 1977, S. 21 ff.

in Warschau, bereits im August 1690 an Gottfried Kirch, und wies ihn darauf hin, dass ein gewisser Pater Claudio Filippo Grimaldi (1683–1712), ein Missionar und Astronom, mit Gefährten eventuell von Lissabon aus über das Kap der Guten Hoffnung nach Macao reisen wollte. Die Gefahren einer Expedition und das mögliche Scheitern derselben war damals offensichtlich. So schrieb Kochanski: „[...]*Aber die Erfahrung lehrt, daß bei dieser Seefahrt ein großer Teil der Leute durch verschiedene Krankheiten dahingerafft wird.*"[14] Ungefähr ein Jahr später, im August 1691 schrieb Kirch an seinen Sohn Gottlieb Kirch (1669–1697[?]): „[...]*Ich möchte gern in London und Amsterdam einen gewißen Correspondenten haben [...] Dadurch könte ich auch Briefe auff Cabo de bon Esperanz, Batavien, ja gar in Sina bringen, auch in Brasilien, Mexico etc. daraus ich observationes erlangen und meine dargegen schicken könte.*"[15] Kirch schmiedete damals erste Pläne, eine astronomische Sozietät zu gründen, und er hat vermutlich zu diesem Zeitpunkt nicht nur darüber nachgedacht, ob jemand am Kap der Guten Hoffnung astronomisch beobachten könnte. Vielmehr hat er bestimmt auch schon überlegt, inwieweit dies astronomisch sinnvoll war.

Auch Gottfried Wilhelm (von) Leibniz (1646–1716) bekam im September 1693 eine Nachricht von dem Arzt und Chemiker Johann Daniel Crafft (1624–1697), der viele Reisen unternommen hatte. Dieser schrieb, dass er „[...]*In Hamburg binn mit einen bekannt worden, so 2 mahl in Capo bonae Spei, im weg nach batavia zwei, vnd im rückweg nach Holland 6 wochen daselbst sich aufgehalten. Der kann daß Land nicht genug loben, vnd confirmet alles was wir gutes davon gehöret [...].*"[16] Zwar war Kapstadt damals für viele Wissenschaften von Interesse, es ist aber sehr wohl möglich, dass der Gelehrte Leibniz an einen astronomischen Nutzen dachte. Leibniz war einer der letzten 'Universalgelehrten' und später der erste Präsident der Berliner Akademie. Er ließ sich über alles informieren und korrespondierte viel; eine Hinterlassenschaft, die bereits seit weit über hundert Jahren ausgewertet wird. Es wäre nicht verwunderlich, wenn er über mögliche astronomische Expeditionen bescheid wusste und gedachte seine Vorschläge dazu anzubringen. So hatte er seit Anfang der neunziger Jahre Kontakt mit dem Freiherrn Bernhard Friedrich von Krosigk (1656–1714). Bereits 1691 berichtet Leibniz' Sekretär Gottfried Christian Otto (fl. 1691) diesem, dass von Krosigk von einer Reise aus Holland zurückgekehrt ist, und seit mindestens 1695 gab es eine Korrespondenz zwischen den beiden. Von Krosigk wiederum war sehr an Astronomie interessiert und sollte später einer der wichtigsten Förderer der Astronomie in Brandenburg werden. Als Leibniz 1698 an von Krosigk schrieb, es ginge um die Sache

---

14 Herbst 2006, Band 3, S. 325 ff, „Brief 436".
15 Herbst 2006, Band 2, S. 92 ff, „Brief 472".
16 Hess 2003, S. 636 f, „Brief 187".

über die sie gesprochen hatten, dann ist es nicht unwahrscheinlich, das es um etwas astronomisches ging.[17]

Wie auch immer die Planungen bis in die späten Neunziger fortgeschritten waren, konkret wurde das Projekt schließlich als von Krosigk 1702 über Professor Christoph Cellarius (1638–1707) aus Halle die Bekanntschaft mit dem Mathematiker und Astronomen Peter Kolb (1675–1726) machte. Geboren in Dörflas in Franken, hatte Kolb seit 1694 das Gymnasium in Nürnberg besucht. Dort wurde er 1696 der Schüler von Georg Christoph Eimmart (1638–1705) und arbeitete als Assistent an dessen Sternwarte.[18] Eimmart hatte 1678 die Nürnberger Sternwarte gegründet und baute viele der dort eingesetzten Instrumente selbst. Seine Sternwarte hat viele der angehenden Astronomen der folgenden Zeit hervorgebracht.[19]

Peter Kolb (vgl. Abb. 10.1, S. 294) studierte ab 1700 in Halle, wo er ein Jahr später mit der Dissertation *„De natura commetarum"* sein Studium abschloss, um daraufhin eine Privatschule für Mathematik zu gründen.[20] Die erst seit einigen Jahren bestehende Universität in Halle schien noch nicht so gut ausgestattet zu sein, insbesondere für das Studium der Astronomie, wie es Kolb ja betrieb. So schrieb Kolb im Februar 1702 an Eimmart: *„[. . .]Allhier lebet man als unter barbaren [. . .] denn man hat weder instrumenta noch andere sachen, die zu einer observation tüchtig weren [. . .]."*[21] Ähnlich negativ äußerte er sich über die Verfügbarkeit mathematischer Bücher in Halle. Schließlich nahm Kolb sich der Sache an und am 7. April hiess es: *„[. . .]Ich habe mir auch auf angeschaffter Schleifmühle einen tubum von 6 Schuhen verfertiget [. . .]."*[22]

Einen Hinweis auf die gute Vernetzung (und Verbreitung von falschen Annahmen) zwischen den Astronomen damals gibt ein weiteres Schreiben an Eimmart. Am 27. April 1702 berichtete Kolb, dass von Johann Heinrich Hoffmann (1669–1716) aus Berlin eine Nachricht gekommen war. Hoffmann war seit 1701 Adjunkt von Kirch an der Berliner Akademie-Sternwarte und ab 1705 der Leiter der von Krosigkschen Sternwarte, siehe weiter unten. Nach Gottfried Kirchs Tod 1710 führte Hoffmann die Kalenderberechnungen an der *Preußischen Akademie der Wissenschaften* weiter fort. Die erwähnte Nachricht von Hoffmann war über die Beobachtung eines Kometen durch Gottfried Kirch. Tatsächlich hatte aber dessen Frau, Maria Margaretha Kirch (1670–1720), am 21. April

---

17 Krosigk 2004, S. 125.
18 Wolfschmidt 1978, S. 7.
19 Gaab 2010, S. 225 ff.
20 Mairoser 1901, S. 9.
21 Persönliche Mitteilung von Frau Inge Keil zum Bestand des Eimmart-Nachlasses im Akademiearchiv in St. Petersburg.
22 Persönliche Mitteilung von Frau Inge Keil zum Bestand des Eimmart-Nachlasses im Akademiearchiv in St. Petersburg.

einen Kometen entdeckt. Hierfür spricht auch, dass Kolb eine Beschreibung des Kometen an Eimmart weiter leiten wollte, und zwar von Frau Kirch. Hoffmann hatte die Beschreibung des Kometen an Johann Christoph Klimm (1668–1730), Lehrkraft in Halle, weitergegeben, und von diesem hatte dann Kolb die Neuigkeiten vernommen. Ebenfalls am 27. April schrieb Kolb an Eimmart, dass er hoffte durch den „Geheimen Rat von Preußen und Oberhofmarschall von Wolfenbüttel H. v. Großeck" Instrumente zur Beobachtung zu bekommen und er bat Eimmart um Instruktionen, was bei der Beobachtung des Kometen zu beachten sei.[23]

Kolb schien damals schon einen guten Kontakt zu von Krosigk gehabt zu haben, und so kam es, dass seine mathematische Privatschule nicht lange existierte. Bereits im Juni 1702 schrieb Kolb an Eimmart, dass er nun astronomische Beobachtungen und mathematische Übungen mit den Söhnen von Krosigks halten musste.[24] Er hatte schließlich die ihm angebotene Position als Sekretär und Privatlehrer von Krosigks angenommen und reiste in den kommenden Monaten viel mit dem eben diesem umher. Kolb war darüber hinaus verpflichtet, sich über aktuelle Geschehnisse in der Astronomie zu informieren, um von Krosigk jederzeit darüber berichten zu können.[25] Die Astronomie war also ein wichtiger Bestandteil seiner Arbeit und es dürfte bestimmt rege Diskussionen zwischen ihm und von Krosigk gegeben haben. Eine weitere Nachricht im November 1702 an Eimmart lässt vermuten, dass in dem Familiensitz der Familie von Krosigk, in Poplitz, heute Stadt Könnern, auch eifrig beobachtet wurde: „[...]Seinem geheimbden Rat verlangt es nach einem Tubo und Quadrant [...]."[26] Auch der Kontakt mit Berlin wurde weiter ausgebaut. So schrieb Hoffmann im Februar 1703 an Kirch: „[...]Der H geheimde Rath von GroßEck läßet meinen Hn Kirch freundlich Salutiren, und bitten zu vergönnen, daß er morgen früh um 10 Uhr zusprechen, und Sie besuchen möge, weil er ehestens wieder von hier reißen wird.[...]."[27]

10.4.2 Vorbereitungen

Anfang 1704 schien das Projekt nun endlich Form anzunehmen. Der Schlüssel hierzu war ein Gespräch, in welchem von Krosigk seinen Sekretär Peter Kolb

---

23 Persönliche Mitteilung von Frau Inge Keil zum Bestand des Eimmart-Nachlasses im Akademiearchiv in St. Petersburg.
24 Persönliche Mitteilung von Frau Inge Keil zum Bestand des Eimmart-Nachlasses im Akademiearchiv in St. Petersburg.
25 Wolfschmidt 1978, S. 10.
26 Persönliche Mitteilung von Frau Inge Keil zum Bestand des Eimmart-Nachlasses im Akademiearchiv in St. Petersburg.
27 Herbst 2006, Band 2, S. 442 ff, „Brief 785".

fragte, ob dieser zum Kap der Guten Hoffnung reisen wolle. Von Krosigk bot an, alle anfallenden Kosten zu übernehmen. Nach Klärung einiger offener Fragen sagte Kolb schließlich zu und reiste sofort nach Amsterdam, um die nötigen Formalitäten zu erledigen und um die Instrumente zu bestellen.[28] Kolb schrieb an Eimmart, dass er plane im Sommer nach Hause zu kommen und *„vor meiner fernen Abreise nach dem Capite Bonae Spei meiner Mutter und Freunden Adieu sagen [...] meine reise geht den 4. oder 7. Mai".*[29] Ebenfalls dürfte von Krosigk daraufhin Gespräche zwischen weiteren Beteiligten eingeleitet haben. So schrieb von Wurzelbaur im Mai 1704 an G. Kirch: „[...]*PS. Ob Ihro Excell: herr Geheimer Rath Baron von Krosick annoch aldorten sich befinden, möchte ich Gelegentlich berichtet werden [...]*."[30] Johann Phillipp von Wurzelbaur (1651–1725) arbeitete eigentlich im Messinghandel, hatte aber durch Eimmart die Kunst der Astronomie gelernt. 1682 baute er sich eine eigene Sternwarte auf das Dach seines Hauses.

In Amsterdam traf sich Kolb unter anderen mit einem der Direktoren der VOC und Bürgermeister von Amsterdam, Nicolaas Witsen (1641–1717). Kolb hatte zwar Empfehlungsschreiben von Krosigks bei sich, benötigt jedoch die Unterstützung der VOC, da der Versorgungsposten am Kap inzwischen ein strategisch wichtiger Ort für die Niederländer war. Auch befanden sich zu der Zeit die Niederländer, Brandenburg-Preußen und andere Länder im Spanischen Erbfolgekrieg. Zwar nicht auf gegenüberliegenden Seiten, aber man war bestimmt vorsichtig, wem man Zugang zu wichtigen Orten und Informationen gewährte. Brandenburg-Preußen war zudem ein Land, das eine zwar kleine, aber doch mit der VOC konkurrierende Handelskompanie besaß. Trotz alledem unterstützte Witsen das Vorhaben maßgeblich, und er gab Kolb letztlich die Zusicherung, dass dieser an das Kap reisen durfte. Nicht ungeschickt war hier vermutlich das Angebot von Krosigks, dass die VOC einen zusätzlichen weiteren Beobachter stellen sollte. Dieser Co-Observator sollte Kolb assistieren, nach Kolbs Abreise vom Kap weiter mit Europa korrespondieren und die Beobachtungen mit den vor Ort belassenen Instrumenten weiter führen.[31]

Kolb bestellte die benötigten Instrumente bei Adrian de Koning (fl. 1700), ein bekannter *Mechanici* in Amsterdam.[32] Die nötigen Gläser orderte er bei Nicolas Hartsoeker (1656–1725), ein Schüler von Huygens, der auch Instrumente

---

28 Wolfschmidt 1978, S. 12.
29 Persönliche Mitteilung von Frau Inge Keil zum Bestand des Eimmart-Nachlasses im Akademiearchiv in St. Petersburg.
30 Herbst 2006, Band 2, S. 469 f, „Brief 810".
31 Kolb 1719, S. 6.
32 Terkuile 1999, S. 83. Kolb 1719, S. 3.

für die Pariser Sternwarte anfertigte.[33] Die Instrumente sollten rechtzeitig zur Abreise im Herbst fertig sein. In seinem Buch schreibt Kolb weiter:

> „[...]*Ich nahm* [...] *eine kleine Reise nach Nürnberg vor, und suchte nicht nur klugen Rath von denen in Nürnberg lebenden Mathematicis, Hn Georg Christoph Eimmart,*[...] *herrn von Wurzelbau und Hn. Prof. Doppelmayern, auch anderen einzuholen, wie es etwa am besten möchte zu thun seyn, um eines Herren Principals Absehen zu erreichen* [...]*.*"[34]

Johann Gabriel Doppelmayr (1677–1750) war Professor für Mathematik in Nürnberg und leitete ab 1710 die Eimmartschen Sternwarte. Im Oktober reiste Kolb wieder nach Amsterdam, verpasste jedoch die ausgehende Flotte. Auch waren die Instrumente noch nicht fertig. In Absprache mit von Krosigk blieb Kolb in Amsterdam, um die nächste Flotte nicht verpassen und um den Instrumentenbau zu überwachen. In seinem Buch schrieb Kolb: „[...]*Zu dem Ende mußte manchen schönen Gang nach des abgedachten Mechanici Haus thun, damit alles accurat, und sonsten zum Gebrauch nützlich und dienstig möchte gemacht werden* [...]*.*"[35]

Von Krosigk suchte indes weiter das Projekt voranzutreiben und schrieb im November 1704 an Leibniz:

> „[...]*Dieser Beobachter, von dem ich Ihnen erzählte, und der die Reise an das Kap der Guten Hoffnung begonnen hat, wurde vor einigen Tagen nach angewiesen, nach Holland aufzubrechen.* [...] *Ich habe* [...] *die Punkte bei mir, die seine Instruktionen umfassen und wäre auch neugierig gewesen, Ihre Meinung hierzu zu erfahren, die ihm noch mit er Post hätte zugesandt werden können, wenn ich das Glück gehabt hätte, Sie zuhause anzutreffen. es ist noch nicht mehr als ein Projekt, nicht ausgearbeitet, weshalb ich sie Ihnen nicht zurücklassen wollte* [...]*.*"[36]

In einem anderen Brief an Leibniz schrieb von Krosigk, dass er sich wiederholt der Ratschläge von Olaf (Ole) Christensen Rømer versicherte und dass er Rømer im März 1705 besuchen wollte. An Kolb schrieb er im November „[...]*Herr Kirch hat vorgeschlagen folgenden modus, die parallaxin Veneris zu finden.* [...]*.*"[37] Da Kirch vorschlägt, ein Mikrometer zu benutzten, dürfte dies Teil des Instrumentariums gewesen sein.

---

33 Kolb 1719, S. 6.
34 Kolb 1719, S. 3.
35 Kolb 1719, S. 6.
36 Krosigk 2004, S. 125 f.
37 Mairoser 1901, S. 15.

Am 20.12.1704 war schließlich die Abreise Kolbs von Amsterdam. Aufgrund schlechten Wetters kam er jedoch nur bis zu Insel Texel von wo er am 7. Januar 1705 weiter fuhr. An diesem Tage gab es auch schon den ersten Toten auf dem Schiff und auch Kolb war in den nächsten Tagen schwer krank geworden. Aufgrund des Spanischen Erbfolgekrieges und der Gefahr an französische Kaperschiffe zu geraten, fuhr die ausgehende Flotte einen Nordkurs, vorbei an Schottland. Es war auf den Schiffen extrem kalt, denn nur die Kombüse wurde geheizt. Kolb jedenfalls fiellen alle Haare aus und es ging ihm erst besser, als sein Schiff wärmere Gewässer erreichte.

10.4.3 Ziele

Über die Ziele des Projektes gibt es viele Aussagen, jedoch meist nicht sehr konkret. So schrieb Kolb in seinem 1719 veröffentlichten Buch nur:

> „[...]weil er [Krosigk] als ein liebhaber der Astronomischen Wissenschaft daselbst auf seine Kosten Observationes wolte gehalten wissen um wo möglich diese Science dadurch in bessere Vollkommenheit zu setzen. [...]."[38] Und weiter: „[...]das lang gesuchte, aber noch nicht gefundene Problema zum ungemeinen Nutzen der Schiffarth aufzulösen, wie nemlich, die Länge der Oerter [...] auch mitten auf der See und aller Orten, zu allen Zeiten [...] zu erforschen [...] sey [...]."[39]

Dies deutet auf eine geplante Ortsbestimmung De Kaaps hin, also Breiten- und Längengradmessung. Aber auch eine mögliche Verbesserung der Monddistanzmethode oder anderer Praktiken zur Bestimmung des Ortes und der Zeit sind möglich. Das am Ende des vorigen Kapitels genannte Kommentar von Krosigks zu den Anweisungen Kirchs deuten auf eine Parallaxenmessung der Venus hin, und in einem Artikel, erst 1740 von Johann Wilhelm Wagner (1681–1745) publiziert, versuchte dieser mit Kolbs Daten die Parallaxe zum Mond zu bestimmen. Wagner, der ab 1716 als Observator an der Preußischen Akademie der Wissenschaften arbeitete, hatte von der Krosigkschen Privatsternwarte in Berlin die gleichen Objekte beobachtet, wie Kolb. Eine Parallaxenmessung zu den anderen Planeten könnte jedoch ebenfalls ein Ziel der Expedition gewesen sein. Kolbs astronomische Aufzeichnungen jedenfalls zeigen Messungen von Abständen des Mondes zu einzelnen Sternen, was für die Monddistanzmethode wichtig gewesen wäre.[40] Weiterhin Messungen die Orte diverser Sterne und

---

38 Kolb 1719, in der „Dedicatio".
39 Kolb 1719, S. 2.
40 Astronomische Aufzeichnungen von Peter Kolb, einzusehen in Neustadt an der Aisch.

Positionen aller damals bekannten Planeten. Auch die Jupiter- und Saturn-monde wurden beobachtet, was für die Ortsbestimmung aber auch für einen späteren Vergleich seiner Daten mit den an anderen Orten zur selben Zeit gemachten Beobachtungen hätte genutzt werden können. Kolb hat weiterhin die magnetische Deklination und Wetterbedingungen wie Windstärke, Windrichtung und die Temperatur festgehalten, soweit dies mit seinen beschränkten Mitteln möglich war.[41][42]

10.4.4 Umsetzung

Es scheint möglich, dass Kirch ursprünglich derjenige sein sollte, der die in De Kaap und Neu Cöln erhobenen Daten auswerten sollte. Kirch war einer der bedeutendsten Astronomen im Heiligen Römischen Reich Deutscher Nation, hatte mit von Krosigk über die Expedition und deren Ziele gesprochen[43] und hatte die Daten für eine Publikation vorbereitet.[44] Interessant in dem Zusammenhang ist aber, dass Kirch zur Zeit der Abreise Peter Kolbes schwer krank war. Seine Frau Maria Margarethe Kirch (1670–1720) hielt dies in ihren Wetteraufzeichnungen fest.[45] Die „Kirchin„, wie sie damals oft betitelt wurde, war sehr stark beteiligt an der Arbeit ihres Mannes und sie schrieb, dass ihr Mann für nahezu ein Jahr lang so krank war, dass Sie nicht sicher war, ob Ihr Mann die Krankheit überleben würde. Da Kolb im Dezember 1704 die Reise antrat, obwohl Kirch zu dem Zeitpunkt schon ein halbes Jahr schwer krank war, lässt vermuten, dass es neben Kolb und Wagner noch andere bedeutende Astronomen gab, die an der Auswertung der noch zu erhebenden Beobachtungsdaten Interesse hatten. Die Tatsache, dass Kolb ursprünglich nur für ein Jahr ans Kap gehen sollte,[46] um einen regelmäßigen Beobachtungsbetrieb aufzubauen, und um dann zurückzukehren, könnte auf der anderen Seite dafür sprechen, dass er, vermutlich in Zusammenarbeit mit Wagner, seine Daten hätte selbst auswerten sollen. Wenn Kirch aber tatsächlich eine wichtige Rolle in den Vorbereitungen dieser astronomischen Exkursion gehabt hat, dann könnte seine lange Krankheit darauf hindeuten, dass die Vorbereitung nicht so sorgfältig ausgefallen ist, wie man sich das damals gerne gewünscht hätte. Kolb jedenfalls war am Kap als Observator, weniger als Astronom bzw. Mathematiker tätig. Dass Kolb die Daten zumindest während seiner Zeit am Kap nicht selbst auswerten sollte

---

41 Astronomische Aufzeichnungen von Peter Kolb, einzusehen in Neustadt an der Aisch.
42 Kolb 1719, S. 58 f.
43 Mairoser 1901, S. 15.
44 Herbst 2006, Band 2, S. 520 ff, „Brief 866" und Band 2, S. 523 f, „Brief 868".
45 Kirch 1705, 19. Dezember 1704 – 9. Juli 1705.
46 Leibbrandt 1896, S. 290.

oder wollte, zeigt ein Kommentar aus seinem Buch: „[...]*daß auf Kosten eines andern, meines hohen Herrn Principals, die Observationes habe angestellet, Den hierdurch seine Ihm gebührende Ehre keineswegs zu benehmen trachte: so habe Ihm auch dieselbe jährlich zugesendet* [...].“[47] Letztendlich blieb Kolb aber wesentlich länger als ein Jahr am Kap. Vermutlich hatte man die zu erwartenden Schwierigkeiten unterschätzt und auch die stark eingeschränkten Kommunikationsmöglichkeiten dürften ihren Teil dazu beigetragen haben, das Projekt zu verlängern. Kolbs Briefe deuten darauf hin, dass ihm diese längere Rolle als reiner Beobachter zu einem späteren Zeitpunkt zu eintönig wurde, da er nach weiteren Beobachtungsdaten fragt, vermutlich um seine eigenen Daten auswerten und validieren zu können.[48]

Es dauerte fünf Monate, bevor Kolb, über einen Zwischenstopp im März bei der Insel St. Jago (Santiago), schließlich am Kap der Guten Hoffnung ankam. Bereits auf der Fahrt suchte sich Kolb einen Co-Observator aus, da die Vereinbarung mit der VOC vorsah, dass diese einen Co-Observator stellen konnte. Sollte sie dies jedoch nicht tun, so konnte Kolb sich einen Co-Observator selbst auswählen.[49] Er entschied, das ein gewisser Monsieur Reusch (†1705) aus Güstrau in Mecklenburg sein Co-Observator werden sollte, wenn der Gouverneur am Kap nicht jemand anderen vorschlagen sollte. Die VOC heuerte auf Ihren Schiffen Leute aus aller Welt an, oft und gerne aus den deutschsprachigen Gebieten Europas. Der angedachte zukünftige Co-Observator war in seiner Heimat vor einem Duell geflohen und hatte sich als Soldat bei der VOC verpflichtet.[50] Leider scheint er sehr unter seinen Lebensumständen gelitten zu haben, und die Aussicht auf einen Aufenthalt am Kap der Guten Hoffnung schien ihm wohl keine befriedigende Perspektive zu bieten. So wurde Monsieur Reusch schließlich ab dem 2. April 1705 auf seinem Schiff vermisst. Kolb, der vorher mit ihm über seine Herkunft gesprochen hatte, vermutete einen Freitod. Notgedrungen suchte er sich also einen neuen Co-Observator und fand ihn in Person des Nicolaus von Willich (fl. 1700). Kolb schreibt in seinem Buch: „[...]*ein Hamburger welcher mir bishero Dienste geleistet, ungeachtet er sich auf die Mathesin nichts verstunde* [...].“[51] Der Hinweis auf die nicht vorhandenen mathematischen Fähigkeiten des Co-Observators ist wichtig, denn dies könnte mit ein Grund dafür gewesen sein, dass Kolb das Kap nicht – wie anscheinend geplant – nach einem Jahr verlassen konnte.

---

47 Kolb 1719, S. 57.
48 Brief von Peter Kolb an von Krosigk vom 15. April 1708, einzusehen in Neustadt an der Aisch.
49 Mairoser 1901, S. 13, 17.
50 Kolb 1719, S. 24 f.
51 Kolb 1719, S. 25.

Am 12. Juni 1705 lief die Unie, Kolbes Schiff, in die Tafelbucht ein. Am Kap wohnten zum damaligen Zeitpunkt ca. 2200 Menschen in De Kaap, ca. 800 davon als Sklaven.[52] Kolb wurde freundlich vom Gouverneur der Kolonie am Kap, Willem Adriaan van der Stel (1665–1720), empfangen. Dieser hatte bereits einige Zeit vorher von Kolbes Ankunft und Vorhaben erfahren und auf Empfehlung des Gouverneurs bezog Kolb das Gartenhaus in De Kaap, welches am Rand des Gartens der Kompanie lag. Dieser Garten war sozusagen der Hauptgrund für die Existenz dieses Außenpostens der VOC am Kap der Guten Hoffnung: Man wollte die Besatzungen der Schiffe auf ihrer langen Reise mit frischen Lebensmitteln versorgen. Kolb begab sich sofort auf die Suche nach einem geeigneten Standort für die astronomischen Beobachtungen und schlug nach einiger Zeit dem Gouverneur den sogenannten „Wasserplatz" auf der Nordseite des heute *Signal Hill* genannten Berges vor. Von den Beobachtungsbedingungen her war der Platz sicherlich gut geeignet. Der Gouverneur äußerte jedoch Bedenken, was die Kosten und die Sicherheit des Ortes anging. Der Platz war von De Kaap aus schwer zugänglich und alle Baumaterialien hätten erst dorthin gebracht werden müssen. Van der Stel schlug daher als Alternative das „runde Büschlein" vor, im heutigen Kapstädter Stadtteil Rondebosch gelegen. Kolb machte einen Ausflug dorthin, erkannte den Ort aber verständlicherweise als unpassend. Teile des Tafelbergs und der sogenannte Teufelsberg, heute Devils Peak, versperrten den Blick in Richtung Westen. Schließlich schlug Kolb eine der fünf Bastionen der Festung am Kap der Guten Hoffnung vor. In der Festung wähnte Kolb seine Instrumente sicher beschützt durch die Wachen, und da die Buuren-Bastion in nördliche Richtung ausgerichtet war, hatte Kolb freie Sicht in Richtung Norden und Osten. Im Westen war der horizontnahe Himmel teilweise durch den Löwenberg verdeckt. Dies waren die für Kolb wichtigen Beobachtungsgebiete, insbesondere der Norden. So wundert es auch nicht, dass der Tafelberg den Großteil des südlichen Himmels überlagerte. Die Festung existiert noch heute und ist als ältestes Gebäude in Südafrika ein Nationalsymbol. Die heutigen Koordinaten der Buuren-Bastion sind $-33°55'30''$S, $18°25'39''$E[53] vom Greenwich Nullmeridian. Kolbs erste Einträge in den noch erhaltenen astronomischen Aufzeichnungen stammten vom 25. August 1705.[54]

Derweil wurde auch in Europa weiter an dem Projekt gearbeitet. Johann Philipp Wurzelbaur schrieb im Februar 1706 an G. Kirch: „[...]*Herr Baron v. Krosick berichtet mich ohnlängst, wie auf seine Behausung in Berlin künfftig schöne Observationes zu halten alle Anstalt gemacht seye, worvon wir, zumah-*

---

52 Pearse 1956, S. 58.

53 Koordinaten in Google Maps basieren auf dem weltweit gebräuchlichen „World Geodetic System 1984", `maps.google.com` (2011).

54 Astronomische Aufzeichnungen von Peter Kolb, einzusehen in Neustadt an der Aisch.

len denen mit dem nach Promunturium bonae Spei abgeordneten Astronomo concertirten observationibus viel schönes zu gewarten haben werden. [. . .].“[55]
Weiter schrieb er „*[. . .]Mein hochgeEhrtister herr wird zu aldort habenden observationibus ein grosses contribuiren und daraus entstehende belustigungen zu geniessen der Ersten einer seÿn [. . .]“.* Kirch war ja inzwischen von seiner Krankheit genesen und wieder aktiv als Astronom der Akademie der Wissenschaften in Berlin tätig. Zwar war ‚seine‘ Akademie-Sternwarte noch nicht fertig ausgestattet, aber er konnte von seiner privaten Wohnung und von der teilweise ausgebauten Akademie-Sternwarte beobachten. Sein Assistent Hoffmann war sogar der Leiter der bereits 1705 in Berlin Neu Cöln, heute Berlin Mitte, errichteten von Krosigkschen Sternwarte und konnte dort auf eine gute Ausstattung zum Beobachten zurückgreifen.[56] Auf dieser Privatsternwarte beobachtete auch Johann Wilhelm Wagner (1681–1745), der bis 1703 Nachfolger Kolbes als Assistent Eimmarts an der Nürnberger Sternwarte war. Er war es auch, der die zu Kolb korrespondierenden Beobachtungen anstellte und letztendlich war er es, der zwei Artikel in den *„Miscellanea Berolinensia“* verfasste, in welchem er auf seine und die von Kolb gemachten Beobachtungen zurückgriff, um beispielsweise eine Abschätzung der Entfernung des Mondes mittels Triangulation zu bewerkstelligen. Allerdings war dies erst im Jahre 1734[57] bzw. 1740,[58] also drei bzw. 13 Jahre nach dem Tode Kolbes, und 22 bzw. 28 Jahre nach 1708, dem Jahr von dem Kolbs letzte Beobachtungen erhalten sind. Krosigks Sternwarte würde sich heute an den Koordinaten 52°30′45″N, 13°24′36″E befinden,[59] in der Wallstraße 72. Leider wurde das Gebäude 1894 abgerissen.[60]

Aufgrund der Entfernung zwischen De Kaap und Neu Cöln war die Kommunikation deutlich zeitversetzt. So kamen Briefe frühestens nach ca. vier Monaten an, Antworten entsprechend erst nach ca. acht Monaten – im besten Fall. Dies dürfte für einige Frustrationen gesorgt haben. Im August 1706 jedenfalls meldete von Krosigk an Kolb bezüglich der Beobachtungen „*[. . .]dass sie zu Berlin durch die Herren Hoffmann und Wagner nach Anweisung der vereinbarten Instruktion und absonderlich über diese drei Hauptpunkte continuiert werden: [. . .].“* Weiter schrieb er: „*[. . .] An dem guten Effekt dieser Observationen sei nicht zu zweifeln, zumal er es dahin gebracht, dass nicht allein in Berlin, sondern auch in Moscou, in Copenhagen, Nürnberg, Leyden*

---

55 Herbst 2006, Band 2, S. 484 ff, „Brief 829“.
56 Brather 1993, S. 341.
57 Wagner 1734.
58 Wagner 1740.
59 Koordinaten in Google Maps basieren auf dem weltweit gebräuchlichen „World Geodetic System 1984“, `maps.google.com`(2011).
60 Mertens 2003, S. 408.

Abbildung 10.2:
Krosigks Sternwarte in Berlin

Ein vom Autor bearbeitetes Bild, basierend auf einem Kupferstich von Georg Paul Busch (†1756) aus dem Jahre 1710. Zu sehen ist die Privatsternwarte von Krosigks in der Wallstraße 72 im damaligen Neu-Cölln, heute Berlin-Mitte. Auf dem Dach sind verschiedene Instrumente zu sehen und einige der abgebildeten Personen sind möglicherweise in diesem Artikel erwähnt.

http://www.wfs.be.schule.de/pages/hist/WFS-History.html

u. a. O. auf dergleichen Phaenomena acht gegeben werde [...]."[61] Man darf sich
also wundern, wie groß das Projekt inzwischen geworden war. Ob nun aber in
Kopenhagen Herr Rømer und in Nürnberg Herr Doppelmayr oder Herr Wur-
zelbau aktiv an diesem Projekt beteiligt waren, lässt sich im Augenblick nur
vermuten. Es scheint jedoch nicht unwahrscheinlich. Wer in Leyden entsprechende Beobachtungen angestellt haben könnte, und worauf all diese Herren
denn nun genau achten sollten, lässt sich leider im Augenblick nicht erschlies-
sen. Der Beobachter in Moscou (Moskau) dürfte aber der eher in Archangelsk
sitzende Martin Michaelis gewesen sein, der vermutlich durch von Krosigk fi-
nanziert wurde.[62] Kolb erwähnt in seinem Buch auch noch seine Korrespondenz
mit dem Astronomen Lothar Zumbach von Coesfeld (1661–1727),[63] welcher in
Kassel ansässig war.

Im November 1706 schrieb von Krosigk an Leibniz, dass er einen Bericht der
Vorbereitungen von Peter Kolb bekommen hat. Er berichtet weiter, dass sich
der französische König Ludwig XIV. persönlich durch den Baron über den Fort-
gang des Projektes unterrichten liess und dass von Krosigk eingeladen wurde,
vor der franz. Akademie der Wissenschaften darüber vorzutragen.[64] Möglicherweise war Leibniz besonders daran interessiert, dass die Ergebnisse der
Expedition in Berlin publiziert wurden, anstatt über die Akademie in Frankreich. Denn auch in Berlin steht im Protokoll einer Konzilsitzung der Berliner
Akademie der Wissenschaften vom Januar 1707: „[...]*H. Kirch Offerirt Obser-*
vationes Astronomicae selectiores. Imgleichen ein Extract aus denen Observa-
tionibus so auf dem Cap. bonae spei gemacht worden. [...]."[65] Weiter schrieb
Leibniz im Juni 1707 an Kirch: „[...]*Ich will hoffen die observariones sowohl,*
eigene als ein Extract davon vom Capite bonae spei, werden nunmehr im stand
seyn, daß die zum druck gegeben werden können. [...]."[66] Im Juli schreibt
er, ebenfalls an Kirch: „[...]*ich habe vermeynet MHHr wolle ein Extract der*
observationum capitis bonae spei beyfügen, und die consequenz so darauß zu
ziehen weisen auch neben den novissimis observationibus einige selectas prio-
res dargeben [...]."[67] Die Publikation der Daten liess auf sich warten, aber es
besteht kein Zweifel, dass Gottfried Kirch mit den Daten gearbeitet hat, und
auch an deren Veröffentlichung mitarbeitete. Im April 1708 schrieb Kirch an
Leibniz: „[...]*Der Herr von Crosick hat zwar mehr Observationes von seinem*

---

61 Mairoser 1901, S. 75 f.
62 Krosigk 2004, S. 131.
63 Brief von Peter Kolb an von Krosigk vom 15. April 1708, einzusehen in Neustadt an der
    Aisch.
64 Krosigk 2004, S. 127.
65 Brather 1993, S. 191.
66 Herbst 2006, Band 2, S. 520 ff, „Brief 866".
67 Herbst 2006, Band 2, S. 523 f, „Brief 868".

Observatore bekommen; ich habe sie aber noch nicht gesehen. Sein hiesiger Observator hat mich berichtet, daß der Herr von Crosick dieselben bey sich habe, und hoffete bald her zukommen, da wolte Er sie mit bringen, und mit mir draus reden. [...]."[68]

10.4.5 Endphase

Ungefähr ab hier lassen die derzeit vorhandenen Dokumente keine genaue Rekonstruktion der Vorgänge mehr zu. Während von Krosigk Anfang 1708 noch weitere Beobachtungen Kolbs vom Kap der Guten Hoffnung erreicht hatten (siehe oben), schrieb Kolb, ebenfalls im April 1708, an von Krosigk, dass er seit dem 11. Mai 1707 nichts von ihm gehört oder bekommen hätte. Er wunderte sich, denn es bestand drei mal im Jahr die Möglichkeit zu schreiben. Kolb schrieb weiter über Probleme mit dem Tubus des Teleskops und erwähnte unsachgemäße Handhabe durch andere. Auch sprach er über ein ein oder mehrere Unglücke, die er wohl bereits am 23.03.1706 und 20.04.1707 in seinen (derzeit nicht vorhandenen) Briefen erwähnte. Diese Unglücke, was auch immer es war, konnten aber behoben werden. Ein weiteres Problem jedoch stellte die Uhr dar, mit der Kolb und sein Co-Observator die Zeiten maßen. So schrieb Kolb, dass er bereits ein Jahr vorher um eine neue Uhr gebeten habe. Die vorhandene, ihm vermutlich von der VOC gestellte Uhr,[69] hatte schon des öfteren Probleme bereitet. Normal für die damalige Zeit war, das Uhren nicht sehr genau waren, und Kolb hatte in seinen Beobachtungstabellen die Abweichungen der Uhr notiert, damit diese aus den Messungen heraus gerechnet werden konnten. Leider schien die Uhr aber des öfteren stehengeblieben zu sein und oft waren die Abweichungen von der Uhrzeit unregelmäßig. Kolb erwähnt eine Zeit, in der die Uhr für mehrere Monate nicht funktioniert hatte, was sich auch in seinen Aufzeichnungen der Beobachtungen widerspiegelt.[70] In dieser Zeit gab es aber noch einen, vermutlich nicht sehr versierten, Uhrmacher am Kap, der die Uhr reparieren konnte. Als die Uhr jedoch etwas später wieder kaputt ging, war der Uhrmacher gerade verstorben, und die Uhr konnte nicht mehr repariert werden. Hinzu kam, dass Kolb ein Augenleiden entwickelt hatte und daher nicht beobachten konnte. Probleme mit den Augen waren nicht untypisch für die Verhältnisse am Kap und ein häufig auftretendes gesundheitliches Problem.[71] In seinem Brief schrieb Kolb daher, dass es in den vorherigen drei

---

68 Herbst 2006, Band 2, S. 534, „Brief 881".
69 Brief von Peter Kolb an von Krosigk vom 15. April 1708, einzusehen in Neustadt an der Aisch.
70 Astronomische Aufzeichnungen von Peter Kolb, einzusehen in Neustadt an der Aisch.
71 Kolb 1719, S. 342.

Abbildung 10.3:
Ein vom Autor bearbeitetes Bild, basierend auf zwei Kupferstichen.
Zu sehen ist die Tafelbucht vom Hang des Devils Peak wie sie um ca. 1740
ausgesehen hat. Auf der Buuren-Bastion der Festung ist angedeutet, wie Kolbs
Sternwarte damals hätte aussehen können, wäre das Projekt erfolgreich verlaufen.

Heydt 1744. Doppelmayr 1742, Bild 18; siehe auch unter
Georg Christoph Eimmart auf http://www.naa.net/ain/personen/sternwarten.asp;
mit freundlicher Genehmigung von Herrn Hans Gaab.

Monaten wenige Beobachtungen gab, da sein Co-Observator nicht alleine und ohne Uhr beobachten konnte. Zuguterletzt erwähnt Kolb, dass ihm die finanziellen Mittel ausgehen, und dass der letzte Wechsel, den er bekommen hatte, am Kap nicht eingelöst wurde.[72]

All dies klingt nach einem Zusammenbruch der Kommunikation. Da weitere Korrespondenz zu den astronomischen Beobachtungen derzeit nicht vorhanden ist, und die noch vorhandenen Beobachtungsbücher bis ins Jahr 1708 reichen, so kann man vermuten, dass dies letztlich das Ende des Projektes bedeutete. Kolb hat vermutlich noch einige Zeit gehofft, dass es weitere Unterstützung und Briefe geben wird, er wurde aber enttäuscht. In den Aufzeichnungen der VOC heißt es schließlich über ein Jahr später:

> „[...]*Maandag den 17n Februarij 1710, voor de middag. Extraord. vergadeng.* [...]“, „[...]*Den astronomist Pieter Colbe, in 't jaar 1705 met het schip d' Unie uijt het vaderland hier aangekomen, en welke zedert eenigen tijd heeft leeggeloopen sonder zijn astronomise observatien te oeffenen, en voort te setten, of ook eenige burgerdienst te doen: Soo is verstaan deselve te doen afvragen of geneegen is hier nog langer te blijven; in welken cas hij voortaan als burger sal werden aangesien en ook derselver lasten subject weesen, en sodanig dienst moeten doen, of anders hem sijn demissie mede na 't Patria te accordeeren.*[...].“[73]

Kolb hatte demnach einige Zeit schon keine astronomischen Beobachtungen mehr angestellt und sollte ein Bürger der Kap-Kolonie werden, um damit auch die damit zusammenhängen Pflichten erfüllen zu müssen. Alternativ sollte er die Kolonie verlassen. Da die Siedlung De Kaap ausschließlich eine wirtschaftliche Daseinsberechtigung hatte, und aus Sicht der VOC Kolb seine Aufgabe erfüllt hatte, bzw. seine Aufgabe weggefallen war, stand diese Entscheidung irgendwann einmal an. Kolb schrieb in seinem Buch „[...]*Nachdem aber drey Jahre von Ihm [Krosigk] daselbst versorget worden und nachgehends weder Advocatoria, noch andere Brieffe einliefen;* [...] *auch sonsten nicht wusste wie es um sein Leben stehen möchte: so bin ich endlich gezwungen worden mich auf andere Arten zu ernehren* [...].“ Weiter heißt es dort, dass er eine Stelle als Sekretär des Landdrosten (eine Art Bürgermeister) in Stellenbosch angenommen hatte.[74]

---

72 Brief von Peter Kolb an von Krosigk vom 15. April 1708, einzusehen in Neustadt an der Aisch.

73 TANAP 1710.

74 Kolb 1719, in der „Dedicatio".

In der recht neuen Siedlung Stellenbosch, ein paar Kilometer weiter land-einwärts, hatte Kolb engen Kontakt mit der ländlichen Bevölkerung und der indigenen Bevölkerung der Khoisan. Dies wird oft als die Zeit benannt, in der Kolb anfing Informationen über das Land und Leute zu sammeln, um sie spä-ter in seinem Buch zu veröffentlichen. Dass Kolb aber schon viel früher damit anfing, zeigt ein Brief von August Hermann Francke aus Halle, mit dem Kolb korrespondierte.[75] In diesem Brief von vermutlich Ende 1709 dankt Francke für den Erhalt eines Manuskripts vom Mai 1709 und er empfiehlt, einen Traktat über Hottentotten in Briefform zu verfassen. Es darf also vermutet werden, dass Kolb bereits vor 1709 an den Recherchen zu seinem Buch gearbeitet hat. Über weitere astronomische Beobachtungen von Kolb oder auch Wagner ist derzeit nichts weiteres bekannt. Kolb jedenfalls blieb am Kap bis 1713, wo er Aufgrund eines weiteren Augenleidens anscheinend fast erblindet, aus seinem Posten entlassen wird und die Rückreise nach Europa antreten muss.

10.5 Schlussbemerkungen

Das aus heutiger Sicht überraschende Ende der astronomischen Expedition ans Kap lässt einige Fragen offen. Was ist passiert, so dass die Unterstützung und die Kommunikation zusammenbrach und Kolb seine Beobachtungen nicht weiter durchführen konnte? Ist dies überhaupt die richtige Interpretation der Dokumentenlage, oder könnte es sein, dass die Kommunikation wieder auf-genommen wurde, oder gar die astronomischen Beobachtungen weiter geführt wurden? Ein paar mögliche Szenarien werden hier kurz angerissen, in der Hoff-nung, dass die weiteren Forschungen diese verifizieren oder auch dass sich ein neues Szenario auftut.

So könnte es sein, dass aus Sicht von Krosigks oder Kirchs das Projekt ab-geschlossen war. Dagegen spricht allerdings, dass Kolb über diese Entwicklung anscheinend im Unklaren gelassen wurde. Auch hätte es sicher mehr wissen-schaftliche Publikationen zu dem Thema gegeben, unabhängig von Kirch, der ja starb, bevor er seine vorbereitete Publikation veröffentlichen konnte. Eine weitere Möglichkeit für das Scheitern ist der Tod eines Geldgebers. In der Li-teratur wird hier oft der Tod des Freiherrns von Krosigk genannt. Allerdings lebte dieser bis 1714. Vielleicht gab es einen weiteren Geldgeber, dessen Tod aber ebenfalls nicht den Abbruch der Kommunikation erklären würde. Da Kolb in seinem Buch von 1719 erwähnt, dass er keine weiteren Briefe bekommen hat, dürften diese Szenarien ausgeschlossen werden.[76]

---

75 Francke 1709.
76 Kolb 1719, in der „Dedicatio".

Eine andere Vorstellung könnte sein, dass Kolb selbst in Ungnade gefallen war. Dies kann zwar nicht ausgeschlossen werden, es scheint jedoch unwahrscheinlich, da in den noch vorhandenen Briefen und Dokumenten nichts entsprechendes zu finden ist. Dagegen spricht auch, dass Kolb in der Literatur auch über seinen Tod hinaus eine hohes Ansehen genoss. Sicherlich wäre dem nicht so, wenn er der Grund gewesen wäre, der für ein Misslingen dieses doch recht beachtlichen Projekts die Verantwortung getragen hätte. Eine Anmerkung hierzu ist jedoch angebracht, denn Kolbs Ruf wurde in der zweiten Hälfte des 18. Jahrhunderts posthum sehr geschädigt, als der französische Astronom Nicolas Louis de Lacaille (1713–1762) von 1750 bis 1754 zu der inzwischen Kapstadt genannten Stadt reiste, um unter anderem zusammen mit Joseph Jérôme Lefrançais de Lalande (1732–1807) in Berlin, ganz ähnlich wie Kolb und Wagner, Simultanbeobachtungen anzustellen. Die erst nach dem Tod Lacailles veröffentlichten Beobachtungen enthielten auch einen Anhang mit Kommentaren Lacailles zu einer französischen Übersetzung des Buchs von Kolb. Es ist nicht klar, ob Lacaille wusste, das die Übersetzung, die er vermutlich zum Kap mitnahm, auf einer stark gekürzten englischen Übersetzung basierte. Jedenfalls hatte Lacaille entsprechend viele eher negative Anmerkungen verzeichnet, die nun 1763 veröffentlicht wurden. Bei der Bewertung von Kolbs Arbeiten durch Lacaille spielte möglicherweise eine Rolle, dass Lacaille an genau die Bewohner Kapstadts geraten war, die keine gute Meinung über Kolb hatten, wie z. B. Georg Forster[77] bezeugte. Eine Erklärung für einen schlechten Ruf von Kolb in bestimmten Bevölkerungsteilen Kapstadts liefert die politische Geschichte am Kap zur Zeit von Kolbs Aufenthalt, siehe weiter unten. Lacaille jedenfalls war hoch angesehen und hatte in der Tat Großes geleistet. Daher darf es nicht wundern, dass seine anscheinend geringe Wertschätzung Kolbes direkt an die zeitgenössischen Gelehrten weitergegeben wurde. Zumal weitere Autoren sich über Kolbs Beschreibungen der Khoisan beklagten, nachdem Sie versuchten die von Kolb beschriebenen Lebensbedingungen der Khoisan am Kap nachzuempfinden. Diese Autoren jedoch berücksichtigen nicht, dass sich die Situation der Khoisan bereits wenige Jahre nach Kolbs Abreise grundsätzlich geändert hatte. So brach kurz nach Kolbs Abreise eine Pocken-Epidemie am Kap aus, der viele Khoisan zum Opfer fielen. Man schätzt, dass nur jeder zehnte der am Kap lebenden Khoisan überlebte.[78] Dies wiederholte sich mehrmals und die Kolonisierung des Kaps mit Europäern und Sklaven tat das ihre. Letztendlich war in der zweiten Hälfte des 18. Jahrhunderts der Ruf Kolbs maßgeblich geschädigt. Unverständlicherweise hält dies leider bis in die heutige Zeit vor.

---

77 Forster 1983, S. 100.
78 Elphick 1979, S. 22.

Der bisher zufriedenstellendste Erklärungsversuch der Vorgänge beinhaltet eine politische Komponente. Im gleichen Jahr als Kolb das Kap erreichte, begann am Kap eine Art Aufstand eines großen Teils der europäischen ländlichen Bevölkerung gegen den Gouverneur des Kaps, van der Stel.[79] Dieser hatte sich widerrechtlich eigenen Landbesitz angeeignet und überging die anderen Farmer beim Handel mit den in der Tafelbucht ankernden Schiffen. Es gab daher eine von den Farmern verfasste Resolution, die an die Leitung der VOC weitergeleitet wurde. Bis jedoch eine Entscheidung getroffen war vergingen Monate, insbesondere aufgrund der langen Kommunikationswege. So wurden Angehörige der 'Revolution' inhaftiert und erst wieder freigelassen, als 1707 die offizielle Abberufung des Gouverneurs eintraf. Kolb könnte nun in diesen Konflikt involviert gewesen sein. Sehr wahrscheinlich ist es, dass es damals für Kolb nicht möglich war, sich aus dieser Auseinandersetzung herauszuhalten. So schrieb er in einem Brief an Krosigk, dass er nicht alles hat schreiben können, da es zu gefährlich gewesen sei.[80] Kolb wusste also, oder vermutete es, dass der Gouverneur die ausgehende Post zu kontrollieren versuchte. Alles weitere lässt sich derzeit nur vermuten. Sollte Kolb sich aber auf eine Seite geschlagen haben, dann vermutlich auf die Seite der Landbevölkerung. Hierfür spricht z. B., dass er später als Sekretär in Stellenbosch, einer der De Kaap vorgelagerten ländlichen Siedlungen, tätig wurde. Dort hatte er nachweislich direkten Kontakt z. B. mit Adam Tas, einem der inhaftierten und später rehabilitierten ‚Aufrührer'. Auch die späteren Anfeindungen Kolbs[81] und die damit zusammenhängende Rücksendung nach Europa fand statt, als es einen erneuten politischen Wechsel hin zu den ursprünglich zum Gouverneur van der Stel gehörenden Vertrauten hin gab. Die eher im Einflußbereich des Gouverneurs lebenden Bevölkerungsteile in De Kaap, bzw. Kapstadt, dürften unter sich in den Jahren, in denen Kolb nicht in der Stadt wohnte, vermutlich ein eher negatives Bild von ihm produziert haben. Der oben erwähnte Astronom Lacaille lebte nun direkt in Kapstadt und hatte dort auch seine Sternwarte. Er war also vermutlich mit den Nachkommen der Bevölkerungsteile in Berührung, die Kolb in eher negativen Sinne in Erinnerung hatten.

---

79 Vgl. Fouche 1970.

80 Brief von Peter Kolb an von Krosigk vom 15. April 1708, einzusehen in Neustadt an der Aisch.

81 Wolfschmidt 1978, S. 32.

10.6 Literatur

BRATHER, HANS-STEPHAN: *Leibniz und seine Akademie: Ausgewählte Quellen zur Geschichte der Berliner Sozietät der Wissenschaften 1697–1716.* Berlin: Akademie Verlag GmbH 1993.

Doppelmayr *Atlas Coelestis.* Nürnberg: Homanns Erben 1742.

ELPHICK, RICHARD UND HERMANN GILIOMEE: *The Shaping of South African Society 1652–1820.* Howard Drive, Pinelands, Cape Town: Maskew Miller Longman Pty. Ltd. (1. Auflage) 1979, (4th imression) 1984.

FORSTER, GEORG UND GERHARD STEINER (Hg.): *Reise um die Welt.* Original von 1784. Berlin: Insel Verlag 1983, (siehe S. 1040).

FOUCHÉ, LEO UND A. J. BÖESEKEN (Hg.): *The Diary of Adam Tas 1705–1706.* Original von 1914. Cape Town: Van Riebeeck Society (2. Auflage) 1970, Second Series 1.

FRANCKE, AUGUST HERMANN: *Brief von August Hermann Francke an Johann Peter Kolb.* 1709. Siehe Franckesche Stiftungen zu Halle (Saale), `http://www.francke-halle.de/`; die freie Suche in den Archivdatenbanken nach 'Peter Kolb' ergibt ein Dokument von 1709; Signatur AFSt/M 1 C 13a : 6 (`http://www.francke-halle.de/`).

GAAB, HANS: Die Eimmart-Sternwarte in Nürnberg. In: WOLFSCHMIDT, GUDRUN (Hg.): *Astronomie in Nürnberg.* 2010, S. 212—233.

HERBST, KLAUS-DIETER (Hg.) unter Mitwirkung von EBERHARD KNOBLOCH UND MANFRED SIMON: *Die Korrespondenz des Astronomen und Kalendermachers Gottfried Kirch. Drei Bände. Bd. 1, Briefe 1665–1689, Bd. 2, Briefe 1689–1709, Bd. 3, Übersetzungen, Kommentare, Verzeichnisse.* Jena: IKS GmbH, Verlag IKS Geramond 2006.

HESS, HEINZ JÜRGEN UND JAMES G. O'HARA (Hg.): *Leibniz: Sämtliche Schriften und Briefe. Dritte Reihe: Mathematischer, naturwissenschaftlicher und technischer Briefwechsel, Band 5: 1691–1693.* Berlin: Akademie Verlag GmbH 2003 (`http://www.leibniz-edition.de/`).

HEYDEN, ULRICH VAN DER: *Rote Adler an Afrikas Küste: Die brandenburgisch-preußische Kolonie Großfriedrichsburg in Westafrika.* Berlin: Selignow Verlag (2. Auflage) 2001.

KIRCH, MARIA MARGARETHA: *Kirch Family Diaries.* 1705. Wetteraufzeichnungen der Familie Kirch beim Deutschen Wetterdienst (`http://www.dwd.de`).

KOLB, JOHANN PETER: *CAPUT BONAE SPEI HODIERNUM Das ist: Vollständige Beschreibung Des AFRICANIschen Vorgebürges der Guten Hofnung. Worinnen in dreyen Theilen abgehandelt wird / wie es heut zu Tage / nach seiner Situation und Ligenschaft aussiehet; ungleichen was ein Natur-Forscher in den dreyen Reichen der Natur daselbst findet und antrifft: Wie nicht weniger / was die eigenen Einwohner die Hottentotten, vor seltsame Sitten und*

Gebräuche haben: Und endliche alles / was die Europäischen daselbst gestifteten Colonien anbetrifft. Mit angefügter genugsamer Nachricht / wie es auf des Auctoris Hinein- und Heraus-Reise zugegangen; Auch was sich Zeit seiner langen Anwesenheit / an diesem Vorgebürge merckwürdiges ereignet hat. Nebst noch vielen anderen curieusen und bißhero unbekandtgewesenen rzehlungen / mit wahrhafter Feder ausführlich entworffen: auch mit nöthigen Kupfern gezieret / und einem doppelten Register versehen, von M. Peter Kolben / Rectore zu Neustadt an der Aysch. Nürnberg: Peter Conrad Monath 1719.

Krosigk, Dedo Graf Schwerin von und Dedo von Kerssenbrock-Krosigk: *900 Jahre Krosigks: Festschrift zur ersten urkundlichen Nennung der Familie im Jahr 1103.* Schermbeck: Selbstverlag der Familie, 2004, Bezug über Wilfried von Krosigk, Schetterstraße 84, 46514 Schermbeck, `ckrosigk@freenet.de`.

Kuile, Sybrich ter und Willem F. J. Mörzer Bruyns: *Amsterdamse Kompasmakers ca 1580 – ca 1850: Bijdrage tot de kennis van de instrumentmakerij in Nederland.* Amsterdam: NEHA, Stichting Nederlands Scheepvaartmuseum 1999.

Leibbrandt, H. C. V.: *Precis of the Archives of the Cape of Good Hope, Letters Despatched 1696–1708.* Cape Town: W. A. Richards & Sons 1896.

Mairoser, Georg: *Geschichte der Expedition Peter Kolbs nach dem Kap der guten Hoffnung 1705. Seine kleineren schriftstellerischen Arbeiten.* Wissenschaftliche Beilage zum Jahresbericht der Kgl. Kreisrealschule Nürnberg 1900/1901. Nürnberg: J. L. Stich 1901.

Google Maps: *Webseite im WWW*, `http://maps.google.com/` (Letzter Zugriff am 26. März 2011).

Mertens, Melanie: *Berliner Barockpaläste: Die Entstehung eines Bautyps in der Zeit der ersten preußischen Könige.* Dissertation: Freie Universität Berlin 1999. Berlin: Gebr. Mann Verlag (Berliner Schriften zur Kunst; XIV) 2003.

Moore, Patrick und Pete Collins: *The Astronomy of Southern Africa.* Clerkwell House, Clerkwell Green, London Ecir Oht: Robert Hale & Company 1977, S. 45–47.

Pearse, G. E.: *The Cape of Good Hope 1652–1833: An Account of its Buildings and the Life of its People.* J. L. van Schaik Ltd. 1956.

Raven-Hart, Major R.: *Before van Riebeeck: Callers at South Africa from 1488 to 1652.* (1. Auflage) 1710. Cape Town: C. Struik (Pty.) Ltd., November (2. impression) 1967.

TANAP: *Resolutions of the Council of Policy of Cape of Good Hope.* Siehe Towards A New Age of Partnership (TANAP) in Dutch West India Company Archives and Research; `http://databases.tanap.net/cgh/`; die freie Suche nach 'Pieter Colbe' ergibt ein Dokument vom 17. Februar 1710; Reference Nr. C. 27, S. 86–92. `http://databases.tanap.net/cgh/`.

Wagner, Johann Wilhelm: *Observationes Occultationum, Im- & Emersionum Satellitum Jovis in Observatorio Krosikiano Berolini factæ à Joh. Wilhelmo*

Wagnero; præsente interdum & observante Joh. Henr Hofmanno, olim Astronomo. Miscellanea Berolinensia ad incrementum scientiarum, ex scriptis Societati Regiae Scientiarum exhibitis edita 1734, Nr. 4, S. 74–75.

WAGNER, JOHANN WILHELM: *Brevis Narratio de Ratione ac Methodo Observationum Astronomicarum auspiciis Nobilis Magdebiurgensis Dn. Bernhardi Friderisi de Krosigk, Berolini & simul in Capite Bonæ Spei, per aliquot annos olim institutarum; additis quibusdam hic & illic factis observationibus*. Miscellanea Berolinensia ad incrementum scientiarum, ex scriptis Societati Regiae Scientiarum exhibitis edita 1740, Nr. 6, S. 236–253.

WOLFSCHMIDT, AUGUST: *Magister Peter Kolb: Ein Forscher und Lehrer aus Franken*. Neustadt an der Aisch: Verlagsdruckerei Ph. C. W. Schmidt 1978.

WOLFSCHMIDT, GUDRUN: Vom Kompaß zum Dynamo – Magnetismus, Elektrizität und Telekommunikation. In: WOLFSCHMIDT, GUDRUN (Hg.): *Vom Magnetismus zur Elektrodynamik. Herausgegeben anläßlich des 200. Geburtstags von Wilhelm Weber (1804–1891) und des 150. Todestages von Carl Friedrich Gauß (1777–1855)*. Hamburg: Schwerpunkt Geschichte der Naturwissenschaften, Mathematik und Technik 2005, S. 13–60.

WOLFSCHMIDT, GUDRUN (Hg.): *Astronomie in Nürnberg. Anläßlich des 500. Todestages von Bernhard Walther (1430–1504) Mitte Juni 2004 und des 300. Todestages von Georg Christoph Eimmart (1638–1705) am 5. Januar 2005*. Hamburg: tredition science (Nuncius Hamburgensis – Beiträge zur Geschichte der Naturwissenschaften; Band 3) 2010.

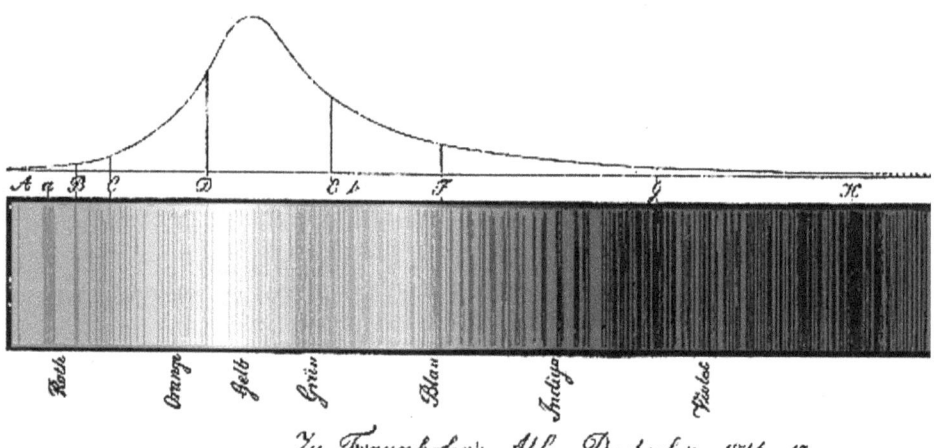

Abbildung 11.1:
Oben: Prismenspektralapparat, 1813, hergestellt aus einem Theodoliten;
Unten: Fraunhofer-Spektrum: fast 600 dunkle Linien im Spektrum, entdeckt 1814
http://honolulu.hawaii.edu/distance/sci122/Programs/p27/p27.html

Botschaften der Sterne – Die Bedeutung der Spektroskopie für die Entstehung unseres Weltbildes

Gudrun Wolfschmidt (Hamburg)

11.1 Einleitung

Die Spektralanalyse ist die wichtigste Methode in der Astronomie, entwickelt in der Mitte des 19. Jahrhunderts im Rahmen der entstehenden Astrophysik[1] mit ihren drei Teilgebieten Photometrie (Helligkeitsmessung), Astrophotographie, Spektroskopie sowie anfangs einem starken Schwerpunkt auf Sonnenphysik. Hier soll ein Überblick gegeben werden zur Entwicklung der Spektroskopie von Newton über Fraunhofer bis zu Kirchhoffs und Bunsens Entdeckung der spektralanalytischen Methode. Dann folgt eine Reihe von Anwendungen in der astrophysikalischen Forschung, zunächst im Sonnensystem und in unserer Milchstraße, dann in der sich entwicklenden extragalaktischen Forschung und Kosmologie.

11.2 Isaac Newtons (1643–1727 greg.) Zerlegung des weißen Lichts in Farben

Ab 1664 begann begann Isaac Newton (1642–1726 jul./1643–1727) mit einem Prisma zu experimentieren. Seine bahnbrechenden Versuchen zur Zerlegung des Sonnenlichtes mit Hilfe von zwei Glasprismen fanden 1666 statt.

---

1 Wolfschmidt: The impact of spectralanalysis (2009).

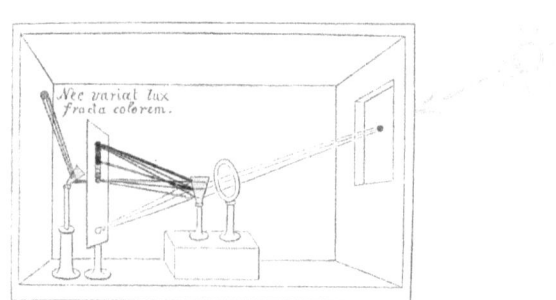

Abbildung 11.2:
Isaac Newtons Versuch zur Farbaufspaltung des Sonnenlichtes:
Experimentum crucis
http://www.mathe.tu-freiberg.de/~hebisch/cafe/newton.html

Newton ließ das „weiße" Licht durch eine runde Öffnung in ein verdunkeltes Zimmer fallen und zerlegte es mit einem Glasprisma in ein kontinuierliches Band von Regenbogenfarben (Kupferstich 1776).

1. Zerlegung von (weißem) Sonnenlicht in ein farbiges Band aus Regenbogenfarben.[2]

2. Wiedervereinigung des farbigen Lichtes mit Hilfe einer Sammellinse.

3. Experimentum crucis: Versuch der weiteren Zerlegung durch Ausblendung des roten Lichtes und nochmaliger Durchgang durch ein Prisma. Aber es ergab sich nur eine weitere Ablenkung, keine weitere Zerlegung.

Die Frage war zunächst, ob die Farben erst im Prisma erzeugt wurden oder ob sie schon unbemerkt im weißen Licht vorhanden waren. Newton interpretierte diesen ersten Versuch folgendermaßen:

- Weißes Licht wird in ein Farbenband aufgespalten (Dispersion). Jede Spektralfarbe wird unterschiedlich stark gebrochen und daher entsteht die Aufspaltung in das Farbenband (später Spektrum genannt).

2 Um die Zerlegung zu verdeutlichen, kann man zunächst einzeln die Ablenkung von rotem und blauem Licht experimentell untersuchen.

- In einem zweiten Schritt zeigte Newton, daß sich die Spektralfarben mit einer Konvexlinse (oder einem umgedreht gehaltenen Prisma) wieder zu weißem Licht vereinigen lassen (Newton (1672), S. 3086).

- Schließlich bewies Newton in einem dritten Versuch, daß Spektralfarben reine Farben sind, da sie sich mit Hilfe eines weiteren Prismas nicht nochmals zerlegen lassen.[3]

Newton hielt bereits ab 1669 Vorlesungen über seine optischen Experimente von 1666 (*Optical Lectures*, London 1669). Newton trug dann 1672 seine Ergebnisse in der Royal Society vor. 1704 veröffentlichte er sie ausführlich in seinem Werk *Opticks or a Treatise of the Reflections, Refractions, Inflections and Colours of Light* (London 1704).

11.3 Astronomie des „Unsichtbaren": IR und UV

Zu Beginn des 19. Jahrhunderts gelang gleich eine bedeutende Erweiterung des sichtbaren Spektrums des Lichts. Wilhelm Herschel (1738–1822) kam auf dieses Thema bei Beobachtungen der Sonne am Teleskop mit absorbierenden Gläsern. Er nahm Temperaturmessungen am Spektrum des Sonnenlichtes vor. Zu seiner großen Überraschung nahmen die Temperaturen beim Experiment nicht nur von Violett bis Rot gleichmäßig zu, sondern sie durchschritten sogar jenseits des Roten im Unsichtbaren Bereich ein Maximum, um dann erst allmählich abzunehmen. Damit hatte er im Jahr 1800 das „Infrarot", von ihm „Ultrarot" genannt, entdeckt. Seine Ergebnisse veröffentlichte er in vier Arbeiten 1800/01 und löste damit große Diskussionen bei den Physikern aus.[4] Bei der Untersuchung der Eigenschaften der neuentdeckten Strahlen kam Wilhelm Herschel zu dem Schluß, daß Wärmestrahlen analog zu Licht Eigenschaften wie Reflexion, Refraktion und Absorption aufweisen. Zudem vermutete er, daß sich *„in den chemischen Eigenschaften des farbigen Lichtes vielleicht eine ebensolche Verschiedenheit"* finden läßt wie *„in ihrem Vermögen zu erleuchten und zu erwärmen".*

Hiervon angeregt veröffentlichte der Jenaer Apotheker Johann Wilhelm Ritter (1776–1810) einen experimentellen Erfolg, die Entdeckung des ultravioletten Lichts am anderen Ende des Spektrums.[5] Wahrscheinlich hatten auch naturphilosophische Überlegungen eine Rolle gespielt. In Analogie zur Polarität bei elektrischen Erscheinungen mit Plus- und Minus-Pol und bei magnetischen

---

3 Newtons Original-Prismen befinden sich noch in Cambridge.
4 Herschel 1800.
5 Ritter 1801.

Erscheinungen mit Nord- und Südpol könnte Ritter in seiner Vermutung der Existenz einer unsichtbaren Strahlung auf der anderen Seite des sichtbaren Spektrums bestärkt worden sein. Durch Schwärzung von Papier, das mit Silberchlorid bestrichen wurde, also quasi durch ein photographisches Verfahren, war 1801 der Nachweis der unsichtbaren „Ultraviolett"-Strahlung gelungen.

11.4 Begründung der astronomischen Spektroskopie mit Joseph Fraunhofer

Bevor ich auf Fraunhofer zu sprechen komme, soll zunächst kurz ein Vorläufer bezüglich der Entdeckung dunkler Linien im Spektrum vorgestellt werden: der schottische Gelehrte William Hyde Wollaston (1766–1828). Er stellte ähnlich wie Newton Versuche mit der Zerlegung des Lichts mit Hilfe eines Prismas an. Allerdings ließ er das Licht nicht durch eine runde Öffnung, sondern erstmals durch einen Spalt fallen – das war eine entscheidende Innovation! Dabei entdeckte er 1802 sieben dunkle Linien, die er (fälschlich) als Trennung zwischen den – nur vier – Farben interpretierte.[6] Wollaston experimentierte aber auch mit Kerzen, Flammen sowie Bogenentladungen und dürfte als einer der ersten Spektren mit hellen Linien, also Emissionsspektren, gesehen haben. Hier stellte er fest, daß sich die Ergebnisse vom Spektrum der Sonne unterschieden; allerdings widmete er sich diesen Erscheinungen nicht weiter.

Joseph Fraunhofer (1787–1826) wurde im niederbayerischen Straubing als jüngstes von elf Kindern als Sohn eines Glasermeisters geboren. Im Alter von zwölf Jahren kam er als Vollwaise nach München zur Lehre in die Werkstatt des Glasschleifers Philipp Anton Weichselberger. Ein spektakuläre Rettung nach dem Hauseinsturz 1801 veränderte sein Leben. Dadurch kam er in Kontakt mit Utzschneider, der ihn förderte bis er seinen Gesellenbrief hatte. 1806 wurde Fraunhofer in das *Mathematisch-mechanische Institut Utzschneider, Reichenbach und Liebherr* in München aufgenommen.[7] 1807 wurde die optische Werkstätte von München ins säkularisierte Kloster Benediktbeuern verlegt. Als der Schweizer Pierre Louis Guinand (1748–1824) 1814 das Institut verließ, bekam Fraunhofer neben der Leitung des Optischen Instituts, die er seit 1809 innehatte, noch die Kontrolle der Glasschmelze.

Fraunhofer versuchte möglichst genau reproduzierbar Gläser bestimmter Dispersion herzustellen. Hintergrund waren die achromatischen Fernrohre, die bereits im 18. Jahrhundert erfunden worden waren, die aber nicht gezielt mit

---

6 Wollaston (1809).
7 Wittig 1987. Riekher 2009.

Abbildung 11.3:
Joseph Fraunhofer (1787–1827)
Glashütte im Kloster Benediktbeuern: Schmelzofen und Rühreinrichtung
Wikipedia, Foto: Gudrun Wolfschmidt

größeren Öffnungen hergestellt werden konnten. Die Messung der Dispersion der verschiedenen Glasproben geschah mit einem Prismenspektralapparat, den er um 1813 mit Hilfe eines umgebauten Theodoliten konstruiert hatte.

Seine Experimente beschrieb Fraunhofer in folgendem Werk *Bestimmung des Brechungs- und Farbzerstreuungsvermögens verschiedener Glasarten* (1811–17).Statt einer Lichtquelle verwendete er eines Tages die Sonne.

> *„In einem verfinsterten Zimmer liess ich durch eine schmale Oeffnung im Fensterladen, die ungefähr 15 Sekunden breit und 36 Minuten hoch war, auf ein Prisma von Flintglas, das auf dem oben beschriebenen Theodolith stand, Sonnenlicht fallen. Das Theodolith war 24 Fuss vom Fensterladen entfernt, und der Winkel des Prisma mass ungefähr 60°. Das Prisma stand so vor dem Objektive des Theodolith-Fernrohres, dass der Winkel des einfallenden Strahles dem Winkel des gebrochenen Strahles gleich war . . . .*
> *Ich wollte suchen, ob im Farbenbilde vom Sonnenlichte ein ähnlicher heller Streif zu sehen sey, wie im Farbenbilde vom Lampenlichte, und fand anstatt desselben mit dem Fernrohre fast unzählig viele starke und schwache vertikale Linien, die aber dunkler sind als der*

Abbildung 11.4:
Kloster Benediktbeuern (Fraunhofers Glashütte); Prismen von Fraunhofer
Foto: Gudrun Wolfschmidt

übrige Theil des Farbenbildes; einige scheinen fast ganz schwarz zu seyn . . . . Ich habe mich durch viele Versuche und Abänderungen überzeugt, daß diese Linien und Streifen in der Natur des Sonnenlichtes liegen, und daß sie nicht durch Beugung, Täuschung usw. entstehen."[8]

Dabei entdeckte Fraunhofer 1814 fast 600 dunkle Linien im Sonnenspektrum.[9] Diese verwendete er dann als Meßmarken für seine Dispersionsbestimmungen. Damit gelangen ihm Messungen des Brechungsindexes noch nie erreichter Genauigkeit, die die Grundlage für seine hochwertigen achromatischen Objektive für Fernrohre bildeten.[10]

Fraunhofer experimentierte auch schon mit Beugungsgittern (302 Linien/mm), um das Licht zu zerlegen; Zunächst spannte er um 1820 Dräthe parallel in einen Rahmen, dann ritzte er feine Linien in goldplattiertes Glas ein. Fraunhofers

---

8 Fraunhofer 1817, S. 10 und 13.
9 Fraunhofer 1817, S. 193–226.
10 Fraunhofer (1824), S. 80–81.

originaler Gitterspektralapparat (1821) und einige Gitter befindet sich im Deutschen Museum. Für seine Verdienste wurde Fraunhofer geadelt und 1821 in die Bayerische Akademie der Wissenschaften aufgenommen.

Bei der Untersuchung der Spektren anderer Himmelskörper drängten sich sofort Fragen auf. Warum haben Mond und Planeten, zum Beispiel die Venus, gleiche oder ähnliche Linien wie die Sonne? Warum haben dagegen die Fixsterne deutlich verschiedene Linien, obwohl die Sonne doch auch ein Stern ist? Erste Unterschiede in dem Aussehen der Sternspektren stellte Fraunhofer bereits 1817 fest. Zur Verbesserung der Lichtstärke griff Fraunhofer zu einem Fernrohr von vier Zoll Öffnung (10,8 cm), vor das er ein Prisma gleicher Größe mit einem Brechungswinkel von 37°40″ setzte; das heißt, hier wurde zum ersten Mal ein Objektivprisma eingesetzt. Natürlich begann er mit den hellsten Sternen am Himmel, insbesondere mit Sirius. Ferner beobachtete Fraunhofer Castor, Pollux, Capella, Procyon und Beteigeuze. Dabei stellte er deutliche Unterschiede fest zwischen den sonnenähnlichen Spektren der gelben Sterne, dem Spektrum des blauen Sirius und dem Spektrum mit zahlreichen Linien bei roten Sternen wie Beteigeuze.

> *„Da aber das Licht dieser Sterne [erster Größe] noch vielmal schwächer ist, als das der Venus, so ist natürlich auch die Helligkeit des Farbenbildes vielmal geringer. Demohngeachtet habe ich, ohne Täuschung, im Farbenbilde vom Lichte des Sirius drey breite Streifen gesehen, die mit jenen vom Sonnenlichte keine Aehnlichkeit zu haben scheinen; einer dieser Streifen ist im Grünen, und zwey im Blauen.*
> *Auch im Farbenbilde vom Lichte anderer Fixsterne erster Grösse erkennt man Streifen; doch scheinen diese Sterne, in Beziehung auf die Streifen, unter sich verschieden zu seyn."*[11]

Ein entscheidender Punkt ist, daß bereits Fraunhofer das Zusammenfallen der gelben Natrium-D-Doppellinie im Labor mit zwei auffälligen dunklen Linien im Sonnenspektrum bemerkte.

> *„Bekanntlich zeigt das Farbenspectrum, welches von dem Lichte des Feuers (Lampenlicht) mittelst des Prismas entsteht, nicht die dunklen fixen Linien, welche im Spectrum vom Sonnenlicht enthalten sind; statt ihrer aber hat es im Orange eine helle Linie, welche sich vor dem übrigen Theil des Spectrums auszeichnet, doppelt ist*

---

11 Fraunhofer 1817, S. 193–226, hier S. 220–221.

und sich an dem Orte befindet, wo im Spectrum vom Sonnenlichte die dunkle Doppellinie D steht."[12]

Dies war der Ausgangspunkt für die spätere Entdeckung der Spektralanalyse durch Kirchhoff und Bunsen. Er bedauerte wegen seiner Firma, keine Zeit für eingehendere Forschungen auf diesem Gebiet zu haben.

> *„Bey allen meinen Versuchen durfte ich, aus Mangel der Zeit, hauptsächlich nur auf das Rücksicht nehmen, was auf praktische Optik Bezug zu haben schien, und das Uebrige entweder gar nicht berühren, oder nicht weit verfolgen. Da der hier mit physisch-optischen Versuchen eingeschlagene Weg zu interessanten Resultaten führen zu können scheint, so wäre sehr zu wünschen, dass ihm geübte Naturforscher Aufmerksamkeit schenken möchten.*"[13]

11.5 Entdeckung der Spektralanalyse durch Kirchhoff und Bunsen – Experimente, Instrumente und Kirchhoffsches Strahlungsgesetz

> *„Beim Besuch des Großherzogs von Baden in Heidelberg (es war wohl am 1. Juni 1860) wurde das Heidelberger Schloß abends mit bengalischen Flammen beleuchtet. Bunsen richtete vom Dache seines Laboratoriums einen Prismensatz gegen diese Flammen und sah in den grünen deutlich die Linien des Bariums und in den roten die Linien des Strontiums. Da sagte er zu Kirchhoff: ‚Wenn wir auf diese Entfernung erkennen konnten, welche Stoffe in diesen Flammen glühten, – warum könnten wir nicht auch erkennen, aus welchen Stoffen die Himmelskörper bestehen?'*"[14]

Diese Anektode, überliefert von Bunsens Freund, dem Chemiker Henry Roscoe (1833–1915), (ist zumindest gut erfunden und) zeigt das Prinzip und die Möglichkeiten der Spektralanalyse. Die Flammenfärbungen bildeten die Ausgangsidee zur Spektralanalyse. Einzelne Chemiker versuchten ab Mitte des 19. Jahrhunderts zu analytischen Zwecken anhand der Flammenfärbung chemische Elemente zu identifizieren, was wegen der starken Verunreinigung der damaligen Proben nicht wirklich gut funktionierte.

---

12 Fraunhofer 1823, S. 140.
13 Fraunhofer 1817, S. 12. Vgl. Lommel 1888.
14 (überliefert von Roscoe). In: Wolf (1912), hier S. 457.

Gustav Robert Kirchhoff (1824–1887) und Robert Wilhelm Bunsen (1811–1899) arbeiteten seit 1854 in Heidelberg zusammen – als Theoretiker und Experimentator. 1855 wurde für Bunsen ein neues, gut ausgestattetes Laboratorium gebaut und eingerichtet. Das Bunsen-Laboratorium gehörte damals neben Giessen (1828) und München (1852) zu den modernsten. Bunsen, der gerne neue Apparaturen und Instrumente entwarf, hatte in den 1850er Jahren den „Bunsenbrenner" zur chemischen Analyse eingeführt. Dieser war durch die heiße Flamme mit geringer Leuchtkraft weit besser geeignet als die bisher verwendete Weingeistflamme.

 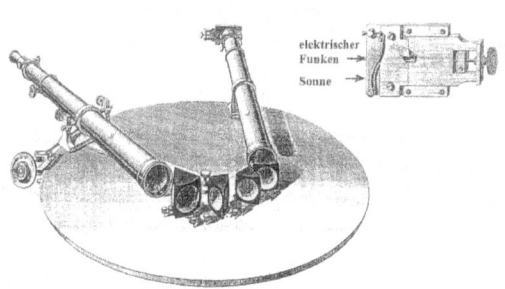

Abbildung 11.5:
Gustav Kirchhoff, Robert Bunsen und Henry Roscoe;
Spektralapparat, Steinheil, München (1862)
Wikipedia, Kirchhoff/Bunsen 1862, S. 64–66.

Einen ersten einfachen Spektralapparat fertigte Bunsen an; einen verbesserten Apparat ließen sie sich bald von Carl August von Steinheil in München herstellen, dann ein noch größeres Modell. Die Qualität der optischen Technik war eine wichtige Voraussetzung der Messungen. Zudem besaß Kirchhoff ein maschinell gezeichnetes Spektrum, das vom roten bis zum blauen Bereich (Linie A bis G) eine Länge von immerhin 2,50 m aufwies. Damals – um 1860 – gelangen aber auch die ersten guten, detailreichen Photographien des Spektrums, wovon Kirchhoff auch ein Beispiel besaß. Bunsen und Kirchhoff dehnten ihre Untersuchungen der charakteristischen Spektren von 32 Metallen und deren Salze aus. Dabei stellten sie fest, daß Metalle identische Emissionslinien liefern – unabhängig von der Temperatur der Flamme und egal in welcher Verbindung sie auftreten. Bei der Vermessung der Metallinien benutzte Kirchhoff die Fraunhoferschen Linien als Vergleichskala. Dabei fiel ihm auf, daß an allen Orten der hellen Eisenlinien sich auch dunkle Linien im Sonnenspektrum befanden. Je heller und intensiver eine Eisenlinie erschien, desto dunkler war die entsprechende Fraunhoferlinie. Damit mußte sich Kirchhoff an Fraunhofers Feststellung der Koinzidenz der gelben Natrium-Doppellinie im Labor mit der dunklen Doppellinie im Sonnenspektrum erinnern, die Fraunhofer aber nicht interpretieren konnte. Um zu prüfen, wie genau die dunklen Fraunhoferlinien mit den hellen Natrium-Emissionslinien zusammenfielen, richteten Bunsen und Kirchhoff ihren Spektralapparat auf die Sonne.

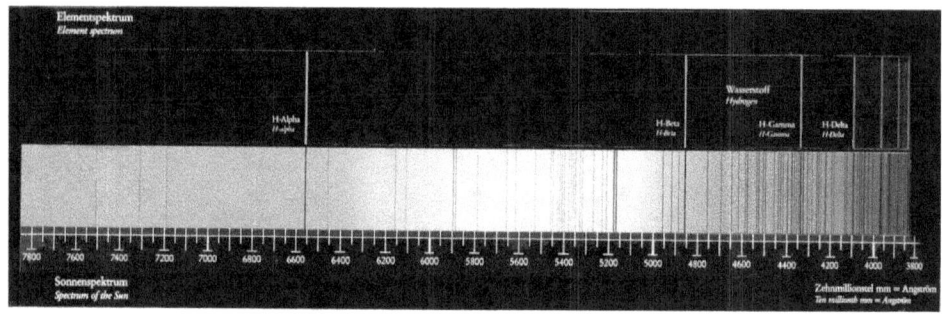

Abbildung 11.6:
Kirchhoffs und Bunsens Experimente (1859):
Vergleich des Sonnenspektrums (unten) mit dem Spektrum von Wasserstoff
Foto: Gudrun Wolfschmidt

Folgendermaßen beschreibt Kirchhoff den Versuchsverlauf:

> *„Um die mehrfach behauptete Coinzidenz der Natriumlinien mit den Linien D des Sonnenspectrums auf die directeste Weise zu prüfen, entwarf ich ein mäßig helles Sonnenspectrum und brachte dann vor den Spalt des Apparates eine Natriumflamme. Ich sah dabei die dunklen Linien D in helle sich verwandeln. Die Bunsensche Lampe zeigte die Natriumlinien auf dem Sonnenspectrum mit einer nicht erwarteten Helligkeit.*
> *Um zu finden, wie weit die Lichtstärke des Sonnenspectrums sich steigern ließe, ohne daß die Natriumlinien dem Auge verschwänden, ließ ich den vollen Sonnenschein durch die Natriumflamme auf den*

Spalt fallen, und sah da zu meiner Verwunderung die dunklen Linien D in außerordentlicher Stärke hervortreten. Ich ersetzte das Licht der Sonne durch das Drummondsche Licht,footnoteDas ist helles weißglühendes Kalklicht, das bei Einführung von Kalziumoxid in eine Knallgasflamme entsteht. dessen Spectrum, wie das Spectrum eines jeden glühenden, festen oder flüssigen Körpers, keine dunklen Linien hat; wurde dieses Licht durch eine geeignete Kochsalzflamme geleitet, so zeigten sich in dem Spectrum dunkle Linien an den Orten der Natriumlinien."[15]

Kirchhoff kam schon einen Tag später auf die Erklärung: Die Natriumdämpfe absorbieren Strahlen derselben Farbe, die sie im glühenden Zustand emittieren. Verallgemeinert heißt das: *„Das Verhältnis von Emissions- zu Absorptionsvermögen bei bestimmten Temperaturen ist bei allen Körpern dasselbe. Je mehr ein Körper absorbiert, desto mehr emittiert er.*"[16] Dieses *Kirchhoffsche Strahlungsgesetz* bildet die Grundlage für die Spektralanalyse. Ausgangspunkt für Kirchhoffs Theorie war das Gleichgewicht des Strahlungsaustausches zwischen Körpern mit passend gewählten Eigenschaften bezüglich Absorption und Emission. Allein aufgrund der Voraussetzung von Strahlungsgleichgewicht bei einer vorgegebenen Temperatur konnte er schließen, daß das Verhältnis von Absorptions- zu Emissionsvermögen für jede beliebige Wellenlänge unabhängig sein muß von den Eigenschaften der Körper, also eine allgemeine Funktion der Wellenlänge und Temperatur sein muß. In der weiteren Ausarbeitung führte er den wichtigen Begriff „Schwarzer Körper" (Hohlkörper) ein, der alle Strahlung, die auf ihn trifft, absorbiert.

Kirchhoffs Gesetz war der Schlüssel zur Strahlungs- und Quantentheorie, die Max Planck (1858–1947), der Nachfolger Kirchhoffs als Ordinarius in Berlin, im Jahr 1900 entwickelte. Die *spektrale Energieverteilung der Strahlung eines Schwarzen Körpers* wurde bald auf Sternatmosphären angewandt, und zwar von Karl Schwarzschild (1873–1916) und Arthur Schuster (1851–1934).

Bunsen berichtete an seinen Kollegen Henry Enfield Roscoe 1859 folgendermaßen von den Experimenten:

---

15 Kirchhoff/Bunsen 1860, S. 296–297. Vgl. Kangro 1972, S. 38–39.
16 Kirchhoff/Bunsen 1860. Ausführlicher formuliert sind Kirchhoffs Folgerungen bei Kangro 1972, S. 12: „Flammen, in deren Spektrum helle Linien vorkommen, schwächen, sobald durch die Flammen Licht einer anderen, helleren Lichtquelle hindurchgeht, Strahlen gerade von der Farbe jener hellen Linien, so daß dieselben dunkel erscheinen. Die dunklen Linien des Sonnenspektrums, welche nicht durch die Erdatmosphäre hervorgerufen werden, entstehen durch Anwesenheit der den unter 1. genannten Linien entsprechenden Stoffen in der „glühenden Sonnenatmosphäre."

> *„Im Augenblick bin ich und Kirchhoff mit einer gemeinschaftlichen Arbeit beschäftigt, die uns nicht schlafen läßt. Kirchhoff hat nemlich eine wunderschöne ganz unerwartete Entdeckung gemacht, indem er die Ursache der dunklen Linien im Sonnenspectrum aufgefunden und diese Linien künstlich im Sonnenspectrum verstärkt und in linienlosen Flammenspectren hervorgebracht hat und zwar der Lage nach mit den Fraunhoferschen identische Linien: Dadurch ist der Weg gegeben, die stoffliche Zusammensetzung der Sonne und der Fixsterne mit derselben Sicherheit nachzuweisen, wie wir Schwefelsäure, Chlor usw. [LiCl etc.] durch unsere Reagenzien bestimmen. Auf der Erde lassen sich die Stoffe nach dieser Methode mit derselben Schärfe unterscheiden und nachweisen, wie auf der Sonne."*[17]

Kirchhoff und Bunsen reichten ihre Arbeit „Chemische Analyse durch Spektralbeobachtungen" 1859 zur Veröffentlichung ein. Hier zeigten sie, daß jedes Element ein anderes Spektrum, eine bestimmte, typische Kombination von Linien, aufweist – so unverwechselbar wie heute ein Fingerabdruck. Mit seiner Methode konnte Kirchhoff etwa zehn Elemente, speziell Metalle, auf der Sonne identifizieren, und zwar nannte Kirchhoff in seiner Arbeit von 1862 folgende: Natrium (Na), Eisen (Fe), Kalzium (Ca), Nickel (Ni), Magnesium (Mg), Chrom (Cr), Kobalt (Co)?, Barium (Ba)?, Kupfer (Cu)?, Zink (Zn)?.[18] Kirchhoff schrieb darüber seinem Bruder 1860:

> *„Da Du auch ein halber Chemiker bist [...], so will ich Dir mitteilen, daß ich jetzt mich sehr eifrig mit Chemie beschäftige. Ich will nämlich nichts geringeres, als die Sonne chemisch zu analysieren und vielleicht später auch die Fixsterne. Ich habe das Glück gehabt, den Schlüssel zur Lösung dieser Aufgabe zu finden. Das klingt sehr verwunderlich und ich habe es einem entfernten Bekannten von mir, einem Doktor der Philosophie, nicht verdacht, daß er mir [...] erzählte, ein verrückter Kerl wolle auf der Sonne Natrium entdeckt haben. Ich suchte diesem begreiflich zu machen, [...] daß es wirklich möglich sein müsse, von dem Licht, das ein Körper aussende, auf die chemische Beschaffenheit desselben Schlüsse zu ziehen [...] Dabei konnte ich der Versuchung nicht widerstehen, ihm zu sagen, daß ich dieser verrückte Kerl sei."*[19]

---

17 Bunsen, R. W.: Brief an H. E. Roscoe vom 15. November 1859. Deutsches Museum Archive/Sondersammlungen/Dokumentationen (Vgl. Kangro 1872, S. 11–12).

18 Kirchhoff/Bunsen 1862, hier S. 80–81. Kirchhoff/Bunsen 1863.

19 Kirchhoff, G. R.: Brief an seinen Bruder Otto vom 11. Mai 1860. Zitiert nach Kangro 1972, S. 8.

11.6 Erste Erfolge der Spektralanalyse

11.6.1 Die Frage des Aufbaus der Sonne

Welche Schlüsse können außerdem aus der Spektralanalyse der Sonne gezogen werden? Kirchhoff deutete die dunklen Linien im Sonnenspektrum als Absorptionslinien, die in der kühleren Atmosphäre der Sonne entstehen.[20] Diese überlagern sich dem Kontinuum, das im Sonneninneren entsteht. Dominique François Jean Arago (1786–1853), Direktor des Pariser Observatoriums, hatte allerdings zur physischen Beschaffenheit der Sonne erklärt,

> *„daß man zu der definitiven Annahme genöthigt ist, daß die Sonne aus einem dunkeln Körper besteht, welchen zunächst eine in einem gewissen Grade undurchsichtige, das Licht zurückstrahlende Atmosphäre umhüllt, und daß hierauf eine leuchtende Atmosphäre oder Photosphäre folgt, die selbst wiederum in einer gewissen Entfernung von einer durchsichtigen Atmosphäre umgeben ist."*[21]

Kirchhoff konnte mit der Spektralanalyse die Theorie Aragos widerlegen, der sich die Sonne dunkel und kalt – mit einer Temperatur etwa wie auf der Erdoberfläche – vorstellte. Kirchhoff dagegen nahm an,

> *„daß die Sonnenatmosphäre einen leuchtenden Körper umhüllt, der für sich allein ein continuirliches Spectrum von einer Lichtstärke giebt, die eine gewisse Grenze übersteigt. Die wahrscheinlichste Annahme, die man machen kann, ist die, daß die Sonne aus einem festen oder tropfbar flüssigen, in der höchsten Glühhitze befindlichen Kern besteht, der umgeben ist von einer Atmosphäre von etwas niedrigerer Temperatur."*[22]

Es folgte in der Scientific Community eine längere Diskussion, ob die Spektrallinien in der Sonnen- oder der Erdatmosphäre entstehen; Fraunhofer und Kirchhoff hatten sich eindeutig für die Linienentstehung in der Sonne entschieden.

11.6.2 Die Wirkung der Spektralanalyse in der Chemie

Die Wirkungsgeschichte der Spektralanalyse liegt aber nicht nur im Bereich der entstehenden Astrophysik, sondern besonders in der Chemie. Bis zu Lavoisiers

---

20 Kirchhoff/Bunsen 1862. Kirchhoff/Bunsen 1863.
21 Kirchhoff/Bunsen 1862, hier S. 85.
22 Kirchhoff/Bunsen 1862, hier S. 83.

Zeit Ende des 18. Jahrhunderts hatte man 23 Elemente entdeckt. Aus der Analyse von Gesteinsproben von den 1790er bis zu den 1830er Jahren fand man 31 neue Elemente, so daß Mohr 1837 eine Gesamtzahl von 54 Elementen angeben konnte. Zwischen 1830 und 1860 wurden die seltenen Erden entdeckt. Ab 1860 wurden physikalische Methoden in die Chemie eingeführt wie Spektroskopie, sowie Ende des 19. Jahrhunderts Radioaktivität (Radium, Polonium), Röntgenstrahlung und kernphysikalische Methoden. Zunächst entdeckten Kirchhoff und Bunsen zwei neue chemische Elemente 1860/61 aufgrund der Spektren: Caesium, erhalten im Mineralwasser von Dürkheim, mit zwei blauen Linien, benannt nach dem *„heiteren Blau des Himmels"* (lat. caesius), und Rubidium, aus der Analyse einiger Kügelchen Lepidolith, einer Glimmerart, mit auffällig roten Linien. So folgten ab 1860 eine Reihe von Element-Entdeckungen durch Spektralanalyse (1861 Thallium, 1863 Indium, 1868 Helium, 1874/75 Gallium, 1879 Scandium, 1885/86 Germanium, 1892/94 Argon, 1895/97 Helium (im Labor), 1898 Krypton, Neon und Xenon).[23] Danach waren die acht Hauptfamilien des Periodischen Systems im wesentlichen bekannt.

11.7 Erfolge der Spektralanalyse in der Astronomie

Im Rahmen der Entwicklung der Astrophysik (Spektroskopie, Photographie, Photometrie und Sonnenphysik) sollen hier die astronomischen Erfolge der Anwendung der Spektralanalyse erläutert werden.[24]

Bei der Sonnenfinsternis 1868 zeigte das Spektrum der Protuberanzen drei helle Linien (Emissionen). Damit war für Joseph Norman Lockyer (1836–1920) klar, daß die Protuberanzen gasförmig sind. Eine rote und eine grüne Linie deutete auf Wasserstoff – Hauptbestandteil der Sonne.

Rätselhaft blieb die auffällige gelbe Linie, die nicht mit der Natrium-Doppellinie übereinstimmte. Diese Linie ordneten Lockyer und Pierre Jules César Janssen (1824–1907) dem noch unbekannten Element „Helium" zu – benannt nach dem griechischen Sonnengott Helios. Erst 1895 konnte Helium im Labor nachgewiesen werden. Das auf der Erde seltene Edelgas Helium ist auf der Sonne das zweithäufigste Element. Der englische Chemiker William Ramsay (1852–1916) konnte 1895 Helium auf der Erde nachweisen.

Mit der Spektralanalyse konnten auch die drei Atmosphäreschichten der Sonne machgewiesen werden, die Photosphäre mit den Sonnenflecken, die Chromosphäre (Ca H und K, H_α) und die Korona (Coronium).

23 Pilgrim 1950. Spronsen 1969.
24 Vgl. Wolfschmidt (ed.): Cultural Heritage of Astronomical Observatories, 2009, S. 43–59. James (1986), S. 17–30.

Abbildung 11.7:
Entdeckung des Heliums (1868) – Joseph Norman Lockyer (1836–1920) und Pierre
Jules César Janssen (1824–1907)

Giovanni Battisti Donati beobachtete 1864 erstmals ein Spektrum eines Kometen. Es fielen drei helle breitere Linien (Banden) auf. Daraus schloß man 1866 auf die gasförmige Struktur der Kometen (Angelo Secchi, Huggins). Die gelbe, grüne und blaue Emission konnte man bald – durch Vergleich mit dem Laborversuch – dem Kohlenstoff zuordnen.

Die erste Beobachtung eines Nova-Spektrums gelang 1866 bei der Nova Coronae Borealis im Sternbild Nördliche Krone. William Huggins beschrieb die Überlagerung zweier Spektren: Helle Emissionslinien über einem Sternspektrum mit dunklen Linien. Er erklärte dies durch eine große Explosion im Stern, wobei große Mengen Gas gebildet wurden, die als Hülle um den Stern zu sehen sind. Damit war die alte Vorstellung von einer Nova als neuer Stern widerlegt. Um die Jahrhundertwende bemerkte man eine Ausdehnung dieser Hülle. Die Expansionsgeschwindigkeit ließ sich aufgrund des „Dopplereffekts" aus den Linienverschiebungen messen.[25]

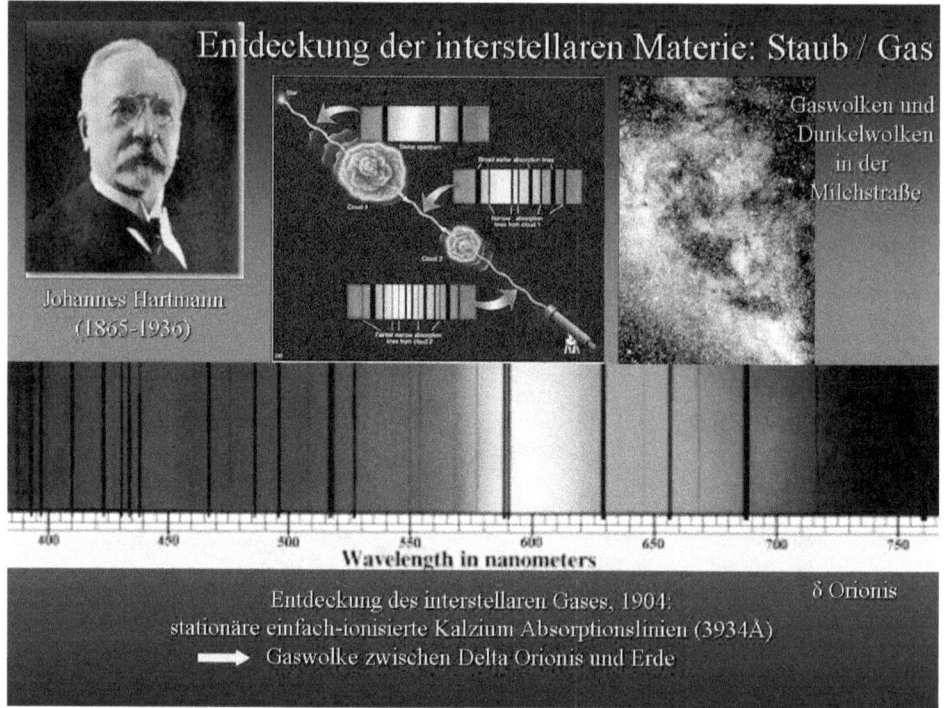

Abbildung 11.8:
Johannes Hartmann (1904): Entdeckung der interstellaren Materie

Die Stärke und Breite der dunklen Linien im Spektrum geben uns nicht nur Auskunft über die chemische Zusammensetzung der Sternatmosphäre, sondern auch z.B. über Druck und Dichte in der Atmosphäre oder über die Rotation von Sternen. Zum Beispiel zeigt der ausgedehnte, wenig dichte Überriese HR 1040 scharfe Wasserstofflinien. Beim kleinen, dichten Zwergstern Theta Virginis sind dagegen die Wasserstofflinien stark verbreitert. Spektrallinien können durch Druck verbreitert werden: In einem dichten Gas stoßen die Teilchen häufig zusammen; dadurch werden die Energieniveaus „verschmiert".

---

25 Doppler 1841. Wolfschmidt 2005.

1904 entdeckte Johannes Hartmann (1865–1936) am Astrophysikalischen Observatorium Potsdam im Sternspektrum des spektroskopischen Doppelsterns δ Orionis „ruhende Linien" des einfach ionisierten Kalziums. Diese fielen dadurch auf, daß sie an der periodischen Verschiebung aufgrund des Dopplereffekts nicht teilnahmen. Hartmann schloß aus den scharfen, unverschobenen Kalzium-Linien auf eine Gaswolke zwischen δ Orionis und Erde; dies war der erste Hinweis auf die Existenz interstellaren Gases.

1929 stellte man fest, daß die interstellaren Absorptionslinien an der galaktischen Rotation teilnehmen (das Verhältnis der Stärke der H- zur K-Linie des Kalziums ist abhängig von der Verbreiterung, wenn man die galaktische Rotaion als Hauptursache der Verbreiterung ansieht.

William Huggins (1824–1910) untersuchte 1864 das Spektrum des Planetarischen Nebels im Sternbild Drachen. Statt eines Sternspektrums mit dunklen Linien zeigten sich nur drei helle, bläulich-grüne Linien. Das Emissionsspektrum des Nebels deutete auf leuchtende Gasmassen hin. Daher konnten nicht alle Nebel Sternsysteme sein. Rätselhaft blieb eine grünliche Linie im Spektrum – das „Nebulium". Erst 1927 konnte man sie dem ionisierten Sauerstoff zuordnen.

Julius Scheiner (1858–1913) erhielt 1899 ein Spektrum des Andromedanebels mit siebeneinhalb Stunden Belichtungszeit. Aufgrund dieses reinen Fixsternspektrums erkannte Scheiner den Andromedanebel als ein Sternsystem außerhalb unserer Milchstraße.

Edwin Powell Hubble (1889–1953) bestimmte 1929 die Entfernung von 25 Galaxien. Zur Aufnahme der Spektren diente der 2,5 m Hooker-Spiegel von Mt. Wilson. Aufgrund des Dopplereffekts ergibt sich aus der Rotverschiebung die Radialgeschwindigkeit. So kann aus der Rot- (bzw. Blau-) Verschiebung kann die Geschwindigkeit ermittelt werden. Durchmesser und Helligkeit der Galaxien sind ein Maß für die Entfernung. Als Ergebnis erhielt Hubble:[26] Je größer die Rotverschiebung in einem Galaxienspektrum, desto größer ist die Geschwindigkeit der Galaxie von uns weg und um so weiter ist sie von uns entfernt. Diesen Zusammenhang zwischen Entfernung und Radialgeschwindigkeit von Galaxien veröffentlichte Hubble 1929. Daraus schloß er auf eine Expansion des Weltalls. Der Raum, in dem die Sternsysteme eingebettet sind, dehnt sich aus.

---

26 Wolfschmidt 1995.

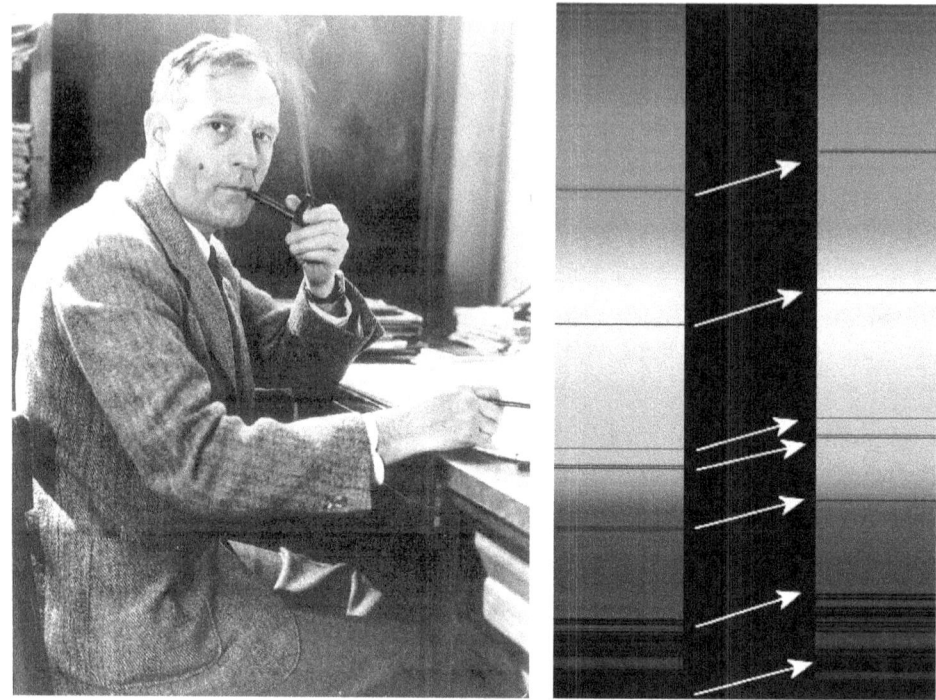

Abbildung 11.9:
Links: Edwin Powell Hubble (1889–1953);
Rechts: Rotverschiebung der Spektrallinien
eines weit entfernten Galaxienhaufens im Vergleich zur Sonne (links)
Wikipedia

11.8 Spektralanalyse und Weltbild

Betrachten wir die Entwicklung seit der Antike: nach der Physik des Aristoteles (384–322 v. Chr.) sind die Gesetze der Bewegung verschieden im sublunaren Raum, in der Sphäre unterhalb des Mondes, und in der supralunaren oder himmlischen Sphäre (Kreisbahnen). Auch die Chemie war unterschiedlich: Es gab vier Elemente in der sublunaren Sphäre, die Körper in der himmlischen Sphäre dagegen bestanden aus Äther (quinta essentia), dem fünften Element.

Nach der Physik von Isaac Newton folgen der fallende Apfel und der Umlauf des Mondes um die Erde dem gleichen Gesetz, nämlich der Gravitation. Also gelten die physikalischen Gesetze auch im Kosmos, in der himmlischen Sphäre.

Noch 1847 glaubte der Berlin Physiker Heinrich Wilhelm Dove (1803–1879): *„Was die Sterne sind, wissen wir nicht und werden wir nie wissen."* Aber nur 12 Jahre später konnten Kirchhoff und Bunsen die Himmelskörper analysieren, die Sonne, die Sterne, die Kometen und Nebel. So zeigte die Spektralanalyse (1859), daß auch die Chemie die gleiche ist, daß Erde und Weltall aus den gleichen chemischen Elementen aufgebaut ist.

Wir haben also auf der Erde und im Kosmos sowohl die gleiche Physik, als auch die gleiche Chemie. 1892 wurde die Bedeutung der Spectralanalyse sogar mit der Entdeckung Amerikas und mit dem Umbruch im Weltbild, die die Einführung des Fernrohrs verursacht hatte, verglichen:

> *„Was vor vierhundert Jahren der alten Welt Columbus' Entdeckung America's war, das ist in unseren Tagen für die Astronomie Gustav Kirchhoff's Begründung der Spectralanalyse gewesen. Von ihr gilt gleichmässig A. v. Humboldt's Wort: sie vergrösserte mit einem Male die Gesammtmasse der Ideen, welche bis dahin den Besitz der gelehrten Forschung bildeten – noch einmal überraschte die Beobachter die Wirkung, durch welche 250 Jahre vordem die Erfindung des Fernrohrs ihre Vorgänger in tägliches Erstaunen versetzt hatte."*[27]

Die Spectralanalyse von Kirchhoff und Bunsen begründete ein neues Feld der Forschung, die Chemie der Sterne, die Astrophysik. Nicht nur die chemische Zusammensetzung der Himmelskörper läßt sich bestimmen, sondern auch Temperatur, Druck, Rotation oder Magnetfelder; in Zusammenhang mit der Anwendung des Dopplereffekts und des Zeemaneffekts[28] erlaubte die Spectralanalyse neue Erkenntnisse über den Aufbau, den Ursprung und die Entwicklung des Kosmos, unseres Weltbildes – es war eine Revolution in der Wissenschaft. Die Spektroskopie hat ein tiefes Verständnis nicht nur der makroskopischen Welt der Sterne gebracht, sondern auch der mikroskopischen Welt der Atome.

11.9 Literatur

AUWERS, ARTHUR: (Antwort auf die Antrittsrede von H. C. Vogel). In: *Sitzungsberichte der königlich preussischen Akademie der Wissenschaften zu Berlin*, math.-phys. Classe (1892), S. 604–606.

DOPPLER, CHRISTIAN: *Über das farbige Licht der Doppelsterne und einiger anderer Gestirne des Himmels*. Prag: Böhmische Gesellschaft der Wissenschaften 1842.

---

27 Auwers (1892), hier S. 604.
28 Wolfschmidt 1996.

Fraunhofer, Joseph: Bestimmung des Brechungs- und Farbenzerstreuungs-Vermögens verschiedener Glasarten, in Bezug auf die Vervollkommnung achromatischer Fernröhre. In: *Denkschriften der königlichen Akademie der Wissenschaften zu München*, Bd. V für die Jahre 1814 und 1815. München 1817.

Fraunhofer, Joseph: Kurzer Bericht von den Resultaten neuerer Versuche über die Gesetze des Lichtes, und die Theorie derselben. In: *Gilbert's Annalen der Physik* (1) **74** (1823), S. 337–378, vgl. Lommel 1888, S. 74.

Fraunhofer, Joseph von: Ueber die Construction eines grossen so eben vollendeten Refractors. In: *Sitzungsberichte der Akademie der Wissenschaften zu München* (1824), S. 80–81.

Herschel, Wilhelm: Experiments on the solar, and on the terrestrial rays that occasion heat; with a comparative view of the laws to which light and heat, or rather the rays which occasion them, are subject, in order to determine whether they are the same, or different. In: *Philosophical Transactions of the Royal Society* 90 (1800), S. 437–438.

James, Frank A. J. L.: The extension of terrestrial chemistry in the mid-nineteenth century: Spectrochemical analysis and the composition of the solar system. In: *Proceedings of the Royal Institution* **58** (1986), S. 17–30.

Kangro, Hans (Hg.): *Gustav Robert Kirchhoff – Untersuchungen über das Sonnenspectrum und die Spectren der Elemente und weitere ergänzende Arbeiten aus den Jahren 1859–1862*. Mit Nachwort: Kirchhoff und die spektralanalytische Forschung. Osnabrück: Otto Zeller Verlag (Millaria XVII) 1972.

Kirchhoff, Gustav Robert: Über das Verhältniß zwischen dem Emissionsvermögen und dem Absorptionsvermögen der Körper für Wärme und Licht. In: *Annalen der Physik* (2) **185** (1860), S. 275–301.

Kirchhoff, Gustav Robert und Robert Wilhelm Bunsen: Untersuchungen über das Sonnenspectrum und die Spectren der chemischen Elemente. 1. Teil und 2. Teil. In: *Abhandlungen der Akademie der Wissenschaften zu Berlin* (1862), S. 63–95 und (1863), S. 227–240.

Kirchhoff, Gustav Robert: Zur Geschichte der Spectral-Analyse und der Analyse der Sonnenatmosphäre. In: *Annalen der Physik* (2) **194** (1863), S. 94–111.

Lommel, E. (Hg.): *Fraunhofers Gesammelte Schriften*. München (*Denkschriften der Bayerischen Akademie der Wissenschiften zu München*, math.-phys. Classe) 1888.

Newton, Isaac: New Theory about Lights and Colours. In: *Philosophical Transactions of the Royal Society* **6** (1672), S. 3075–3087.

Newton, Isaac: *Opticks or a Treatise of the Reflections, Refractions, Inflections and Colours of Light*. London 1704 (4. Auflage, 1730). (Reprint Dover Books 1952) New York 1979.

Pilgrim, E.: *Entdeckung der Elemente mit Biographien ihrer Entdecker*. Stuttgart: Mundus 1950.

RIEKHER, ROLF: Fraunhofer und der Beginn der Astrospektroskopie. In: *Sitzungsberichte der Leibniz-Sozietät der Wissenschaften zu Berlin* **103** (2009), S. 95–113.

RITTER, JOHANN WILHELM: [Auszüge aus Briefen an den Herausgeber L.W. Gilbert] In: *Annalen der Physik und Chemie* (1) **7** (1801), S. 527.

SPRONSEN, J. W. VAN: *The Periodic System of Chemical Elements. A History of the First Hundred Years.* Amsterdam/London/New York: Elsevier 1969.

WITTIG, JOACHIM: Joseph Fraunhofer – Begründer des wissenschaftlichen Fernrohrbaus. In: *Feingerätetechnik* **36** (1987), S. 129–131.

WOLF, MAX: Zusammenfassende Vorträge über die neuere Entwicklung der Spektralanalyse. In: *Zeitschrift für Elektrochemie* **18** (1912), S. 457–512.

WOLLASTON, FRANCIS: Neue Methode, die brechenden und zerstreuenden Kräfte der Körper vermittelst prismatischer Reflexion zu erforschen. In: *Annalen der Physik* (1) **31** (1809), S. 235–251, S. 398–416.

WOLFSCHMIDT, GUDRUN: *Milchstraße, Nebel, Galaxien – Strukturen im Kosmos von Herschel bis Hubble.* München: Deutsches Museum (Abhandlungen und Berichte, Neue Folge, Band 11), München: Oldenbourg-Verlag 1995.

WOLFSCHMIDT, GUDRUN: Die Anwendung des Zeemaneffekts in der Astronomie. In: HOFFMANN, DIETER.; BEVILAQUA, FABIO AND ROGER H. STUEWER (ed.): *The Emergence of Modern Physics. Proceedings of a Conference Commemorating a Century of Physics.* Berlin 22–24 March 1995. Pavia: Università degli Studi di Pavia 1996, S. 179–197.

WOLFSCHMIDT, GUDRUN: Christian Doppler (1803–1853) and the impact of the Doppler effect in astronomy. In: WOLFSCHMIDT, GUDRUN AND MARTIN ŠOLC (ed.): *Astronomy in and around Prague.* „Acta Universitatis Carolinae – Mathematica et Physica"', Vol. 46, Supplementum (2005), S. 199–211.

WOLFSCHMIDT, GUDRUN: The impact of spectralanalysis for opening new fields of sciences. In: *Proceedings of the 3rd International Conference of the European Society for the History of Science (ESHS), Vienna, September 10–12, 2008: „Styles of Thinking in Science and Technology".* Hosted by The Austrian Academy of Sciences in Cooperation with the Austrian Federal Ministry of Science and Research. Edited by Hermann Hunger, Felicitas Seebacher, Gerhard Holzer 2009, S. 287–295.

WOLFSCHMIDT, GUDRUN (ed.): *Cultural Heritage of Astronomical Observatories – From Classical Astronomy to Modern Astrophysics.* Proceedings of International ICOMOS Symposium in Hamburg, October 14–17, 2008. Berlin: hendrik Bäßler-Verlag (International Council on Monuments and Sites, Monuments and Sites XVIII) 2009.

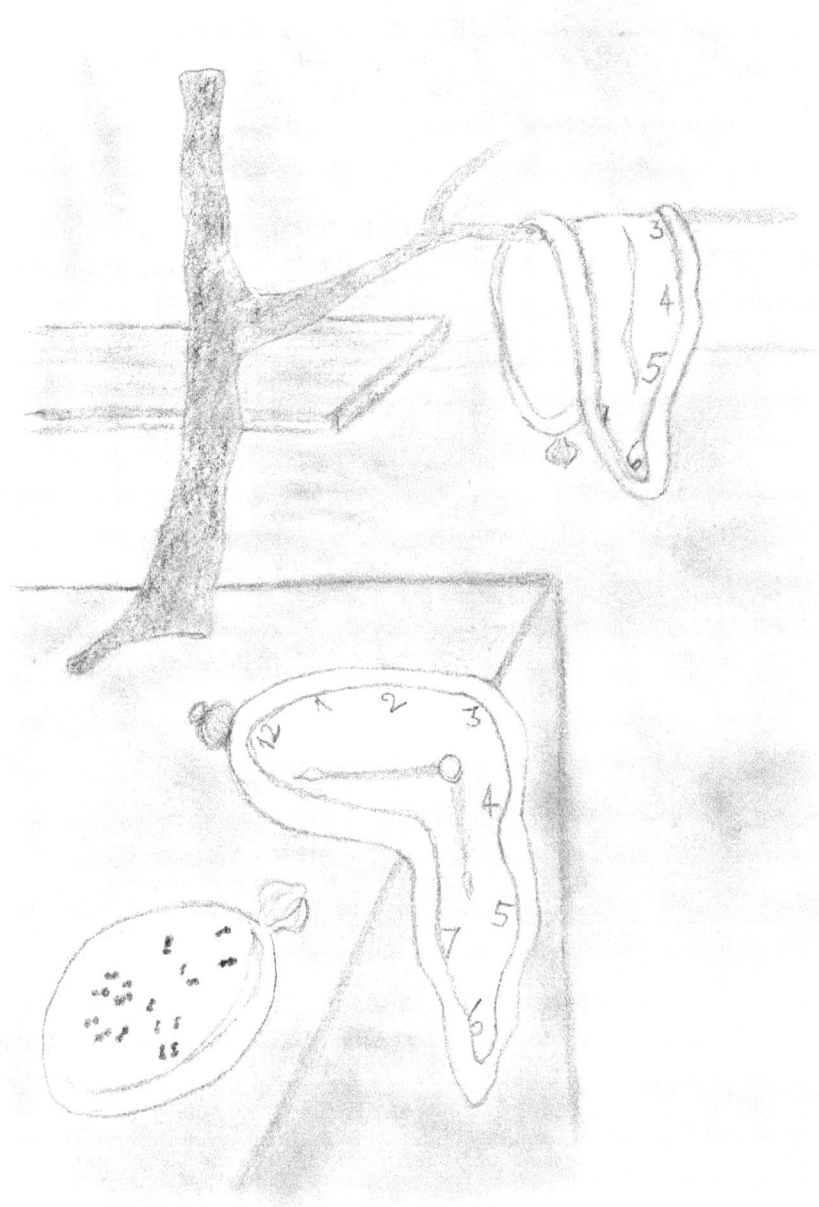

Abbildung 12.1:
Interpretation der „weichen Uhren" von Dalí
Zeichnung: Susanne M. Hoffmann

Kosmologie im 20. Jahrhundert

Susanne M. Hoffmann (Hildesheim)

12.1 Einleitung

Die superatomare Physik wird um die Jahrhundertwende in den Bereich der klassischen Mechanik nach Newton und der klassischen Elektrodynamik nach Maxwell eingeteilt. Folglich gibt es zwei Grundkräfte: Die elektromagnetische oder Coulomb-Kraft beschreibt nicht nur makroskopisch Magnete und eletrische Phänomene, sondern auch Licht und andere elektromagnetische Strahlung. Die Gravitationskraft beschreibt die Massenanziehung und beschreibt mithin die geamte Himmelsmechanik. Sie ist die allerschwächste Kraft und wirkt vor allem auf großen Skalen, wenn die Wirkung der Coulombkraft schon längst vernachlässigbar ist.

Im ersten Quartal des 20. Jahrhunderts vollzog sich in der Kosmologie als der Wissenschaft vom Weltganzen ein bahnbrechender Kuhnscher Paradigmenwechsel [Kuhn, 1962] in mehreren Schritten:

- Mit der Entdeckung neuer Methoden zur Entfernungsbestimmung (Henrietta S. Leavitt, 1912) von Himmelskörpern schossen die Skalen im Kosmos gewaltig in die Höhe: Entfernungsmessungen konnten nun um fünf Größenordnungen, also bis in einen Abstand von 10 Millionen Lichtjahren vorgenommen werden.

- Die Relativität der Gleichzeitigkeit, d. h. die Tatsache, dass Messwerte von Raum- und Zeit-Abschnitten nicht absolut sind, revolutioniert unser Verständnis aller Messprozesse und mithin die Fundamente der modernen Physik. (Albert Einstein, 1905) Das klassische Äquivalenzprinzip besagt, dass alle Koordinatensysteme (egal, ob zueinander bewegt oder sogar beschleunigt) äquivalent, also gleichberechtigt, seien. Die Spezielle Relativitätstheorie lehrt aber, dass jeder Messwert einer Strecke oder Zeitdauer von der Wahl des Bezugssystems von Messgerät und zu messendem abhängt. Die Lorentztransformationen für Längen- und Zeitabschnitte beschreiben, wie die Messwerte aus verschiedenen Beszugssystemen in einander umrechenbar sind.

- Licht wird als Welle in Portionen quantisiert: $E_{Ph} = h\nu$ Der Jahrhunderte alte Streit, ob Licht Teilchen der Energie E_{Ph} *oder* Welle ν sei, wird durch Substitution des *oder* mit einem logisches *und* in der Frage annulliert. (Max Planck, 1900, Albert Einstein 1905)

- Licht und Materie wurden gleichgesetzt, d. h. sie wurden mathematisch miteinander verknüpft: $E = mc^2$. Daraus liest man ab, dass sie auch physikalisch identifizierbar sind. (Albert Einstein, 1905)

- Schwere und träge Masse werden gleichgesetzt und mithin der Einfluss der Schwerkraft auf Energie (z. B. Licht) belegt. (Albert Einstein, 1911) Außerdem leitet diese Herleitung den Paradigmenwechsel bei der Auffassung über Gravitation ein, denn durch die strenge Proportionalität der schweren und trägen Masse sind die „Krümmung des Raums" und das „Gravitationsfeld" wesensgleich.

- Die Allgemeine Relativitätstheorie löst sowohl für die Gravitation als auch für die Elektrodynamik den klassischen (Newtonschen)[1] Kraftbegriff von Wirkpfeilchen endgültig auf. (Albert Einstein, 1915) Man stellt sich fortan nicht mehr ein Kraftfeld vor, dessen Feldlinien wie organische Strukturen ausgehend von einer Quelle durch einen (absoluten) Raum rankeln (Michael Faradays Bild im Rahmen der romantischen Naturphilosophie). Seitdem der Begriff des absoluten Raums bereits durch Ernst Mach ad acta gelegt wurde, erarbeitete Albert Einstein ein Gleichungssystem zur geometrischen Beschreibung der Gravitation als Eigenschaft *des Raumes*. Schwerkraft entsteht demnach aus der Wechselwirkung des Raums mit Massen und ist nicht mehr eine Eigenschaft der Masse selbst (Newton).

Das Fundament der Physik bilden später im 20. Jahrhundert sogar *vier* Grundkräfte: Zu den oben genannten gesellen sich noch zwei Kernkräfte. Die starke Kraft hält die Quarks im Innersten der Materie zusammen, die schwache Kraft hält die Atomkerne in sich stabil. Sie ergänzen die beiden klassischen Kräfte und beschreiben den Bereich des Allerkleinsten. Am Ende des 20. Jahrhunderts werden diese beiden Kernkräfte mit der Coulomb-Kraft kombiniert und nur die Gravitation wartet noch auf eine Vereinigung mit den anderen zur Great Unified Theory (GUT).

---

1 Zitat und Erläuterungen hierzu im Detail: [Steinle, 1991, S. 34]

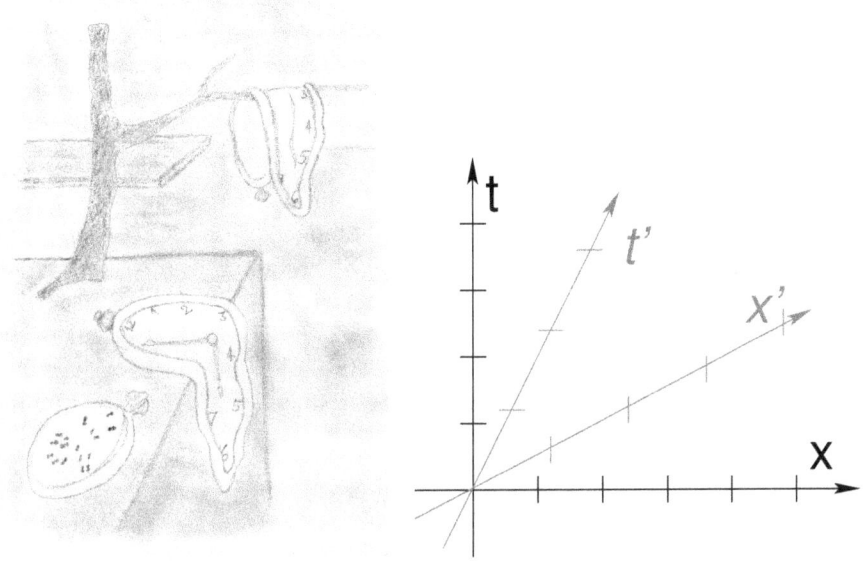

Abbildung 12.2:
Verformungen von Raum und Zeit

Verformungen von Raum und Zeit stellen die Messprinzipien der Physik in Frage,
bleiben aber via Lorentztransformation ineinander umrechenbar.
Links eine künstlerische Interpretation, rechts ein ruhendes Koordinatensystem
(schwarz) und seine lorentztransformierte Abbildung ins Ruhsystem bei hoher Geschwindigkeit (rot).

Zeichnung: Susanne M. Hoffmann

12.2 Cosmologia Nova

Die neuartige Beschreibung des Raums in der ART und das neue Verständnis von Messprozessen durch die SRT stellen alle Fragen über das Weltganze
erneut, die die Menschheit seit Jahrtausenden interessierten. Natürlich ergeben sich auch instantan Lösungen für alte Probleme – und das war es, was
der Theorie zu überraschend schnellem Erfolg führte.[2] So konnte Einsteins

---

[2] Typischerweise brauchten Paradigmenwechsel von derartiger Schlagkraft in zahlreichen historischen Fällen sehr lange, mitunter mehrere Generationen, um allgemeine Anerkennung
zu finden. Einsteins Theorien schafften es binnen weniger Jahre in die Öffentlichkeit. Insbesondere die ART wurde sogar im Juni 1915 *zuerst* der breiten Berliner Öffentlichkeit bei

Relativitätstheorie z. B. vor allem deshalb so schnell anerkannt werden, weil es sich um eine Revolution des Weltbilds handelte, bei der das alte Weltbild nicht „falsch" wurde. Die alte „britische" Physik, d. h. die Newtonsche Mechanik und die Maxwellsche Elektrodynamik, können als Spezialfälle der neuen Physik Einsteins betrachtet werden.

Ein klassisches astronomisches Paradoxon der alten Kosmologie wird nach dem Bremer Astronomen Olbers benannt: Warum ist der Nachthimmel eigentlich dunkel? Da sich in einem unendlichen, homogenen und statischen Universum in jeder Richtung auf kurz oder lang ein Stern befindet, müsste doch jeder Punkt am Himmel mit der Helligkeit eines Sterns (der Sonne) leuchten. Mithin ist es unerklärlich, dass wir die tags unsere eigene Sonne hell sehen und der Rest des Himmels so dunkel ist, dass wir Nächte erleben. Anders gesagt: Dass dem so ist, lässt darauf schließen, dass etwas in unseren Ausgangsbedingungen falsch sein muss: Vermutlich ist die Prämisse falsch, dass das Weltall statisch sei. An der Homogenität sollten wir erst einmal nicht zweifeln und ob es unendlich ist, ist hier unerheblich, weil das Paradoxon auch dann eintritt, wenn das statische Weltall endlich und sehr groß ist.

Ein weiteres klassisches Paradoxon ist die Unvereinbarkeit des Newtonschen Kraftgesetzes mit dem kosmologischen Prinzip, dass das Universum im Großen homogen sei: Formalisiert liefert das Newtonsche Gesetz für die Kraft auf eine infinitisimale Masse m

$$m\ddot{r} = -\nabla\Phi = -\nabla 4\pi G \int_{R^3} dr^3 \frac{\varrho(r)}{|r_0 - r|}$$

ein divergierendes Intergral. Bei unendlicher homogener Massenverteilung (Dichte ϱ) konvergiert also die Kraft nicht absolut. Man kann also statt eines homogenen Universums nur isolierte Teilchenwolken in einem sonst leeren Raum beschreiben, die entweder kontrahieren oder expandieren. Niemals jedoch wären sie statisch.

Das Olbers-Paradoxon lebt auch mit der ART weiter, denn auch Einsteins erster kosmologischer Ansatz [Einstein, 1917] war ein *statisches* Universum mit konstanter Krümmung, die nur gelegentlich durch Massen lokal gestört wird. Die Gravitationsgleichungen der ART [Einstein, 1915, Abschnitt C., hier S. 1024] verknüpfen den Krümmungsradius R des Raumes im Gravitations„feld" mit der Massendichte ϱ, die den Raum krümmt:

$$R = \sqrt{\frac{c^2}{4\pi G\varrho}} \tag{12.1}$$

einem Vortrag in der Archenhold-Sternwarte präsentiert, noch bevor im November 1915 der wissenschaftliche Artikel erschien, der als Erstveröffentlichung gilt.

Dieses Universum wäre geschlossen, endlich und hätte demnach auch endlich viele Lichtquellen... diese jedoch hätten in Folge der Lichtablenkung und -verstärkung per Gravitationslinseneffekt unendlich viele Bilder und unser Nachthimmel müsste heller denn je sein.

Die Lösung des Olbers-Paradoxons ist ein Universum, das sich historisch verändert, also nicht statisch ist. Eine alternative Lösung der Einsteinschen Feldgleichungen fand Alexander A. Friedmann zu Beginn der 1920er Jahre. Sein Universum expandiert.

In einem expandierenden Universum, in dem sich also der Raum selbst ausdehnt und nicht eine Substruktur (wie ein Luftballon) in den umgebenden Raum hinein ausgedehnt wird, ist eine Verlängerung der Wellenlänge und die folglich gleichzeitige Vergrößerung der Periodendauer (bzw. Verringerung der Frequenz) eine notwendige Folge der Expansion. Zeichnet man für das konstant gekrümmte expandierende Universum ein Raum-Zeit-Diagramm nach Minkowski, sieht man leicht ein, dass das nur stückweise möglich ist. Der Raum in expansionsfesten Koordinaten war früher kleiner als heute. Eine Strecke heute, die wir bei bestimmten Koordinaten festhalten, war also früher kürzer, d. h. die x-Achse des Minkowski-Diagramms platzt auf; es entstehen Definitionslücken. Das entstehende Diagramm zeigt also den Raum stückweise, expandierend, wobei die Kante jedes Stücks sich mit einer Geschwindigkeit kleiner als c bewegt.

Bewegungen mit Lichtgeschwindigkeit c werden in diesem Diagramm als Winkelhalbierende der x- und der t-Achse dargestellt. Daher ist die Weltlinie eines Photons in diesem Diagramm nicht stetig, sondern pro Raumstück definiert (stückweise stetig). Bei jedem Sprung über eine Definitionslücke von einem Raumstück aufs nächste, wächst der Abstand der Parallelen. Wählen wir nun unsere Intervalle infinitisimal klein, erhalten wir einen kontinuierlich wachsenden Abstand zweier Punkte auf einer Lichtwelle (z. B. eines Wellenbergs vom benachbarten Wellental), allein durch die Expansion des Universums und ohne das Photon selbst dabei zu verstehen.

Thermodynamisch betrachtet könnte man analog argumentieren, dass das Photon mit der Energie $E = h\nu$ gegen die Expansion Arbeit verrichten muss und dabei Energie verliert, wodurch seine Frequenz ν sinkt bzw. seine Wellenlänge $\lambda = c/\nu$ steigt.

Diese Ausdehnung der Wellenlängen des Lichts, die *kosmologische Rotverschiebung* fand Edwin Hubble 1929 durch Galaxienbeobachtungen. [Hubble, 1929] Er leitete aus der Beobachtung auch den Zusammenhang $v = dr/dt = H\,r$ ab,

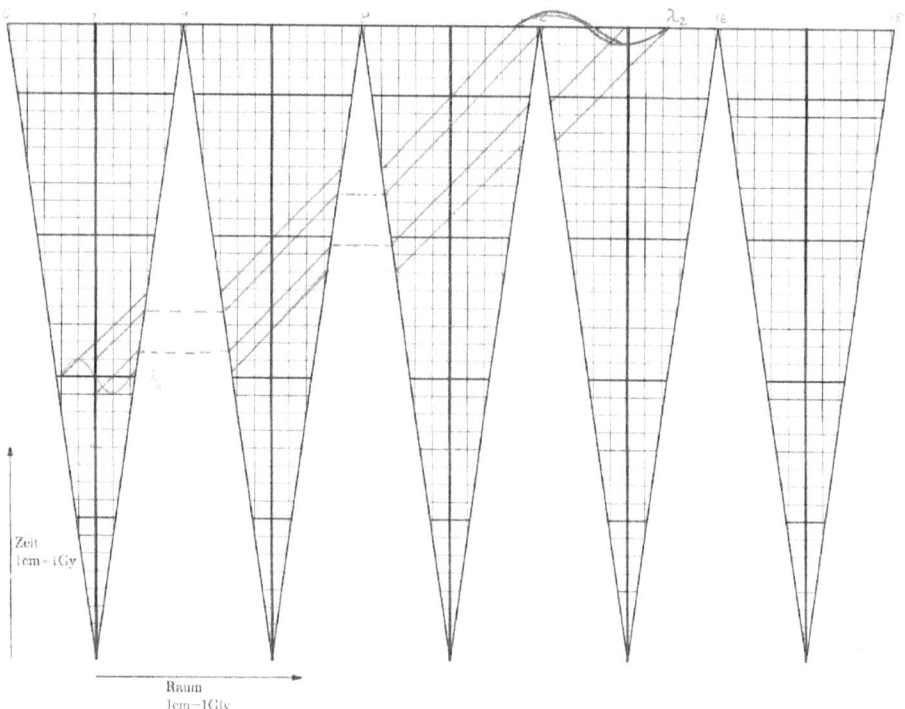

Abbildung 12.3:
In diesem Diagramm ist nach oben die Zeit, nach rechts der Raum aufgetragen.

Die Oberkante ist die räumliche Ausdehnung des Universums heute. Verfolgen wir die Zeit zurück, so war das Universum kleiner. Wir dürfen aber die entsprechenden Raumsegmente in diesem Koordinatensystem nicht so drehen, dass sie zusammenpassen, da sie sonst eine zeitartige Komponente bekämen. Es war früher also weniger Raum (Parallelen zur Waagerechten) vorhanden, d. h. in der x-Achse von oben gibt es für alle früheren Zeitpunkte Definitionslücken. (Idee: Corvin Zahn) Eine Welle mit $\lambda_1 = 4$ Kästchen, die zu einem früheren Zeitpunkt gestartet wurde und sich mit Lichtgeschwindigkeit ausbreitet, hat in unserem heutigen Universum eine größere Wellenlänge λ_2.

Zeichnung Susanne M. Hoffmann: Die eingemalte Welle ist hier natürlich nicht lediglich symbolisch zu verstehen, um den Wellenzug zu markieren – man darf sie eigentlich nichts ins Diagramm einmalen, denn das hier gemalte Gebilde ist eine Raum-Zeit-Linie.) Ebenso kann man verstehen, dass wegen $c = \lambda \nu = \lambda/T = $ konst. die Periodendauer T, also der zeitliche Abstand zwischen zwei Wellenbergen gedehnt ist. Beide Effekte ergeben sich also direkt dadurch, dass sich die Welle in einem expandierenden Universum ausbreitet.

wobei die Hubble-Konstante H die Expansionsrate des Universums genannt wird. Ihr Kehrwert liefert uns ein Maß für das Alter des Universums.[3]

Die Bestimmung der Hubble-Konstanten ist ein messtechnisches Problem, das sich durchs gesammte 20. Jahrhundert zog und erst Anfang des 21. Jahrhunderts zufriedenstellend gelöst wurde.[4] Doch bis heute ist das Alter des Universums zu gering für die Herausbildung und Entwicklung der Galaxien und großräumigen Strukturen nach unseren heutigen Modellen zu deren Verständnis. Daraus ergab sich bereits frühzeitig das Postulat einer wechselwirkungsschwachen Materieform, der *Dunklen Materie*, die sich ausschließlich durch gravitative Wirkung zu erkennen gebe. Wir versuchen sie heute durch Gravitationslinsen-Astronomie aufzuspüren.

12.2.1 Löcher in Raum und Zeit

Bereits zwei Monate nach Einsteins Erstveröffentlichungen der Feldgleichungen der Gravitation im November 1915 publizierte der Potsdamer Sternwartendirektor Karl Schwarzschild eine erste exakte Lösung. Was bereits im Januar 1916 in den Sitzungsberichten der Preußischen Akademie der Wissenschaften erschien [Schwarzschild, 1916], war die Lösung der Gleichungen der Raumkrümmung für einen Massepunkt. Diese erste exakte Lösung, die Schwarzschild zum reinen Selbstzweck hinschrieb, also „weil es schön ist, eine exakte Lösung zu haben", ist in seiner physikalischen Deutung das erste Exemplar von exotischen Phänomenen, die man im 20. Jahrhundert fand.

Heute nennen wir dieses Gebilde ein „Schwarzes Loch". Getriggert durch die mediale Revolution faszinierte es im gesamten 20. Jahrhundert die Öffentlichkeit in Wissenschaft und Science Fiction. Es unterscheidet sich von den Schwarzen Löchern der Antike und der frühen Neuzeit dadurch, dass es keine substantielle Struktur hat, sondern zunächst hauptsächlich durch Eigenschaften des Raums charakterisiert wird: Es krümmt den Raum und verzerrt seine Struktur.

Das Schwarze Loch nach Schwarzschild ist also quasi eine Anomalie des Raums, der hier besonders stark gekrümmt ist. Betrachtet man das Gravitationspotential um diesen Punkt, also ein Energie-über-Abstand-Diagramm, so kann man bereits klassisch einen Punkt errechnen, bei dem die Energie zur

---

3 Man kann hiermit nur die Größenordnung abschätzen, da es sich um eine idealisierte und stark vereinfachte Betrachtung handelt.

4 Die ersten Werte, durch Hubble selbst bestimmt, führten z. B. zu einem Alter des Universums, das kleiner war als das Alter mancher Strukturen in ihm. Kugelsternhaufen z. B. können aber erst nach der Entstehung des Universums entstanden sein und so musste die Messmethodik über Jahrzehnte verbessert werden.

 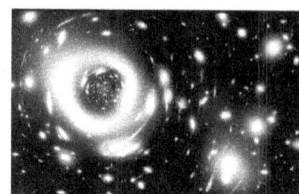 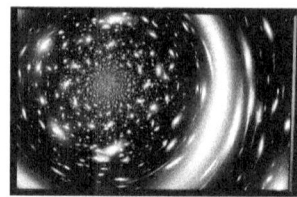

Abbildung 12.4:
Galaxienhaufen als Gravitationslinse

Die Abbildung links zeigt ein Foto von einem linsenden Galaxienhaufen (gelb), der einige blaue und und orangefarbene Galaxien verdeckt. Wir sehen sie als Zerrbilder links und rechts von dem gelben Haufen. Dieses Bild findet sich im Hubble-Katalog, ist also ein echtes Astrofoto. Wir setzten nun ein eigenes, simuliertes Schwarzschild-Loch vor dieses Bild. Das Loch selbst ist nicht erkennbar, da es sich um einen Punkt handelt. Allerdings krümmt es den Raum zwischen uns und dem gelben Cluster, so dass zahlreiche Abbilder von diesem zu sehen sind. Was in geeigneter Position (genau in Sichtlinie für uns hinter dem simulierten Punkt-Loch) angeordnet ist, wird als Ring abgebildet – der so genannte Einstein-Ring. Vergrößern wir die Masse unseres Massepunktes (rechts), sehen wir noch mehr Abbilder.

Simulation: Corvin Zahn, `http://www.tempolimit-lichtgeschwindigkeit.de`

Überwindung des Potentials bereits größer ist als die kinetische Energie von Licht. Licht kann also ab dieser Entfernung aus der Umgebung des Massepunktes nicht mehr entweichen und mithin kann auch nichts anderes mehr von dort entweichen. Weil Licht nicht entweichen kann, heißt das Gebilde „schwarz" und weil überhaupt alle Materie und Energie zwar hinein, aber nicht wieder heraus gelangen kann, trägt es den Namen „Loch". In Wahrheit ist der beschriebene Abstand von unserem gedachten Massepunkt allerdings eher ein „Horizont". Mathematisch formuliert, ist der Ereignishorizont der Limes des Einflussbereichs bzw. die Konvergenz des Zukunftslichtkegels im Minkowski-Diagramm. Insofern ist das Loch ein „Loch in unserem Wissen", da wir keine Kunde über das Gebilde innerhalb des Horizontes erlangen können.

In der Stellarphysik wurden seit den grundlegenden Beobachtungen von Hertzsprung und Russell Entwicklungsmodelle für Sterne gefunden. Sternlebensläufe skizzieren sich als Jahrmillionen oder Jahrmilliarden andauernder Kollaps einer Gaswolke, die in bereits in einer frühen Phase eine eine Kugelsymmetrie ausbildet. Der Kollaps dieses Gasballs wird durch die Gravitation getrieben und durch wechselnde Gegenkräfte über lange Zeitabschnitte aufgehalten. (Vgl. [Kippenhahn, Weigert, 1990]) Sterne befinden sich im thermody-

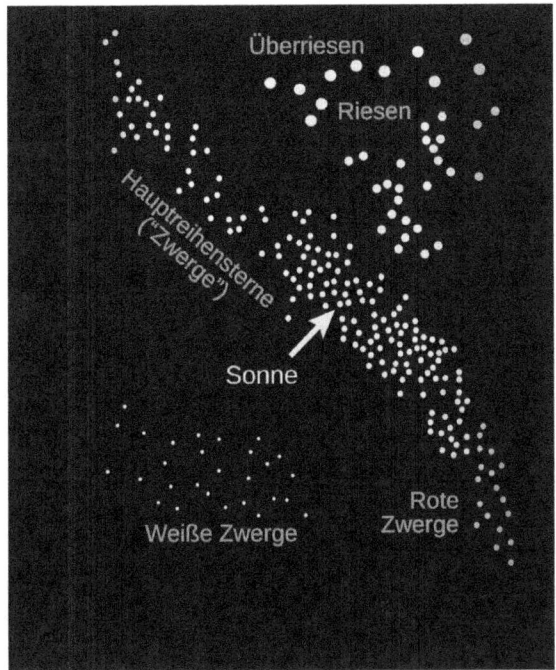

Abbildung 12.5:
Hertzsprung-Russell-Diagramm (HRD),
1913 entwickelt von Henry Norris Russell
auf der Grundlage der Forschungen von Ejnar Hertzsprung
(Wikipedia)

namischen Gleichgewicht und ihr innerer Gasdruck, der Strahlungsdruck als
Produkt ihrer zentralen Kernfusion und nach deren Erlöschen der Fermidruck
entarteter Gase halten der Gravitation die Waage. Einsichtig ist nach diesem
Modell aber auch, dass für massereiche Sterne die Entartung der Materie im
Sternkern am Ende des Sternlebens wächst und die Massendichte dieses Kerns
den Raum nach Gl. 12.1 stark krümmt. Die starke lokale Krümmung führt
zur Herausbildung eines lokalen Ereignishorizonts, also eines Limes des Einflussbereichs bzw. des Zukunftslichtkegels im Minkowski-Diagramm. Das Gra-
vitationspotenzial, also das Energie-über-Raumabstand-Diagramm weist an der
Stelle des Ereignishorizontes eine Unstetigkeit auf, eine so genannte Singulari-

tät.[5] Diese Betrachtungen führen uns zu einer speziellen Sorte von „Schwarzen Löchern", den stellaren Schwarzen Löchern.

Diese Schwarzen Löcher werden nun mit den ganz konkreten physikalischen Eigenschaften wie Masse und Radius (des Ereignishorizontes) beschrieben, haben darüber hinaus aber vielleicht auch einen Drehimpuls oder sogar ein Magnetfeld. Nach ihrem ersten Beschreiber werden sie auch Kerr-Löcher genannt. Sie machen sich durch ihre Wechselwirkungen mit ihnen benachbarten Himmelskörpern und mit dem umgebenden Raum bemerkbar, d. h. sie sind faktisch (indirekt) beobachtbar und nicht nur bloße abstrakte Gebilde der theoretischen Physik (Vgl. [Müller, 2010]).

Wie wir ein Schwarzes Loch sehen würden, wenn wir auf es zu flögen und ab und zu innehaltend das Universum betrachten, beschreibt [Kraus, 2005]. Bei dieser Reise zum Schwarzen Loch stellt sie auch fest, dass aufgrund der Aberration dieselbe Reise anders gesehen würde, wenn man nicht inne hält, sondern sich im freien Fall auf das Schwarze Loch zu bewegt.

Wurmlöcher   Infolge der Überlegungen zu der lokalen extremen Raumkrümmung durch Schwarze Löcher kann man sich leicht vorstellen, dass sie in Kombination mit einer globalen positiven Krümmung des Universums zu Schnittpunkten der Gravitationspotenziale verschiedener entlegener Raumbereiche führen könnte. Dadurch würden sich Potenzialbrücken (Einstein-Rosen-Brücken) ausbilden und es ergibt sich die Frage nach deren praktischer Existenz und Beobachtbarkeit. John A. Wheeler belegte dieses Phänomen mit dem einprägsameren Namen „Wurmloch" – angeblich, weil er sich einen Apfel[6] vorstellte, durch den eine Made krabbelt (vgl. [Misner, Thorne, Wheeler]).

Tatsächlich konstruiert und durchgerechnet wurde dieses Phänomen allerdings erstmalig, als der populäre Wissenschaftler Carl Sagan für seinen Roman „Contact" eine physikalisch halbwegs sinnvolle Schnellautobahn zum Stern Wega suchte.[7] Dabei stellte sich heraus, dass zur Konstruktion von Wurmlöchern leider negative Massen benötigt werden, die man bisher nicht fand. Ihre Existenz vorausgesetzt könnte man allerdings Wurmlöcher exakt berechnen. Negative Massen würden allerdings eine negative Gravitation implizieren, also eine

---

5 Singularitäten sind mathematisch Stellen, an denen ein Graph nicht definiert ist. Physikalisch heißt das, dass charakteristische Kenngrößen (wie Massendichte, potentielle Energie, Radius, Raumkrümmung usw.) an dieser Stelle entweder Null werden oder (bei Division durch Null) ins Unendliche laufen. In jedem Fall entzieht sich das Phänomen der Beschreibung durch unsere Physik.

6 Die Geschichte der Physik ist eine Geschichte von Äpfeln.

7 Die Protagonistin reist innerhalb von wenigen Minuten zur Wega und zurück. Die Wega ist allerdings ca. 25 Lichtjahre entfernt und Reisen mit Überlichtgeschwindigkeit wollte Sagan nicht zulassen.

 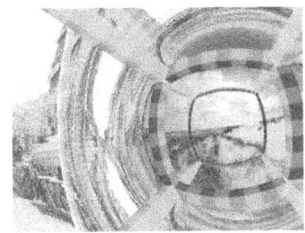 

Abbildung 12.6:
Simulation eines Wurmlochs

In dieser Bildsequenz wurde ein Wurmloch simuliert, das einen Universitätscampus in Deutschland mit einem Strand in der Nordfrankreich verbindet. Zu sehen ist hier quasi ein „Loch" im Bild des Uni-Gebäudes, das wie eine Türschwelle zum Strand wirkt. Zur besseren Kennzeichnung der kuriosen Geometrie wurde um diese runde Schwelle ein gelber Würfel mit grünen Raumdiagonalen konstruiert. Sie treffen sich in der Mitte des Würfels nicht, weil dort das Wurmloch unsere Raumzeit an die französische anschließt. Unmittelbar an diesem Übergang, also dem „Schlund" des Wurmlochs wurde als „Türrahmen" ein roter Würfel konstruiert. Dass er verbogen erscheint, ist lediglich eine Folge des Lichtweges längs der Geodäten im gekrümmten Wurmlochraum. Auch die rote Struktur ist ein ganz normaler Würfel mit rechtwinkligen Ecken; wir sehen es, wenn wir näher heran fliegen. (Mitte) Hier erkennen wir auch, dass die grünen Raumdiagonalen tatsächlich senkrecht auf allen drei Würfelflächen stehen, auf die sie treffen. Nach Passage des Schlunds sind wir instantan an dem Strand und sehen das Wurmloch diesseits durch einen blauen Würfel eingefasst, der wiederum grüne Raumdiagonalen hat.
Simulation: Corvin Zahn, http://www.tempolimit-lichtgeschwindigkeit.de

auseinandertreibende „Antigravitation". Für manche kosmologischen Erscheinungen, wie z. B. die Expansion des Universums, wäre ein solches treibendes Potenzial durchaus nützlich. Da man sie allerdings bisher nicht fand, nennt man sie „Dunkle Energie".

12.2.2 Neue Horizonte

Unabhängig der Beschränkung unseres Gesichtsfeldes durch Schwarze Löcher und von der bezweifelbaren Existenz von Wurmlöchern als kosmische Kurzstrecken auf der Basis von negativer Masse hat man im 20. Jahrhundert zahlreiche neue Fenster ins All aufgestoßen. Zunächst entwickelten sich die Teleskope rasant in bis dato ungeahnte Abmessungen, denn man erfand neue technische Verfahren für die Verspiegelung riesiger Glasrohlinge. Außerdem hielten

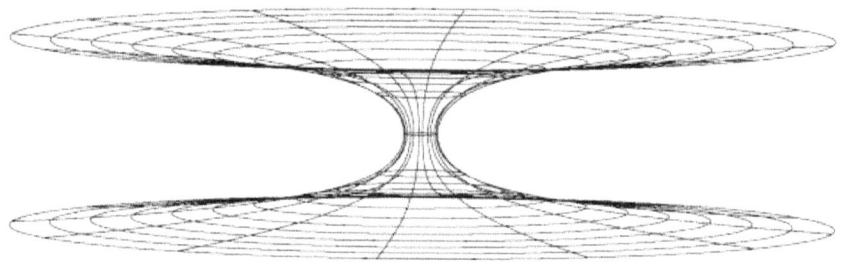

Abbildung 12.7:
Einbettung eines Wurmlochs

In der Einbettungsfläche des Wurmlochs würden sich die Würfel aus obigem
Szenario als Ringe abbilden: der mittlere rote Würfel ist der Ring in der
Mitte des Schlunds, der blaue und der gelbe Würfel befinden sich als Ringe
symmetrisch oben und unten.
Simulation: Corvin Zahn, http://www.tempolimit-lichtgeschwindigkeit.de

bereits um die Jahrhundertwende photographische Verfahren Einzug in astronomische Messprozesse: Die Platten hatten ihre recht einseitige Blauempfind-
lichkeit [Wolfschmidt, 2005] abgelegt und so wuchsen die Messgenauigkeiten in
Photometrie und Spektroskopie.

Ab den 1930er Jahren traten zu den visuellen Beobachtungen der Astronomie auch Radiobeobachtungen. Allerdings transmittiert die Erdatmosphäre
das elektromagnetische Spektrum lediglich in diesen zwei Fenstern, so dass
weitere Wellenlängen erst in der zweiten Hälfte des Jahrhunderts durch die
Entwicklungen der Raumfahrt erschlossen werden konnten: Beobachtungen im
UV-, IR-, Röntgen- und Gammabereich erfordern Satellitenteleskope außerhalb
der Erdatmosphäre. Sie gaben jedoch Aufschluss über hoch- und besonders
niederenergetische Vorgänge im All und bestätigten mithin die Theorien der
Stellarphysik zur Sternentwicklung und der Kosmologie über Galaxien und
großräumige Strukturen. Allein durch irdische, jedoch zu Zeiten des Kalten
Krieges besonders wachsame Beobachtungen fanden Penzias und Wilson 1969
am niederenergetischen spektralen Rand eine omnipräsente, gleichmäßige Hin-
tergrundstrahlung, die wir als „Echo des Urknalls" interpretieren.

Einsteins Theorie der Lichtablenkung durch Schwerefelder wurde unmittelbar nach ihrem Nachweis am Sonnenrand zunächst als bedeutungslos ver-

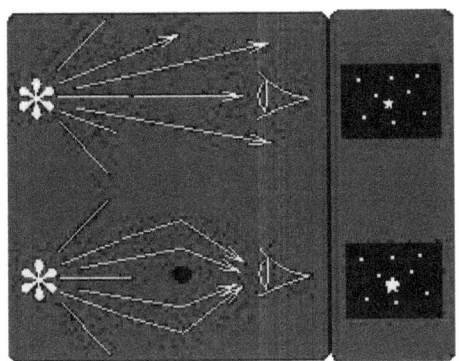 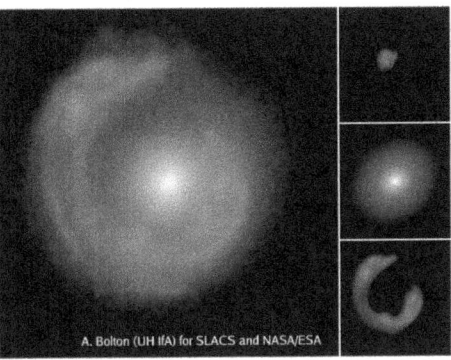

Abbildung 12.8:
Ablenkung des Lichts eines Hintergrundsterns
an einer beliebigen Masse zwischen ihm und dem Beobachter.

Daneben ist die Beobachtung dargestellt: Der Stern wird kurzzeitig heller, weil einige Lichtstrahlen zu uns hin gebogen werden, die wir andernfalls nicht sehen würden. Das Bild ganz rechts ist aus dem Hubble-Katalog (SDSS); es zeigt eine linsende gelbe Galaxie. Eine blaue Galaxie in ihrem Hintergrund wird verzerrt abgebildet.
Links: Zeichnung Susanne M. Hoffmann, rechts: ©NASA

kannt. Erst in den 1930er Jahren verwies der weitsichtige Astrophysiker Fritz Zwicky in Reaktion auf einen kurzen Artikel Einsteins auf astronomische Beobachtungschancen der vorhergesagten Doppelbilder, für den Fall, dass man nicht Sterne, sondern Galaxien betrachte (Vgl. [Schneider, Ehlers, Falco, 1992], [Renn, 2006]). Erst 1979 wurde die erste solche Gravitationslinse beobachtet. Seither jedoch blüht die Gravitationslinsenastronomie dergestalt, dass sie zahlreiche Anwendungsmöglichkeiten fand: Man kann die Masse der Linsen bestimmen, die Entfernungen von Linse und Quelle oder die Hubble-Konstante H_0 vermessen. Jedenfalls kann man mit diesen Beobachtungen auch *per se* dunkle Objekte finden – seien es Planeten um andere Sterne oder deren Monde, die nicht selbst leuchten, Massive Kompakte Halo-Objekte der Milchstraße (MACHOs) oder Exoten wie Schwarze Löcher. Durch die Lichtverstärkung beim Gravitationslinseneffekt ist es auch möglich, entfernte Objekte zu sehen, die ohne linsende Masse zu schwach wären.

Eine weitere seltsame Eigenschaft von Einsteins Gravitation gegenüber der Newtonschen ist, dass sie Wellen schlägt. (Vgl. [Schutz, 2003]) Analog zu den elektromagnetischen Wellen, die durch bewegte elektrische Ladungen oder Magnetfelder entstehen, erzeugen Massen in Einsteins Gravitationsfeld periodische Änderungen der Raumkrümmung. Angeregt werden diese Schwingungen z. B. durch Massen, die umeinander kreisen (Doppelpulsare) oder durch heftige stellare Veränderungen wie Supernovae. Die Radioastronomen Hulse und Taylor wiesen die Gravitationswellen durch Beobachtung des engen Doppelpulsars PSR 1913+16 ab 1974 nach. Das enge Paar rotiert sehr schnell und verliert dabei Energie, die man sich durch Gravitationswellen abgeführt denkt (Nobelpreis 1992). Auf der Grundlage dieser Argumentation versteht man auch, dass im Grunde jedes rotierende Massenpaar eine Gravitationswelle erzeugen müsste, d. h. auch jedes Menschenpaar bei Walzer – allerdings liegen diese Wellen unterhalb der Detektionsgrenze, nachdem es sogar schon bei jenem engen Neutronensternpaar so mühsam war.

Könnte man jedoch die Gravitationswellen endlich direkt messen, zeigte sich das Universum abermals in neuem „Lichte", denn nachdem der Raum ein sehr starres Medium ist, müssen Raumwellen von sehr großer Energie sein. Mithin ist der Kosmos für sie weitestgehend transparent. Mit Gravitationswellendetektoren könnte man daher durch dichte Staubwolken und ins Innere der Milchstraße, in Quasare und andere helle Galaxien schauen. Wir würden Kunde von Objekten erhalten, die unserer direkten Sicht durch elektromagnetische Strahlung verborgen bleiben.

12.3 Was ist also die Quintessenz von 100 Jahren?

Die Antwort auf die überschreibende Frage ist im Grunde eine komplett neue Physik. Waren am Anfang des 20. Jahrhunderts die Nebelflecken am Himmel sogar noch hinsichtlich ihrer Lage innerhalb oder außerhalb der Milchstraße umstritten, so gab es am Endes des Jahrhunderts zahlreiche verschiedene Typen von Galaxien in verschiedenster räumlicher und zeitlicher Entfernung. Die Grenze des sichtbaren Universums wurde mithin um ca. zehn Größenordnungen verschoben und durch einen Mikrowellenhintergrund „markiert". Der absolute Raum wurde abgeschafft und stattdessen Raum und Zeit zu Vierervektoren zusammengedacht. So ist der Ursprung des Raumes auch gleichzeitig der Anfang der Zeit. Der Raum wird durch Massen gekrümmt und die Krümmung bestimmt die Bewegung der Massen – man könnte also sagen, der Raum wird nun als „Medium", d. h. als Überträger der Gravitation aufgefasst.

Konsens bestand am Ende des 20. Jahrhunderts im Großen und Ganzen darin, dass das Universum sich augenblicklich ausdehnt und daher früher kleiner gewesen sein muss, vielleicht sogar ein Punkt (mathematisch). Die Urknall-Theorie für den Ursprung des Universums ist mithin trotz einiger Unsicherheiten und mancher Alternativtheorien allgemein anerkannt.

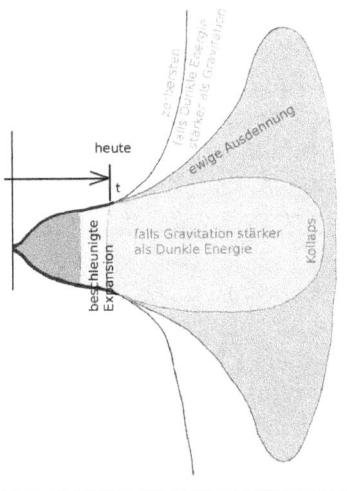

Abbildung 12.9:
Drei mögliche Szenarien der Entwicklung des Universums:

Abhängig davon, ob die Kosmologische Konstante $\Lambda = 0$ ist oder nicht, ergeben sich verschiedene Entwicklungsszenarien: der „Big Crunch", falls die Gravitation sie überwiegt oder eine immer während beschleunigte Expansion, falls Λ stärker ist als die Gravitation.

Zeichnung Susanne M. Hoffmann

Für die zukünftige Entwicklung des Universums kursieren drei mögliche Szenarien: Entweder es dehnt sich *ad infinitum* aus oder die Expansion stoppt irgendwann. Im zweiten Fall könnte es dann wieder in sich zusammenfallen bis zum Ursprungszustand und von dort aus neu starten. Zur Entscheidung dieser Frage wurde die Gesamtmasse im Universum gesucht, da deren Gravitation als ausschlaggebende Größe für einen eventuellen Kollaps betrachtet wurde. Dies führte zu einer steten Verfeinerung der Beobachtungs- und Messtechnik in der Astro- und Elementarteilchenphysik.

Gegen Ende des Jahrhunderts liebäugeln die Physik des Allerkleinsten und die Physik des Allergrößten mit einer engeren Liaison, da sich zeigt, dass die Kosmologie ohne die detaillierte Kunde des Elementarteilchen-Zoos nicht mehr auskommt. Die wechselwirkungsschwachen Neutrinos werden als nicht vernachlässigbarer Beitrag zur Dunklen Materie verdächtigt und da sie kaum wechselwirken stehen sie als schnellste und erste Botschafter von verborgenen Vorgängen in Staubwolken und Sternzentren hoch im Kurs.

Auch die klassischen Beobachtungsmethoden und -instrumente wurden nicht nur verfeinert, sondern erschlossen auch ganz neue Beobachtungsfenster: durch Satellitenteleskope über der Erdatmosphäre ohne Luftunruhe und in Wellenlängen, die bodengebunden nicht empfangen werden können. Natürliche Teleskope wie Gravitationslinsen und photometrische Messungen naher Sterne geben Aufschluss über ganz neue Klassen von Objekten in unserem Sonnensystem und bis an die Grenzen des Universums.

Danke! Ich danke Dierck-Ekkehard Liebscher, von dem ich nicht nur den Walzer und dessen Physik gelernt habe, sondern auch die Kosmologie zum Ende des 20. Jahrhunderts [Liebscher, 1994]. Ich danke ihm vor allem auch für seine väterliche Art und Unterstützung bei meiner ehrenamtlichen Arbeit mit dem Ziel, junge Leute für die Astronomie und andere Wissenschaften zu begeistern. Danke den Berliner Sternfreunden der Wilhelm-Foerster-Sternwarte, die seit Jahrzehnten jeden Mittwoch einen öffentlichen Abendvortrag veranstalten, bei dem man zuverlässig über den Gang der Forschung informiert wird. Außerdem danke ich Corvin Zahn und Ute Kraus für den Anlass zur Wiederaufnahme des Themas und Gudrun Wolfschmidt für die Veranlassung zu diesem Artikel.

12.4 Bibliography

[Einstein, 1905] EINSTEIN, ALBERT: Über die Elektrodynamik bewegter Körper. In: *Annalen der Physik* **17** (1905). Zitiert nach: HAWKING, STEPHEN: *Klassiker der Physik*. Hamburg: Hoffmann und Campe 2004, S. 966–991.

[Einstein, 1911] EINSTEIN, ALBERT: Über den Einfluss der Schwerkraft auf die Ausbreitung des Lichts. In: *Annalen der Physik* **35** (1911). Zitiert nach: HAWKING, STEPHEN: *Klassiker der Physik*. Hamburg: Hoffmann und Campe 2004, S. 991–999.

[Einstein, 1915] EINSTEIN, ALBERT: Erklärung der Perihelbewegung des Merkur aus der allgemeinen Relativitätstheorie. In: *Sitzungsberichte der Könglich-Preußischen Akademie der Wissenschaften* (1911), S. 831–839.

[Einstein, 1916] EINSTEIN, ALBERT: Die Grundlage der Allgemeinen Relativitätstheorie. In: *Annalen der Physik* **49** (1916). Zitiert nach: HAWKING, STEPHEN: *Klassiker der Physik*. Hamburg: Hoffmann und Campe 2004, S. 999–1044.

[Einstein, 1917] EINSTEIN, ALBERT: Kosmologische Betrachtungen zur Allgemeinen Relativitätstheorie. In: *Sitzungsberichte der Preußischen Akademie der Wissenschaften* (1917), 142–152. Zitiert nach: STEPHEN HAWKING: *Klassiker der Physik*. Hamburg: Hoffmann und Campe 2004, S. 1045–1060.

[Friedmann, 1922] FRIEDMANN, ALEXANDER A.: Über die Krümmung des Raums. In: *Zeitschrift für Physik* **10** (1922), Number 1, S. 377–386.

[Friedmann, 1924] Friedmann, Alexander A.: Über die Möglichkeit einer Welt mit negativer Krümmung des Raums. In: *Zeitschrift für Physik* **21** (1924), Number 1, S. 326–332.

[Hoyng] Hoyng, Peter: *Relativistic Astrophysics and Cosmology.* Berlin, Heidelberg, Dordrecht: Springer 2006.

[Hubble, 1929] Hubble, Edwin: A relation between distance and radial velocity among extragalactic nebulae. In: *Proceedings of the National Academy of Sciences* (PNAS) **15** (1929), S. 168–173.

[Kippenhahn, Weigert, 1990] Kippenhahn, R.; Weigert, A.: *Stellar Structure and Evolution.* Berlin: Springer-Verlag 1990.

[Kraus, 2005] Kraus, Ute: Reiseziel Schwarzes Loch – Visualisierungen zur Allgemeinen Relativitätstheorie. In: *Sterne und Weltraum* **44** (2005), S. 40–47, siehe auch: http://www.tempolimit-lichtgeschwindigkeit.de.

[Kuhn, 1962] Kuhn, Thomas: *The structure of scientific revolutions.* Chicago: The University of Chicago Press 1962.

[Liebscher, 1994] Liebscher, Dierck-Ekkehard: *Kosmologie.* Heidelberg: Johann Ambrosius Barth Verlag 1994.

[Müller, 2010] Müller, Andreas: *Schwarze Löcher.* Heidelberg: Spektrum Akademischer Verlag 2010.

[Misner, Thorne, Wheeler] Misner, Charles W.; Thorne, Kip S. und John Archibald Wheeler: *Gravitation.* San Francisco: W. H. Freeman & Company (1. Auflage) 1973.

[Renn, 2006] Renn, Jürgen: *Albert Einstein – Ingenieur des Universums.* Berlin: Wiley VCH 2006.

[Schneider, Ehlers, Falco, 1992] Schneider, Peter; Ehlers, Jürgen und Emilio E. Falco: *Gravitational Lenses.* Berlin, Heidelberg, New York: Springer (Astronomy and Astrophysics Library) 1992.

[Schutz, 2003] Schutz, Bernard: *Gravity – From the ground up.* Cambridge: Cambridge University Press 2003.

[Schwarzschild, 1916] Schwarzschild, Karl: *Über das Gravitationsfeld eines Massenpunktes nach der Einstein'schen Theorie.* Vorgelegt am 13. Januar 1916. In: *Sitzungsberichte der Könglich-Preußischen Akademie der Wissenschaften* (1916), S. 189–196.

[Steinle, 1991] Steinle, Friedrich: *Newtons Entwurf „Über die Gravitation …".* Stuttgart: Franz Steiner Verlag 1991.

[Wolfschmidt, 2005] Wolfschmidt, Gudrun: Josef Petzval (1807–1891) and the Early Development of Astrophotography. In: Wolfschmidt, Gudrun und Martin Šolc (Hg.): Astronomy in and around Prague. *Acta Universitatis Carolinae – Mathematica et Physica* **46**, Supplementum, Praha (2005), S. 213–231.

[Zahn, 2008] Zahn, Corvin: http://www.tempolimit-lichtgeschwindigkeit.de, 2008.

CONSTITVTIO COELI AD

MONENTVM INTROITVS SOLIS IN PRINCI-
PIVM ARIETIS, IVXTA CAL-
CVLVM

GENEROSI ET MAGNIFICI VIRI Dn. TYCHO-
NIS BRAHE DANI ASTRONOMI
Magni.

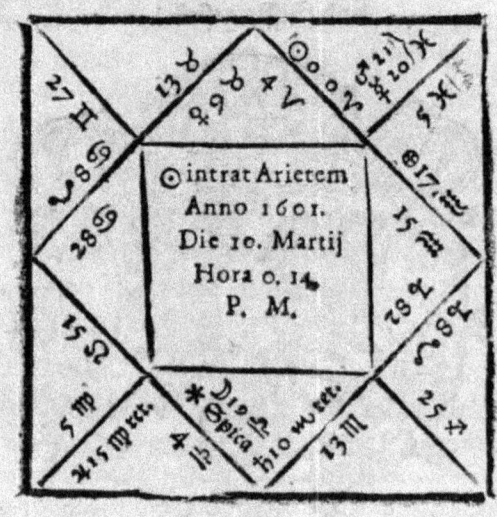

Abbildung 13.1:
Simon Marius Prognosticum (1601)

Simon Marius – Werke und Literatur

Pierre Leich und Gudrun Wolfschmidt

13.1 Werke von Simon Marius

Prognosticon astrologicum erschien für die Jahre 1601 bis 1629.

> Titel der ersten Ausgabe: *Prognosticon astrologicum, das ist: Außführliche und eygentliche Beschreibung deß Gewitters, Krieg, Kranckheit, und andern Natürlichen zufällen, genommen auß dem Lauff, unnd Stand der Planeten Fixstern, Finsternussen, etc. Auff das Jar nach unsers Herrn unnd Seligmachers Geburt, M.DCI. Allen frommen Christen zur nachrichtung treulich und fleissig gestellet.* Nürnberg: Johann Lauer [o.J.]. (siehe Abb. 14.2, S. 406).

> seit 1602: *Prognosticon astrologicum. Das ist: Außführliche Beschreibung deß Gewitters, sampt andern Natürlichen zufällen, auff das Jar nach vnsers Herrn vnd Seligmachers Geburt, [Jahr]. Zu glückseligem newen Jahr dedicirt. Denen Durchleuchtigen, Hochgebornen Fürsten vnd Herrn.* [es folgt die Widmung je nach Regentschaft], o.O., o.J., Drucker war Abraham Wagenman, verlegt bei Johann Lauer.

Tabvlae Directionvm Novae. Universae penè Europae inservientes in quibus.

> *I. Verissimus antiquorum Astrologorum ispisusque Ptolemaei duodecim coeli domicilia distribuendi modus non tam restitutus, quam de nouo inuentus.*
> *II. Directionis Ptolemaicae vtriusque tam artificiosae quam vulgaris facilior & exactior ratio.*
> *III. Constituendi aspectus vsitata ratio emendata, atque antiquorum (à neotericis huc vsque neglecta, vel potius non intellecta) in lucem reuocata. Omnia ex vno eodemq(ue) fundamento promanantia, Methodo facilima, veriſſima, planeq(ue); naturali traduntur.* Nürnberg: Johann Lauer 1599.

Alter und Newer SchreibCalender / mit dem Stand / Lauff unnd Aspecten / Sonnen / Monds und der andern Planeten und Fixsternen / auch den gemeinen Astrologischen Erwehlungen / Auff das Jahr ... Calculiret und beschrieben. Nürnberg: Johann Lauer 1601 bis 1629.

Widmung: jeweils an die Markgrafen Christian und Joachim Ernst
(außer 1601, hier Widmung an Maria von Eyb).

*Die Ersten Sechs Bücher Elementorum EVCLIDIS. In welchen die Anfäng und
Grunde der Geometria ordentlich gelehret und gründtlich erwiesen werden . . . .*
Onoltzbach: Paul Böhem 1610.

*Kurtze und eigentliche Beschreibung des Cometen oder Wundersterns / So sich in
disem jetzt lauffenden Jar Christi unsers Heilands / 1596. in dem Monat Julio
/ bey den Füssen des grossen Beerens / im Mitnächtischen Himmel hat sehen
lassen.* Nürnberg: Kauffmann 1596.

*Astronomische vnd Astrologische beschreibung deß Cometen so im November und
December vorigen 1618. Jahrs ist gesehen worden / Genommen vnd Gestelt auß
eygenen Observationibus dabey auch andere sachen kurtz eingemischet werden.*
Nürnberg: Lauer 1619.

*Gründliche Widerlegung der PositionCirckel Claudij Ptolomaei, vornemblichen aber
/ Johannis Regiomontani; mit grosser Muhe vnnd vielem Nachdenken / so wol
auß Ptolomaeo selbsten / als auch allen andern vortrefflichen Astrologen, so von
Ptolomaei Zeiten an / biß auff Regiomontanum gelebet / vnnd von directionibus
Theoricè vnd Practiè geschrieben: zusammengezogen / Durch Simon Mairn /
F. F. B. B. bestellten Mathematicum vnd Medicum.* Frankfurt am Main: Lucas
Jennisius 1625.

*Mundus jovialis Anno M.DC.IX. detectus ope perspicilli belgici. Hoc est, quatuor
jovialium planetarum, cum theoria, tum tabulae, propriis observationibus maxime fundatae, ex quibus situs illarum ad Jovem. ad quodvis tempus datum
promptissime et facilime supputari potest.* Nürnberg: Johann Lauer 1614.

TABVLAE DIRE-
CTIONVM NOVÆ.

Vniverſæ penè Europæ inſervientes
in quibus.

I. Veriſsimus antiquorum Aſtrologorum ipſiusúque Ptolemæi
duodecim cœli domicilia diſtribuendi modus non tam reſti-
tutus, quàm de nouo inuentus.

II. Directionis Ptolemaicæ vtriusúque tam artificioſæ quàm
vulgaris facilior & exactior ratio.

III. Conſtituendi aſpectus vſitata ratio emendata, atque antiquorum (à neotericis huc vſque neglecta, vel potius non in-
tellecta) in lucem reuocata.

Omnia ex vno eodemǵ, fundamento promanantia, Methodo
facilima, veriſsima, planeǵ, naturali traduntur.

Autore

Simone Mario Guntzenhuſano, Stipen-
diario & Alumno Sacrifontano.

MD XCIC.

Abbildung 13.2:
Simon Marius: *Tabulae Directionum* Nürnberg: Christoph Lochner 1599.

13.2 Literatur über Simon Marius

Anonym: Der Prioritätsstreit um die Entdeckung der Jupitertrabanten. [= Rezension von Klug, Josef: Simon Marius aus Gunzenhausen und Galileo Galilei] In: *Beilage zur Allgemeinen Zeitung*, Nr. 23 (28.1.1905). München 1905, S. 180–181.

Bosscha, Johannes: Simon Marius. Réhabilitation d'un astronome calomnié. In: *Archives Néerlandaises des Sciences Exactes et Naturelles*, Serie II, T. XII, La Haye (1907), S. 258–307, 490–528.

Braddy, Geoffre S.: Simon Marius (1570–1624). In: *Journal of the British Astronomical Association* **81** (1970), S. 64–65.

Brüggenthies, Wilhelm: Simon Marius (∗1573 in Gunzenhausen, †1624 in Ansbach). In: *Alt-Gunzenhausen. Beiträge zur Geschichte der Stadt und Umgebung* (2008), Heft 63 , S. 36–44.

Christianson, John Robert: *On Tycho's Island. Tycho Brahe and his Assistants, 1570–1601.* Cambridge, UK: Cambridge University Press 2000, zu Marius S. 319–321.

Clauss, Herman: Zum Lebensbild des Simon Marius. In: *Gunzenhausener Heimat-Bote*, Bd. I (1922), Nr. 5 (Februar), S. 18–19.

Débarbat, Suzanne: Curtis Wilson, The Galilean satellites of Jupiter from Galileo to Cassini Rømer and Bradley. In: Hoskin, Michael A.: *The General History of Astronomy, Vol. 2 (Planetary astronomy from the Renaissance to the rise of astrophysics, Part A: Tycho Brahe to Newton).* Cambridge, UK: Cambridge University Press 1989, S. 144–157.

Delambre, Jean Baptiste Joseph: Histoire de l'astronomie moderne, 2 volumes. Paris: Mme Ve Courcier 1821, Reprint: New York, London: Johnson Reprint Corporation (Sources of Science; 25) 1969, Vol. **I**, S. 634, 693–703.

Drake, Stillman: Was Simon Mayr Galileo's „ancient adversary" in 1607? In: *Isis* **67** (1976), S. 456–459.

Eidam, [Dr.]: Versammlung des „Vereins von Altertumsfreunden" am 4. Nov. 1926. In: *Gunzenhauser Heimat-Bote* Band II (November 1926), Nr. 11, S. 44 (Bericht über den Vortrag „Simon Marius von Gunzenhausen, der fränkische Astronom, sein Leben, sein Werk, seine Zeit" von Dr. Glaser aus Würzburg).

Favaro, Antonio: Galileo Galilei e Simone Mayr. In: *Bibliotheca Mathematica*, 3rd ser., **2**, Leipzig 1901, S. 220–223.

Favaro, Antonio: Galileo and Marius. In: *The Observatory. A review of astronomy* **27** (1904), London 1904, S. 199–200.

Favaro, Antonio: „A proposito di Simone Mayr." In: *Atti e Memorie della R. Accademia di scienze, lettere ed arti in Padova* n. s. **34** (1917–1918), S. 17–19.

Favaro, Antonio: Galileo Galilei e lo studio di Padova, 2 vols. In: *Contributi alla Storia dell'Università di Padova*, nos. 3–4 (Padua 1966 [repr. of 1883 ed.]), I, [137] S. 184, 192, 234, 340–347.

FAVARO, ANTONIO: Galileo Galilei a Padova: ricerche e scoperte, insegnamento, scolari. In: *Contributi alla Storia dell'Università di Padova*, Vol. V. Padua: Antenore 1968.

FOLKERTS, MENSO: Marius (Mayr), Simon. In: *Neue Deutsche Biographie* (NDB) **16** (1990), S. 217–218. Onlinefassung: `http://www.deutsche-biographie.de/artikelNDB_pnd11885979X.html`

GAAB, HANS; KÖNIG, WERNER UND PIERRE LEICH: Simon Marius. In: GAAB, HANS; GÖRZ, GÜNTHER; HEBER, ULRICH; HÖLZL, DIETER; HÖLZL, JOHANNES; LEICH, PIERRE; NELKENBRECHER, MARCO UND RALPH PUCHTA: *Astronomie in der Metropolregion Nürnberg – Geschichte, Forschung und Volkssternwarten*. Nürnberg 2009 (Schriftenreihe der Nürnberger Astronomischen Gesellschaft; Band 2), S. 28.

GOERKE, ERNST: Mediceische Sterne kontra Brandenburgisches Gestirn: Das Leben des Simon Marius. In: *Die Sterne* **62** (1986), Heft 4, S. 223–231.

GRANEY, CHRISTOPHER M.: Seeds of a Tychonic Revolution: Telescopic Observations of the Stars by Galileo Galilei and Simon Marius. In: *Physics in Perspective* **12** (2010), Issue 1, Basel 2010, S. 4–24.

GRANEY, CHRISTOPHER M.: *How Marius Was Right and Galileo Was Wrong Even Though Galileo Was Right and Marius Was Wrong*. eprint arXiv:0903.3429, Bd. 03 (2009).

GRIEB, MANFRED: *Nürnberger Künstlerlexikon, Bd. 2*. München: Saur 2007, zu Marius: S. 973.

GÜNTHER, SIEGMUND: Berühmte Gunzenhauser. 1. Simon Mayr von Gunzenhausen. In: *Gunzenhauser Heimat-Bote*, Band I (1922), Nr. 4 (Januar), S. 13–14.

GÜNTHER, SIEGMUND: Mayr. In: *Allgemeine Deutsche Biographie* (ADB) Bd. XXI. Leipzig 1885, Reprint: Berlin 1970, S. 141–146.

HELDEN, ALBERT VAN: Mayr's Mundus Iovialis in German. In: *Journal for the History of Astronomy* **21**, Part 4 (1990), S. 371–372.

HOGG, EVELYN G.: The Moons of Jupiter – Marius and Galileo. In: *Journal of the Royal Astronomical Society of Canada* **25** (1931), S. 6–9.

HUMBERD, PIERRE: Le baptême de satellites de Jupiter. In: *Revue des questions scientifiques* **117** (1940), S. 171–179.

JOEVEER, MIHKEL: Mayr, Simon. In: *The Biographical Encyclopedia of Astronomers*. Hg. v. Thomas Hockey. Berlin, Heidelberg, New York: Springer 2007, S. 755–756.

JOHNSON, J. H.: The Discovery of the First Four Satellites of Jupiter. In: *The Journal of the British Astronomical Association* **41** (1930–31), S. 164–171.

KELLER, HANS-ULRICH: Simon Marius – der vergessene Astronom. In: *Kosmos Himmelsjahr 2009*. Stuttgart 2008, S. 168–172.

KLUG, JOSEF: Simon Marius aus Gunzenhausen und Galileo Galilei. Ein Versuch zur Entscheidung der Frage über den wahren Entdecker der Jupitertrabanten und ihrer Perioden. In: *Abhandlungen der Bayerischen Akademie der Wissenschaften, math.-phys. Klasse,* **22** (1904), II. Abt. München 1904, S. 385–526.

Kress, Georg Freiherr von: Abstammung und Nachkommenschaft des Astronomen Simon Marius (1573–1624) aus Gunzenhausen. In: *Heimatblätter für Ansbach und Umgebung* (1927), Nr. 2, S. 6.

Liesenfeld, Cornelia: *Die Astronomie Galileis und ihre Aktualität heute und morgen.* Münster: lit-Verlag 2003, zu Marius besonders S. 50–70.

Ludendorff, Hans: Widerspruch gegen Wohlwills Thesen. In: *Deutsche Literaturzeitung,* Bd. 47 (1926), Berlin 1926, Sp. 1214–1218.

Lukas, Rainer: Simon Marius, Mundus Iovialis: Die Welt des Jupiter. In: *Sterne und Weltraum* **29** (1990), Nr. 1 (Januar), S. 60–61.

Lynn, William Thynne: Galilée et Marius. In: *The Observatory. A review of astronomy* **26** (1903), London 1903, S. 389–390.

Lynn, William Thynne: Simon Marius and the satellites of Jupiter. In: *Observatory – A review of astronomy* **26** (1903), London 1903, S. 254–256.

Lynn, William Thynne: Galileo and Marius. In: *The Observatory. A review of astronomy* **27** (1904), London 1904, S. 63–64, 200–201.

Lynn, William Thynne: Simon Mayr. In: *The Observatory. A review of astronomy* **32** (1909), London 1909, S. 355–356.

Marazzini, Claudio: I nomi dei satelliti di Giove: da Galileo a Simon Marius. In: *Lettere Italiane* **LVII** (2005), n. 3, S. 391–407.

Marzell, Heinrich: Zur Ehrenrettung des Simon Marius. In: *Gunzenhauser Heimat-Bote* **VI** (1943), Nr. 48, S. 171.

Matthäus, Klaus: Zur Geschichte des Nürnberger Kalenderwesens. Die Entwicklung der in Nürnberg gedruckten Jahreskalender in Buchform. In: *Archiv für Geschichte des Buchwesens* **IX** (1969), Frankfurt am Main 1969, zu Marius: Sp. 1096–1099.

Meyer, Julius: Das Brandenburgische Gestirn. In: Meyer, Julius: *Erinnerungen an die Hohenzollernherrschaft in Franken.* Ansbach 1899, S. 88–97.

Meyer, Julius: Osiander und Marius. In: *Jahresbericht des historischen Vereins für Mittelfranken* **44** (1892), Ansbach 1892, S. 51–71.

Meyer, Julius und Adolf Bayer: Simon Marius. In: *Brügels Onoldia – Heimatkundliche Abhandlungen für Ansbach und Umgebung,* begründet von Julius Meyer, neu bearbeitet ergänzt und vermehrt von Adolf Bayer, II. Heft (Lebensläufe, Bürgermeister, Regierungspräsidenten u.a.), Ansbach: C. Brügel & Sohn 1955, S. 58–60.

Müller, Rolf: Der Astronom Simon Mayr, genannt Marius, aus Gunzenhausen. Hörfunkbeitrag in der Reihe *Bayern für Liebhaber,* Bayerischer Rundfunk München, Ausstrahlung 04.02.1968 (Manuskript 17 S.).

N.N.: Marius, Simon. In: *Deutsche Biographische Enzyklopädie.* Hg. v. Rudolf Vierhaus. München: K.G. Saur (2. Auflage) 2006, Bd. 6, S. 743.

N.N.: Marius, Simon. In: *Große Bayerische Biographische Enzyklopädie*. Hg. v. HANS-MICHAEL KÖRNER. München: K.G. Saur 2005, Bd. 2, S. 1258.

N.N.: Marius [Mayr], Simon (1573–1624). In: *Encyclopedia of Astronomy and Astrophysics*. Hg. v. PAUL MURDIN. Bristol, Philadelphia: Institute of Physics Publishing 2001, Vol. 2, S. 1661.

OERTEL, GEORG CHRISTOPH: *De vita fatisque Simonis Marii mathematici quondam Brandenburgici*. Erlangen 1775.

OUDEMANS, JEAN ABRAHAM CHRÉTIEN UND JOHANNES BOSSCHA: Galilée et Marius. In: *Archives Néerlandaises des Sciences Exactes et Naturelles*, Serie II, T. VIII, La Haye (1903), S. 115–189.

PAGNINI, PIETRO: Galileo and Simon Mayer. Translated by W. P. Henderson. In: *The Journal of the British Astronomical Association* **41** (1930–31), London 1931, S. 415–422.

PERDRIX, JOHN LOUIS: Simon Marius. In: *Journal of the Astronomical Society of Victoria Melbourne* **23** (1970), S. 109–112.

PILZ, KURT: *600 Jahre Astronomie in Nürnberg*. Nürnberg: Hans Carl 1977, zu Marius: S. 265–266.

POGGENDORFF, JOHANN CHRISTIAN: *Biographisch-Literarisches Handwörterbuch zur Geschichte der Exacten Wissenschaften enthaltend Nachweisungen über Lebensverhältnisse und Leistungen von Mathematikern, Astronomen, Physikern, Chemikern, Mineralogen, Geologen usw. aller Völker und Zeiten*, Zweiter Band (M–Z). Leipzig: Johann Ambrosius Barth 1863, S. 54–55.

POGGENDORFF, JOHANN CHRISTIAN: *Biographisch-Literarisches Handwörterbuch der Exacten Naturwissenschaften*, Band VIIa Supplement. Bearbeitet von Rudolph Zaunick. Berlin: Akademie-Verlag 1971, S. 415.

PRICKARD, ARTHUR OCTAVIUS: The 'Mundus Jovialis' of Simon Marius. [Englische Übersetzung von Mundus Jovialis.] In: *The Observatory. A review of astronomy* **39** (1916), S. 367–381, 403–412, 443–452, 498–504.

PRICKARD, ARTHUR OCTAVIUS: Note on „Simon Marius" and „Mundus Jovialis". In: *The Observatory. A review of astronomy* **40** (1917), S. 119–122.

R. [RADAU, J. C. RODOLPHE]: Revue des publications astronomiques. Oudemanns et Bosscha – Galilée et Marius. In: *Bulletin Astronomique*, Serie I, vol. 21 (1904), Paris 1904, S. 119–120.

ROSEN, EDWARD: Mayr (Marius), Simon. In: *Dictionary of Scientific Biography* (DSB), ed. by CHARLES COULSTON GILLISPIE. New York: Charles Scribner's Sons 1974, Bd. IX, S. 247–248.
Electronic Version: *Complete Dictionary of Scientific Biography*.

SCHLECHT, JÜRGEN: Simon Marius – Namenspatron unserer Schule. In: *Jahresbericht des Simon-Marius-Gymnasiums Gunzenhausen 2005/06*. Gunzenhausen 2006, S. 93–100.

SCHOFIELD, CHRISTINE JONES: Simon Marius: a late claim to a completely independent discovery of the systems. In: SCHOFIELD, CHRISTINE JONES: *Tychonic and Semi-Tychonic World Systems.* New York: Arno Press 1981, S. 160–167 and 344–345.

VOCKE, JOHANN AUGUST (Hg.): Marius, oder Mair, Simon. In: *Geburts- und Todten-Almanach Ansbachischer Gelehrten, Schriftsteller, und Künstler oder Anzeige jeden Jahres, Monaths und Tags, an welchem Jeder derselben gebohren wurde, und starb.* Augsburg 1797, Bd. 2, S. 414–416.

WILDER, ALOIS: *Simon Marius – der Namenspatron unserer Schule. 450 Jahre Simon-Marius-Gymnasium Gunzenhausen.* Gunzenhausen 1981, S. 83–87.

WOHLWILL, EMIL: *Der Betrug des Simon Marius von Gunzenhausen.* In: WOHLWILL, EMIL 1926, Band 2, S. 343–426.

WOHLWILL, EMIL: *Galilei und sein Kampf für die Copernicanische Lehre, 2 Bände.* Hamburg, Leipzig: Leopold Voss 1909–1926. Neuauflage: Wiesbaden 1969.

WOLF, RUDOLF: Mittheilungen über die Sonnenflecken VI. In: *Vierteljahrsschrift der naturforschenden Gesellschaft in Zürich* **3** (1858), S. 124–154, zu Marius: S. 43.

WOLF, RUDOLF: *Geschichte der Astronomie.* München: R. Oldenbourg (Geschichte der Wissenschaften in Deutschland: Neuere Zeit; Bd. 16) 1877, S. 318, 360, 393–395, 398, 401–403, 419.

ZINNER, ERNST: Zur Ehrenrettung des Simon Marius. In: *Vierteljahrsschrift der Astronomischen Gesellschaft* **77** (1942), 1. Heft, Leipzig 1942, S. 23–75.

Die Ersten Sechs Bücher
Elementorum

EVCLIDIS,

Zu welchen die Anfäng vnd
Gründe der Geometria ordenlich gelehret/ vnd gründt=
lich erwiesen werden/ Mit sonderm Fleiß vnd Mühe auß Griechischer
in vnsere Hohe deutsche Sprach übergesetzet/ vnd mit verständtlichen Exempeln in
Linien vnd gemeinen Rath/ mal Zahlen / Auch mit Newen
Figuren/ auff das leichteste vnd aigent=
lichest erkläret:

Alles zu sondern Nutz den jenigen/ so sich der Geome=
tria/ im Rechnen/ Kriegßwesen/ Feldtmässen/ Bauen/ vnd
andern Künsten vnnd Handtwerckern zu ge=
brauchen haben:

Berum   Auß Befehl   Veces.

Deß Edlen vnd Gestrengen Herrn/
Hanß Philip Fuchß von Bimbach/ zu Möhrn/
Alten Rechenberg vnd Schwaningen/ Obristen=

Durch
SIMONEM MARIUM Guntzenhusanum Franc.
Fürstlichen Brandenb: bestalten Mathematicum, vnd
Medicinæ Utriusq; Studiosum.

Onoltzbach/
Gedruckt durch Paulum Böhem/ Im
Jahr CHristi/
M D C X.

Abbildung 13.3:
Simon Marius: *Die Ersten Sechs Bücher Elementorum EVCLIDIS ...*
Onoltzbach: Paul Böhm 1610.

13.2.1 Kleinere Artikel in Tageszeitungen über Simon Marius

AHO [HOFMANN, ANDREA]: Die Jupitermonde und der Sternengucker aus Ansbach – Hofastronom Simon Marius erforschte zeitgleich mit Galileo Galilei den Himmel. In: *Fränkische Landeszeitung*, Nr. 205, 5./6.9.2009.

BURKHARDT, LEONHARD: Zu den berühmtesten Gunzenhäusern zählt der Hofastronom der Ansbacher Markgrafen, nämlich Simon Marius. Am 8. Januar 1573 in Gunzenhausen geboren. In: *Altmühl-Bote* Nr. 122 vom 28.5.1971.

CK [KERN, CORINNA]: Simon Marius: Ein Franke, der Galilei in nichts nachstand. In: *WochenZeitung Ansbach*, 6.2.2010.

DALLHAMMER, HERMANN: Ein Mann namens Simon Marius. In: *Fränkische Landeszeitung*, 1.3.1952.

DALLHAMMER, HERMANN: Ein Griff nach den Sternen. In: *Fränkische Landeszeitung*, Nr. 296, 23.12.1989

FRI [FRIEDRICH, KARL]: Soziales Engagement aus „innerster Überzeugung" – Modell für Denkmal von Simon Marius übergeben. In: *Fränkische Landeszeitung*, 15.4.1991.

HD [DALLHAMMER, HERMANN]: Der Entdecker der Jupitermonde. In: *Fränkische Landeszeitung*, 28.1.1989.

HÄNDEL, STEPHANIE: Der fränkische Galilei. Zeitgleich mit Galileo Galilei entdeckte der Gunzenhausener Simon Marius die Jupitermonde. In: *Nürnberger Nachrichten*, Magazin am Wochenende, 10./11. April 2010, S. 3.

JJ [JÜNGER, J.]: Auf Spur des Hofastronomen. In: *Fränkische Landeszeitung*, 31.3.1990.

KE: Jupitermonde vor 350 Jahren entdecktIn: *Fränkische Landeszeitung*, 29.12.1959.

KK [KRAMER, KURT]: Vom Schloßturm aus entdeckte Marius die Jupitermonde. In: *Fränkische Landeszeitung*, 17.8.1967.

KRAMER, KURT: Serenissimus selbst war sein großzügiger Sponsor. In: *Fränkische Landeszeitung*, 12.4.1991.

KRAMER, KURT: Vom Ansbacher Schloßturm entdeckte er die Jupitermonde. In: *Fränkische Landeszeitung*, 11.7.1979.

LUX, WILHELM: Zehn Tage vor Galilei entdeckte Simon Marius die Jupitermonde. In: *Altmühl-Bote*, Nr. 96, 26. April 1969.

LUX, WILHELM: Simon Marius und das erste Fernrohr. In: *Altmühl-Bote*, 24./25./26. Dezember 1974.

LUX, WILHELM: Der Ärger des großen Galilei. In: *Fränkische Landeszeitung*, Kirchweihbeilage im Ansbacher Lokalteil, 11.7.1980.

N.N. [BIERNOTH, ALEXANDER]: Jupiter-Monde beschriftet. In: *Fränkische Landeszeitung*, 31.10./1.11.2009.

N.N. [BIERNOTH, ALEXANDER: Geliebte im Fernrohr. In: *Fränkische Landeszeitung*, Nr. 16, 21.1.2010.

N.N. [Ellinger, Tina]: „Fränkischen Galilei" geehrt. In: *Altmühl-Bote*, 21. November 2009, S. 3.

N.N. [Ellinger, Tina]: „Den Horizont der Menschen erweitern." Ausstellung zum internationalen Jahr der Astronomie in der Sparkasse – Bedeutung von Simon Marius. In: *Altmühl-Bote*, 4. September 2009, S. 3.

N.N. [Friedrich, Karl]: Zum Stadtfest: Denkmal für Simon Marius. In: *Fränkische Landeszeitung*, 7.6.1991.

N.N. [Hausleitner, Lara]: Astronom auch für „Prognostica" zuständig. In: *Fränkische Landeszeitung*, 18.1.2010.

N.N. [König, Werner]: Ein Forscher mit Weitblick. Einblicke in das Leben und Wirken des Astronomen Simon Marius. In: *Altmühl-Bote*, 18. Dezember 2009, S. 4.

N.N. [Shaw, Patrick]: Simon Marius kehrt zurück. In: *Altmühl-Bote*, 11. März 2010, S. 3.

N.N.: Deutsches Museum in München. In: *Fränkische Zeitung*, 26.1.1910.

N.N.: Simon Marius – ein Ansbacher Astronom. In: *Fränkische Landeszeitung*, 16.9.1957.

rej [Reimund, Jochim]: Ein Denkmal soll an Simon Marius erinnern. In: *Fränkische Landeszeitung*, 12.12.1989.

Schlör, Joachim: Unterwegs zu einem neuen Weltbild. Vor 400 Jahren: Der aus Gunzenhausen stammende Simon Marius entdeckt die Jupitermonde. In: *Altmühl-Bote*, 2. Januar 2010, S. 8–9.

Schreibmüller, Hermann: Der Streit um die Leistungen des Ansbacher Hofmathematikus Simon Marius aus Gunzenhausen (1573–1624). In: *Fränkische Zeitung*, Nr. 424 vom 10. November 1926, Ansbach.

Schreibmüller, Hermann: Zur Ehrenrettung des Astronomen Simon Marius. In: *Fränkische Zeitung*, 20.3.1943.

wfa [Falk, Werner]: Jupitermonde entdeckt. In: *Nürnberger Nachrichten*, 4.4.1995.

Zachow, Bernd: Ruhm der Geschichte blieb für Galilei. In: *Nürnberger Nachrichten*, 31.12.1988/1.1.1989.

13.2.2 Internetquellen Simon Marius betreffend

CHRISTIE, THONY: One day later. In: The Renaissance Mathematicus
(http://thonyc.wordpress.com/2011/01/10/one-day-later).

GAAB, HANS: Simon Marius (Mayr) mit Bibliographie, Astronomie in Nürnberg –
Informationsportal zur Astronomie in der Metropolregion Nürnberg der Nürnberger Astronomischen Gesellschaft
(http://www.naa.net/ain/personen/show.asp?ID=286).

HELDEN, ALBERT VAN: Simon Marius (1573–1624), The Galileo Project:
(http://galileo.rice.edu/sci/marius.html).

HELDEN, ALBERT VAN: Summary: A brief biography of Simon Marius (1573–1624).
(http://cnx.org/content/m11973/latest/).

HIMSOLT, MICHAEL: Die Entdeckung der Jupitermonde
(http://simonmarius.de).

O'CONNOR, JOHN J. AND EDMUND F. ROBERTSON: Simon Mayr, MacTutor History
of Mathematics archive
(http://www-history.mcs.st-andrews.ac.uk/Biographies/Mayr.html).

PERRY, JASON: Simon Marius and the Mundi Iovialis,
Website The Gish Bar Times
(http://www.gishbartimes.org/2010/01/io400-
part-3-simon-marius-and-mundus.html).

RIEBE, MANFRED: Simon Marius
(http://www.riebe.eu/index.php/Simon_Marius).

SIMON-MARIUS-GYMNASIUM, Gunzenhausen
(http://www.simon-marius-gymnasium.de/index.php?option=com_
content&view=section&layout=blog&id=17&Itemid=65).

Wikipedia (dt.): Simon Marius
(http://de.wikipedia.org/wiki/Simon_Marius).

Wikipedia (engl.): Simon Marius
(http://en.wikipedia.org/wiki/Simon_Marius).

Krater Marius 11,90 N; 50,8O W, 41 km Durchmesser,
vgl. Abb. 4.27, S. 136.

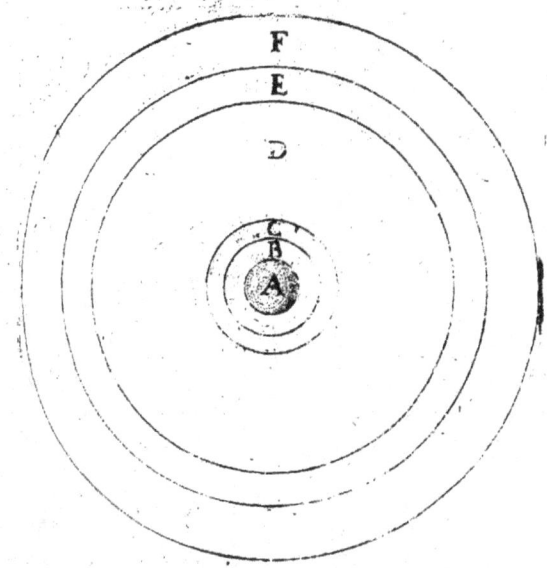

Astronomische vnd Astro-
logische beschreibung deß Cometen so im November vnd December vorigen 1 6 1 8. Jahrs ist gesehen worden / Genommen vnd Gestelt auß eygnen Obseruationibus
dabey auch andere sachen kurtz eingemischet werden.

durch Simon Marium Guntzenhusanum, Fürstlichen Brandenburgischen bestelten Mathematicum
vnnd Medicum.

Druckt vnnd verlegt zu Nürmberg / bey Johann Lauern.
Im Jahr Jesu Christi M. DC. XIX.

Abbildung 13.4:
Simon Marius: *Astronomische vnd Astrologische beschreibung deß Cometen so im
November und December vorigen 1618. Jahrs ist gesehen worden / Genommen vnd
Gestelt auß eygenen Observationibus dabey auch andere sachen kurtz eingemischet
werden.* Nürnberg: Lauer 1619.

Abbildung 13.5:
Simon-Marius-Feier in Gunzenhausen am 12. November 2009

Programm der Tagung in Gunzenhausen am 12. November 2009:
Simon Marius am Wendepunkt der Astronomie

Simon-Marius-Gymnasium

Simon-Marius-Str. 3, 91710 Gunzenhausen

Fortbildungsveranstaltung in den Fächern Physik/Astronomie/Geschichte

Veranstalter: Cauchy-Forum-Nürnberg e. V.
und Simon-Marius-Gymnasium Gunzenhausen

Leitung und Koordination:
StD Werner König, Simon-Marius-Gymnasium, OStR Günter Löffladt, CFN

9.00 Uhr – Begrüßung: OStDin Susanne Weigel
Einführung: StD Werner König, OStR Günter Löffladt

9.25 Uhr – *Die Entwicklung des physikalischen Weltbildes bis zum Beginn der Neuzeit*
    Referent: Prof. Dr. Jürgen Teichmann, Deutsches Museum München

10.35 Uhr Kaffeepause

10.50 Uhr – *Simon Marius – Leben und Entdeckungen eines Astronomen aus Franken*
    Referent: OStR Hans Gaab, Labenwolf-Gymnasium

12.00 Uhr Mittagessen

13.30 Uhr – *Ausstellung über Dokumente zu Simon Marius*
Herr WERNER MÜHLHÄUSSER, Stadtarchivar

14.10 Uhr – *Die Copernicanische Wende bei Galilei und Kepler*
Referent: PIERRE LEICH M. A., Nürnberger Astronomische Gesellschaft

15.20 Uhr Kaffeepause

15.40 Uhr – *Kosmologie – der Wissensstand unserer Zeit*
Referent: PROF. DR. HANNS RUDER, Universität Tübingen

ersetzt duch

15.40 Uhr – *Botschaften der Sterne –*
Spektroskopie von Fraunhofer bis Kirchhoff
Referentin: PROF. DR. GUDRUN WOLFSCHMIDT, Universität Hamburg

16.40 Uhr – *Die Geschichte des Urknallmodells*
Referent: DIPL.-ING. WERNER RUDOLF

17.20 Uhr – Abschließende Diskussion

17.30 Uhr – Ende der Lehrerfortbildung

19.00 Uhr – Öffentliche abendliche Festveranstaltung
Festvortrag: Simon Marius und die Astronomie in Franken
Referentin: PROF. DR. GUDRUN WOLFSCHMIDT, Universität Hamburg

20.30 Uhr – Kabarettist OLIVER TISSOT (Nürnberg)

Kooperationspartner:
Bayerischer Philologenverband, Fachgruppe Mathematik,
Regionale Lehrerfortbildung für Gymnasien
im Regierungsbezirk Mittelfranken,
Sparkasse Gunzenhausen und Stadt Gunzenhausen.

Abbildung 13.6:
Simon-Marius-Feier in Gunzenhausen:
Oliver Tissot, Gudrun Wolfschmidt, Pierre Leich

Abbildung 13.7:
Redner während der Simon-Marius-Feier in Gunzenhausen:
Günter Löffladt, Hans Gaab,
Jürgen Teichmann, Gudrun Wolfschmidt

Referenten und Autoren

OStR Hans Gaab (Nürnberg)

Hans Gaab arbeitet seit vielen Jahren als Lehrer für Mathematik, Physik und Informatik an städtischen Nürnberger Gymnasien. Als Mitglied der Nürnberger Astronomischen Arbeitsgemeinschaft beschäftigt er sich mit der Astronomiegeschichte, wobei sein Schwerpunkt auf der lokalen Geschichte beruht. Sein Ziel ist eine gründliche Aufarbeitung der Nürnberger Astronomiegeschichte, wozu er bereits zahlreiche Beiträge veröffentlicht hat.

Ludwig-Erhard-Str. 3
D-90762 Fürth
e-mail: `HansGaab@acor.de`, `HansGaab@t-online.de`

Dipl.-Wiss.Hist. Dipl.-Phys. Susanne M. Hoffmann (Berlin, Hildesheim)

Sie studierte Physik in Potsdam (Diplomarbeit: Exoplaneten & Microlensing) und Wissenschafts- und Technikgeschichte an der TU und FU Berlin sowie in Hamburg (Diplomarbeit: Teleskopgeschichte), sie arbeitet derzeit an der Universität Hildesheim als Dozentin für Physik und Mitarbeiterin im Schülerlabor zur Relativitätstheorie.
Neben Astronomie und Astrophysik sowie ihrer Wissenschafts-, Technik-, und Kulturgeschichte liegen weitere Arbeits- und Forschungsinteressen in denjenigen Metawissenschaften, die zur Vermittlung der genannten Wissenschaften in der Öffentlichkeit dientlich sind: z.B. Kultur- und Medienwissenschaften, Philosophie der Sprache, Physikdidaktik, Kommunikationswissenschaften und Künste. Als jahrelang freiberufliche Astronomin lebte die Autorin auch viel auf Reisen, in Portugal, Mauretanien u.a. Ländern. Sie war mit zahlreichen Ehrenämtern betraut (4 Jahre Vorstandstätigkeit in der VdS e.V., 3 Jahre Förderverein der Archenhold-Sternwarte und des Zeiss-Großplanetariums Berlin e.V., 8 Jahre Jugendreferentin der VdS, Initiierung und Gründung eines eigenen VdS-Untervereins für astronomische Jugendarbeit: VEGA e.V., aktuell noch Erste Vorsitzende der Fördergemeinschaft für naturwissenschaftliche Jugendarbeit (FNJ) e.V.).
Buchpublikation: *Der Große Himmelsatlas* (zus. m. Bildautor Axel Mellinger), er-

schien in den Verlagen Franckh Kosmos und Reader's Digest, übersetzt ins Englische (Firefly 2005), Tschechische und Slowakische (2010).

Monografien & Lehr-Booklets zu eigenen Kursen zu Themen der Astronomie: *Griechische Nächte – Wissenschaftsgeschichte und Orientierung am Sternhimmel*, Publ. Nr. 1 in der Reihe, Archenhold-Sternwarte Berlin, 2000, als Hg.: *Augen des Astronomen – Teleskope: Funktion, Geschichte, Benutzung in der Hobbyastronomie* (Publ. Nr. 5, Archenhold-Sternwarte Berlin 2003), *Karawane der Astronomie – Lektion in 7 Abenden* (Berlin 2005), *Himmel über der Wüste* (Leonberg 2007).

Zu ihrem Repertoir gehören auch astronomiedidaktische Stücke (Theater, Hörspiel) für Planetarien, weiters zahlreiche populärwissenschaftliche und didaktische Publikationen im Bereich der Naturwissenschaften, auch als Online-Journalistin, z. B.: Blog beim Verlag *Spektrum der Wissenschaft*. Eine aktuelle Publikationsliste auf den Webseite: `http://www.urania-uhura.de` und `http://exopla.net`.

Marie-Curie-Allee 90 (Büro), 10315 Berlin
Ernst-Abbe-Str. 4, 31141 Hildesheim
e-mail: `akademeia@exopla.net`.

Dipl.-Phys. Irena Joanna Kampa (Kiel, Hamburg)

Irena Kampa wurde 1985 in Kiel geboren. Nach dem Abitur studierte sie Physik an der Chrisitian-Albrechts-Universität in Kiel. Ihr Fachgebiet war die Astrophysik mit dem Schwerpunkt auf Akkretionsscheiben. Nach dem Abschluss als Diplom-Physikerin 2010 und einer kurzen Tätigkeit bei der vom Bildungsministerium für Bildung und Forschung unterstützen Internetseite `http://www.weltderphysik.de`, die sich der Popularisierung der Wissenschaft widmet, begann sie ein Doktorstudium im Fach Geschichte der Naturwissenschaften und Technik an der Universität Hamburg. Hier beschäftigt sie sich zur Zeit mit dem Danziger Astronomen Johannes Hevelius (1611–1687).

Geschichte der Naturwissenschaften, Mathematik und Technik
MIN Fakultät, Universität Hamburg
Bundesstraße 55 – Geomatikum, D-20146 Hamburg
Privat: Kaulbachstr. 19, 22607 Hamburg
e-mail: `fmra003@math.uni-hamburg.de`

Dipl.-Math. Inge Keil (Augsburg) – (9.7.1929–21.7.2010)

Inge Keil studierte Mathematik an der Universität München und beschäftigt sich seit vielen Jahren mit den Augsburger Herstellern wissenschaftlicher Instrumente und mit der Augsburger Astronomiegeschichte.

Ihre Publikationen umfassen zwei Bücher über den Optiker Johann Wiesel und die weiteren Augsburger Optiker Daniel Depiere und Cosmus Conrad Cuno sowie verschiedene Artikel, auch über Tycho Brahes Aufenthalt in Augsburg, Markus Welser, Johann Philipp Treffler, Georg Friedrich Brander, sowie über die Nachlässe von Georg Christoph Eimmart und Maximilian Bobinger.

Buch-Publikationen: *Augustanus Opticus* (2000), *Von Ocularien, Perspicillen und Mikroskopen ...* (2003).

Reisingerstr. 6
D-86159 Augsburg
e-mail: (Dr. Karl-August Keil `Karl-August.Keil@gmx.de`)

StD Werner König (Gunzenhausen)

1969: Abitur am Bayernkolleg in Augsburg,
1969–1974: Studium der Mathematik und Physik in Erlangen,
1975–1977: Referendariat am Hardenberg-Gymnasium Fürth und dem Richard-Wagner-Gymnasium Bayreuth
Seit 1977: Lehrer für Mathematik, Physik und Informatik am Simon-Marius-Gymnasium Gunzenhausen mit den Aufgaben Rechnerbetreuer (bis 1996), Fachbetreuer Mathematik und Mitarbeiter im Direktorat.

Simon-Marius-Gymnasium
Simon-Marius-Str. 3
91710 Gunzenhausen
e-mail: `WKoenig.Gun@t-online.de`

Pierre Leich, M. A. (Nürnberg)

Pierre Leich studierte 1981–1989 Philosophie an der Universität Erlangen-Nürnberg mit den Schwerpunkten Wissenschaftstheorie und Wissenschaftsgeschichte. Er war zehn Jahre Vorsitzender der Kunstmesse ART Nürnberg, gab sechs Jahre eine kleine Kunstzeitschrift heraus, war viele Jahre verantwortlich für den Kunstpreis Ökologie von AEG Hausgeräte und das Erlanger Stadtjubiläum sowie vier Jahre Geschäftsführer der Theatersport WM im Kunst- und Kulturprogramms zur FIFA WM 2006^{TM}. Seit 2003 ist er Projektleiter der Langen Nacht der Wissenschaften in Nürnberg/Fürth/Erlangen und für den Wissenschaftstag der Metropolregion Nürnberg tätig. Mit Kollegen betrieb er einen Verlag, eine Agentur und eine Galerie.

Ehrenamtlich ist Leich zweiter Vorsitzender des Cauchy-Forums-Nürnberg, Geschäftsführer des Leibniz-Forums Altdorf-Nürnberg und Kurator der Nürnberger Astronomischen Gesellschaft. 2009 leitete er die Geschäftsstelle „Internationales Jahr der

Astronomie in der Europäischen Metropolregion Nürnberg" und war an dem Katalog *Astronomie in der Metropolregion Nürnberg – Geschichte, Forschung und Volkssternwarten* beteiligt.

Seit 1995 hält er Vorträge, konzipiert Tagungen oder Reihen und publiziert gelegentlich zu astronomischen und wissenschaftsgeschichtlichen Themen. Mit Hans Gaab und Günter Löffladt hat er in der Reihe *Acta Historica Astronomiae* den Band Johann Christoph Sturm (1635–1703) herausgegeben.

Hastverstr. 21
D-90408 Nürnberg
www.pl-visit.net
e-mail: leich@rt-nuernberg.de

OStR Günter Löffladt, Nürnberg

geboren 1943 in Nürnberg, Studium an der Universität Erlangen- Nürnberg. Anschließend Lehrer für die Fächer Mathematik und Physik in Nürnberg und Fachgruppenleiter für Mathematik.

Arbeitsschwerpunkte sind einerseits die Entwicklung von Konzepten für die Bereiche „Wissenschaft und Gesellschaft" im Allgemeinen und „Mathematik und Öffentlichkeit" im Besonderen, andererseits die Förderung von interessierten und begabten Jugendlichen im Fach Mathematik. Gründung und Leitung des „Cauchy-Arbeitskreises für Mathematik, Naturwissenschaften und Religion" (1971–1992). Aufbau einer Mathematik-Abteilung für das Schulmuseum der Universität Erlangen-Nürnberg (1985–1995). Einrichtung des Leibniz-Forums Altdorf-Nürnberg (1995) verbunden mit der Konzeption und Durchführung von vier Internationalen Leibniz-Foren. Initiierung und Mitgründung des wissenschaftlichen Vereins „Cauchy-Forum-Nürnberg e. V. – Interdisziplinäres Forum für Mathematik und ihre Grenzgebiete".

Veröffentlichungen u. a. „Medium Mathematik – Anregungen zu einem interdisziplinären Gedankenaustausch" (2000), Johann Christoph Sturm (2004). Autor zahlreicher Fachaufsätze und Beiträge für Fachveranstaltungen. Herausgeber der Hefte „Cauchy-Report" (1972–1977) „Mathematik & Museum" (1992–1998) und „Forum Mathematik" (ab 2006).

Cauchy-Forum-Nürnberg
Wielandstr. 13
D-90419 Nürnberg
e-mail: cfn@cauchy-forum-nuernberg.de

Dr. cand. Karsten Markus (Berlin)

Geboren in Thuine, im südlichen Teil des Emslandes, nahe der Grenze zu den Niederlanden. Als zweiter Sohn von Rudolf Bernhard Markus (1939–2010) und Elisabeth Markus (*1950), geb. Bonnekessen, erblickte Karsten Markus am 10. August 1974 das Licht der Welt im Krankenhaus der Kongregation der Franziskanerinnen vom heiligen Martyrer Georg. Nach dem Abitur 1994 an den Gymnasien Johanneum und Geogianum in Lingen (Ems) studierte er Physik und Astronomie an der Ruperto Carola in Heidelberg und der Universität Kapstadt in Südafrika. An der Universität Kapstadt hat er einen Bachelor of Science (Honours) in theoretischer Physik und Astrophysik und einen Master of Science in beobachtender Kosmologie abgeschlossen.

Im Jahr 2002 zog Karsten Markus nach Berlin und seit Ende 2009 arbeitet er an der Archenhold-Sternwarte in Berlin-Treptow. Nebenberuflich forscht er für seine Promotion an der Universität Hamburg zu den astronomischen Arbeiten des Astronomen Peter Kolb.

Zu seinen Interessengebieten gehört die aktuelle astronomische Forschung im Bereich der Großraumstruktur des Universums, generell astronomische Bildung, moderne Medien in historischen Forschungen und die frühe Geschichte der Astronomie, insbesondere in Bezug auf Berlin und Afrika. Privat engagiert sich Karsten Markus für Entwicklungs- und Bildungsprojekte in Afrika.

Archenhold-Sternwarte Berlin
Alt-Treptow 1, 12435 Berlin
e-mail: `contact@karstenmarkus.de`

Stadtarchivar Werner Mühlhäußer (Gunzenhausen)

Bayerische Archivschule in München; Archivar am Staatsarchiv Nürnberg, dort u. a. Mitarbeit im Referat 'NS-Kriegsverbrecherprozesse'; 1985 erster hauptamtlicher Stadtarchivar in Gunzenhausen; seit 1994 Leitung des Stadtmuseums Gunzenhausen; Konzeption für das Archäologische Museum Gunzenhausen (seit 1998 Leitung); zahlreiche Publikationen und Ausstellungen zur städtischen Geschichte.

Publikationen (Auswahl): *Gunzenhausen einst und jetzt* (1990); *Geschichte durch Jahrhunderte. Bürgermeisteramtsrechnungen von 1524 bis 1814* (1993); *Stadtmuseum Gunzenhausen* (mit Johann Schrenk, 1996); *Museum für Vor- und Frühgeschichte Gunzenhausen. Ein Rundgang durch die Abteilungen* (mit Johann Schrenk, 1999); *Gruß aus Gunzenhausen. Eine Stadt im Spiegel historischer Postkarten* (2000); *Gunzenhausen am Altmühlsee. Stadtführer mit Rundgang, Stadtplan und Umgebungskarte* (mit Johann Schrenk, 2002); *Frauengeschichte(n) aus Gunzenhausen* (mit Monika Wopperer, 2003); *60 Jahre Kriegsende in Gunzenhausen. Broschüre aus Anlass des 60. Jahrestages des Bombenangriffes auf Gunzenhausen am 16. April 1945* (2005); *Gunzenhausen – Fürstliche Residenz unter Markgraf Carl Wilhelm Friedrich von Brandenburg-Ansbach* (2007); *Ausgegrenzt. Entrechtet. Verfolgt. Juden in Gun-*

zenhausen und die Reichspogromnacht 1938 (2008); *Land am Limes. Auf den Spuren der Römer in der Region Hesselberg-Gunzenhausen-Weißenburg* (mit Johann Schrenk, 2009).

Stadtarchiv Gunzenhausen
Rathaus, Marktplatz 23
91710 Gunzenhausen
e-mail: stadtarchiv@gunzenhausen.de

Oberamtsrat a. D. Hans-Georg Pellengahr (Münster)

beschäftigt sich seit vielen Jahren in seiner Freizeit mit theoretischer und praktischer Astronomie. H.-G. Pellengahr ist engagiertes Mitglied der Sternfreunde Münster, die eng mit dem Westfälischen Museum für Naturkunde nebst Planetarium sowie dem Institut für Planetologie der Universität Münster kooperieren.
Als Pensionär inzwischen weitgehend frei von beruflichen Verpflichtungen, vermittelt er interessierten Laien in Vorträgen und im Rahmen von öffentlichen Himmelsbeobachtungen astronomische Grundkenntnisse und „Seherlebnisse".
Besonders gern widmet er sich auch der Astronomiegeschichte. Der „fränkische Galilei" Simon Marius war für ihn eine faszinierende Entdeckung.

Overbergstr. 9a
D-48366 Laer / bei Münster
e-mail: hans-georg.pellengahr@web.de

StD Joachim Schlör (Gunzenhausen)

geb. am 25.11.1946 in Aschaffenburg,
Humanistisches Gymnasium in Aschaffenburg, Studium der Latinistik und Anglistik an der Julius-Maximilians-Universität Würzburg; Gymnasiallehrer für Latein und Englisch am Simon-Marius-Gymnasium in Gunzenhausen seit 1976; Fachbetreuer für Latein seit 2007; Leistungskurs Latein 1986–1988: erste Übersetzungen, Herstellung der zweisprachigen Ausgabe des *Mundus Iovialis*, Veröffentlichung in Buchform 1988; Unterrichtsprojekte am Gymnasium zur Verwendung des Simon Marius als Schulautor.

Simon-Marius-Gymnasium
Simon-Marius-Str. 3
91710 Gunzenhausen
e-mail: jschloer@gmx.de

Prof. Dr. Hanns Ruder (Tübingen, Auerbach)

(Universität Tübingen)
Unterer Markt 9
91275 Auerbach
e-mail: `ruder@tat.physik.uni-tuebingen.de`

Dipl.-Ing. Werner Rudolf (Ansbach)

Dornberg 94
D-91522 Ansbach
e-mail: `wrxxx@web.de`

Prof. Dr. Dr. h.c. Jürgen Teichmann (München)

Jürgen Teichmann studierte Physik, Wissenschaftssoziologie und Naturwissenschaftsgeschichte. Seine Dissertation behandelte die Entwicklung von Grundbegriffen des elektrischen Stroms vom 18. Jahrhundert bis 1820, seine Habilitation ging über die Geschichte der Farbzentrenforschung ab 1920 als wichtiger Impuls für die beginnende Festkörperphysik.

1970–1974 wissenschaftlicher Mitarbeiter am Forschungsinstitut des Deutschen Museums und seit 1973 Lehrbeauftragter für Geschichte der Physik an der Ludwig-Maximilians-Universität München (1993 Professor); Gastprofessuren: 1977/78 Universität Hamburg, 1982 University of Pavia, Italy, 1993/94 Universität Göttingen.

Seit 1974 Sektionsleiter, 1986–1994 Leitender Museumsdirektor Abteilung „Naturwissenschaften", 1995–2006 Abteilung „Programme" im Deutschen Museum.

Buch-Publikationen: *Zur Entwicklung von Grundbegriffen der Elektrizitätslehre, insbesondere des elektrischen Stromes bis 1820* (1974); *Einfache physikalische Versuche zu Geschichte und Gegenwart* (mit Ernst Ball und Johann Wagmüller) (1999), *Vom Bernstein zum Elektron – Eine Kurzgeschichte der Elektrizität* (3. Aufl. 1998), *Georg Christoph Lichtenberg – Aphoristisches zwischen Physik und Dichtung* (1983), *Das Experiment in der Physik* (mit Fritz Fraunberger) (1984), *Elektrizität, Elektrostatik, galvanische Elemente, Elektromagnetismus, Mathematik und Atomismus, Elektron und Röntgenstrahlen* (1985), *Zur Geschichte der Festkörperphysik – Farbzentrenforschung bis 1940* (1988), *Guide to Sources for History of Solid State Physics* (mit Joan Warnow-Blewett) (1992), *Out of the Crystal Maze – Chapters from the History of Solid State Physics* (mit Lillian Hoddeson, Ernest Braun und Spencer Weart) (1992), *Planeten, Sterne, Welteninseln. Astronomie im Deutschen Museum* (mit Gerhard Hartl, Karl Märker und Gudrun Wolfschmidt) (1993), als Führer Abteilung Astronomie (Neuauflage 1999), *Experimente, die Geschichte machten* (mit Wolfgang Schreier und Michael Segre) (1995, 2008), sowie populäre Bücher *Mit Einstein im Fahrstuhl – Physik genial erklärt* (2008), *Die überaus fantastische Reise zum Urknall*

– Astronomie von Galilei bis zur Entdeckung der Schwarzen Löcher (2009).
Weitere Publikationen zur Geschichte der Astronomie und der Anfänge der Mechanik siehe
`http://www.gn.geschichte.uni-muenchen.de/personen/mitarbeiter/teichmann/`
`publ_teich/index.html`.

Deutsches Museum
Lehrstuhl für Geschichte der Naturwissenschaften
Museumsinsel 1, D-80538 München
e-mail: `J.Teichmann@lrz.uni-muenchen.de`

OStDin Susanne Weigel (Gunzenhausen)

Simon-Marius-Gymnasium
Simon-Marius-Str. 3
91710 Gunzenhausen
e-mail: `swsmg@web.de`

StD i. R. Alois Wilder (Gunzenhausen)

Alois Wilder, StD i. R. geb. 1941
1961–1967 Studium der Mathematik und Physik
an der Universität Würzburg
1967–1969 Referendariat am Hardenberg-Gymnasium Fürth und
am Gymnasium Windsbach
1969–2003 Fachlehrer für Mathematik, Physik
am Simon-Marius-Gymnasium Gunzenhausen.

Simon-Marius-Gymnasium
Simon-Marius-Str. 3
91710 Gunzenhausen
e-mail: `alois-wilder@t-online.de`

Prof. Dr. Gudrun Wolfschmidt (Hamburg)

geb. in Nürnberg, Dissertation *Analyse enger Doppelsternsysteme*, Dr.-Remeis-Sternwarte Bamberg, Astronomisches Institut der Universität Erlangen-Nürnberg; 1. und 2. Staatsexamen (Physik und Mathematik), Gymnasiallehrerin im Freistaat Bayern. Seit 1987 am „Deutschen Museum" in München; Konzept und Realisation der Dauerausstellung „Astronomie/Astrophysik" im „Deutschen Museum" (Eröffnung 1992,

Begleitbuch 1993). 1992 bis 1995 wissenschaftliche Assistentin am Forschungsinstitut für Geschichte der Naturwissenschaft und Technik des Deutschen Museums, verschiedene Ausstellungen (z. B. Copernicus 1994), Lehre und Habilitation *Genese der Astrophysik* (1997) an der „Ludwig-Maximilians-Universität" in München; seit 1997 Professorin am Institut für Geschichte der Naturwissenschaften der Universität Hamburg.

Forschungsschwerpunkte: Astronomie- und Physikgeschichte (Frühe Neuzeit sowie 19. und 20. Jahrhundert), ferner wissenschaftliche Instrumente.

Buchveröffentlichungen: *Copernicus – Revolutionär wider Willen* (1994), *Milchstraße, Nebel, Galaxien – Strukturen im Kosmos von Herschel bis Hubble* (1995), *Popularisierung der Naturwissenschaften* (2000, 2002), *Vom Magnetismus zur Elektrodynamik – Herausgegeben anläßlich des 200. Geburtstags von Wilhelm Weber (1804–1891) und des 150. Todestages von Carl Friedrich Gauß (1777–1855)* (2005), *Development of Solar Research – Entwicklung der Sonnenforschung* (mit Axel Wittmann und Hilmar Duerbeck) (2005), *Astronomy in and around Prague* (mit Martin Šolc) (2005), *„Es gibt für Könige keinen besonderen Weg zur Geometrie"* (2007) *Von Hertz zum Handy – Entwicklung der Kommunikation* (2007), *Heinrich Hertz (1857–1894) and the Development of Communication* (2008), *„Navigare necesse est" – Geschichte der Navigation* (2008), *Prähistorische Astronomie und Ethnoastronomie* (2008), *Astronomisches Mäzenatentum* (2008), *Hamburgs Geschichte einmal anders – Entwicklung der Naturwissenschaften, Medizin und Technik, Teil 1, Teil 2 und Teil 3* (2007), (2009) und (2011), *„Sterne weisen den Weg" – Geschichte der Navigation* (2009), Proceedings of the International ICOMOS Symposium *Cultural Heritage of Astronomical Observatories – From Classical Astronomy to Modern Astrophysics* (Berlin 2009), *Astronomie in Nürnberg* (2010), *Weber's Planetary Model of the Atom* (mit A. K. T. Assis und K. H. Wiederkehr) (2011), *Farben in Kulturgeschichte und Naturwissenschaft* (2011), *Entwicklung der Theoretischen Astrophysik* (2011) und *Colours in Culture and Science* (2011). Herausgeberin der Reihe *Nuncius Hamburgensis – Beiträge zur Geschichte der Naturwissenschaften*, siehe http://www.math.uni-hamburg.de/spag/ign/research/nuncius.htm.

Geschichte der Naturwissenschaften, Mathematik und Technik
MIN Fakultät, Universität Hamburg
Bundesstraße 55 – Geomatikum, D-20146 Hamburg
http://www.math.uni-hamburg.de/home/wolfschmidt und
http://www.math.uni-hamburg.de/spag/ign/w.htm
e-mail: gudrun.wolfschmidt@uni-hamburg.de

Abbildung 14.1:
Simon Marius im Kunstunterricht des Simon-Marius-Gymnasiums

Abbildungsverzeichnis

Nuncius Hamburgensis

Beiträge zur Geschichte der Naturwissenschaften

Norderstedt: Books on Demand (nur Bd. 2, 6, 7, 8, 10, 11, 14 und 15)

Hamburg: tredition Verlag **tredition**® (alle anderen Bände).

Hg. von Gudrun Wolfschmidt,
Bereich Geschichte der Naturwissenschaften, Department Mathematik,
Fakultät für Mathematik, Informatik und Naturwissenschaften (MIN),
Universität Hamburg – ISSN 1610-6164

*Diese Reihe „Nuncius Hamburgensis" wird gefördert von
der Hans Schimank-Gedächtnisstiftung. Dieser Titel wurde inspiriert
von „Sidereus Nuncius" und von „Wandsbeker Bote".*

- Band 1 (2009):
  Hans Schimank (1888–1979) Ausgewählte Schriften.
  Mit einem Beitrag ‚Hans Schimanks Otto von Guericke' von Fritz Krafft.
  Bearbeitet von Timo Engels und Igor Abdrakhmanov.

- Band 2 (2007):
  Wolfschmidt, Gudrun (Hg.): *Hamburgs Geschichte einmal anders –
  Entwicklung der Naturwissenschaften, Medizin und Technik – Teil 1.*

- Band 3 (2010):
  Wolfschmidt, Gudrun (Hg.): *Astronomie in Nürnberg.*
  Proceedings der Tagung vom 2.–3. April 2005 in Nürnberg anläßlich
  des 500. Todestages von Bernhard Walther (1430–1504)
  und des 300. Todestages von Georg Christoph Eimmart (1638–1705).

- Band 4 (2011):
  Wolfschmidt, Gudrun (Hg.): *Entwicklung der Theoretischen Astrophysik.*
  Proceedings des Kolloquiums des Arbeitskreises Astronomiegeschichte
  in der Astronomischen Gesellschaft am 26. September 2005 in Köln.

- Band 5 (2012):
  Wolfschmidt, Gudrun (Hg.):
  Anfänge der Theoretischen Physik in Hamburg.
  Vorwort von Kurt Scharnberg und Klaus Fredenhagen.

- Band 6 (2007):
  Wolfschmidt, Gudrun (Hg.): *Von Hertz zum Handy –*
  Entwicklung der Kommunikation. Begleitbuch zur Ausstellung
  zum 150. Geburtstag von Heinrich Hertz (1857–1894).

- Band 7 (2009):
  Wolfschmidt, Gudrun (Hg.): *Hamburgs Geschichte einmal anders –*
  Entwicklung der Naturwissenschaften, Medizin und Technik,
  Teil 2.

- Band 8 (2008):
  Wolfschmidt, Gudrun (Hg.):
  Prähistorische Astronomie und Ethnoastronomie.
  Proceedings des Kolloquiums des Arbeitskreises Astronomiegeschichte
  in der Astronomischen Gesellschaft am 24. September 2007 in Würzburg.

- Band 9 (2013):
  Wolfschmidt, Gudrun (Hg.):
  Naturwissenschaft, Technik und Kultur in London.

- Band 10 (2008):
  Wolfschmidt, Gudrun (ed.): *Heinrich Hertz (1857–1894)*
  and the Development of Communication. Proceedings of the
  International Scientific Symposium in Hamburg, Oct., 8–12, 2007.

- Band 11 (2008):
  Wolfschmidt, Gudrun (Hg.):
  Astronomisches Mäzenatentum.
  Proceedings des Symposiums in der Kuffner-Sternwarte in Wien,
  „Astronomisches Mäzenatentum in Europa", 7.–9. Oktober 2004.

- Band 12 (2012):
  Wolfschmidt, Gudrun (Hg.):
  Astronomie in neuen Wellenlängen – Astronomy in New Wavelength.
  Proceedings des Kolloquiums des Arbeitskreises Astronomiegeschichte
  in der Astronomischen Gesellschaft am 24. September 2007 in Würzburg.

- Band 13 (2012):
  Cura, Katrin: *Alchemie im Deutschen Museum.*
  Bearbeitet von Gudrun Wolfschmidt.

- Band 14 (2008):
  Wolfschmidt, Gudrun (Hg.):
  „Navigare necesse est" – Geschichte der Navigation.
  Begleitbuch zur Ausstellung 2008/09 in Hamburg und Nürnberg.

- Band 15 (2009):
  Wolfschmidt, Gudrun:
  „Sterne weisen den Weg" – Geschichte der Navigation.
  Katalog zur Ausstellung 2008/10 in Hamburg und Nürnberg.

- Band 16 (2012):
  Wolfschmidt, Gudrun (Hg.):
  Simon Marius, der fränkische Galilei,
  und die Entwicklung des astronomischen Weltbildes.

- Band 17 (2012):
  Cura, Katrin:
  Auf den Leim gehen – Geschichte der Klebstoffe.
  Hg. von Gudrun Wolfschmidt.

- Band 18 (2011):
  Wolfschmidt, Gudrun (Hg.):
  Farben in Kulturgeschichte und Naturwissenschaft.
  Begleitbuch zur Ausstellung in Hamburg 2010.

- Band 19 (2011):
  Andre Koch Torres Assis und Karl Heinrich Wiederkehr
  und Gudrun Wolfschmidt:
  Weber's Planetary Model of the Atom.
  Ed. by Gudrun Wolfschmidt.

- Band 20 (2011):
  Wolfschmidt, Gudrun (Hg.):
  Hamburgs Geschichte einmal anders –
  Entwicklung der Naturwissenschaften,
  Medizin und Technik, Teil 3.

- Band 21 (2013):
  Wolfschmidt, Gudrun (Hg.):
  Vom Abakus zum Computer – Geschichte der Rechentechnik.
  Begleitbuch zur Ausstellung in Hamburg.

- Band 22 (2011):
  Wolfschmidt, Gudrun (ed.):
  Colours in Culture and Science. 200 Years Goethe's Colour Theory.
  Proceedings of the Interdisciplinary Symposium in Hamburg,
  October 12–15, 2010.

- Band 23 (2012):
  Wolfgang Lange: *Edition des Briefwechsels von*
  Carl Friedrich Gauß (1777–1855) und
  Johann Friedrich Benzenberg (1777–1846).

- Band 24 (2013):
  Wolfschmidt, Gudrun (Hg.):
  Kometen, Sterne, Galaxien – Astronomie in der Hamburger Sternwarte.
  Zum 100jährigen Jubiläum der Hamburger Sternwarte in Bergedorf.

- Band 25 (2013):
  Wolfschmidt, Gudrun (Hg.): *Hamburgs Geschichte einmal anders –*
  Entwicklung der Naturwissenschaften, Medizin und Technik, Teil 4.

  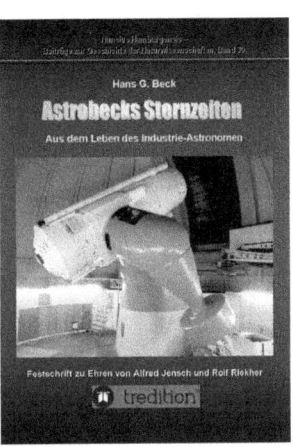

- Band 26 (2012):
  Eike-Christian Harden: *Concordia Res Parvae Crescunt –*
  Fortschritte in Naturwissenschaft und Technik
  im Goldenen Zeitalter der Niederlande. Hg. von Gudrun Wolfschmidt.

- Band 27 (2013):
  Susanne M. Hoffmann: *lingua sine limitibus –*
  Analysen zur Sprache der Bilder und Bildsprachen, insbesondere
  zur Kommunikation von Fachinformationen. Hg. von Gudrun Wolfschmidt.

- Band 30 (2012):
  Hans G. Beck: *Astrobecks Sternzeiten.*
  Aus dem Leben des Industrie-Astronomen Hans G. Beck.
  Festschrift zu Ehren von Alfred Jensch und Rolf Riekher.
  Bearbeitet und herausgegeben von Gudrun Wolfschmidt.

Web-Seite zur aktuellen Information

http://www.math.uni-hamburg.de/spag/ign/research/nuncius.htm

Abbildung 14.2:
Simon Marius Prognosticon Astrologicum, das ist außführliche Beschreibung deß
Gewitters, Krieg, kranckheit, und andern Natürlichen zufällen, genom[m]en auß
dem Lauff unnd Stand der Planeten Fixstern, Finsternussen, [et]c. (Nürnberg:
Johann Lauer 1601)

Personenregister

I

J

K

Simon Marius

Mathematiker und Astronom aus Gunzenhausen

Streit um die Weltsysteme

Das 1608 in Holland entwickelte Fernrohr fand rasche Verbreitung in ganz Europa. Eine Reihe von Astronomen begann damit, den Himmel damit zu durchmustern.

Praktisch zeitgleich (7./8. Januar 1610) mit Galilei entdeckte Simon Marius vier Monde, die den Jupiter umkreisen. Galilei veröffentlichte seine Entdeckungen umgehend und sah dadurch das copernicanische Weltbild als bestätigt an.

Abgesehen von Notizen in seinen Kalendern publizierte Marius seine Beobachtungen erst 1614 in seinem Hauptwerk *Mundus Jovialis* (Die Welt des Jupiter). Er zog daraus jedoch andere Konsequenzen als Galilei, denn er bevorzugte das Weltsystem des Tycho Brahe, das er unabhängig von diesem selbst entworfen haben will.

Simon Marius (1573–1624)

Simon Marius wurde 1573 in Gunzenhausen geboren. Ab 1586 konnte er die Heilsbronner Fürstenschule besuchen, wo er - mit größeren Unterbrechungen - bis 1601 blieb. 1601 begab sich Marius zur weiteren Ausbildung nach Prag zu Tycho Brahe, wo er auch Johannes Kepler kennenlernte. Ende des Jahres reiste er zu medizinischen Studien nach Padua, wo er auf Galilei traf, der hier Mathematikprofessor war. 1605 kehrte er nach Ansbach zurück, wo er als Hofmathematiker angestellt wurde. Er starb im Dezember 1624 nach kurzer Krankheit in Ansbach.

Als Hofmathematiker hatte er jährlich Kalender zu erstellen, denen eine "Prognostica" (Wetter- und sonstige Vorhersagen) angehängt war. Darüber gehörte auch die Beobachtung der Himmelsbegebenheiten zu seinen Aufgaben. Ab 1609 konnte er dazu ein kleines Teleskop ("Perspicillium") benutzen, mit dem er auch Jupitermonde fand. Über den Anspruch an der Erstentdeckung entbrannte bald ein heftiger Prioritätenstreit. Erst im 20. Jahrhundert wurde geklärt, dass Marius seine Entdeckungen unabhängig von anderen machte und seine Beobachtungen in vielen Punkten sogar genauer und umfangreicher als die Galileis waren. Unstrittig war schon zu Marius Lebzeiten, dass er 1612 als Erster den Andromedanebel mit dem Fernrohr beobachtete.

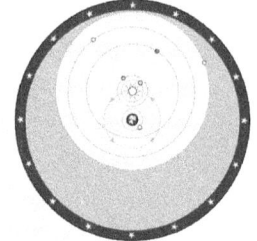

Das Weltsystem von Tycho Brahe

Der dänische Astronom Tycho Brahe entwarf einen Kompromiss zwischen geo- und heliozentrischem Weltsystem: Die Erde ruhte weiterhin im Zentrum der Welt, Mond und Sonne bewegten sich um die Erde. Die weiteren Planeten umkreisten aber die Sonne, nicht mehr die Erde. Zahlreiche Astronomen befürworteten in der ersten Hälfte des 17. Jahrhunderts dieses Modell, da damit alle bekannten astronomischen Beobachtungen erklärbar waren. Zudem erschien es besser mit der Bibel vereinbar als das copernicanische System. Galilei konnte durch seine Beobachtungen das ptolemäische Weltbild ausschließen, doch fand er gegen das von Brahe keine Argumente.

Heilsbronner Fürstenschule: Hier lernte Marius zwischen 1586 und 1601

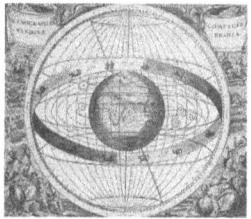

Das Tychonische Weltbild in einer Darstellung von 1661

Abbildung 14.3:
Tafel Simon Marius in der Ausstellung zur Astronomie der Europäischen
Metropolregion Nürnberg im Internationalen Jahr der Astronomie 2009